计 算 机 科 学 丛 书

原书第20版

计算机文化

[美] 琼·詹姆里奇·帕森斯（June Jamrich Parsons） 著

吕云翔 高峻逸 霍晓亮 张雨任 等译

New Perspectives on Computer Concepts 2018

Comprehensive 20th Edition

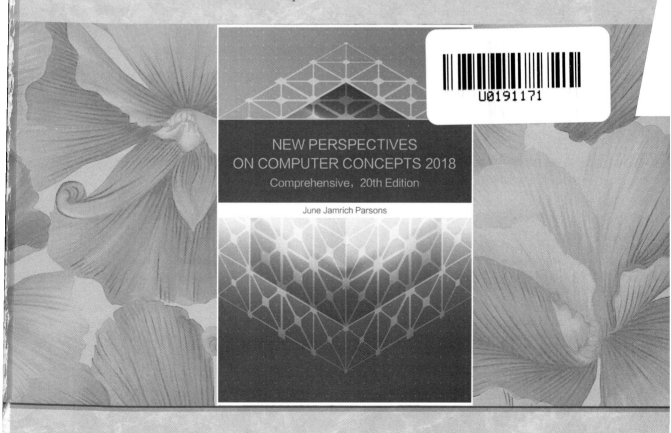

NEW PERSPECTIVES
ON COMPUTER CONCEPTS 2018
Comprehensive, 20th Edition

June Jamrich Parsons

U0191171

机械工业出版社
CHINA MACHINE PRESS

图书在版编目（CIP）数据

计算机文化（原书第20版）/（美）琼·詹姆里奇·帕森斯（June Jamrich Parsons）著；吕云翔等译 . 一北京：机械工业出版社，2018.9（2025.1重印）
（计算机科学丛书）
书名原文：New Perspectives on Computer Concepts 2018: Comprehensive, 20th Edition

ISBN 978-7-111-60833-2

I. 计… II. ①琼… ②吕… III. 电子计算机 – 高等学校 – 教材 IV. TP3

中国版本图书馆 CIP 数据核字（2018）第 206629 号

北京市版权局著作权合同登记 图字：01-2018-3142 号。

本书是国外著名大学采用的计算机基础课教材，涉及计算机科学的诸多方面，就像一部百科全书一样便于读者学习，同时也可增强读者对计算机科学的兴趣，为今后课程的学习打下坚实的基础。本书在内容安排上既体现了计算机科学的广度，又兼顾了相关主题的深度，同时紧跟当前的技术发展趋势，是一本不可多得的教学用书。本书共 10 章，分别介绍了数字化基础、数字设备、网络、万维网、社交媒体、软件、数字安全、信息系统、数据库以及编程等内容。

本书可作为高校各专业的计算机导论教材和教学参考书，也可供广大计算机爱好者参考使用。

出版发行：机械工业出版社（北京市西城区百万庄大街 22 号　邮政编码：100037）

责任编辑：郎亚妹　　　　　　　　　　　　　　责任校对：李秋荣

印　　刷：河北鹏盛贤印刷有限公司　　　　　　版　　次：2025 年 1 月第 1 版第 7 次印刷

开　　本：185mm×260mm　1/16　　　　　　　印　　张：30.25

书　　号：ISBN 978-7-111-60833-2　　　　　　定　　价：99.00 元

客服电话：（010）88361066　68326294

本书是国外著名大学采用的计算机基础课程教材，供大学低年级学生使用。本书涉及计算机科学的诸多方面，包含计算机相关知识，就像一部百科全书一样便于读者学习，同时也可增强读者对计算机科学的兴趣，为今后课程的学习打下坚实的基础。本书在内容安排上既体现了计算机科学的广度，又兼顾了相关主题的深度，同时紧跟当前的技术发展趋势（如大数据、云计算、社交网络、物联网等），是一本不可多得的教学用书。

由于本书是从国外引进的，所以我们对原书不符合中国国情的一些内容进行了改编和删减。例如，删去了"问题"（Issue）"信息工具"（Information Tools）"实际应用"（Technology in Context）"章节活动"（Module Activities）和"实验"（Lab）内容。这样既符合了中国的国情，又精简了篇幅（众所周知，国外的教材以大而全著称，这常常会给国内的教师和学生带来一定的负担）。

本书既适合作为高等院校计算机相关专业的计算机基础课教材，也适合作为非计算机专业学生深化计算机知识和技能的学习教材，同时还可以供广大计算机爱好者参考使用。

本书的译者为吕云翔、高峻逸、霍晓亮、张雨任、李瑞、唐博文、丁之元、邓默凡、杨洪洋、陈妙然、孔子乔、索宇澄、李熙、曾洪立。本书知识面广泛，技术内容新颖，这给我们的翻译带来了一定的挑战性。由于译者水平有限，书中难免有疏漏之处，恳请各位同仁和广大读者予以批评指正（E-mail：yunxianglu@hotmail.com）。

译　者

2018 年 10 月

21 世纪的大学毕业生应该具有丰富的知识储备，能够高效地解决快速发展的数字技术所带来的社会、政治、经济和法律问题。

如今，学生通过各种数字设备获得的知识并不系统。本书会帮助学生建立起组织这些知识的框架，并为学生理解新概念打下基础，这对我们在数字世界中的职业生涯和生活方式至关重要。

彻底的修改。本书进行了修改和更新以便提升学习效率，并介绍了如今使用的各种数字设备。本书重点关注覆盖现代生活的连接性和保护它所必需的安全性。

针对性的学习指导。这本屡获殊荣的教材为主动学习提供了针对性的学习指导，可以让学生成功参与其中。本书使用了 Mindtap 数字平台，提供了互动反馈和新的合作机会，学生会从中受益良多。

有条理的阅读。简洁的段落和清晰的表述方式有助于学生把握概念并学习如何阅读专业资料。

保持记忆。什么才是最有效的学习方法，记笔记抑或复习？据研究，学生仅通过回忆他们阅读、看到或听到的资料就能够高效地学习。这就是本书提供连续测验的原因。书中几乎每一页上都有"快速检测"，这些检测能帮助学生在阅读或之后复习时回忆起关键概念。各节末尾的"快速测验"则有助于巩固学习成果。

实践。本书提供了大量的实践信息，包括如何使用应用、如何管理文件、如何创作内容、如何配置安全软件等。"试一试"这种贯穿全书的实践向学生展示了如何将概念快速应用到现实世界中去。

对社交媒体的新探索。当然，学生会使用社交媒体，但是他们真的熟悉社交媒体蜂巢、地理位置和社会关系图等底层概念吗？他们跟上知识共享和知识产权概念的步伐了吗？他们能辨别虚假新闻吗？他们理解在线身份、隐私和名誉管理的重要性了吗？第 5 章提供了对社交媒体的全新探索方式，在深入研究概念的同时，也提供了实用的技巧。

最新的技术。数字技术正在快速演变。本书让学生了解树莓派、3D 打印机、智能应用、lightning 端口、USB-C、加速度传感器、陀螺仪传感器、磁力传感器、Mac OS、Windows 10、虚拟现实头盔、Microsoft Edge、虚拟机管理程序、双重认证、锁定勒索软件等最新技术，且不止于此。

编程实践章节。使用 Python 编程提供了高度交互化的编程活动，使得学生无须任何编程经验就可以进入程序的世界。Python 是一种易于学习的语言，支持过程化和面向对象的编程。

带插图的表述。在学习过程中精心插入了流行的插图，为理解技术概念提供了重要的可视化辅助工具。

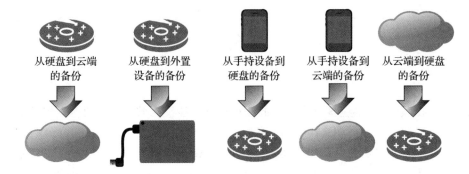

自本书第 1 版于 1994 年出版以来已经发生了如此多的变化。年复一年，这些变化本身可能很细微，然而一回头才发现，无论是技术、学生，甚至是教育都在明确地向着令人惊叹有时是令人出乎意料的方向进步。数字技术逐渐演变，本书紧跟其步伐，为学生提供了最新的内容和认知工具，可使学生参与其中并取得成功的学习成果。

相较于 20 年前，如今很多学生基本上都有了关于数字设备的更多实践经验，然而即使如此，他们也可能缺乏一个系统的知识框架。

本书的目标是使每位学生都跟上计算机基础发展的步伐，然后超越基础的计算机素养，为学生提供每个受过大学教育的人都需要知道的技术和实用信息。

无论你是老师还是学生，我们都希望你享受书中的文字和技术所带来的这段学习经历。

致谢

如果没有媒体、编辑和出版团队的努力，本书就不会存在，当然也不会如期面世。感谢 Kate Russillo 为项目的每个细节和编辑工作所付出的不懈努力；感谢 Kathleen McMahon 和 Amanda Lyons-Li 对 New Perspectives 系列丛书的管理和领导；感谢 Abigail Pufpaff 在各个方面提升了本项目的工作效率；感谢 Kabilan Selvakumar 和 Lumina 领导的团队在出版管理方面的贡献；感谢 Stacey Lamodi 对日常工作进度的管理；还要感谢优秀的销售代表，他们推荐教师采用本书作为入门课程的教材。

感谢 MediaTechnics 团队的不懈工作。感谢 Tensi Parsons 对桌面出版和插图设计的非凡奉献；感谢 Keefe Crowley 在制作视频、拍照和编制测试题库方面的多种技能；也要感谢 Chris Robbert 的清晰叙述。 Dan Oja 是我们的技术专家和数字教育的梦想家，他为创建第一个在线测试系统和交互式数字教科书而进行的开创性努力为今天的开发人员树立了高标准。

在这一版中还要特别感谢我的父亲 John X. Jamrich，他作为终身教育家和北密歇根大学的校长向我展示了通过教育帮助学生实现其目标的价值。

另外，还要感谢本书的咨询委员会成员、评论者和学生，他们对本书的每一版都做出了巨大贡献。谢谢你们！

June Jamrich Parsons

目　录

New Perspectives on Computer Concepts 2018: Comprehensive, 20th Edition

译者序
前言
作者寄语

第 1 章　数字化基础 ·················· 1
第 2 章　数字设备 ················· 12
　2.1　A 部分：设备基础 ············ 12
　　2.1.1　计算机 ················ 13
　　2.1.2　电路和芯片 ············ 15
　　2.1.3　组件 ················· 17
　　2.1.4　维护 ················· 18
　　2.1.5　快速测验 ············· 21
　2.2　B 部分：设备选择 ·········· 21
　　2.2.1　企业计算机 ············ 21
　　2.2.2　个人计算机 ············ 22
　　2.2.3　利基设备 ············· 24
　　2.2.4　选择数字设备 ·········· 25
　　2.2.5　快速测验 ············· 29
　2.3　C 部分：处理器和内存 ······· 29
　　2.3.1　微处理器 ············· 30
　　2.3.2　处理器是如何工作的 ····· 32
　　2.3.3　性能 ················· 34
　　2.3.4　随机存取存储器 ········ 36
　　2.3.5　只读存储器 ············ 38
　　2.3.6　快速测验 ············· 39
　2.4　D 部分：存储 ·············· 39
　　2.4.1　存储基础 ············· 40
　　2.4.2　磁存储技术 ············ 41
　　2.4.3　光存储技术 ············ 43
　　2.4.4　固态存储技术 ·········· 44
　　2.4.5　云存储 ··············· 46
　　2.4.6　备份 ················· 47
　　2.4.7　快速测验 ············· 51
　2.5　E 部分：输入和输出 ········· 51

　　2.5.1　附加工具 ············· 51
　　2.5.2　扩展端口 ············· 52
　　2.5.3　蓝牙 ················· 55
　　2.5.4　设备驱动程序 ·········· 56
　　2.5.5　显示设备 ············· 56
　　2.5.6　打印机 ··············· 60
　　2.5.7　物联 ················· 62
　　2.5.8　自动驾驶 ············· 64
　　2.5.9　快速测验 ············· 65
第 3 章　网络 ·················· 66
　3.1　A 部分：网络基础 ·········· 66
　　3.1.1　通信系统 ············· 67
　　3.1.2　通信信道 ············· 68
　　3.1.3　网络拓扑结构 ·········· 71
　　3.1.4　网络节点 ············· 73
　　3.1.5　通信协议 ············· 75
　　3.1.6　快速测验 ············· 76
　3.2　B 部分：因特网 ············ 76
　　3.2.1　背景 ················· 77
　　3.2.2　因特网基础设施 ········ 78
　　3.2.3　包 ··················· 80
　　3.2.4　因特网地址 ············ 82
　　3.2.5　域名 ················· 84
　　3.2.6　快速测验 ············· 88
　3.3　C 部分：因特网接入 ········· 88
　　3.3.1　连接基础 ············· 88
　　3.3.2　有线电视因特网服务 ····· 92
　　3.3.3　电话网络因特网服务 ····· 93
　　3.3.4　卫星因特网服务 ········ 95
　　3.3.5　移动宽带服务 ·········· 96
　　3.3.6　Wi-Fi 热点 ············ 98
　　3.3.7　快速测验 ············· 99
　3.4　D 部分：局域网 ············ 99
　　3.4.1　局域网基础 ·········· 100

3.4.2　以太网 ························· 101
3.4.3　Wi-Fi ························· 103
3.4.4　配置你自己的网络 ······· 104
3.4.5　网络监控 ···················· 109
3.4.6　物联网 ························· 110
3.4.7　快速测验 ···················· 112
3.5　E 部分：文件共享 ············· 112
3.5.1　文件共享基础 ·············· 112
3.5.2　访问局域网文件 ··········· 113
3.5.3　共享你的文件 ·············· 116
3.5.4　基于因特网的共享 ········ 118
3.5.5　Torrent ······················ 119
3.5.6　快速测验 ···················· 122

第 4 章　万维网 ························· 123
4.1　A 部分：万维网基础 ········· 123
4.1.1　万维网概述 ················· 124
4.1.2　演变 ···························· 125
4.1.3　网站 ···························· 126
4.1.4　超文本链接 ·················· 127
4.1.5　URL ···························· 129
4.1.6　快速测验 ···················· 133
4.2　B 部分：浏览器 ··············· 133
4.2.1　浏览器基础 ················· 134
4.2.2　定制 ···························· 137
4.2.3　浏览器缓存 ·················· 140
4.2.4　快速测验 ···················· 144
4.3　C 部分：HTML ················ 144
4.3.1　HTML 基础 ················· 145
4.3.2　HTML 编辑器 ·············· 147
4.3.3　CSS ···························· 149
4.3.4　动态网页 ····················· 151
4.3.5　创建网站 ····················· 152
4.3.6　快速测验 ···················· 155
4.4　D 部分：HTTP ················ 155
4.4.1　HTTP 基础 ················· 155
4.4.2　cookie ························· 157
4.4.3　HTTPS ······················ 160
4.4.4　快速测验 ···················· 162
4.5　E 部分：搜索引擎 ············· 162

4.5.1　搜索引擎基础 ·············· 162
4.5.2　制定搜索 ····················· 167
4.5.3　搜索隐私 ····················· 169
4.5.4　使用基于万维网的源材料 ······ 171
4.5.5　快速测验 ···················· 172

第 5 章　社交媒体 ····················· 173
5.1　A 部分：社交网络 ············· 173
5.1.1　社交媒体基础 ·············· 174
5.1.2　社交网络的演变 ··········· 176
5.1.3　社交网络基础 ·············· 177
5.1.4　地理社交网络 ·············· 178
5.1.5　社交网络分析 ·············· 181
5.1.6　快速测验 ···················· 183
5.2　B 部分：内容社区 ············· 183
5.2.1　演变 ···························· 184
5.2.2　媒体内容社区 ·············· 185
5.2.3　知识产权 ····················· 187
5.2.4　知识共享 ····················· 189
5.2.5　快速测验 ···················· 191
5.3　C 部分：博客及其他 ········· 191
5.3.1　博客 ···························· 192
5.3.2　微博 ···························· 194
5.3.3　维基 ···························· 196
5.3.4　快速测验 ···················· 199
5.4　D 部分：在线通信 ············· 199
5.4.1　通信矩阵 ····················· 199
5.4.2　电子邮件 ····················· 200
5.4.3　在线聊天 ····················· 205
5.4.4　网络协议通话和视频技术 ······ 206
5.4.5　快速测验 ···················· 208
5.5　E 部分：社交媒体价值观 ····· 208
5.5.1　身份 ···························· 208
5.5.2　声誉 ···························· 210
5.5.3　隐私 ···························· 212
5.5.4　快速测验 ···················· 215

第 6 章　软件 ··························· 216
6.1　A 部分：软件基础 ············· 216
6.1.1　基本要素 ····················· 217

6.1.2 分发 ……………………… 219
6.1.3 软件许可证 ………………… 221
6.1.4 假冒和盗版软件 …………… 224
6.1.5 快速测验 …………………… 225

6.2 B 部分：操作系统 …………… 226
6.2.1 操作系统基础 ……………… 226
6.2.2 Microsoft Windows ………… 229
6.2.3 Mac OS ……………………… 232
6.2.4 iOS …………………………… 234
6.2.5 安卓 ………………………… 235
6.2.6 Chrome OS …………………… 236
6.2.7 Linux ………………………… 236
6.2.8 虚拟机 ……………………… 237
6.2.9 快速测验 …………………… 239

6.3 C 部分：应用程序 …………… 239
6.3.1 Web 应用程序 ……………… 239
6.3.2 移动应用程序 ……………… 241
6.3.3 本地应用程序 ……………… 242
6.3.4 卸载软件 …………………… 245
6.3.5 快速测验 …………………… 247

6.4 D 部分：生产力软件 ………… 247
6.4.1 办公套件基础 ……………… 247
6.4.2 文字处理 …………………… 248
6.4.3 电子表格 …………………… 251
6.4.4 数据库 ……………………… 254
6.4.5 演示 ………………………… 256
6.4.6 快速测验 …………………… 257

6.5 E 部分：文件管理实用程序 …… 257
6.5.1 文件基础 …………………… 258
6.5.2 文件管理工具 ……………… 260
6.5.3 基于应用程序的文件管理 …… 264
6.5.4 物理文件存储 ……………… 266
6.5.5 快速测验 …………………… 268

第 7 章 数字安全 ……………………… 269

7.1 A 部分：安全基础 …………… 269
7.1.1 加密 ………………………… 270
7.1.2 认证 ………………………… 271
7.1.3 密码 ………………………… 274
7.1.4 密码管理器 ………………… 277

7.1.5 快速测验 …………………… 279
7.2 B 部分：恶意软件 …………… 280
7.2.1 恶意软件的威胁 …………… 280
7.2.2 计算机病毒 ………………… 280
7.2.3 计算机蠕虫 ………………… 283
7.2.4 木马 ………………………… 284
7.2.5 杀毒软件 …………………… 285
7.2.6 快速测验 …………………… 290

7.3 C 部分：在线侵入 …………… 290
7.3.1 侵入威胁 …………………… 291
7.3.2 0-day 攻击 ………………… 294
7.3.3 NETSTAT 命令 ……………… 295
7.3.4 防火墙 ……………………… 296
7.3.5 快速测验 …………………… 299

7.4 D 部分：拦截 ………………… 299
7.4.1 拦截基础 …………………… 299
7.4.2 双面恶魔 …………………… 300
7.4.3 地址欺骗 …………………… 301
7.4.4 数字证书破解 ……………… 302
7.4.5 IMSI 捕获器 ………………… 304
7.4.6 快速测验 …………………… 305

7.5 E 部分：社会工程学 ………… 305
7.5.1 社会工程学基础 …………… 306
7.5.2 垃圾邮件 …………………… 307
7.5.3 网络钓鱼 …………………… 310
7.5.4 域欺骗 ……………………… 312
7.5.5 流氓杀毒软件 ……………… 314
7.5.6 PUA …………………………… 315
7.5.7 快速测验 …………………… 316

第 8 章 信息系统 ……………………… 317

8.1 A 部分：信息系统基础 ……… 317
8.1.1 企业基础 …………………… 318
8.1.2 事务处理系统 ……………… 321
8.1.3 管理信息系统 ……………… 323
8.1.4 决策支持系统 ……………… 324
8.1.5 专家系统 …………………… 326
8.1.6 快速测验 …………………… 327

8.2 B 部分：企业级应用 ………… 328
8.2.1 电子商务 …………………… 328

8.2.2 供应链管理 …………… 330
8.2.3 客户关系管理 ………… 332
8.2.4 企业资源规划 ………… 334
8.2.5 快速测验 …………………… 335
8.3 C 部分：系统分析 ………… 335
8.3.1 系统开发生命周期 …… 336
8.3.2 计划阶段 ………………… 337
8.3.3 分析阶段 ………………… 341
8.3.4 文档工具 ………………… 342
8.3.5 快速测验 ………………… 345
8.4 D 部分：设计和实施 ……… 345
8.4.1 设计阶段 ………………… 346
8.4.2 评估和选择 ……………… 348
8.4.3 应用程序规范 …………… 349
8.4.4 实现阶段 ………………… 350
8.4.5 文档和培训 ……………… 352
8.4.6 转换 ……………………… 352
8.4.7 维护阶段 ………………… 353
8.4.8 快速测验 ………………… 355
8.5 E 部分：系统安全 ………… 355
8.5.1 风险中的系统 …………… 356
8.5.2 数据中心 ………………… 356
8.5.3 灾难恢复计划 …………… 358
8.5.4 数据泄露 ………………… 359
8.5.5 安全措施 ………………… 361
8.5.6 快速测验 ………………… 364

第 9 章 数据库 ………………… 365

9.1 A 部分：数据库基础 ……… 365
9.1.1 运行数据库和分析数据库 …… 366
9.1.2 数据库模型 ……………… 370
9.1.3 快速测验 ………………… 378
9.2 B 部分：数据库工具 ……… 378
9.2.1 数据库工具基础 ………… 378
9.2.2 专用应用程序 …………… 379
9.2.3 文字处理软件数据工具 …… 381
9.2.4 电子表格数据工具 ……… 382
9.2.5 数据库管理系统 ………… 384
9.2.6 快速测验 ………………… 388
9.3 C 部分：数据库设计 ……… 388

9.3.1 定义字段 ………………… 389
9.3.2 数据类型 ………………… 392
9.3.3 规范化 …………………… 393
9.3.4 排序与索引 ……………… 395
9.3.5 设计交互界面 …………… 397
9.3.6 设计报表模板 …………… 399
9.3.7 快速测验 ………………… 400
9.4 D 部分：结构化查询语言 …… 401
9.4.1 SQL 基础 ………………… 401
9.4.2 添加记录 ………………… 403
9.4.3 搜索信息 ………………… 404
9.4.4 更新字段 ………………… 406
9.4.5 连接表 …………………… 407
9.4.6 快速测验 ………………… 409
9.5 E 部分：大数据 …………… 409
9.5.1 大数据基础 ……………… 409
9.5.2 大数据分析 ……………… 412
9.5.3 NoSQL …………………… 413
9.5.4 快速测验 ………………… 420

第 10 章 编程 …………………… 421

10.1 A 部分：编程 …………… 421
10.1.1 编程基础 ……………… 422
10.1.2 编程计划 ……………… 423
10.1.3 编写程序 ……………… 426
10.1.4 程序测试和文档 ……… 428
10.1.5 快速测验 ……………… 432
10.2 B 部分：编程语言 ……… 432
10.2.1 语言演变 ……………… 433
10.2.2 编译器和解释器 ……… 436
10.2.3 范式和语言 …………… 438
10.2.4 工具集 ………………… 440
10.2.5 快速测验 ……………… 442
10.3 C 部分：过程化编程 …… 442
10.3.1 算法 …………………… 442
10.3.2 伪代码和流程图 ……… 445
10.3.3 控制流 ………………… 447
10.3.4 过程化应用程序 ……… 452
10.3.5 快速测验 ……………… 453
10.4 D 部分：面向对象编程 …… 453

10.4.1 对象和类 ·················· 453

10.4.2 继承 ·················· 455

10.4.3 方法和消息 ·················· 456

10.4.4 面向对象程序结构 ·········· 459

10.4.5 面向对象应用程序 ·········· 461

10.4.6 快速测验 ·················· 462

10.5 E 部分：声明式编程 ·············· 462

10.5.1 声明式范式 ·················· 462

10.5.2 Prolog 事实 ·················· 463

10.5.3 Prolog 规则 ·················· 466

10.5.4 交互式输入 ·················· 468

10.5.5 声明式逻辑 ·················· 469

10.5.6 声明式应用程序 ·········· 470

10.5.7 快速测验 ·················· 471

数字化基础

文字、数字、音乐、视频、图像和语音，所有这些"事物"都已经成为数字化内容。数字化技术的惊人之处在于它可以将这些不同的内容提取成0和1，并将它们存储为电子脉冲。

应用所学知识

- 列出三种数字设备用于物理存储或传输 1 和 0 的技术。
- 用二进制形式写出 1 到 10。
- 解码 ASCII 文本。
- 演示如何在数据存储和数字设备上使用以下术语：位、字节、兆字节、兆字节和千兆字节。
- 区分用二进制数表示的数据和用 ASCII 或 Unicode 表示的数据。
- 解释 OCR（光学字符识别）为何与 ASCII 和 Unicode 相关。
- 描述有损压缩和无损压缩的区别。
- 演示如何压缩文件。

数据表示基础

数字内容（如电子书、文档、图像、音乐和视频）是数据的集合。**数据**（data）是代表人、事件、事物和想法的符号。数据可以是名称、数字、照片中的颜色或音乐作品中的音符。

数据和信息有什么不同？ 在日常对话中，人们交替使用数据和信息。但是，一些技术专业人士对这两个术语进行了区分。他们将数据定义为代表人、事件、事物和想法的符号。当数据以人们可以理解和使用的格式呈现时，数据即成为信息。一般来说，需记住（从技术上讲）数据被计算机等机器使用，信息被人类使用。

什么是数据表示？ 数据表示（data representation）是指存储、处理和传输数据的形式，诸如智能手机、iPod 和计算机之类的设备以数字格式来存储可由电子电路处理的数据。现如今，数字数据表示已经取代了之前用于存储和传输照片、视频及文本的模拟表示方法。

模拟数据和数字数据有什么区别？ 数字数据（digital data）表示被转化为类似于 0 和 1 这样的离散数字的文本、数字、图形、声音或视频。与之相对，**模拟数据**（analog data）则被无限量的数值表示。为了简单地说明模拟和数字之间的区别，可以用传统的灯光开关或灯

> **术语**
>
> "数据"（data）一词可以被理解为复数名词，也可以被理解为抽象的不可数名词。因此语句"The data are being processed"和"The data is being processed"（数据正被处理）都是正确的用法。在本书中，数据一词与单数动词和形容词搭配使用。

光调节旋钮来进行类比。

调光开关有一个旋转的刻度盘，它控制着连续的亮度范围，因此它是模拟的。另一方面，传统的灯开关具有两种不连续的状态，即开和关，而没有中间状态，所以这种类型的灯开关是数字的。

传统的灯开关因为只有两种可能的状态，因此也是二进制的。从技术上讲，数字设备可以使用两种以上的状态来表示数据。一些最早的计算机用十进制来表示数字，而现如今，大多数数字设备使用二进制系统来表示数字和其他数据。

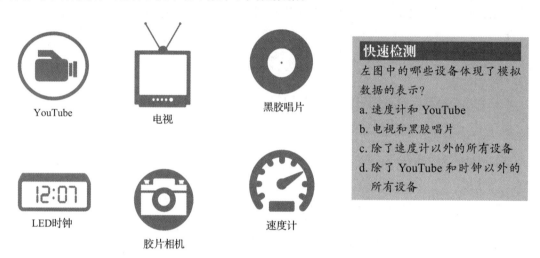

YouTube

电视

黑胶唱片

LED时钟

胶片相机

速度计

快速检测

左图中的哪些设备体现了模拟数据的表示？

a. 速度计和 YouTube

b. 电视和黑胶唱片

c. 除了速度计以外的所有设备

d. 除了 YouTube 和时钟以外的所有设备

数字数据是如何运作的？ 将信息（如文本、数字、照片或音乐）转换成可由电子设备操纵的数字数据的过程称为**数字化**（digitization）。

假设你想通过闪光来发送信息。电灯开关提供了两种状态，即开和关，你可以用电灯开和关的序列来代表字母表中的各种字母。为了将每个字母的表示记录下来，可以使用 0 和 1 来指代开关的两种状态。0 代表电灯处于关的状态，而 1 代表电灯处于开的状态。例如，序列"开开关关"可以被写作 1100，而你可以决定用这个序列来表示字母 A。

用于表示数字数据的 0 和 1 被称为二进制数字。由此我们获得了一个术语：位（比特）——二进制数字。在数据的数字表示中，**位**（bit）是一个 0 或 1。

数字设备是电子设备，因此你可以将这些设备中的比特流设计为光脉冲。而数字信号可以采取多种形式表示，如图 1-1 所示。

快速检测

数字设备通常按位进行操作，以下哪种方式是例外？

a. 电压变化　　b. 亮点和暗点

c. 模拟数值　　d. 磁化方向

数字数据是如何存储的？ 数字数据通常存储在文件中。数字文件通常简称为**文件**（file），是存储在存储介质（如硬盘、CD、DVD 或闪存驱动器）上的数据集合的命名。例如，文件可以包含学期论文、网页、电子邮件或视频中的数据。

每个文件都有一个唯一的名称，如 Thriller.mp3。**文件扩展名**（file name extension）（例如 .mp3）被附加到文件名的末尾。该扩展名代表了文件的格式、文件中的数据类型和编码方式。让我们来看看数字、文本、图像、声音和视频是如何被编码成数字格式并成为电脑文件的。

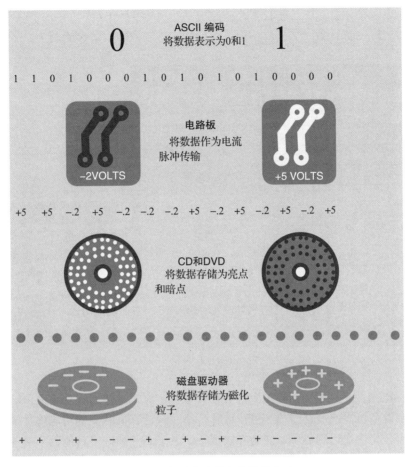

图 1-1　多种表示数字数据的方法

数字的表示

数字数据（numeric data）由可用于算术运算的数字组成。例如，你的年收入是数字数据，年龄也是。这个概念看似简单明了，但是一些看起来是数字的数据却有不同的用法。美国社会安全号码、电话号码、街道号码和类似的数据都不是数字数据。这些"数字"被认为不是数字数据的原因是它们从未用于数学计算。这是数字世界中的一个关键概念，当你使用电子表格、数据库和计算机程序时，这个问题就显得尤为重要。

数字设备是如何表现数字的？数字设备使用二进制系统表示数字数据，也可以称为以 2 为基数的表示方法。**二进制数字系统**只有两个数字：0 和 1。此系统中不存在数字 2，因此以二进制表示为 10（读作"一零"）。联想到十进制中从 1 数到 10 时发生的变化，你就可以理解发生了什么：达到 9 后，所有数字就会用完。对于数字 10，必须使用数字 10——0 是一个占位符，1 表示 10 的组数。

在二进制中，你会在数到 1 时便用完了所有的数字。要获得下一个数字，就要使用 0 作为占位符，1 表示一组 2。在二进制中，计数方法为 0（零）、1（一）、10（一零），而不是以十进制中的 0、1、2 来计数。如果你需要练习使用二进制数字，请参阅图 1-2。

十进制数（以 10 为基数）	二进制数（以 2 为基数）
0	0
1	1
2	10
3	11
4	100
5	101
6	110
7	111
8	1000
9	1001
10	1010
11	1011
1000	1111101000

图 1-2　十进制数转化为二进制数

> **快速检测**
>
> 图 1-2 表示了从 0 至 11 以及 1000 的二进制表示形式，那么下列哪一项是数字 12 的二进制表示形式？
>
> a. 10111　　　b. 1100
> c. 10000　　　d. 1111

重要的一点是，二进制数字系统允许数字设备通过简单地使用 0 和 1 来表示几乎任何数字，于是数字设备可以使用这些数字进行计算。第一台计算机的关键功能就是执行快速和准确计算的能力。如今二进制数字系统为在线银行、电子商务和许多其他数字处理应用程序提供了基础。

文本的表示

字符数据（character data）由不在计算中使用的字母、符号和数字组成。字符数据的例子包括姓名、地址和头发颜色。字符数据通常被称为"文本"。

数字设备是如何表示文本的？ 数字设备使用多种类型的编码方式来表示字符数据，包括 ASCII 码、Unicode 编码以及它们的变体。ASCII（American Standard Code for Information Interchange，美国信息交换标准码）需要使用 7 位来表示一个单独的字符。例如，大写字母 A 的 ASCII 码的表示方式为 1000001。ASCII 码为 128 个字符提供了编码，包括大写字母、小写字母、标点符号和数字。

扩展 ASCII（Extended ASCII）是 ASCII 码的一个超集，它使用 8 位来表示每个字符。例如，大写字母 A 用扩展 ASCII 码表示的形式为 01000001。用 8 位取代 7 位来表示字符使得扩展 ASCII 码可以包含方框及其他图像符号。

Unicode 使用 16 位并为多达 65 000 个字符提供了编码——这为表示多种语言字符提供了便利。

UTF-8 编码是一种可以同时使用 7 位来表示 ASCII 字符和 16 位来表示 Unicode 字符的

> **快速检测**
>
> 用扩展 ASCII 码写出 Hi!。（提示：使用大写字母 H，以及小写字母 i。）
>
> H ☐
>
> i ☐
>
> ! ☐

变长编码模式。

查看图 1-3 中的 ASCII 码。请注意除了有对应于符号、数字、大写字母和小写字母的编码外，还有一个编码对应于空格字符。

00100000	Space	00110011	3	01000110	F	01011001	Y	01101100	l
00100001	!	00110100	4	01000111	G	01011010	Z	01101101	m
00100010	"	00110101	5	01001000	H	01011011	[	01101110	n
00100011	#	00110110	6	01001001	I	01011100	\	01101111	o
00100100	$	00110111	7	01001010	J	01011101	]	01110000	p
00100101	%	00111000	8	01001011	K	01011110	^	01110001	q
00100110	&	00111001	9	01001100	L	01011111	_	01110010	r
00100111	'	00111010	:	01001101	M	01100000	`	01110011	s
00101000	(	00111011	;	01001110	N	01100001	a	01110100	t
00101001	)	00111100	<	01001111	O	01100010	b	01110101	u
00101010	*	00111101	=	01010000	P	01100011	c	01110110	v
00101011	+	00111110	>	01010001	Q	01100100	d	01110111	w
00101100	,	00111111	?	01010010	R	01100101	e	01111000	x
00101101	-	01000000	@	01010011	S	01100110	f	01111001	y
00101110	.	01000001	A	01010100	T	01100111	g	01111010	z
00101111	/	01000010	B	01010101	U	01101000	h	01111011	{
00110000	0	01000011	C	01010110	V	01101001	i	01111100		
00110001	1	01000100	D	01010111	W	01101010	j	01111101	}
00110010	2	01000101	E	01011000	X	01101011	k	01111110	~

图 1-3 ASCII 编码

为什么会有表示数字的 ASCII 码？ 浏览图 1-3 中的 ASCII 码，你可能会奇怪为什么这个表格包含了对 0、1、2、3 等数字的编码。难道这些数字不应该被表示为它们的二进制形式吗？事实上，二进制数字系统是用于表示数字数据的，但这些 ASCII 码是用于表示文本数字的，比如社会保险号和手机号这种并不用于计算的数值。举个例子，475-6677 是一个电话号码，不是一个 475 减去 6677 的算式。

数字文本会在什么情景下被使用？ 数字文本无处不在，它是一切数字文档、网站、社交媒体站点、游戏以及电子邮件的基础。除此以外，它还是 Kindle 和其他类型电子书的基石。

在电子设备上产生的文档是由经过 ASCII 码、Unicode 码或者 UTF-8 编码后的一串 0 和 1 组成的。有些种类的文档只是简单地包含了纯文本，而其他类型的文档则包含格式化代码以生成粗体字体、列和其他效果。

什么是纯文本？ 朴素的、未经过格式加工的文本有时

快速检测

如果你的地址位于 B 街 10 号（10 B street），在 ASCII 码的表示中，前三个字节分别是什么？

a. 00110001 00110000 01000010

b. 00110001 00110000 00100000

c. 00110001 00110111 00100000

被称作 **ASCII 文本**（ASCII text），这类文本被存储于一个名为"文本文件"且名字以 .txt 作为结尾的文件中。在苹果设备上，这类文件被标记为"纯文本"。在 Windows 系统上，这类文件被标记为"文本文档"，类似如下的形式：

 Roller Coasters.txt   Text Document   2 KB

ASCII 文本文件可以使用文本编辑器（如 TextEdit 和 Notepad）创建。因为可执行程序代码不能包含下划线和特殊字体等格式，所以它们通常用于编写计算机程序。文本编辑器也可以用于创建网页。

无论设备类型如何，文本文件通常都可以由任何文字处理软件打开。从这个意义上讲，它们是普遍适用的。图 1-4 显示了一个 ASCII 文本文件和为其存储的二进制代码。

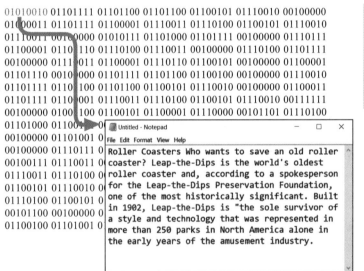

快速检测

在 Roller Coasters 文件中，第 7 个字节代表的是什么？

a. 大写字母 C   b. 小写字母 c

c. 空格   d. 回车

图 1-4   包含未格式化编码的 ASCII 文本文件

格式是如何被添加到文档中的？ ASCII 文本文件不包含格式，它们没有粗体、斜体、下划线或字体颜色，没有边距、栏目、项目符号、标题或页码。

假设你希望 Roller Coasters 文档的标题居中并以粗体字显示，如下所示：

要创建具有样式和格式的文档，必须在文本中嵌入格式化代码。有很多可以实现这种要求的技术，每种技术都会产生一个独特的文件格式。这些格式的文件可以由生成它们的软件打开，用其他种类的软件打开这些文件则需要进行转换。

Microsoft Word 生成带格式的文本并以 DOCX 格式创建文档，而 Apple 则以 PAGES 格式生成文档，Adobe Acrobat 以 PDF 格式生成文档，用于网页的 HTML 标记语言以 HTML 格式生成文档，电子书是使用 EPUB 格式创建的。

格式化代码可以直接添加到文档中的文本流内，使用某种分隔符来指示格式化命令的开始和结束。显示文档时，格式化代码将被隐藏。这些隐藏代码是什么样子的呢？图 1-5 为你展示了 Roller Coasters 文档的幕后视图，其中显示了所有嵌入的格式化代码。

> **术语**
>
> **分隔符**（delimiter）是一个特殊字符，用于将命令或格式化字符与文件中的其余文本进行分隔。斜线 // 和尖括号 <> 是常用的分隔符。

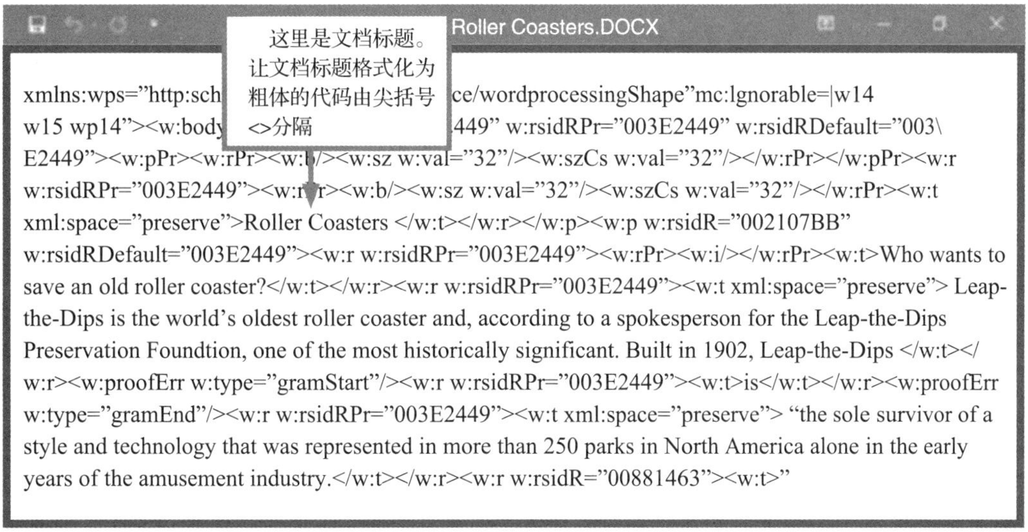

图 1-5　在文档中添加格式化代码

扫描文档时发生了什么？ 当使用扫描仪数字化文档时，可以选择图形格式和 OCR 格式。图形格式基本上是捕获文档的照片，会在稍后的模块中为读者呈现。单独的字母和标点符号不会被编码为 ASCII。扫描到图形格式的文档不能使用文字处理器进行编辑。

光学字符识别（OCR）是在扫描期间或之后解释单个字符的过程，它为每个字母分配合适的 ASCII 码，并以可使用文字处理软件编辑的格式输出文档。OCR 软件可用于大多数扫描仪，在你想要修改文档的打印副本但不希望重新输入时，使用 OCR 非常方便。

> **快速检测**
>
> 下列哪一个选项最需要 OCR 技术？
>
> a. 你想要注释的 1945 年获奖书籍的两页参考书目
>
> b. 一篇杂志文章的摘录，你希望将其纳入学期论文
>
> c. 包含主场比赛赛程的足球海报
>
> d. 来自手写日记的一页，你希望将其包含在历史传记中

位与字节

所有由数字设备存储和传输的数据都被编码为位。与位和字节相关的术语被广泛用于描

述存储容量和网络访问速度。作为数字商品的消费者，你需要掌握这些术语。

位和字节有什么区别？ 即使位（bit）是二进制数字（binary digit）的缩写，也依旧可以进一步缩写，通常以小写字母 b 表示。八位一组称为一个**字节**（byte），缩写通常为大写字母 B。

传输速度以位表示，而存储空间以字节表示。例如，有线网络连接可能以每秒 50 兆位的速度将数据从互联网传输到你的计算机。在 iPad 广告中，你可能会注意到它可以存储多达 60 GB（千兆字节）的音乐和视频。

kilo–（千），mega–（兆），giga–（千兆），tera–（兆兆），这些前缀的意思是什么？ 在查看数字设备时，你经常会遇到诸如每秒 90 千字节、1.44 兆字节、2.4 千兆赫和 2 兆兆字节等用语。如图 1-6 所示，千、兆、千兆、兆兆和类似术语用于量化数字数据。

试一试

使用扫描仪或多功能打印机扫描单页文档，扫描的默认格式可以是 JPEG 或 PNG 图形，尝试使用扫描仪的 OCR 服务将扫描转换为可使用文字处理软件进行编辑的文档。

位	一个二进制数字	千兆位	2^{30}个位
字符	8个位	千兆字节	2^{30}个字节
千位	1024或2^{10}个位	太字节	2^{40}个字节
千字节	1024或2^{10}个字节	拍字节	2^{50}个字节
兆位	1 048 576或2^{20}个位	艾字节	2^{60}个字节
兆字节	1 048 576或2^{20}个字节		

图 1-6　数字量词

术语

什么是 kibibyte？一些计算机科学家已经提出了替代术语来消除诸如 kilo 可以同时意味着 1000 和 1024 的歧义。他们建议使用以下前缀：

Kibi = 1024

Mebi = 1 048 576

Gibi = 1 073 741 824

为什么会使用这么奇怪的数字？ 在常见用法中，千简写为 K，表示一千，例如，50K 美元意味着 5 万美元。然而，在计算机环境中，50K 意味着 51 200。这是为什么？在我们每天使用的十进制数字系统中，数字 1000 是 10 的三次方，或者 10^3。对于标准是基数为 2 的数字设备，千代表着 1024 或 2^{10}。兆是从 2^{20} 中引申而出的，千兆则对应 2^{30}。

应该在什么场合使用位，在什么场合使用字节？ 就一般规则而言，使用位来表示数据传输速率，例如互联网连接速度和电影下载速度。使用字节表示文件大小和存储容量。图 1-7 提供了一些示例。

快速检测

我的苹果手机有 8____ 的存储空间；我上传了一个高分辨率的 8____ 图像；我将要下载一个小型的 8____ 文件。

a. GB,MB,Mbps

b. MB,GB,KB

c. GB,MB,KB

d. Mbps,MB,GB

压缩

所有这些 1 和 0 都可以快速扩大数字文件的大小。字母 "A" 只是打印文档中的一个字符，它表示为 ASCII 时需要 7 位，如果表示为 Unicode，则需要 16 位。"1st" 中的 "1" 可以用简单的 1 位表示，但是在编码时需要占用多个位。数字数据也需要很多位来表示，数字 10 用二进制表示为 1010，需要 4 位。

56 Kbps

千位（Kilobit，Kb 或 Kbit）用于慢速的数据传输速率，比如 56Kbps（千位每秒）的拨号连接

104 KB

当涉及小型计算机文件的大小时，经常使用千字节（Kilobyte，KB 或 KByte）

50 Mbps

兆位（Megabit，Mb 或 Mbit）用于快速的数据传输速率，例如 50 Mbps（兆位每秒）的网络连接

3.2 MB

当涉及包含照片和视频的文件的大小时，通常使用兆字节（Megabyte，MB或MByte）

100 Gbit

千兆位（Gigabit，Gb或Gbit）用于量化非常快的网络速度

16 GB

千兆字节（Gigabyte，GB或GByte）通常用于量化存储容量

图 1-7   位还是字节

为了减少文件大小和降低传输时间，可以对数字数据进行压缩。**数据压缩**（data compression）指的是对文件中的数据进行重新编码以使其包含较少的位的技术。压缩通常被称为"zipping"。如今存在许多压缩技术，它们可以被分为两类：无损压缩和有损压缩。

无损压缩与有损压缩有哪些区别？ 无损压缩提供了压缩数据并将其重构为原始状态的方法。文档和电子表格中的字符数据和数字数据使用无损技术进行压缩，以便解压后的数据与原始数据完全相同。

有损压缩在压缩过程中丢弃了一些原始数据。数据解压后，与原始数据不完全相同。因为人的耳朵或眼睛无法辨别细微变化，这种类型的压缩通常用于音乐图像和视频。在本章的后面，你将学习更多关于减小音乐、图像和视频文件大小的压缩技术。

如何压缩数据？ 压缩数据的软件称为压缩工具。大多数计算机都包含压缩数据的软件，但平板电脑和智能手机可能需要第三方应用程序来处理压缩数据。

在笔记本电脑和台式机上，压缩程序可从用于管理文

快速检测

下列哪一项需要使用无损压缩技术？

a. 以电子邮件附件形式发送非常大的文档

b. 在 Facebook 页面上发布的班级团聚照片

c. 保存在 iPod 上的 iTunes 曲目，并在计算机上进行备份

试一试

尝试压缩文件以查看它们缩小了多少。尝试压缩文档，然后尝试压缩图形。

件的同一窗口进行访问。你可以将数据压缩到单个文件中，或者可以合并多个文件以创建单个压缩文件，并在解压缩后重新构建为原始文件（如图 1-8 所示）。

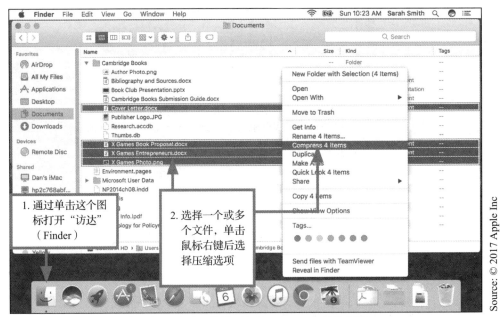

在一台Mac电脑上使用"访达"（Finder）压缩文件

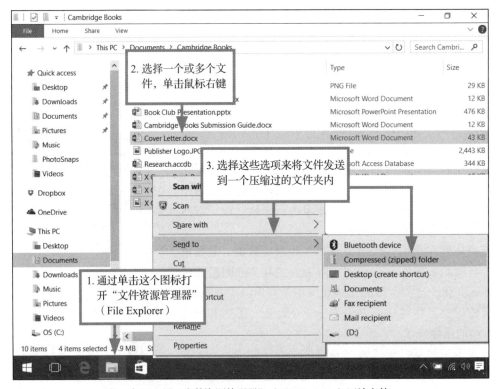

在一台PC上用"文件资源管理器"（File Explorer）压缩文件

图 1-8　文件压缩

如何将文件返回到未压缩时的状态? 重构文件的过程称为提取或解压缩。与压缩一样，大多数笔记本电脑和台式机都包含提取和解压缩软件；平板电脑和智能手机可能需要第三方应用程序。

压缩文件通常在文件名末尾有 .zip 后缀，并用特殊图标进行表示。压缩文件也可能以 .gz、.pkg 或 .tar.gz 结尾。这些文件必须经过提取或解压缩后才能查看它们包含的数据。这个过程很简单，在 Mac 上解压文件，只需双击被压缩文件夹即可。在 Windows 系统下（如图 1-9 所示）则可以使用"压缩文件夹工具"（Compressed Folder Tools）或"全部解压缩"（Extract All）选项。

图 1-9　在 Windows 系统下解压文件

快速测验

1. ____用于表示数字化数据中的一个 0 或 1。

2. 绝大多数电脑使用 Unicode、UTF-8 或扩展____编码来表示字符数据。（提示：使用缩写。）

3. 格式代码可以通过____被添加到文档之中，例如 // 和 <>。

4. 在计算机世界中，TB 是____的缩写。

5. 包含照片、视频和音乐的数据文件通常使用____压缩方式进行压缩，这样的压缩方式会丢弃一些原始数据。

数字设备

数字设备的可用性令人难以置信。如何确认哪些设备适合你的生活方式和职业？第一步就是理解数字硬件。

应用所学知识

- 识别数字设备系统板上的芯片。
- 识别数字设备的组件，如显示器、系统单元、存储设备、输入设备、输出设备和扩展端口。
- 安全地清洁和维护数字设备。
- 使用最佳做法来操作便携式设备，以延长电池寿命和电池使用寿命。
- 记录你的数字设备并保留其序列号。
- 根据使用计划购买数字设备。
- 解读电脑广告，了解电脑规格，以便做出明智的购买决定。
- 查看你的数字设备的处理器规格。
- 确定数字设备的 RAM 容量。
- 了解什么情况下会需要闪存 ROM 以及如何安全地进行操作。
- 选择最有效的存储设备来传输、存档和备份文件。
- 安全地使用云存储。
- 对重要的数据文件进行备份。
- 在发生擦除主存储器的事件后，使用恢复驱动器、"复制"命令、文件历史记录、Time Machine 和磁盘映像等备份工具，恢复数字设备。
- 使用扩展端口连接外围设备。
- 确定显示屏幕的分辨率。
- 正确按照系统指示拔出 USB 驱动器等设备。
- 为数字设备配备蓝牙连接。
- 描述用于数字设备、物联网和自动驾驶汽车的各种传感器的作用。

2.1　A 部分：设备基础

有哪些构造存在于我们所使用的数字设备中？无论你是正在操作笔记本电脑，还是正在搞清楚如何安全地清洁智能手机屏幕，了解数字设备的组件以及它们的工作方式都会对你有所帮助。本章 A 部分将从内向外解读数字设备，首先关注所有数字设备共有的特性，然后深入到电路和芯片。

目标

- 绘制一张显示计算机活动特征的 IPOS 模型的图表。

- 描述存储的概念，以及为什么将它与计算机其他更简单、功能更少的数字设备区分开来。
- 说明以下哪些是应用软件，哪些是系统软件：iOS，Windows，Microsoft Word，Android，PowerPoint。
- 列出三个"集成电路"的常用替代术语。
- 解释半导体是组成集成电路的材料的原因。
- 认出系统板上的微处理器。
- 识别具有折叠式或平板式外观的典型设备的组件。
- 列出清洁数字设备时要避免的四个错误。
- 说明如何保养触摸屏。
- 列出延长电池寿命的 6 个步骤。

2.1.1　计算机

皮克斯庞大的服务器阵列可呈现出 3D 动画电影，而你手中握有的小型 iPhone 则更为流行。这些设备以及大型机、台式机、平板电脑、电子书阅读器和游戏机都基于计算机技术。理解计算机的经典定义会帮助我们了解所有这些设备的共同点。

什么是计算机？ 大多数人都能在心中描绘出计算机的画面，但实际上计算机可以做很多事情，并且形状和大小各不相同，以至于难以通过它们的共同特征提炼出一个通用的定义。**计算机**（computer）的核心是多用途设备，它接受输入、处理数据、存储数据，并根据一系列存储的指令产生输出。

输入（input）是指打印、提交或传送到计算机上的各种内容。**输出**（output）是计算机产生的结果。输入和输出可以通过计算机中包含的组件或附加组件（例如键盘和打印机）来进行处理，这些组件可通过电缆或无线连接来连接到计算机。

> **术语**
>
> 计算机一词自 1613 年开始出现，但如果你查看 1940 年之前的字典，可能会惊讶地发现那时人们将计算机定义为执行计算的人。在 1940 年之前，用于执行计算的机器通常被称为计算器和制表器，而不是计算机。计算机这个术语的现代定义及其使用出现在 20 世纪 40 年代，那时人们开发出了第一台电子计算设备。

计算机通过执行计算来**处理数据**（process data）、修改文档和图片、绘制图形以及排序单词或数字列表。计算过程由计算机的**中央处理单元**（Central Processing Unit，CPU）处理。大多数现代计算机的 CPU 是一个**微处理器**（microprocessor），它是用于处理数据的可编程电子元件。

计算机会存储数据以及用于处理数据的软件。大多数电脑在硬盘或闪存驱动器上部署了长期**存储**（storage），还在称为**内存**（memory）的设备上拥有临时存储区域。图 2-1 说明了计算机的 IPOS 模型（输入、处理、输出、存储）的活动特征。

计算机存储指令的能力有多么重要？ 指导数字设备进行任务处理的指令被称为**计算机程序**（computer program），或简称为程序。这些程序构成了帮助计算机执行特定任务的**软件**（software）。当计算机"运行"软件时，它会通过运行指令来执行任务。

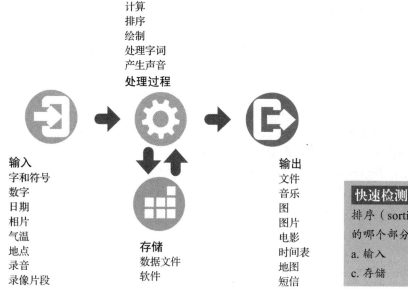

图 2-1 用 IPOS 模型来定义计算机

第一批计算机通过以某种特定方式连接线路并被"编程"来执行特定的任务，因此改变任务意味着为电路重新布线。**存储程序**（stored program）意味着计算任务的一系列指令可以被加载到计算机内存中。当需要使用多用途计算机设备时，这些指令可以很容易地被另一组指令所替代（如图 2-2 所示）。

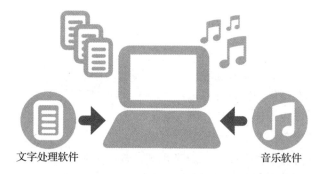

文字处理软件   音乐软件

存储程序的出现使得人们在使用计算机处理一项任务（如文字处理）时，可以轻松地切换到其他类型的计算任务（如编辑照片或播放音乐）中去。这是计算机区别于其他更简单、更通用的数字设备（如数字钟、计算器和照相机）的最重要特性

图 2-2   可存储的程序把计算机变成了多功能机器

计算机能运行什么类型的软件？ 计算机主要运行三种类型的软件：应用软件、系统软件和开发工具（如图 2-3 所示）。计算机可以用于运行许多任务，例如写作、数字处理、视频编辑和在线购物。**应用软件**（application software）是帮助人们执行任务的一组计算机程序。应用软件有时被称为**应用**（app）。

应用软件旨在帮助人们执行任务，而**系统软件**（system software）的主要目的则是帮助计算机系统进行自我监控，以便使计算机高效地运行。系统软件的一个例子是计算机**操作系统**（Operating System，OS），它实际上是计算机内所有活动的主控制器。

开发工具（development tool）用于创建应用程序软件、网站、操作系统和实用程序。开发工具包括计算机编程语言（如 C ++）和脚本语言（如 HTML）。

图 2-3　软件分类

2.1.2　电路和芯片

世界上第一台电脑只有壁橱一般的大小，内部充满了电线、真空管、晶体管和其他庞大的元件。随着数字电子技术的发展，组件变得越来越小。打开数字设备，你不会看到一堆电线和齿轮；相反，你会看到小型电路板和集成电路。这些微小的组件是数字电子的本质。

什么是数字电子技术？ 数字电子把数据位表示为在电路上传播的电信号，就像打开电灯开关时电流流过导线一样。为了表示如 01101100 的数据，将高压信号用于 1 位，低压信号用于 0 位。数字设备执行的所有计算都是在电子电路的"迷宫"中进行的（如图 2-4 所示）。

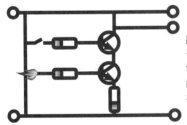

这个小型电路图由电路（线路）、晶体管（圆形）以及用于数字设备的电阻组成，而数字设备的电阻需要数以百万计的类似电路。如今，这个电路被压缩成集成电路

图 2-4　一个简单的电路图

什么是集成电路？ 集成电路（Integrated Circuit，IC）是蚀刻在半导体薄片上的一组显微电子元件。计算机芯片、微芯片和芯片通常指集成电路。一些集成电路致力于收集输入，而其他集成电路可能用于处理 100 个小型化组件，例如电阻和晶体管。当今数字设备的芯片内包含了数十亿个晶体管。

半导体（semiconductor），如硅和锗，是处于导体（如铜）和绝缘体（如木材）之间的物质。为了制造芯片，半导体的导电性能得到了增强，基本上可以用来制造微型电子通路和元件，比如晶体管，如图 2-5 所示。

快速检测

在图 2-4 中，着火的图案____。
a. 代表 1
b. 火苗朝着电阻方向
c. 是一个低电压信号
d. 代表 0

快速检测

半导体制造材料供应量充足的原因是：
a. 它们由纯净的硅（沙）制成
b. 它们基本上是由木头制成的绝缘体

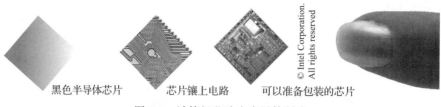

黑色半导体芯片　　　芯片镶上电路　　　可以准备包装的芯片

图 2-5　计算机芯片由半导体制成

芯片难道不是黑色的吗？ 集成电路被封装在不同形状和尺寸的保护性载体中。图 2-6 展示了一些芯片载体，包括小型矩形 DIP（双列直插式封装），它具有从黑色矩形主体突出的毛虫状的引脚，以及枕形 LGA（栅格阵列）。

DIP 有两排将芯片连接到电路板的引脚

LGA 是封装为方形的芯片，通常用于微处理器，引脚排列成同心方形

图 2-6　芯片被封装在陶瓷包装中

试一试

电路板上的芯片有可以在线查找的识别号码。假设你已经打开了 Microsoft Surface 平板电脑的系统单元，并且发现其标有名为 Atmel MXT154E 的芯片。你能说出它的作用吗？

多个芯片是如何共同工作的？ 大多数数字设备的电子组件都安装在被称为系统板、母板或主板的电路板上。系统板包含所有关键芯片并为它们提供连接电路。图 2-7 展示了笔记本电脑系统板正面和背面的主要芯片。

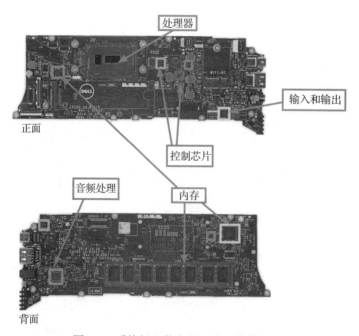

图 2-7　系统板上装有的芯片和其他组件

2.1.3　组件

当你获得一个新的数字设备时，第一步便是找到电源按钮和所有其他的硬件组件。我们今天使用的设备具有相当可预测的功能，这取决于设备的外形因素。

外形的定义是什么？ 在计算机行业中，**外形因素**（form factor）是指设备或部件，如电路板以及系统单元的大小和尺寸。**系统单元**（system unit）指的是持有系统板的数字设备的一部分，它可以应用于智能手机或笔记本电脑，也可以应用于台式计算机的塔式单元（tower unit）。数字设备有各种各样的外形因素，其中一些最流行的有组件、翻盖和平板。

组件系统的特点是什么？ 组件设备由各种独立部件组成，例如显示单元、系统单元和键盘。组件可以由电缆或无线信号进行连接。大多数第一代个人电脑都是组件系统。如今，由于组装组件需要较大的精力，这种形式不太受欢迎。图 2-8 展示了典型组件系统的硬件特性。

快速检测

你认为一个如图 2-8 所示的组件系统应有多少个开关按钮？
a. 系统单元有一个
b. 每一个组件各有一个开关
c. 系统单元有一个，显示设备有一个

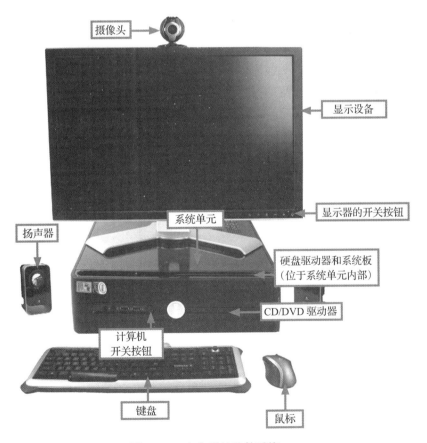

图 2-8　一个典型的组件系统

折叠式设备的特点是什么？ 折叠式设备装配有作为底座的键盘和盖子上的屏幕。这些设备上的系统单元包含输入、处理、存储、输出所需的所有基本组件（如图 2-9 所示）。

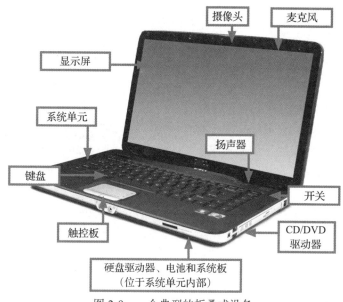

图 2-9   一个典型的折叠式设备

平板设备有什么特点? 以平板形式配置的设备装配有覆盖大部分表面的触摸屏。平板装置的屏幕可以显示用于输入文本和数字的虚拟键盘。一些附加控件,如主页按钮或圆形控制板,是某些平板设备的特色。系统单元还包括一些常用的控件,如音量和飞行模式(如图 2-10 所示)。

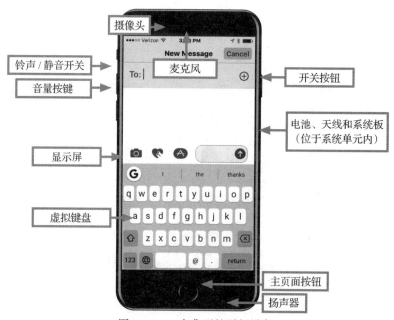

图 2-10   一个典型的平板设备

2.1.4   维护

数字设备可能会非常昂贵,你可以通过定期维护来延长它们的寿命。数字设备有四种组件需要维护：系统单元、键盘、屏幕和电池。

　　如何上手维护？ 在进行任何维护之前，要先关掉设备——拔掉电源，不仅是休眠——而且要断开所有的电源线。这样做可以防止滑动或触摸屏幕时改变你的设备设置。

　　哪些清洁产品是安全的？ 使用哪些产品取决于你正在清理什么组件。可以完美去除系统单元外壳上顽固污点的产品可能会永久性地损坏你的触摸屏。要始终遵循产品的清洁程序和产品制造商的建议（如图2-11所示）。

不要使用刺激性清洁产品；使用时要遵循制造商建议　　切勿将设备浸入液体中；水和电子设备不能接触　　不要让清洁剂滴在键盘或触摸板上　　不要将清洁剂直接喷洒在设备上；应将它们喷洒到清洁布上

图2-11　清洁指导

　　系统组件需要哪些维护？ 系统组件的基本维护很简单。人们需要保证系统组件的清洁，防止设备过热和损坏，并防止电涌（如图2-12所示）。

用干净的超细纤维布擦拭，并用抗菌擦拭纸消毒　　使用低真空装置去除通风孔中的灰尘　　使用保护壳或容纳袋　　只使用电涌保护插座

图2-12　系统组件的基本维护

　　如何安全地清洁触摸屏并对其进行消毒？ 触摸屏会沾上指纹、滋生细菌，所以定期清洁触摸屏是一个好主意。很多触摸屏是由Gorilla玻璃制成的，其目的是防止划伤和开裂。损坏的屏幕可以更换，但成本可能接近100美元，所以一些预防措施可以帮助你避免昂贵的修理。

　　塑料屏幕保护膜是防止划痕和裂纹的第一道防线。这些薄膜可以用水和软布以及消毒湿巾进行清洗。当屏幕保护膜变脏时，可以干脆撕下来换一个新的。

> **快速检测**
>
> 下列哪项是硬件维护中的第一步？
>
> a. 用软布擦拭
> b. 取下屏幕保护膜
> c. 关闭设备
> d. 使用风扇抽取真空环境

　　如果没有屏幕保护膜，那么必须仔细清洁屏幕本身。许多触摸屏有**疏油**（oleophobic）涂层，旨在防止沾染指尖沉积的油脂。使用酒精清洁屏幕会降低涂层的质量，可以使用非酒精拭巾，或使用眼镜清洁剂。

　　键盘该如何清洁？ 键盘总是会迅速堆积很多污垢、灰尘以及面包屑。在清理键盘的过程中，要先将键盘倒过来，轻轻摇动使渣滓掉落。大多数制造商建议使用抗菌擦拭纸清洁键帽表面。建议花点时间在小范围内测试一下清洁产品，以确保它不会使键变色或留下残留物，然后用棉签把键与键之间擦干净。

处理液体渗入的最好方法是什么？ 电子产品不能接触液体。如果你将液体溅到设备上，请立即关闭设备，幸运的话，这一步将防止设备的电路板永久损坏。设备关闭后，你可以评估损坏情况。如果溢出物是水，请等待设备干燥，期间摇晃掉水分，并将设备放置在温暖干燥的地方，以保证良好的空气流通。将风扇或吹风机设置在低位可以帮助设备驱除潮气。设备至少需要干燥72小时。

液体黏滞泄漏则是另一回事。如果黏液渗透到设备的内部，最好让专业人员进行清洁。如果你认为渗入的液体仅影响表面，可以用净水清洁设备并让其干燥24小时（如图2-13所示）。

图2-13　不要在键盘附近放置液体

> **快速检测**
>
> 当有液体洒在数字设备上时，你该怎么办？
>
> a. 立即关闭设备
>
> b. 在关闭设备前备份所有数据
>
> c. 用净水冲洗设备
>
> d. 拨打611求助

如何保养设备的电池？ 这种事会发生在每个人身上。当你真正需要使用设备时，设备上的电池不给力了。电池寿命是指电池持续使用的时间，直到必须更换电池为止。良好的维护可以延长电池的寿命，这样当你需要的时候，你的数字设备就会做好准备。

现在大多数由电池供电的数字设备都配备有**锂离子**（lithium ion）电池。与过去的电池不同，锂离子电池不含有毒化合物，操作效率高，但对热量较为敏感。

锂离子电池有时会过热，在最坏的情况下会发生爆炸。如今，大多数设备都装有防止因热量而触发损害的电路装置，而且明智的消费者不会操作那些触碰到热源的设备。

电池有**放电速率**（discharge rate），即使在不使用的情况下也会失去电荷。锂离子电池的放电率相当低，约为每月1.5%，所以你设备中的电池基本上只在使用时才会放电。

设备制造商经常宣传设备每小时的瓦特数（Wh）。如果每小时消耗1瓦特，那么60Wh的电池可以持续使用60小时。笔记本电脑每小时大约使用30瓦特，所以一个60Wh的电池能为它供电两个小时（60Wh÷30W= 2h）。

有些应用需要的电池电量比其他应用的要多。基于位置的应用程序可以跟踪你的行踪，经常使用额外的功率来检查基站或Wi-Fi网络。推送应用，例如自动检索电子邮件的应用，会使你的设备不断地检查新信息。为了延长电池寿命，在你不使用这些应用时，应禁用这些程序。

> **快速检测**
>
> 假设你的智能手机的电池额定能量为5.2 Wh。当你使用地图导航时，手机每小时用掉1.3瓦的电。在手机用完全部电量之前，你可以旅行多久？
>
> a. 1小时　　　　b. 4小时
>
> c. 8小时　　　　d. 10小时

图 2-14 总结了充电和使用锂离子电池的良好做法。

1　低电量指示灯亮起时充电。

2　避免将电量用尽。

3　电池充满电时，及时将其从充电器中取出。

4　如果您的设备在使用时变热，请将其关闭。

5　禁用不断连接到Internet的不在使用状态的应用程序。

6　位于没有信号覆盖的地区时切换到飞行模式。

图 2-14　延长电池的使用寿命

2.1.5　快速测验

1. 计算机是一种多用途设备，它接收输入，处理____，存储数据并产生输出，全部按照所存储的程序的指令来进行。

2. 操作系统是____软件的一个实例。

3. ____电路是蚀刻在半导体材料的薄片上的一组微型电子元件。

4. 数字设备的三种外形因素包括组件型、____和平板型。

5. 许多数字设备的触摸屏上有一个____涂层以防止指纹存留。

2.2　B 部分：设备选择

选购一台新设备时，人们往往很难做出选择。本章 B 部分帮助你按功能和价格对市场上的设备进行分类，这会帮助消费者解决诸如兼容性和其他重要且棘手的问题。

目标

- 列出在商业中常用的三种计算机类型，这些计算机为多个同时在线用户提供服务，并具有非常快的处理速度。
- 绘制个人电脑分类的层次结构图。
- 列出两个需要桌面计算机来运行的应用程序。
- 列出通常支持蜂窝语音和短信的设备。列出可支持蜂窝数据计划的设备。
- 指出以下各类数字设备中常见的三种操作系统：台式机、笔记本电脑、平板电脑和智能手机。

2.2.1　企业计算机

曾经有一段时间，计算机被定义为三种类型。大型计算机被安装在大型壁橱尺寸的金属框架中。小型计算机体积较小、成本较低、功能较弱，但它们可以支持多个用户并运行商业软件。微型计算机与其他类别的计算机明显不同，因为它们专用于单个用户，其CPU由单个微处理器芯片组成。

如今，计算机类型之间的区别不再是微处理器，因为几乎每台计算机都使用了一个或多个微处理器作为其 CPU。"小型机"这个词已经被人们滥用了，微型计算机和大型机的使用频率则越来越低。

什么是最强大的计算机？最强大的计算机通常被用于企业和政府机构，它们能够以非常快的速度为许多同时在线的用户提供服务并进行数据处理（如图 2-15 所示）。

超级计算机。如果某种计算机属于世界上最快的计算机之一，那么它就是**超级计算机**（supercomputer）。由于速度的原因，超级计算机可以解决复杂的任务，这对其他计算机来说是不现实的。超级计算机的典型用途包括破解密码、模拟全球天气系统和模拟核爆炸。

近年来，IBM、Cray 等计算机制造商和中国国防科技大学在全球最快计算机的领域获得了最高成就。超级计算机速度以每秒千万亿次（PFLOPS）计。每秒 1 000 000 000 000 000（quadrillion）次的数学计算量是惊人的，这比你的笔记本电脑快大约 2 万倍。

大型计算机。大型计算机（mainframe，或简称为大型机）是能够同时处理数百或数千用户数据的大型且昂贵的计算机。其主要处理电路安装在如图 2-15 所示的橱柜中；但是，在为存储和输出添加庞大的组件之后，大型机就可以填满一个相当大的房间。

企业和政府机构通常使用大型机来提供大量集中的数据存储、处理和管理。例如，银行依靠大型机来确保可靠性、数据安全性和进行集中控制。大型计算机的价格通常从几十万美元起，经常超过 100 万美元。

服务器。服务器（server）的用途是为连接到网络的计算机"提供"数据。当你搜索 Google 或访问网站时，所获得的信息就是由服务器提供的。在电子商务网站上，商店的商品信息存放在数据库服务器中。电子邮件、聊天软件、Skype 和在线多人游戏均由服务器运营。

从技术上讲，任何计算机都可以配置为服务器。但是，IBM 和戴尔等计算机制造商提供的设备是特别适合在网络上存储和分发数据的服务器。这些设备的尺寸与书桌抽屉相当，通常安装在能装多台服务器的机架上。

超级计算机

Courtesy of Jack Dongarra

大型计算机

Courtesy of International Business Machines Corporation. Unauthorized use not permitted.

服务器

dotshock/Shutterstock.com

图 2-15 "大型"计算机

2.2.2 个人计算机

个人计算机（personal computer）的出现是为了满足个人的计算需求。它最初被称为微型计算机。个人计算机可以运行各种计算应用程序，如文字处理、照片编辑、电子邮件等。

个人计算机一词有时缩写为 PC，也可以指起源于原来的 IBM 个人计算机并运行 Windows 软件的特定类型的个人计算机。在本书中，PC 指的是 IBM 个人计算机的后代，而不被用作个人计算机的缩写。

个人计算机有哪些选择？个人计算机可以分为台式、便携式或移动设备。划分这些类别的界限有时比较模糊，下面将介绍每个类别的一般特征，并在图 2-16 中展示常见的设备。

台式计算机。台式计算机（desktop computer）被安放在桌子上，通过电源插座供电。键盘通常是通过电缆连接到主单元的。台式计算机可以安装在垂直或水平的箱子里。在一些现代台式计算机中，系统板被合并到显示设备中，称为 all-in-one 单元。

台式计算机

台式计算机在不需要便携特性的办公室和学校备受欢迎。其操作系统包括 Microsoft Windows、Mac OS 和 Linux。入门级桌面计算机的价格为 500 美元以下。

便携式计算机。便携式计算机（portable computer）使用电池供电，它的屏幕、键盘、摄像头、存储设备和扬声器完全包含在一个盒子中，因此该设备可以被轻松地从一个地方运输到另一个地方。便携式计算机包括笔记本电脑、平板电脑和智能手机。

笔记本电脑

笔记本电脑。膝上型计算机（laptop computer）也称为笔记本电脑，它是一种小巧轻便的个人计算机，其包含一个作为基座的键盘和盖子上的屏幕。大多数笔记本电脑都使用与台式机相同的操作系统，但 Chromebook（使用 Google 的 Chrome OS 作为其操作系统）除外。

Chromebook 是一种特殊类型的笔记本电脑，旨在连接到互联网进行大多数日常活动。Chromebook 用户使用基于 Web 的软件并将其所有数据存储在云中，而不是本地硬盘上。Chromebook 使用标准折叠式外形，所以看起来非常像一台笔记本电脑。其 300 美元以下的价格对于主要浏览网页并使用基于网络应用程序的消费者具有很大吸引力。

平板电脑

平板电脑。平板电脑（tablet computer，也称 slate tablet）是一种便携式计算设备，配备有用于输入和输出的触摸屏。平板电脑使用专用的操作系统，如 iOS、Android 和 Windows 10 平板模式。某些型号可以支持手机网络数据计划，但需要诸如 Google Voice 或 Skype 等应用来进行语音通话。

平板电脑的配置基本上是一个小框架中的屏幕，没有物理键盘（可以外部连接）。苹果 iPad 和三星 Galaxy Tab 是流行的平板电脑。一个**二合一**（2-in-1）平板电脑可以使用其触摸屏或物理键盘进行操作。

二合一平板电脑

图 2-16　个人计算机

智能手机。智能手机（smartphone）是具有与平板电脑类似功能的移动设备，也可通过手机网络提供电信功能。可以用它们拨打语音电话、发送短信并访问互联网。与基

试一试

你拥有多少台数字设备？最常使用的是哪一种？列出你的设备及其序列号，并将其存放在安全的地方以防丢失或被盗。

础手机不同，智能手机是可编程的，因此它们可以下载、存储和运行软件。

智能手机是世界上最常用的设备。智能手机具有小型键盘或触摸屏，可以放入口袋，靠电池运行，并在你手中使用（如图 2-17 所示）。

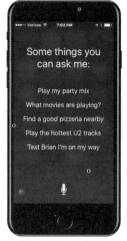

Source: Amazon.com, Inc.

Source: © 2017 Apple Inc

图 2-17　智能手机接收来自触摸屏和麦克风的输入

智能手机配有内置的语音识别功能，可以使用语音提问并控制设备，此外还包括 GPS 功能，以便应用程序可以提供基于位置的服务，如路线导航提供地图或附近的餐馆列表。

智能手机从基础手机和 PDA 演变而来。PDA（个人数字助理）是用作电子书、计算器和记事本的手持设备。现代智能手机包含一组类似的应用程序，它们也可以用来访问各种各样的移动应用程序，帮助你进行计算、播放自己喜欢的音乐，以及玩游戏。

智能手机的操作系统与用于平板电脑的操作系统类似。iOS 用于 iPad 和 iPhone。Microsoft Windows 10 Mobile 则用于提供与平板电脑类似的用户体验。三星平板电脑上使用的 Android 操作系统也同样用于三星 Galaxy 和摩托罗拉 Droid 智能手机。

2.2.3　利基设备

数字设备的清单很长。许多设备，如健身追踪器、照相机和手持式 GPS 都有属于各自的特定任务，还有其他的设备执行着种类更为繁多的不同任务。

还有其他的数字设备吗？ 利基设备有一个共同点：它们均包含一个微处理器。其中一些设备，如智能手表和健身追踪器，可以分类为**可穿戴式计算机**（wearable computer）。如图 2-18 所示，你拥有其中的哪一个设备？

树莓派。一个完整的计算机系统单元，仅仅比一副扑克牌大一点，树莓派可以连接键盘和屏幕以获得完整的计算机体验。这些小设备的费用不到 50 美元，为人们提供了一个廉价的平台，用于试验编程、机器人技术，以及任何你能想到的有创造力的计算机应用程序。

游戏机。可玩计算机游戏的设备包括索尼的 PlayStation、任天堂的 Wii 和微软的 Xbox，它们具有强大的处理能力和出色的图形显示，通常专门用于游戏的运行和视频的播放，而不是运行应用程序软件。

便携式媒体播放器。像 iPod Touch 这样的媒体播放器，为消费者提供了一个可以存储和播放数千首歌曲的手持设备，从而彻底改变了音乐产业。可用触摸屏或简单的点击轮来控制这些设备。

智能手表。手表和钟表是第一批数字化的设备，其在 20 世纪 70 年代被大量生产，价格低至 10 美元，而功能也仅限于显示时间和日期。2013 年，三星、谷歌和高通推出了新一代数字手表。**智能手表**（smartwatch）可以配备包括相机、温度计、指南针、计算器、手机、GPS、媒体播放器和健身追踪器等在内的多种智能设备。智能手表的一些功能安装在设备上，而其他功能则需要访问互联网或连接佩戴者的智能手机。

健身追踪器。可以通过佩戴**健身追踪器**（fitness tracker）来监控全天活动。这些装置被戴在手腕上或夹在口袋里，可以监视你的步数和心率。它们可以计算卡路里，绘制你的健身成绩图形，并将其分享给你的 Facebook 好友。

智能家电。现代冰箱、洗衣机和其他设备都由集成电路控制。传感器与处理电路的结合被称为**微控制器**（micro-controller）。微控制器可以监控能源效率，提供程序化的启动时间，并且可以通过智能手机或笔记本电脑远程控制。

2.2.4　选择数字设备

选择数字设备的过程重在挑选，而且你可能会面临大量的选项。你想要平板电脑还是笔记本电脑？你需要一个超轻的设备吗？需要多大尺寸的屏幕？Mac 还是 Windows？最强大和最昂贵的处理器是必要的吗？理解这些选项是确定正确价位的关键。

如何开始进行选择？无论你要更换过时的设备还是将设备添加到你的收藏中，以下活动都可以帮助你开始进行选择：

思考你打算如何使用设备。

选择设备的类型。

拟定预算并坚持下去。

选择一个平台。

确认设备的规格。

为什么弄清楚新设备的用途很重要？一些数字任务需要特定的设备、处理能力、存储容量和连接性。因此，参照图 2-19 中的使用指南，更有可能购买到正确的设备，而不必在事后进行昂贵的升级。

树莓派

电子游戏机

Peter Kotoff/
Shutterstock.com

便携式媒体播放器

智能手表

健身追踪器

Ksander/Shutterstock.com

智能家电

图 2-18　专用设备

	使用计划	购买建议
✉	你计划将你的计算机用于发送电子邮件和上 Facebook、浏览网页、玩游戏、管理财务、下载数字音乐以及撰写学校论文。	一台中等价位的标准计算机可能会满足你的需求
💻	你正在购买一台新计算机来替换旧计算机	如果你在软件方面有很大的投入，应该选择一台与旧版本兼容的新计算机
📈	你打算为小企业开展会计和编制预算工作	考虑购入由本地或在线计算机供应商提供的业务系统
🎮	你会花很多时间玩计算机游戏	买一台你能买得起的具有最快的处理器和显卡的计算机
🎥	你打算经常使用视频编辑或桌面发布软件	选择一个具有快速处理器、大硬盘容量、大屏幕和装有内存的图形卡的计算机
♿	有些人在使用计算机时有特殊的需求	考虑购买合适的定制化设备，如语音合成器或单手键盘
⚙	你计划使用专用的外围设备	确保你购买的计算机可以容纳你打算使用的设备
🎓	你在家的工作与你在学校或工作中的内容重叠	购买与你在学校或工作中使用的计算机兼容的计算机
📦	你想要使用特定的软件，例如 3D 图形工具	选择符合软件盒或软件官网上列出的符合规格的计算机

图 2-19　使用指南

最受消费者欢迎的设备有哪些优点和缺点？ 目前最流行的数字设备是台式机、笔记本电脑、平板电脑和智能手机。图 2-20 可以帮助你选择最能满足你需求的产品。

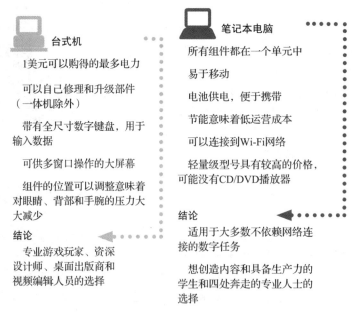

图 2-20　选择正确的设备

平板电脑

体积小，携带方便

电池供电

可以连接到Wi-Fi网络

可用于移动互联网

具有可用于编写长文档和创建其他内容的转换单元

使用的软件与台式机和笔记本电脑的不同

小屏幕限制了多任务的处理

结论

非常适用于消费内容，如电子书、音乐和视频

适合浏览网页和管理社交媒体

可用于一些专门的任务，比如业务演示

智能手机

用于语音和短信的数据连接

可添加数据连接以访问因特网

可以连接到Wi-Fi网络

比平板电脑和笔记本电脑的电池寿命更长

较大的尺寸会提供更大、更易于阅读的屏幕

结论

非常适合移动应用程序和通信程序

适合偶尔观看视频和访问社交媒体

不足以创建文本内容，但非常适用于语音通话、短信和Web浏览

快速检测

如果你想要进行内容的创作，哪个设备是最合适的？

a. 台式机　　　　b. 笔记本电脑

c. 平板电脑　　　d. 智能手机

图 2-20 （续）

兼容性有多重要？ 假设你想使用学校实验室提供的软件在家中完成一些作业，也许你想在你的工作地点和家之间来回传输数据，或者也许你的孩子想在家里使用与学校相同的计算机。

操作方式基本相同并使用相同软件的计算机被称为是**兼容的**（compatible）。你也可以将它们描述为具有相同的"平台"。要评估两台计算机是否兼容，需要检查其操作系统。具有相同操作系统的计算机通常可以使用相同的软件和外围设备。图 2-21 提供了流行平台的概述。你将在后面的章节中了解关于操作系统的更多信息。

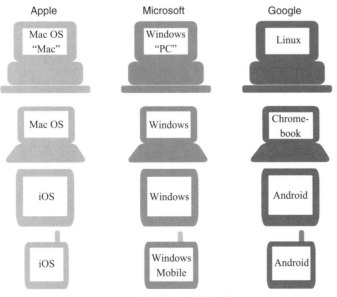

快速检测

平板电脑与笔记本电脑使用的是同一种软件吗？

a. 是　　　　b. 不是

图 2-21　兼容性与系统相关

应该坚持使用一整套设备吗? 从图 2-21 可以看出,操作系统和使用它们的设备被分组为家族 (family)。苹果公司生产 Mac OS 和 iOS。微软生产 Windows 和 Windows Mobile。开源社区为台式机和服务器生产 Linux,并在 Google 的支持下生产 Chrome OS 和 Android。

同一家族中的操作系统在外观和功能方面有相似之处,因此如果你熟悉笔记本电脑上的 Mac OS,则可能会发现使用 iPhone 比 Android 手机更易上手。

在一套操作系统中工作有其他好处。例如,如果你将照片、文档和其他数据存储在 Apple 的 iCloud 中,则运行 iOS 和 Mac OS 的设备比运行 Windows 的设备可以更轻松地访问它们。

应为个人设备支付多高的价格? 智能手机的价格为 200 ~ 500 美元,而平板电脑的价格为 200 ~ 1200 美元。台式机和笔记本电脑通常更贵,价格大致分为三类:1200 美元以上、500 ~ 1200 美元、500 美元以下。

价格在 1200 美元以上的计算机包含一个或多个快速处理器、大量的 RAM 以及大量的磁盘空间。这些计算机包含最先进的组件,不必像更便宜的计算机那样快速更换。计算机游戏爱好者以及任何计划广泛使用视频编辑、图形和桌面出版软件的人都可能需要高端计算机。

大多数买家选择零售价在 500 美元至 1200 美元之间的台式机和笔记本电脑。这些流行的计算机缺乏高端计算机的华丽规格,但可以提供充足的计算能力来满足普通用户的需求。

在计算机行业中,500 美元以下的计算机就相当于一辆经济型的小轿车。这些计算机通常可以使用一到两年的时间,你可以降低对于处理器速度、内存容量和驱动器容量的期望。你可能需要更快地更换计算机,而不是选择更贵的计算机,但更贵的计算机适用于某些典型的应用程序。

影响设备价格的因素有哪些? 微处理器是数字设备中最昂贵的组件之一。最新、最快的微处理器可能会在价格上高数百美元。

内存是影响价格的另一个因素。例如,将智能手机的内存容量增加一倍可能会将成本从 199 美元提高到 299 美元。

大屏幕的制造成本更高,这导致数字设备价格上涨。一台 iMac——Apple 的多功能一体机——配备 27 英寸屏幕,比配备 21 英寸屏幕的版本价格高 700 美元。

对于笔记本电脑来说,尺寸和重量会影响价格。更薄、更轻的笔记本电脑价格更高,不一定是因为它们的制造成本更高,而是因为它们更受消费者欢迎。

该如何理解计算机广告中的所有术语？计算机广告充斥着术语和首字母缩写词，如 RAM、ROM、GHz、GB 和 USB。你肯定会在广告中发现很多这样的计算机术语，如图 2-22 所示。

轻便强劲
做你想做的事

- 第七代Intel Core i7处理器，3.5Ghz 1066MHz FSB
- 4MB缓存
- 8GB DDR3 1866MHz内存
- 512GB固态硬盘
- 13″ high QHD LCD显示屏
- Intel集成显卡
- 内置扬声器
- 内置1080p百万像素摄像头
- 1个USB 3.0接口
- 1个PowerShare USB 3.0接口
- 1个USB Type C接口
- 雷电3接口
- SD读卡器
- 802.11 BGN无线网络
- 52Wh四芯电池
- 64位Windows 10操作系统
- 家用/小型商务软件包
- 2.7磅
- 1年质保

图 2-22　计算机广告中充满了术语

第 2 章的剩余部分会深入探讨数字组件的规范。你将看到这些组件是如何工作的，以及它们会如何影响你的工作方式。在第 2 章结束时，你应该能够理解计算机广告中的术语，并使用你的知识来评估各种数字设备。

2.2.5　快速测验

1. Google 和其他 Web 服务提供商使用____库来处理和管理数据。

2. Windows 是台式机和笔记本电脑上使用的操作系统。苹果电脑的等效操作系统是什么？ ____

3. ____计算机是唯一要求在操作期间必须保持供电的个人计算机。

4. ____是全球最受欢迎的数字设备。

5. 兼容性主要由设备的____系统控制。

2.3　C 部分：处理器和内存

架构就是技术人员所说的数字设备内部工作原理。当然，你可以在不了解其架构的情况下使用数字设备。但要明智地探讨数字世界中的机遇与争议，你需要的不仅仅是一个关于微处理器的模糊概念。当探讨变得富含技术性时，本章 C 部分的内容将帮助你保持头脑的清醒。

目标

- 对 x86 和 ARM 处理器的标准做出区分。
- 描述微处理器指令集的重要性。

- 通过 RAM、控制单元和 ALU 跟踪一条指令。
- 列出影响微处理器性能的七个因素。
- 使用比萨来类比解释串行、流水线和并行处理。
- 列出使用数字设备时在 RAM 中会被找到的至少三个物件。
- 列出引导过程中发生的三个事件。
- 解释为什么数字设备除了 RAM 之外还有 ROM。
- 列出刷 ROM 的四个原因。

2.3.1 微处理器

微处理器是用来处理指令的集成电路。它是数字设备中最重要的通常也是最昂贵的部件。微处理器的规格包括制造商的名称和芯片型号。

哪些处理器适用于台式机和笔记本电脑? 英特尔公司是世界上最大的芯片制造商,为台式机和笔记本电脑生产了相当大比例的微处理器。1971 年,英特尔推出了世界上第一个微处理器——4004。英特尔的 8088 处理器为最初的 IBM 个人电脑提供动力,英特尔 8086 家族的芯片为 IBM 和其他公司生产的 PC 提供动力。

8086 芯片家族为今天的台式机和笔记本电脑以及服务器使用的处理器设定了标准。这个标准有时被称为 x86,因为它包括了最初在 1986 年设计结束的芯片模型,比如 8086、80286 和 80386。

现代的处理器不再遵循英特尔原有的编号顺序,但是当提到 8086 的后代时,仍然使用 x86 来表示。如今的台式机和笔记本电脑中使用的处理器是兼容 x86 的,比如 Intel i3、Intel i5 和 Intel i7 微处理器(如图 2-23 所示),以及 AMD 生产的 Athlon 和 A 系列处理器。

> **快速检测**
>
> x86 代表什么?
>
> a. 它是英特尔芯片的一个模型
>
> b. 它是被设计用于平板电脑和智能手机的低功耗芯片
>
> c. 它是用于大多数台式机和笔记本电脑的标准处理器系列
>
> d. 它意味着该芯片是由英特尔公司制造的

图 2-23 英特尔为台式机和笔记本电脑设计的处理器

哪款处理器在平板电脑和智能手机中最为知名? 基于 x86 技术的处理器被安装在所有台式机和笔记本电脑的内部,基于 ARM 技术的处理器则主导着平板电脑和智能手机。ARM 技术最初是由 ARM 控股公司设计的,该公司是由 Acorn 电脑公司、苹果公司和 VLSI 科技公司创建的英国科技公司。如今,ARM 处理器是由包括英伟达(NVIDIA)、

> **快速检测**
>
> 在 iPhone 中你最可能找到哪款处理器?
>
> a. Intel x86   b. ARM
>
> c. Intel Core M3   d. 8088

三星（Samsung）和任天堂（Nintendo）在内的公司设计和制造的。

基于 ARM 的处理器能够高效率地使用能源——这对于主要依靠电池供电的设备来说是一个重要的特性。ARM 处理器存在于微软的 Surface 平板电脑、苹果的 iPad 和 iPhone 以及三星的 Galaxy 系列手机中，处理器的名称分别是 Cortex 和 Apple A10。对于 Surface 二合一平板电脑，微软使用了专门为低功耗移动设备设计的核心 M2 处理器。

哪款处理器是最好的？ 微处理器的选择取决于你的预算以及你打算做的工作。与当前的台式机和笔记本电脑一起销售的微处理器可以处理大多数商业、教育和娱乐应用。如果你从事要求较高的工作（例如 3D 动画电脑游戏、桌面出版、多轨录音和视频编辑），则需要考虑购买最快的处理器。

我最喜欢的设备中配置了哪款处理器？ 如果你知道设备的品牌和型号，那么通常可以通过在线搜索找到处理器规格。例如，搜索 iPhone 7 处理器规格便会查找到该手机包含一个 64 位架构的 A10 芯片。

尽管手机和平板电脑需要在线搜索，但台式机和笔记本电脑提供了一种更容易发现内部配置的简单方法（如图 2-24 所示）。

Source: © 2017 Apple Inc

在 Mac 台式机或笔记本电脑上，选择苹果图标，然后选择"关于本机"选项，便会显示出处理器规格以及内存容量

试一试

查看你最喜爱的台式机或笔记本电脑的处理器规格。这些规格与图 2-24 所示的处理器规格有哪些相似或不同之处？

在 Windows 10 系统中，在"开始"菜单中输入"PC 信息"后选择"关于"选项，便会显示出处理器规格

图 2-24　查看台式机或笔记本电脑的处理器规格的方法

2.3.2 处理器是如何工作的

要了解数字设备的微处理器规格，有一些处理器工作方式方面的背景知识是很重要的。这项关键技术能够根据一组非常简单的指令执行令人惊叹的各种任务，非常令人着迷。

微处理器指令集的意义是什么? 微处理器通过硬连线执行一系列有限的活动。这种预编程活动的集合称为**指令集**（instruction set）。指令集是处理器系列独有的。x86 处理器使用与 ARM 处理器不同的指令集。这就是带有 ARM 处理器的智能手机上运行的游戏无法直接在装有 Intel i7 处理器的笔记本电脑上运行的原因。

指令集中包含什么? 一个指令集包含一组指令的集合，用于处理微处理器中的电路的行动。ARM 指令集包含大约 35 条指令，而 x86 集合包含超过 100 条指令。每条指令负责执行一个看似无关紧要的任务，例如将一个数字从计算机内存移动到处理器，或者比较两个数字，看看它们是否相等。只有当数以百万计的指令被处理器执行时，数字设备才会执行出有意义的动作。

这是在说计算机程序吗? 不完全是，让我们以《水果忍者》为例。这个游戏是程序员用**编程语言**（programming language）编写的，比如 C++、BASIC、COBOL 或 Java。当谈到一个计算机程序时，我们首先会想到用这些编程语言编写的一长串语句。

令人惊讶的是，微处理器不能直接理解这些编程语言，所以像《水果忍者》这样的程序必须转换成与微处理器指令集相对应的**机器语言**（machine language）。这些机器语言指令是二进制的 0 和 1 字符串，可以通过数字设备来处理。

机器语言指令是什么样的? 机器语言指令就像婴儿学步。请看图 2-25 中常用的机器语言说明。数字设备可以使用如此有限的指令执行极其广泛的任务，这令人难以置信。

Add	0000 0000
Input	0110 0011
Compare	0011 1100
Move	1010 0000
Multiply	1111 0110
Output	1110 1110
Subtract	0010 1100
Halt	1111 0100

图 2-25　x86 指令集中常见的命令

计算机芯片中都发生了什么? 一个微处理器包含数英里[注]的微型电路和数百万个微型组件，它们分为不同的操作单元，如 ALU 和控制单元。

ALU（算术逻辑单元）是微处理器中执行算术运算的部分，如加减运算。它还执行逻辑操作，如比较两个数字，看看它们是否相等。ALU 使用**寄存器**（register）来保存正在处理的数据。打个比方，寄存器类似于一个搅拌碗，你可以用来存放一批饼干的原料。

微处理器的**控制单元**（control unit）负责读取每条指令，就像你从橱柜或冰箱里取出饼干的原料一样。数据被加载到 ALU 的寄存器中，就如同你把所有的饼干成分加入搅拌碗中。

　⊖　1 英里 = 1 609.344 米。——编辑注

最后，控制单元给 ALU 发送信号并开始处理，就如同你在电动搅拌机上翻转开关来混合饼干原料。图 2-26 演示了一个微处理器控制单元和它的 ALU 是如何准备计算 5 + 4 的。

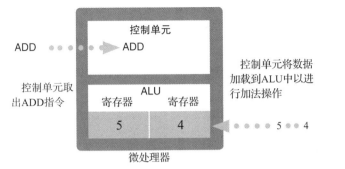

图 2-26 微处理器的控制单元及 ALU

快速检测

显然，图 2-26 中的处理器使用的是二进制的指令和数据，那么 ADD 指令的二进制机器形式是什么？（提示：看图 2-25。）

a. 0000 0000   b. 0101 0100

c. 1110 1110   d. 1111 1111

计算机执行指令时会发生什么？指令周期（instruction cycle）是指计算机执行单一指令的过程。指令周期的某些部分由微处理器的控制单元执行，其他部分由 ALU 执行。这个循环中的步骤如图 2-27 所示。

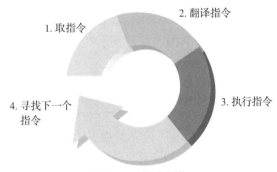

图 2-27 指令周期

控制单元扮演了什么角色？用于特定程序的机器语言指令被保存在内存中。当程序开始时，第一个指令的内存地址被放置在微处理器控制单元的一部分内，称为**指令指针**（ins-truction pointer）。

图 2-28 显示了控制单元是如何能够进入内存地址（A）并通过将该地址的数据复制到它的指令寄存器来获取指令的（B）。下一步，控制单元解释指令并执行该指令（C）。

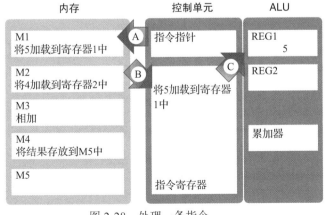

图 2-28 处理一条指令

快速检测

在图 2-28 所示的情形下，下一步会发生什么？

a. 控制单元累加 2

b. 指令指针指向 M2

c. 处理器检查寄存器 2

d. 5 被加到 4 上

ALU 在什么时机开始执行动作? ALU 负责执行算术和逻辑操作。如图 2-29 所示,ALU 使用寄存器来保存准备处理的数据。当它从控制单元(A)获得启动信号时,ALU 处理数据并将结果放置在累加器(B)中。在累加器中,数据可以被发送到内存,或者用于进一步的处理。当计算机完成指令时,控制单元会将指令指针增加到下一条指令的内存地址,指令周期又再次开始。

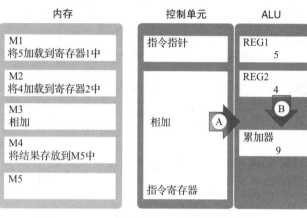

内存   控制单元   ALU

图 2-29   ALU 执行加法、减法和比较操作

2.3.3   性能

既然你已经了解了微处理器是如何工作的,那么就可以理解为什么一些微处理器比其他微处理器性能更好了。微处理器的性能受到几个因素的影响,包括时钟速度、内核数量、处理技术、缓存大小、字长和指令集。

GHz 与处理器性能有什么关系? 一项处理器规格,如 3.4GHz,代表了**微处理器时钟**(microprocessor clock)—— 一个定时装置的速度,它意味着执行指令的速度。大多数计算机广告都使用千兆赫指定微处理器的速度。**千兆赫**(Gigahertz,GHz)意味着每秒十亿次循环。像 2.13GHz 这样的规格意味着微处理器的时钟以每秒 21.3 亿次循环的速度运行。

一个周期(即一次循环)是微处理器系统中最小的时间单位。处理器执行的每一个动作都由这些周期来度量。按照惯例,时钟周期与处理器每秒执行的指令数相等。然而,并不总是这样。一些指令可在一个时钟周期内处理,但是其他指令可能需要多个周期。一些处理器甚至可以在一个时钟周期内执行多个指令。

你可能会认为一台带有 2.13GHz 处理器的计算机的执行速度要比带有 3.4GHz 处理器的计算机的执行速度慢,但事实并非如此。时钟速度只在比较同一芯片家族内的处理器时有效。一个 2.13GHz 处理器可能会胜过 3.4GHz 处理器,因为时钟速度以外的因素对微处理器的整体性能也有影响。

什么是多核处理器? 微处理器的"核心"由控制单元和 ALU 组成。一个包含多个处理单元电路的微处理器称为多核处理器。拥有更多的内核通常意味着更快的性能。2.4GHz 的英特尔 i5 处理器有两个核,相当于 4.8GHz 的性能(2.4×2)。1.6GHz 的英特尔 i7 处理器有四个核,相当于 6.4GHz 的性能(1.6×4)。图 2-30 从微观视角展示了多核处理器。

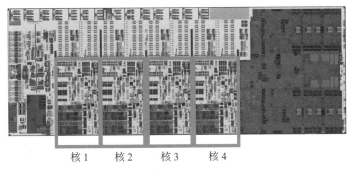

核1   核2   核3   核4

图 2-30　英特尔第四代四核微处理器

微处理器可以一次执行多个指令吗？ 一些处理器"串行地"执行指令，即一次执行一条指令。在**串行处理**（serial processing）中，处理器必须在指令周期内完成所有步骤，然后才开始执行下一个指令。作为类比，想象一家只有一个小烤箱的比萨店，制作比萨是一条指令，烤箱是微处理器，每次只能处理一个比萨（指令）。

现在，假设比萨店把传送带装进了烤箱。一个比萨（指令）开始沿着传送带进入烤箱，但是在它到达终点之前，另一个比萨开始沿着皮带移动。当处理器在完成前面指令之前开始执行指令时，它正在使用**流水线处理**（pipeline processing）。

比萨店也可能有大型的烤箱，可以容纳多个比萨。正如这些烤箱一次可以烘烤多个比萨一样，**并行处理**（parallel processing）一次执行多个指令。这种高效的处理技术是有可能的，比如如今的多核微处理器。

流水线处理和并行处理的性能优于串行处理的性能（如图 2-31 所示）。

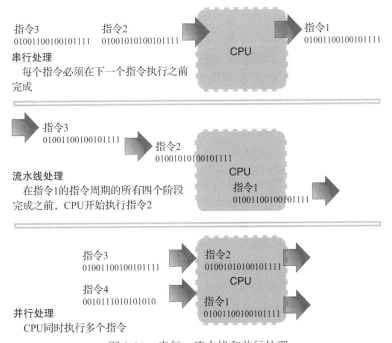

图 2-31　串行、流水线和并行处理

缓存大小如何影响性能？ CPU 缓存（CPU cache）是一种特殊的高速存储器，它允许微处理器比系统板上其他地方的内存更快地访问数据。大型缓存可以提高处理性能。

CPU 缓存的结构分为几个级别。一级缓存（L1）是最快的，而二级缓存（L2）和三级缓存（L3）稍微慢一些，但仍然比访问主存或磁盘存储的速度快。缓存容量通常使用兆字节作为单位。

字长对性能有什么影响？ 字长（word size）指的是微处理器一次可操作的位数，它指示了控制单元和 ALU 使用的寄存器的大小。例如，具有 64 位字长的处理器的寄存器可以一次处理 64 位。

字长决定了处理器可以访问的内存数量。具有 32 位字长的处理器最多可以访问 4GB 的内存，而具有 64 位字长的处理器则可能访问许多 TB 级的内存。

大的字长赋予处理器在一个处理周期中处理更多数据的能力——这是导致性能提高的一大因素。现今的数字设备通常包含 32 位处理器或 64 位处理器。在具有 32 位字长的计算机中，保存数据和持有指令的寄存器都具有 32 位的容量（如图 2-32 所示）。

> **试一试**
> 查看你最喜爱的台式机或笔记本电脑的处理器规格。你能分辨出它的处理器字长是 32 位还是 64 位吗？

01100101100100101111000010110101

该32位寄存器中存储的位可以是正在等待处理的指令或数据

图 2-32　一个寄存器内存储 32 位的字

指令集如何影响性能？ 随着芯片设计者为微处理器开发出了各种指令集，芯片中也出现了越来越复杂的指令，每个指令都需要几个时钟周期来执行。带有这种指令集的微处理器使用 CISC（复杂指令集计算机）技术，而带有有限的简单指令集的微处理器使用 RISC（精简指令集计算机）技术。

RISC 处理器的执行速度比 CISC 处理器的快，但是前者可能需要更多的简单指令来完成一个任务，进而不需要 CISC 处理器来完成同样的任务。

如今的台式机和笔记本电脑的处理器大多都使用了 CISC 技术。许多手持设备的处理器，如智能手机和平板电脑，使用 ARM（高级 RISC 机器）技术。

> **快速检测**
> x86 处理器使用了＿＿＿。
> a. RISC 技术
> b. CISC 技术
> c. ARM 技术

2.3.4　随机存取存储器

RAM（随机存取存储器）是数据、应用程序指令和操作系统的暂存区。RAM 可以封装在一个芯片载体上。它被连接到系统板上，或者位于插进系统主板的小电路板上。

一个设备需要多大的 RAM？ 购买数字设备时，你可以对 RAM 的容量进行选择。更高的 RAM 容量会增加设备的开销。RAM 容量用千兆字节来衡量。如今的台式机和笔记本电脑一般都有 2 ～ 8GB 的 RAM。手持设备通常有 1 ～ 3GB 的 RAM。

> **试一试**
> 找出你最喜爱的数字设备中有多少 RAM。如果你正在使用笔记本电脑或台式机，可以按照与确定处理器规格相同的方法来确认 RAM 的规格。

　　我的智能手机有 64GB 吗？ 你的智能手机有 RAM，但不是 64GB。智能手机描述"内存"容量的规格不是指 RAM，而是另一种更持久的存储器。在下一节中你将进一步了解这种类型的存储。现在，让我们关注 RAM，以及为什么它是你最喜欢的数字设备的重要组成部分。

　　RAM 为什么如此重要？ RAM 是微处理器的"候机室"，它负责保存等待处理的原始数据，以及处理该数据的程序指令。RAM 也会保存处理的结果，直到它们可以移动到一个更永久的位置，例如内部驱动器、闪存驱动器或云存储。

　　除了数据和应用软件指令，RAM 还存储着控制计算机系统基本功能的操作系统指令。每次打开数字设备时，这些指令都被加载到 RAM 中，它们一直存在，直到你的设备关闭（如图 2-33 所示）。

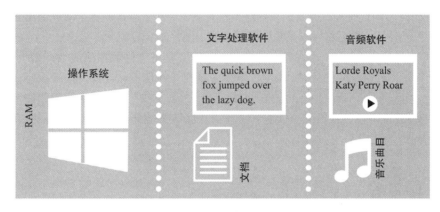

图 2-33　RAM 在当前任务中保存的元素

　　RAM 是如何工作的？ 在 RAM 中，被称为**电容器**（capacitor）的微观电子部件存储着用于表示数据的位。你可以把电容器看成可以打开或关闭的微观灯。一个充电的电容器是"打开的"，代表一个"1"位；一个放电的电容器被"关闭"，代表一个"0"位。每个电容的 RAM 地址可以帮助计算机根据需要定位数据以进行处理。

　　与磁盘存储不同，大多数 RAM 是**不稳定的**（volatile），这意味着它需要电力来保存数据。如果该设备被关闭、电池电量耗尽，或者台式机意外断电，那么所有存储在 RAM 中的数据将立即消失。这类 RAM 在技术上属于**动态 RAM**（Dynamic RAM，DRAM），但通常简称为 RAM。

　　设备是否可能会用尽内存？ 假设你希望同时使用多个程序和大型图形软件，那么设备最终会耗尽内存吗？答案可能是否定的。如果一个程序超出了它所分配的空间，操作系统就会使用硬盘或其他存储设备的空间作为**虚拟内存**（virtual memory）来存储程序或数据文件。

　　通过有选择地将 RAM 中的数据与虚拟内存中的数据交换，你的计算机可以有效地获得几乎无限的内存容量。然而，过分依赖虚拟内存会降低性能，特别是当虚拟内存位于相对较慢的机械设备比如硬盘驱动器上时。

2.3.5   只读存储器

ROM（只读存储器）是一种存储电路，它位于系统板上的一个集成电路中。RAM 是临时且易变的，而 ROM 是永久而稳定的。即使设备关闭，ROM 的内容仍然存在。

为什么数字设备内会有 ROM？数字设备在打开时会有一段需要等待的时间来准备好被人们使用。当你等待时，ROM 正在执行它的任务："引导"设备。每种设备的引导过程各不相同，但一般来说，引导会在你按下电源键时开始并在设备准备好时结束。

> **术语**
>
> ROM 芯片及其指令是硬件和软件的组合，因此通常被称为固件。

ROM 包含一组名为**引导加载程序**（boot loader）的指令和数据。引导加载程序指令告诉一个数字设备如何启动。通常，引导加载程序执行自测试，以查明硬件是否能正常运行，并验证基本程序是否已损坏，然后将操作系统加载到 RAM 中。

为何不在 RAM 中存储引导加载程序？RAM 需要具备存储数据的能力。当设备关闭时，RAM 会被清空。当你打开设备时，RAM 仍然是空的，并且不包含任何用于执行微处理器的指令。另一方面，即使电源关闭，ROM 也能保存数据。如图 2-34 所示，当你按下电源按钮（A）时，你的设备可以立即访问 ROM 中的指令并继续执行启动程序（B），只有在启动完成后，才能访问应用程序和数据（C）。

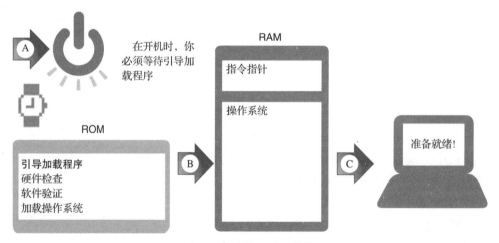

图 2-34   为什么需要等待

ROM 中的内容可以更改吗？改变 ROM 内容的过程有时被称为"刷机"（flashing），它与照相机闪光灯帮助照相机捕捉图像的方式类似。你可能会出于以下几个原因想要更改 ROM 和引导加载程序指令的内容。

修理。电涌和其他硬件问题可能会损坏 ROM 的内容，从而使设备无法正常供电。对 ROM 刷机以恢复引导加载程序指令可能会修复该问题。

用户修改。引导加载程序可能会对设备上运行的程序做出限制。用一个修改过的引导加载程序对 ROM 刷机可以

> **术语**
>
> 非易失存储器有很多类型，例如 EEPROM 和 NAND，但为了方便起见，ROM 囊括了所有非易失性存储器。从技术上讲，ROM 的内容不能被改变，装载有现代计算机启动程序的 EEPROM 和 NAND 则可以通过刷机进行更改。

绕过这些限制。在 iOS 设备上，这个过程有时被称为"越狱"，在安卓设备上称为"rooting"。这些 ROM 的修改可能会引发更多的问题，并且可能会使设备的证书无效。

取证。狡猾的罪犯可能会在 ROM 中隐藏犯罪数据，或者他们可能会改变引导加载程序，这样当设备被未经授权的人使用时，它就会删除犯罪文件。调查人员可能想要检查 BIOS 中隐藏的数据，他们可能需要刷新 BIOS 以将其恢复到非破坏的状态。

更新。设备制造商向引导加载程序提供更新，以弥补安全缺陷。这样的更新是靠运行一个由制造商提供的程序来执行的。在刷机之前一定要备份你的设备，并仔细按照这个程序的指示操作。如果刷机失败，那么在你的 ROM 芯片被替换之前，你的设备将不会启动。更新成功后（如图 2-35 所示），你的设备应该能正常启动。

> **试一试**
>
> 苹果公司对在 iPhone 和 iPad 上越狱有什么看法？你可以通过在 support.apple.com 上搜索"越狱"来找到答案。

启动指令 v 2.0

包含引导加载程序的ROM 芯片位于系统板上

刷机过程将擦除ROM的内容并用一组新的指令来替换

图 2-35　ROM 的更新

2.3.6　快速测验

1. 带有 Intel Core i7 微处理器的笔记本电脑的运行速度为 3.4____。（提示：使用缩写词。）

2. 8088、i7 和 Athlon A6 是____兼容的微处理器。

3. 微处理器的两个主要部分包括____和控制单元。

4. 由于 RAM 是____，因此无法在关闭的设备中保留数据。

5. 当设备首次打开时，将操作系统加载到 RAM 中的指令被存储在____中。（提示：使用缩写词。）

2.4　D 部分：存储

硬盘、CD、DVD、闪存驱动器、存储卡，这么多的存储选择有什么意义呢？事实证明，现在的存储技术都不是完美的。在本节中，你将得到成为明智的存储技术买家及拥有者的指导。你将学习应用于各种设备的存储技术——从数码相机到钢琴——因此即使在个人计算的范围之外，对存储技术的理解也是十分有用的。

目标

- 列出存储选项之间进行比较的 5 个标准。
- 描述存储和内存之间的关系。
- 确定硬盘驱动器、DVD、USB 驱动器和其他存储附件所应用的技术。
- 解释数字设备的存储规格。
- 说明磁存储技术设备的优缺点。
- 指出光存储介质的三种类型。

- 解释光学存储中 ROM、R 和 RW 的重要性。
- 对项目应该使用本地存储还是云存储进行评估。
- 至少列出四个通用备份配对。
- 列出 Windows 用户可以使用的四种备份工具。
- 解释硬盘故障后恢复 Windows 计算机的过程。
- 描述 Mac OS 和 iOS 设备的备份选项。

2.4.1 存储基础

存储是指用于永久保存数据的数字设备组件。与 RAM 不同，存储是非易失性的，即使在设备关机时也能保留数据。存储用于保存文档、照片和播放列表，它还可以保存软件和操作系统。

今天的数字设备可以使用本地存储和远程存储，但它们不能互换。为了查明存储的具体位置，让我们先查看本地存储，然后扩展到远程存储。

哪种存储技术是最好的？本地存储（local storage）是指可以直接连接到计算机、智能手机或设备上的存储设备。本地存储包括硬盘、CD、DVD、闪存驱动器、固态硬盘和存储卡。

大多数数字设备都包含某种本地存储，在你使用该设备时，本地存储是永久可用的。内置存储可以通过可移动存储来补充，例如闪存驱动器和存储卡。

每种本地存储都有其优点和缺点。如果一个存储系统是完美的，那么就不需要那么多的存储设备连接到我们的数字设备了！为了比较本地存储选项，我们可以来看看它们的持久性、可靠性、速度、容量和成本（如图 2-36 所示）。

持久性

防止因处理和环境原因（如灰尘、湿度、过热和过冷）而造成的损坏。持久性可以通过生命周期或写入周期（可以写入和修改数据的次数）来衡量

可靠性

不受故障、网络中断或服务中断的影响。可靠性可以通过平均故障间隔时间（MTBF）来衡量（MTBF是设备在故障发生前预期运行的时间）。云存储服务的可靠性可以通过正常运行时间（服务可访问的时间百分比）来衡量

速度

数据可以被存储或访问的速率。速度越快越好，可以通过数据传输速率（存储设备读取或写入的每秒兆字节数）来衡量

容量

可以存储的数据量，通常以千兆字节（GB）或太字节（TB）为单位进行衡量

成本

存储设备和介质的价格通常以千兆字节（GB）来衡量

图 2-36 存储选项评估

我有多少存储空间？ 数字设备上可用的本地存储容量取决于每个存储设备的容量和当前存储的数据量。可用的存储空间有时称为"空闲空间"。查找可用空间的步骤取决于设备。图 2-37 可以让你快速上手。

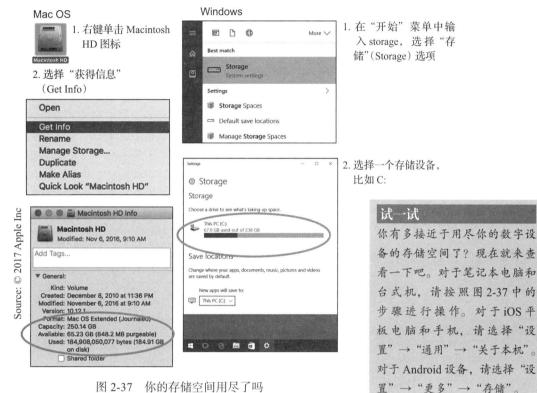

图 2-37   你的存储空间用尽了吗

存储技术是如何运作的？ 你可以将你计算机的存储设备看作直接通向 RAM 的管道。数据从存储设备复制到 RAM 中，等待处理。在数据被处理之后，它会被暂时保存在 RAM 中，但它通常会被复制到存储介质中，以获得更持久的安全保护。

正如你所知的，计算机的处理器处理的数据被编码成由 1 和 0 表示的位。当数据被存储时，这些 1 和 0 必须转换为某种信号或标记，这是永久性的，但在必要时可以改变。

显然，数据并不是在字面上写为"1"或"0"。相反，

1 和 0 必须转化为能保留在存储介质上的东西。这种转换究竟是如何发生的，取决于存储技术，例如，硬盘存储数据的方式与 CD 不同。个人计算机中通常使用三种类型的存储技术：磁、光和固态。

2.4.2   磁存储技术

你在经典科幻电影中看到的那些巨大的磁带卷就是用于数据处理时代大型计算机的磁存

储技术的一个例子。第一台个人计算机使用盒式磁带存储，不过软盘很快就取而代之了。如今，磁存储技术被用于台式机、笔记本电脑和企业服务器的硬盘驱动器中。

什么是磁存储技术？ 磁存储（magnetic storage）通过磁化磁盘或磁带表面上的微观粒子来表示数据。粒子保持其磁化方向直到方向改变，为数据提供永久但可修改的存储。

通过改变磁盘表面粒子的磁化方向，可以很容易地改变或删除磁存储的数据。磁存储的这个特性为编辑数据和重用包含不需要的数据的存储介质区域提供了高度的灵活性。

硬盘驱动器是如何工作的？ 硬盘驱动器（hard disk drive）包含一个或多个磁盘及相关的读写头。**硬盘盘片**（hard disk platter）是由铝或玻璃制成的扁平硬碟，表面覆有磁性氧化铁粒子。

盘片作为主轴上的一个旋转单元，每分钟会进行成千上万次的旋转。每个盘片都有一个**读写头**（read-write head），距离盘表面上方只有几英寸。磁盘驱动器上的读写磁头磁化粒子来写入数据，并通过感知粒子的极性来读取数据（见图 2-38）。

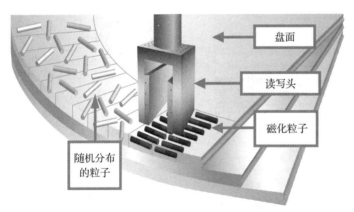

在硬盘上存储数据之前，磁盘表面的粒子是随机分布的。磁盘驱动器的读写头使自己面向正（北）或负（南）方向以表示 0 或 1 位

图 2-38　在硬盘上定位粒子

硬盘驱动器的优点是什么？ 硬盘驱动器可以安装在设备内部或者附加到存储器中。硬盘技术有三大优势：首先，它提供了大容量存储空间，容量从 40GB 到 8TB 不等；其次，它提供对文件的快速访问；最后，硬盘驱动器是经济实惠的，存储 1GB 数据的成本大约是 2 美分。

硬盘存储的缺点是什么？ 存储在磁性媒体上的数据会受到磁场、灰尘、霉菌、烟雾颗粒、高温以及机械故障等因素的影响而改变。随着时间的推移，磁介质会逐渐失去磁荷。一些专家估计，存储在磁性媒体上的数据的可靠寿命大约为 3 年，因此建议每两年更新一次数据。

硬盘驱动器上的读写头悬停在每个浅盘上方的一个微小的距离上。如果一个读写头与这个盘接触，那么**头部碰撞**（head crash）很可能会损坏这个盘片并破坏它所包含的数据。图 2-39 中解释了导致头部碰撞的原因。

放下设备时可能会导致读写头从盘片表面反弹，刮掉代表数据的粒子

如果灰尘或其他污染物渗入驱动器盒，它们可能会停留在读写头并碰撞到盘片上

图 2-39　什么原因导致了头部碰撞

关于硬盘驱动器的规格应该知道些什么？ 计算机广告通常会指明硬盘驱动器的容量、存取时间和速度，例如，"2TB 8ms 7200RPM HD"意味着硬盘驱动器的容量为2TB，存取时间为 8 毫秒，速度为每分钟 7200 转。

存取时间（access time）是计算机在存储介质上定位数据并读取数据的平均时间。存取时间为 6～11 毫秒的硬盘并不少见。硬盘驱动器的存取时间比 CD 要快得多，后者大约需要 500 毫秒的时间来查找数据。

硬盘驱动器的速度有时以每分钟的转数（rpm）来计算。驱动器旋转的速度越快，它就能越快地将读写头定位于特定的数据区域上。例如，一个 7200rpm 驱动器的存取速度比 5400rpm 驱动器的存取速度快。

当将硬盘驱动器与其他存储技术进行比较时，数据传输速率可以被用来做参照。**数据传输速率**（data transfer rate）是存储设备每秒从存储介质向 RAM 转移的数据量。更高的数字表明了更快的传输速率。硬盘驱动器的平均数据传输速率约为 57 000KBps（也表示为 57MBps 或 MB/s）。

2.4.3　光存储技术

在 CD、DVD 和蓝光光盘上存储数据的设备看起来可能有些过时了，但光学技术仍然可用于档案存储，因为它们可以为文档、音乐和照片提供一个永久的家，你是不会用那些不那么可靠的存储技术来存储这些文件的。

光存储技术是如何运作的？ CD、DVD 和蓝光（BD）技术被归类为**光存储**（optical storage）**技术**，它用光盘表面的亮点和暗点表示数据。光驱包含一种激光，它将一束光定向到光盘的下侧。反射光由透镜收集，转换成 0 和 1 来表示数据。

CD、DVD 和蓝光之间有何区别？ 单个光驱通常可以用于处理 CD、DVD 和蓝光光盘，但这些光盘的成本和容量各不相同（如图 2-40 所示）。

CD
650MB 15¢

DVD
4.7 GB 25¢

蓝光
25 GB 50¢

CD（光盘）：最初可保存时长小于74分钟的录制音乐。原始CD适合存储容量为650 MB的数据。CD的标准在后期进行了改进，将容量增加到可以存储80分钟的音乐或700 MB的数据

DVD（数字视频光盘或数字多功能光盘）：最初被设计用于存储电影，但很快被计算机行业用来存储数据。最初的标准DVD提供了4.7 GB（4 700 MB）的存储空间。双层DVD在同一侧有两个可记录层，可以存储8.5 GB的数据

蓝光（Blu-ray，BD）：旨在通过提供每层25 GB的存储容量来保存高清1080p视频。名称"蓝光"源自用于读取存储在光盘上数据的蓝紫色激光器。DVD技术使用红色激光，CD技术使用红外激光

图 2-40   光存储选项

ROM、R 和 RW 有什么意义？ 光学技术分为三类：

只读（Read-only，ROM）。CD-ROM 和 DVD-ROM 是批量生产的，它们的内容不能改变，其寿命大约在 100 年左右。

可录制（Recordable，R）。数据可以由消费者设备写入可刻录光盘，但一旦写入，数据就不能改变。寿命：100 年。

可重写（Rewritable，RW）。数据可以写在光盘上并在以后进行更改。数据的使用寿命约为 30 年。

光盘有多耐用？ 光盘不受湿度、指纹、灰尘、磁铁或泼洒的软饮料的干扰。一些光盘的预计使用寿命至少为 30 年，而其他类型的光盘可能安全地保存数据长达 100 年。当使用光学技术进行存档时，存档应包含光驱以及包含数据的介质。记录数据的驱动器随着时间的推移将会等到最好的读取机会。

> **术语**
> 在 CD、DVD 或 BD 上写入数据通常被称为刻录，因为激光在刻录光盘的过程中烧灼出了痕迹。

> **快速检测**
> 哪种光学技术与硬盘驱动器最相似？
> a. RAM   b. ROM
> c. R   d. RW

2.4.4   固态存储技术

如果你是一个典型的数字设备拥有者，那么你每天都会用到固态存储器，比如随身携带的闪存盘，或是可以在相机或平板电脑上交换的存储卡。你的智能手机的主要存储空间也基于固态技术，就像今天许多笔记本电脑的存储器一样。

什么是固态存储？ 固态存储（solid state storage，有时称为闪存）将数据存储在可擦写、可重写的电路中，而不是在旋转磁盘或流式磁带上。每个数据位都保存在可以打开或关闭的门状电路中。

打开或关闭门状电路的功耗非常低，这使固态存储成为诸如数码相机和媒体播放器等电池供电设备的理想选择。一旦数据被存储，它就是**非易失性的**（non-volatile）——电路不需要外部电源来保留数据。

固态存储提供了对数据的快速访问，因为它不包含移动部件。这种存储技术非常耐用——它几乎不受震动、磁场或极端温度的影响。它是十分可靠的，机械部件发生故障的可能性比硬盘驱动器小。

应该在什么情景下使用存储卡？ 存储卡是通常用于将文件从数码相机和媒体播放器传输到计算机的扁平固态存储介质。存储卡一词可能会让你以为它与随机存取存储器（RAM）类似。但是，这些卡是非易失性的，因此即使与计算机和其他设备断开连接，它们也可以保留数据。

存储卡的格式包括 CompactFlash、MultiMediaCard、Secure Digital（SD）和 SmartMedia。**读卡器**（card reader）是一种在固态存储器上读写数据的设备。这些组合设备有时被称为五合一、七合一或一体式读卡器，可与多种类型的存储卡配合使用（如图 2-41 所示）。

存储卡有多种格式和容量　　许多数字设备都配备读卡器，用于向固态存储卡传输数据和从固态存储卡中读取数据

图 2-41　固态存储卡

我需要固态硬盘吗？ **固态硬盘**（Solid State Drive，SSD）是一种闪存，可作为硬盘驱动器的替代品。SSD 安装在系统单元内部，除维修外不应被拆除。一些固态硬盘与微处理器芯片的尺寸大致相同；其他的 SSD 则只有一块纸牌的大小（如图 2-42 所示）。

每 GB 35¢
SSD 被广泛用于智能手机和平板电脑。目前一些笔记本电脑配置了 SSD 而不是硬盘驱动器

图 2-42　固态硬盘

关于 USB 闪存驱动器应该了解些什么？ USB 闪存驱动器是一种便携式存储设备，可使用内置的 USB 连接器直接插入计算机的系统单元。USB 闪存驱动器也被称为拇指驱动器、笔式驱动器、跳转驱动器、钥匙链驱动器或 UFD。USB 闪存驱动器的大小与荧光笔相当，且经久耐用，你可以将它们直接拴在钥匙环上。USB 闪存驱动器的容量从 16MB 到 1TB 不等。

USB 闪存驱动器的数据传输速率取决于 USB 的版本。

USB 1.0 相当慢。USB 2.0 可以以 800Mbps 的速率读取数据，而 USB 3.0 的速率可以达到 5Gbps，与硬盘驱动器的速度相媲美。

2.4.5　云存储

你可能会使用多个数字设备。假设你在平板电脑上存储了课堂笔记，但你将平板电脑留在家里。想象一下你可以从你的手机访问这些笔记。云存储可以实现这一点。

什么是云存储？ 内置于数字设备或可直接插入设备的存储器被归类为本地存储器。反之，远程存储位于可从网络访问的外部设备上。远程存储可以在家庭、学校或工作网络中使用。它也可以作为一个互联网服务，在这种情况下，它被称为云存储。

云存储通过 Apple iCloud、Microsoft OneDrive、Google Drive 和 Dropbox 等服务提供给个人。云存储的基本概念是文件可以存储在用户的基于云的存储区域中，并可通过任何设备登录访问。某些情况下，云存储的功能与本地驱动器相同（如图 2-43 所示）。

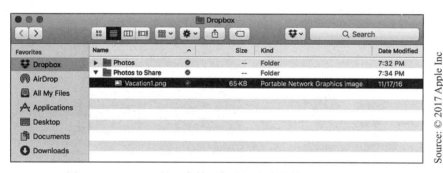

图 2-43　Dropbox 是云存储，但访问起来就像一个本地驱动器

一些云存储提供了同步功能，可以通过将这些文件保存在云中来自动复制到本地设备上（如图 2-44 所示）。

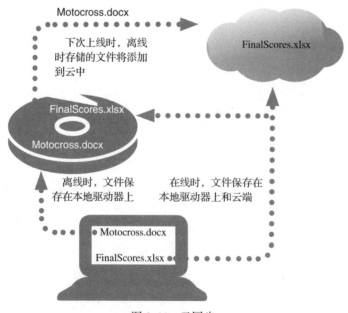

图 2-44　云同步

关于云存储应该知道些什么？云存储指的是一组用于传输、同步和管理存储在数据中心的高性能硬盘驱动器上的数据的技术。

大多数云服务提供了大量的免费存储空间，所以价格是可接受的。如果你经常使用多个数字设备，并希望所有这些设备都可以访问你的文件，那么云存储是一个很好的解决方案。此外，如果你备份了设备，即使本地设备出现故障，存储在云中的文件仍然存在。话虽如此，云存储还是有几个缺点。

安全性和隐私风险。你存储数据的地方越多，传播它的网络就越多，它就越容易受到黑客和间谍机构的拦截。请仔细考虑你要在云里存储什么东西。

服务中断。当一个云存储站点出现故障时，所有存储的数据都将暂时无法访问。如果你在还有两天期限的情况下上传了一份学期论文，最好不要把唯一的副本交给云存储，因为两天的服务中断会使你的文件在截止日期到达之前无法访问。

服务停止。一些云存储供应商已经关闭了存储服务，并且几乎没有对客户发出警告。云存储可以提供一个方便的选项来备份你的文件，但是不要依赖它作为唯一的备份。

快速检测

云服务器通常使用哪种类型的存储设备？

a. 磁存储　　b. 光存储

c. 闪存　　d. 云电路

2.4.6　备份

存储设备失效，云存储服务掉线，当出现这种情况时，它们包含的数据可能无法恢复。为了保护数据，你需要进行备份。你做备份了吗？备份中是否包含你需要的用以恢复工作的文件？

最需要备份的是什么？备份（backup）是指一个或多个文件的副本，用以应对原件被损坏的情况。尽管最佳的实践方法是"备份一切"，但这并不总是实用的。

试一试

你的台式机或笔记本电脑的全部备份数据会占用多少GB？（提示：图2-37显示了如何检查本地硬盘上使用的空间量。）

文件经常会被分散存储，有的在本地硬盘上，有的在USB驱动器上，有的在你的手机上，甚至在云存储上。简单地将所有文件从一个设备复制到另一个设备或云端需要大量的空间和时间。另外，还有一些棘手的技术问题使我们很难获得完整的备份。要理解这个问题，请想一想一个典型的硬盘都包含了什么（如图2-45所示）。

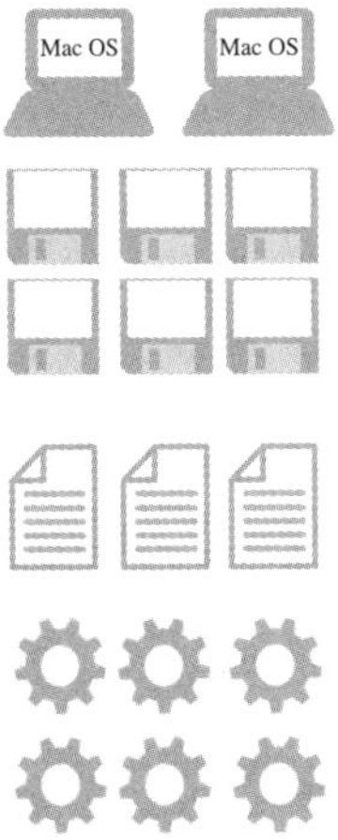

Mac OS
Mac OS
操作系统：操作系统需要优先启动设备，但如果未经授权，备份副本可能无法运行。
软件：大多数设备都有预装的软件，你可能已经下载并安装了许多额外的应用程序。如果这些设备在存储设备失效时被清除，那么下载和重新安装它们的过程可能会耗费时间。
数据文件：文档、照片、音乐、视频等由你创建和收集的所有内容都很难或不可能从头开始重做。
设置、账户和配置文件：你花了多少时间来定制你的主屏幕、输入联系人、选择密码，并设置你最喜爱的应用程序的首选项？没有人想再重复一遍！

图2-45　你能承受什么样的损失

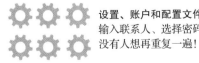

那么接下来应该做什么？最好的建议是：了解什么是重要的，并确保当前的文件版本存在于多个存储设备上。图 2-46 显示了用于备份的设备最简单的配对。

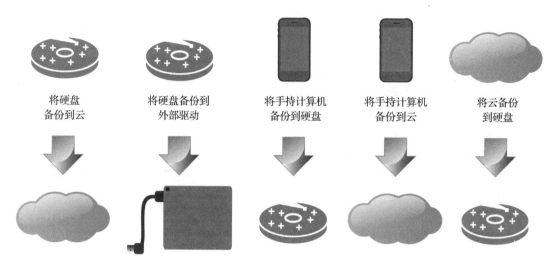

将硬盘   将硬盘备份到   将手持计算机   将手持计算机   将云备份
备份到云   外部驱动   备份到硬盘   备份到云   到硬盘

图 2-46   备份配对

备份需要用到什么工具？需要什么样的工具取决于你备份的内容和放置备份的位置。如果你用的是笔记本电脑和智能手机，那么你需要一个云存储账户、一个外部硬盘驱动器、同步软件、一个 USB 闪存驱动器，以及备份或磁盘映像软件。

如果有一台 Windows PC，应该怎么办？ Windows 用户可以选择以下几种备份工具，并且需要使用多种备份工具。

恢复驱动器。恢复驱动器（recovery drive，或系统修复盘）包含了操作系统的一部分，这一部分操作系统会在硬盘故障或软件故障后启动计算机并诊断系统问题。创建恢复驱动器的文件通常安装在硬盘驱动器上，但是当硬盘出现故障时，它们就没有作用了。请按照制造商的指示，将恢复文件移动到一个空白的 USB 闪存驱动器上，你可以将其存储到需要的时候。

复制命令。在做重要的项目时，需要复制一些基本的文件。你可以使用版本控制技术将副本存储在与原始版本相同的设备上，例如将"v2"和"v3"添加到版本的文件名中。为了安全起见，可以定期将一个版本复制到 USB 驱动器或云存储中。你可以使用 Windows 文件资源管理器中的复制选项手动创建数据文件的副本。

文件历史。你可以使用"文件历史"管理数据文件备份，它包含在 Windows 8.0 及后续版本中。"文件历史"使用**文件同步**（file synchronization）来复制文件、音乐、图片和视频文件夹中的文件，以及在 OneDrive 脱机时创建或修改的文件。如果数据文件丢失，那么"文件历史"是有用的，但是它需要系统文件、软件和设置的"系统映像备份"选项。"文件历史"很容易设置（如图 2-47 所示）。

系统映像。磁盘映像（disk image）是硬盘上所有扇区的数据的位拷贝。Windows 包含一个称为系统映像的磁盘映像选项，它可以创建原始磁盘的精确克隆，包括操作系统、软件和所有设置。在"文件历史"窗口中选择"系统映像备份"选项来激活它。

快速检测

硬盘故障后，可以使用哪种备份工具来启动 Windows 计算机？

a. 恢复驱动器   b. 复制命令

c. 文件历史   d. 云盘

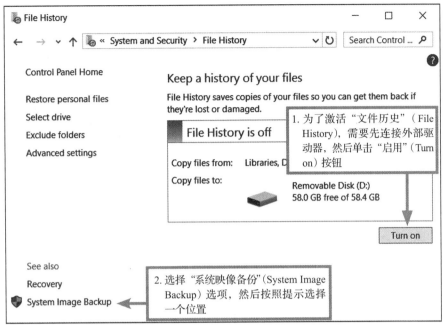

可以将"文件历史"配置为备份于外部硬盘驱动器、高容量 USB 闪存驱动器或云存储服务中。系统映像需要的空间比绝大多数 USB 闪存驱动器要大

图 2-47　激活"文件历史"

如果计算机硬盘驱动器出现故障，应该如何处理？首先，必须安装一个新的硬盘驱动器。然后，如图 2-48 所示，使用恢复驱动器启动计算机（A）。之后，使用系统映像内的备份驱动器（B）。依照屏幕上的提示，将系统映像复制到新的硬盘。安装系统映像之后，使用文件历史恢复文件。

图 2-48　在硬盘崩溃后恢复 Windows

> **快速检测**
> 在图 2-48 中，U 盘中存储的是什么？
> a. 用户备份的所有文件
> b. 启动计算机所需的操作系统部分
> c. 系统映像
> d. 同步的备份

Mac 的最佳备份选项是什么？Mac OS 提供了一个名为 Time Machine 的综合文件同步工具，它支持整个硬盘（包括系统文件、应用程序、账户、首选项、电子邮件消息、音乐、照片、电影和文档）的备份。当你的计算机开机时，请确保 Time Machine 在后台运行。

如果你需要恢复文件，可以打开 Time Machine，选择一个文件，然后选择"恢复"（Restore）选项。要恢复整个备份，请确保备份驱动器已连接，并在计算机启动时按住 Command 键和 R 键。图 2-49 向我们展示了 Time Machine。

如何备份智能手机和平板电脑？许多 Android 设备装有备份软件，通常可以从"设置"图标访问。通常，Android 设备的备份存储在谷歌云服务中。如果你的 Android 设备支持 SD 卡，也可以对单个文件进行备份。

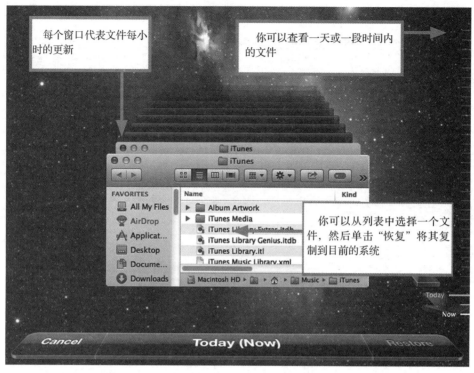

每个窗口代表文件每小时的更新

你可以查看一天或一段时间内的文件

你可以从列表中选择一个文件，然后单击"恢复"将其复制到目前的系统

Source: © 2017 Apple Inc

图 2-49 Time Machine 备份

iOS 设备用户可以使用 iTunes 或 iCloud 备份到本地计算机。这个过程通常被称为同步，因为它更新了备份设备上的文件，并且更新了在智能手机或平板电脑上发现的文件。

要激活 iCloud 备份，你可以访问 iOS 设备的设置，单击 iCloud，然后选择 Backup。将 iCloud 备份按钮滑动到 On 上。要想通过 iTunes 同步到本地驱动器，只需使用 USB 数据线将设备连接到台式机或笔记本电脑上即可。请确保 iTunes 处于开启状态。选择文件，然后选择设备，之后再选择备份选项（如图 2-50 所示）。

同步通常是通过用 USB 数据线将手持设备与台式机或笔记本电脑连接起来进行的

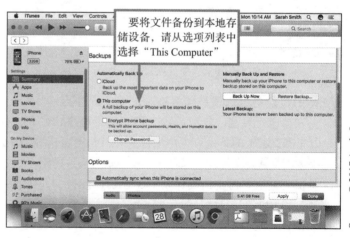

要将文件备份到本地存储设备，请从选项列表中选择"This Computer"

Source: © 2017 Apple Inc

图 2-50 同步你的 iPhone 或 iPad 的备份

2.4.7　快速测验

1. 磁存储设备使用读____头来磁化表示数据的粒子。

2. 如今，____存储技术用于数据归档，如 CD 和 DVD。

3. 和本地存储相对应，云存储（如 iCloud 和 One-Drive）应被归类为____存储。

4. ____使用与 USB 闪存驱动器相同的存储技术，但不被设计为可移动的。（提示：使用首字母缩写词。）

5. 磁盘____是硬盘内容的位拷贝，在硬盘驱动器发生故障时作为备份被创建。

2.5　E 部分：输入和输出

　　小工具，诸如健身追踪器、VR 耳机、信用卡读卡器和其他小工具都是输入和输出设备。本章 E 部分着重介绍通过连接输入和输出设备（如显示器和打印机）来扩展主机设备的技术。这一节中还介绍了收集物联网和自动驾驶车辆数据的各种令人惊叹的传感器。

目标

- 将设备分类为输入、输出或混合类型。
- 绘制从外部设备到 CPU 的数据路径。
- 识别常见的扩展端口和连接器，例如 USB、VGA、HDMI、DVI、显示器端口、Thunderbolt 和以太网端口。
- 说明哪类设备不应在没有通知的情况下拔掉。
- 至少列出三种可使用蓝牙连接的设备。
- 解释设备驱动器的用途以及可能需要手动安装或更新的原因。
- 列出四个影响显示质量的因素。
- 解释 GPU 的作用并列出最适用的应用程序。
- 解释分辨率如何影响屏幕上对象和文本的大小。
- 列出五种为自主车辆提供输入的传感器的类型。

2.5.1　附加工具

　　如果你有一款智能手机、平板电脑、笔记本电脑或台式机，那么你就会知道，有一份诱人的附加设备清单如 Dr. Dre 无线耳机、Nike FuelBand、外部光驱或 Oculus Rift 虚拟现实头盔有多棒。附加工具有很多类型供人们选择。

　　关于附加工具需要知道些什么？ 你需要知道工具的功能以及它的工作原理。你可以从产品评论和客户评价中发现相关信息。你还需要知道这个工具是否能和你的设备兼容，以及如何连接这个工具并让它工作。关于外围设备的一些背景知识将会为成功使用这些工具铺平道路。

　　什么是外围设备？ "外围设备"一词指的是连接到计算机系统单元的打印机、显示设备、存储设备、鼠标和耳机等。虽然这个词已经不经常被人使用了，但它仍然在很多地方出现，所以它是值得了解的。现代的外围设备包括小工具（gadgets）、附件和配件。外围设备分为输入、输出或

> **快速检测**
>
> 以下哪项不被视为外围设备？
>
> a. RAM 和 CPU
>
> b. 扬声器和耳机
>
> c. 硬盘驱动器和存储卡
>
> d. 触摸屏和键盘

混合设备，如图 2-51 所示。

键盘　　　　　　健身追踪器　　　打印机
鼠标　　　　　　触摸屏　　　　　耳机
触摸板　　　　　家庭安全系统　　扬声器
游戏控制器　　　MIDI乐器　　　　投影仪
扫描仪　　　　　家庭控制系统　　监控器
话筒　　　　　　音频耳机　　　　机器人
信用卡扫描仪　　VR耳机
读码器　　　　　触觉手套
生物识别扫描仪

图 2-51　外围设备

我能连接什么到设备上？许多工具（如耳塞）可与多种设备配合使用，包括智能手机、智能手表、平板电脑、笔记本电脑和台式机。有很多工具只被设计用于 iPhone。购买工具时，请阅读规格并确保它们与你的设备兼容。

如何连接？附加工具可以使用电缆或无线连接来连接到笔记本电脑、台式机和手持设备中。我们来看看常用的连接器，以便你可以在设备上识别它们。

2.5.2　扩展端口

就像远洋轮船的舷窗一样，许多数字设备在系统单元中都有用于连接电缆和各种附加设备的端口。由于这些端口扩展了输入、输出和存储的选项，因此通常称之为**扩展端口**（expansion port）。当插入 USB 闪存驱动器或存储卡时，你便是在使用扩展端口。

扩展端口如何与设备中的其他电路连接？系统板上的所有组件都通过电路进行连接。传送数据的主电路称为**数据总线**（data bus）。这些电路以闪电般的速度用电压脉冲传送数据。

数据总线在微处理器和 RAM 之间运行的部分称为本地总线或内部总线。因为它必须要跟上微处理器的数据需求，因此是数据总线中最快的部分。

从 RAM 扩展到各种扩展端口的数据总线部分被称为扩展总线。这部分总线有几个分支来容纳往来于各种端口的数据（如图 2-52 所示）。

快速检测

数据是如何从外部存储设备流向处理器的？

a. 数据首先在扩展总线上传输，然后切换到数据总线

b. 数据从内部总线开始传输，然后在本地总线上传输结束

c. 来自扩展总线的数据首先传输到 RAM，然后传送到处理器

d. 数据在网络总线上开始传送，在 CPU 中被处理，然后被发送到 RAM

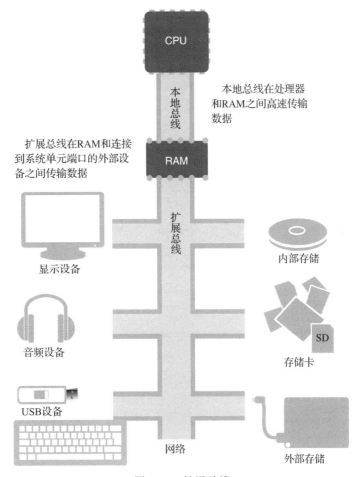

图 2-52　扩展总线

关于扩展端口应该了解些什么？ 在外围设备和计算机之间建立连接时，电缆必须连接到适当的扩展端口。端口有时由很难被看到的小符号进行标记。需要从大小和形状来识别端口。

在 D 部分中，你已经熟悉了用于插入存储卡的存储端口。你还需要继续识别通用、视频、音频和网络端口（如图 2-53 所示）。

试一试
检查你的笔记本电脑或台式机，你能列出所有的端口吗？

通用端口用于连接各种小工具。小型设备（如智能手机）可能会用到 Lightning 连接器，该连接器可用作充电电缆和用于外围设备的连接器。Lightning 端口类似于 USB-C 端口，但其电缆不可互换

图 2-53　扩展端口

VGA DVI HDMI Mini DisplayPort

某些显示设备（如外部显示屏和投影设备）设计了用于连接 USB 的端口，如 HDMI、DVI、VGA 和 DisplayPort，但其他显示设备则使用专用视频端口。使用专用的视频端口可令 USB 端口连接其他工具

Audio In　　Audio Out　　Ethernet　　Wireless antenna

大多数设备至少拥有一个用于耳机或耳塞的音频输出端口。可能还有一个音频输入的端口用于连接麦克风

以太网端口用于处理有线网络连接。无线网络连接通常内置有处理芯片，而天线可插入 USB 端口

图 2-53 （续）

术语

适配器的作用是将一种类型的连接器转换为另一种。例如，投影机可能有 DVI 连接器，但是如果你的笔记本电脑只有 Mini DisplayPort 端口，则可以使用适配器将 DVI 插头更改为 Mini DisplayPort 插头。

什么是热插拔？ 在主机设备运行时断开外围设备连接的行为称为**热插拔**（hot-plugging）。尽管断开设备之前不需要关闭设备，但在数据传输过程中不应断开某些设备的连接。在拔下设备（如 USB 闪存驱动器）之前，你需要等待计算机的通知。图 2-54 演示了如何安全地移除 USB 驱动器。

快速检测

哪个端口是连接显示设备的首选？
a. DVI　　　　b. USB
c. Thunderbolt　d. Ethernet

快速检测

当你准备将笔记本电脑放入背包时，需要将以下哪项弹出？
a. 用 USB 连接的打印机
b. USB 驱动器
c. 鼠标
d. 以上所有

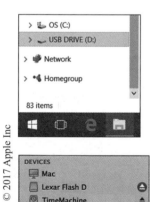

在 Windows 系统中，单击"文件资源管理器"文件夹图标来查看闪存驱动器图标。右键单击它，然后选择"弹出"。出现"安全删除硬件"消息时，你可以拔出闪存驱动器

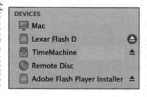

在 Mac OS 系统中，可以使用"访达"来查找闪存驱动器图标。选择圆形"弹出"图标，当闪存驱动器在列表中消失时，就安全地移除了闪存驱动器

试一试

你有没有卸载前需要经由电脑确认的设备？（提示：使用图 2-54 中的方法找出答案。）

Source: © 2017 Apple Inc

图 2-54 如何安全地弹出 USB 闪存驱动器

如果 USB 端口全部被占用了该怎么办？ 如果你想连接比 USB 端口数更多的设备，可以使用 USB 集线器。**USB 集线器**（USB hub）是一种廉价的设备，能将一个 USB 端口扩展为多个端口。它还可以避免因反复插拔 USB 设备而导致的端口磨损（如图 2-55 所示）。

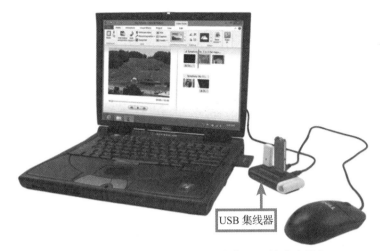

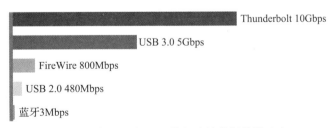
USB 集线器

图 2-55　使用 USB 集线器可以方便地连接多个设备

2.5.3　蓝牙

随着工具越来越无线化，设备不用通过电缆交换数据，而是通过空气发送信号。用于连接外围设备的通用无线技术称为**蓝牙**。

什么样的设备会使用蓝牙？ 你会发现无线键盘、鼠标、笔记本电脑以及台式机均有蓝牙选项。任天堂和 Wii 游戏控制器也可以使用蓝牙。

蓝牙是一种低功耗技术，因此非常适合没有大电池的移动设备。蓝牙用于将无线耳机连接到智能手机。如果你正在健身，那么你的臂环或智能鞋子可以使用蓝牙技术将数据传输到你的手机或计算机中。

快速检测

以下哪一项最不可能通过蓝牙进行连接？

a. 无线耳机　　　b. 外部硬盘

c. 键盘　　　　　d. 游戏控制器

蓝牙的范围和速度是多少？ 蓝牙设备建立连接的距离必须在 30 英尺（1 英尺 = 0.3 048 米）以内。数据传输速率的峰值为 3Mbps，适合发送小型数据而不是大型文件。与有线连接相比，蓝牙的传输比较慢（如图 2-56 所示）。

Thunderbolt 10Gbps

USB 3.0 5Gbps

FireWire 800Mbps

USB 2.0 480Mbps

蓝牙3Mbps

图 2-56　较为流行的连接方式的数据传输速率

如何分辨设备是否支持蓝牙？ 蓝牙内置于许多智能手机、平板电脑、笔记本电脑和台式机中，这些设备上往往缺乏相应的物理端口。在 Windows 任务栏或 Mac 菜单栏上可以查找到 Bluetooth 徽标（如图 2-57 所示）。对于手持设备则可以检查设置选项。如果设备没有配备蓝牙，那么可以将蓝牙天线插入 USB 端口。

试一试

你最喜爱的设备是否有蓝牙功能？在你的设备上查找蓝牙图标或蓝牙设置。

图 2-57   设备是否具备蓝牙功能

2.5.4   设备驱动程序

许多工具都有其相关的软件。例如，你的健身腕带上可以装载 iPhone 应用程序，用以显示你的进度并与你的训练伙伴进行分享。这些应用程序可帮助你充分利用工具。除应用软件之外，设备还需要一种称为设备驱动程序的软件。

什么是设备驱动程序？ 设备驱动程序（device driver）是帮助外围设备与主机设备建立通信的软件。比如，HP 打印机的设备驱动程序将 RAM 中的数据流定向到打印机，并确保数据的格式与打印机可以使用的格式相同。

何时需要安装设备驱动程序？ 操作系统包括了用于标准扩展端口的内置驱动程序。此功能有时被称为即插即用，使得可轻松连接设备而无须手动安装设备驱动程序。当你连接新的外围设备时，操作系统会查找合适的驱动程序，如果设备无法使用标准驱动程序，系统会提示你安装外围设备制造商提供的设备驱动程序。

从哪里获得设备驱动程序？ 设备驱动程序及其更新和安装说明可以从制造商的网站上下载。

何时需要更新设备驱动程序？ 设备驱动程序与主机设备的操作系统一起工作。打印机或其他连接工具可与设备完美兼容——直到操作系统更新。然后一些设备驱动程序可能会停止工作，并且它们控制的设备可能会出现故障。

除了检查电缆、尝试不同的端口并重新启动外，对外围设备进行故障排除的第一步是访问制造商的网站并查找驱动程序更新。更新的驱动程序的下载地址通常可从支持链接中获得（如图 2-58 所示）。

> **快速检测**
>
> 假设你刚刚进行了操作系统的更新，现在你的打印机已停止工作。该如何解决这个问题？
> a. 去网上查找打印机的驱动更新
> b. 用不同的接口连接打印机
> c. 重启电脑
> d. 以上所有

2.5.5   显示设备

用于显示文本和图像的计算机显示设备被分类为输出设备。但是，触摸屏被分类为输入和输出设备，因为它们接受输入并显示输出。

在大多数设备制造商的网站上，可以找到一个支持链接，在其中可以查找到更新的设备驱动程序

图 2-58 在网上可以找到设备驱动更新

显示设备都有哪些选择？独立显示设备（有时称为显示器）在台式机的配置中很流行。笔记本电脑、平板电脑和手持设备则内置了显示设备，但这些设备也可以连接并使用外部显示器。显示设备通常使用两种技术：LCD 和 LED。

LCD（液晶显示器）技术通过滤去一层液晶单元产生图像（如图 2-59 所示）。LCD 屏幕的优点包括显示清晰、低辐射、便携性和紧凑性。通过 LCD 过滤的光源称为背光。大多数现代屏幕都采用 LED（发光二极管）技术进行背光照明，并标明为 LED 显示屏。

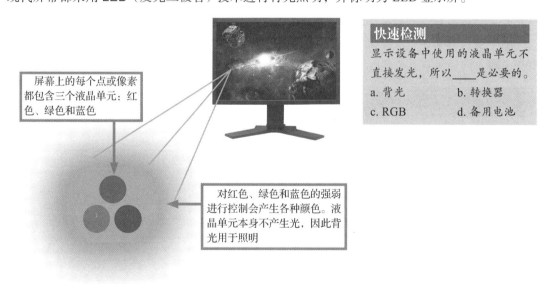

屏幕上的每个点或像素都包含三个液晶单元：红色、绿色和蓝色

对红色、绿色和蓝色的强弱进行控制会产生各种颜色。液晶单元本身不产生光，因此背光用于照明

快速检测

显示设备中使用的液晶单元不直接发光，所以____是必要的。

a. 背光   b. 转换器

c. RGB   d. 备用电池

图 2-59 LCD 显示器

哪些因素会影响图像质量？影响图像质量的因素有屏幕尺寸、响应速率、点距和屏幕分辨率。

屏幕尺寸。屏幕尺寸是以屏幕对角线为衡量的测量值。屏幕尺寸可以是智能手表的 1 英寸⊖，也可以大到家庭娱乐系统的 60 英寸或者更大的尺寸。

⊖ 1 英寸 = 0.025 4 米。——编辑注

响应速率。**响应速率**（response rate）是一个像素从黑色变为白色然后变回黑色所需的时间。响应速率快的显示设备可显示清晰的图像，并且显示移动物体时模糊或"重影"最不明显。响应速率以毫秒（ms）为单位进行衡量。对游戏系统而言，5 毫秒或更少的响应速率是可以接受的。

点距。在屏幕上形成图像的 LED 是在网格中分隔的。**点距**（dot pitch，dp）是相同颜色的 LED 之间的距离（如图 2-60 所示）。

屏幕分辨率。设备在屏幕上显示的水平和垂直像素数被称为**屏幕分辨率**（screen resolution）。例如，iPhone 7 的分辨率为 750 × 1 334。表示分辨率的另一种方式是每英寸像素数（ppi）。配备苹果 Retina 显示技术的 iPhone 7 的 4.7 英寸屏幕分辨率为 326ppi。

0.26 mm
点距是两个相同颜色
的LED之间的距离

图 2-60 点距

快速检测

下列 4 英寸智能手机显示器中的哪一个配置会产生最清晰的图像？

a. dp = 0.26 mm, ppi = 200

b. dp = 0.50 mm, ppi = 500

c. dp = 0.08 mm, ppi = 326

d. dp = 0.06 mm, ppi = 200

试一试

你的笔记本电脑或台式机目前的分辨率是多少？是设备允许的最高分辨率吗？

应该将电脑的分辨率设置为最高吗？ 大多数显示器都有其推荐的分辨率，在该分辨率下，图像和文字都是最清晰的。在笔记本电脑和台式机上，你可以更改分辨率。方法是：在 Windows 中，可以使用控制面板或右键单击桌面并选择屏幕分辨率；在 Mas OS 中，可以单击 Apple 图标打开系统偏好设置并选择显示。

在更高分辨率下，文字和对象显得更小，但桌面显得更宽敞。图 2-61 中的两个屏幕比较了两种不同分辨率下的显示状态。

在 1280 × 800 分辨率下，文本和其他对象看起来很小，但每个窗口可以展示更多的内容

在 800 × 600 分辨率下，文本和其他对象看起来很大，但每个窗口展示的内容变少了

图 2-61 屏幕分辨率和窗口大小

触摸屏是如何工作的？平板电脑、手持设备、零售店自助结账系统和自动取款机的屏幕显示输出并从触摸屏接收输入。触摸屏可以显示菜单、滚动条和其他控件。它们还可以为未连接到物理键盘的设备显示虚拟键盘。

触摸事件（如点击、拖动和捏）有时称为手势。触摸事件的坐标处理方式与鼠标单击基本相同。例如，如果你在标有日历的按钮位置触摸 iPad 屏幕，那么触摸的区域会生成坐标并将其发送到处理器。处理器将坐标与屏幕上显示的图像进行比较，以找出坐标上的内容，然后在此情况下通过打开日历进行响应。两种最常用的触摸屏技术是电阻式和电容式（如图 2-62 所示）。

采用**电阻技术**（resistive technology）制造的屏幕由基础面板和小空间分隔的柔性顶层组成。轻轻按压顶层使其与底层接触，接触点收集并传递位置信息给处理器。电阻技术不易受到灰尘或水的影响，但可能会被尖锐的物体磨损

采用**电容技术**（capacitive technology）的触摸屏内含涂有导电材料薄层的透明面板。由于人体是电导体，触摸屏幕会产生电流变化。此外还可以使用特殊的电容式手写笔或触摸屏手套来操作。电容式屏幕可以进行单一触摸乃至更复杂的输入，比如手写

图 2-62　触摸屏

什么是 GPU？显示设备需要图形电路来生成和传送信号以在屏幕上显示图像。一种称为**集成图形**的图形电路被内置到计算机的系统板中；还有一种选择被称为**专用图形**，这也是一种图形电路，被安装在一个称为显卡（或视频卡）的小电路板上，如图 2-63 所示。

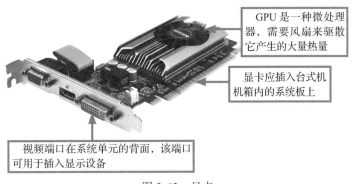

GPU 是一种微处理器，需要风扇来驱散它产生的大量热量

显卡应插入台式机机箱内的系统板上

视频端口在系统单元的背面，该端口可用于插入显示设备

图 2-63　显卡

显卡包含一个**图形处理单元**（Graphics Processing Unit，GPU）和特殊的视频内存（用于存储处理之前的屏幕图像）。快速 GPU 和大容量视频内存是实现快速动作游戏、3D 建模（如图 2-64 所示）的关键。

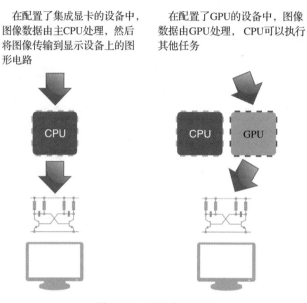

在配置了集成显卡的设备中，图像数据由主CPU处理，然后将图像传输到显示设备上的图形电路

在配置了GPU的设备中，图像数据由GPU处理，CPU可以执行其他任务

图 2-64　CPU 与 GPU

2.5.6　打印机

随着数字分发越来越普及，基于云的打印服务越来越受欢迎，打印机的重要性已经下降。然而，打印机依旧可以派上用场，用于制作印刷文件、讲义、海报和照片。当今最畅销的多功能打印机使用喷墨或激光技术，多功能打印机也可以用作扫描仪、复印机和传真机。

喷墨打印机是如何工作的？ 喷墨打印机（ink jet printer）有一个喷嘴状的打印头，喷墨打印在纸上，形成文字和图形。彩色喷墨打印机的打印头由一系列喷嘴组成，每个喷嘴都有自己的墨盒（如图 2-65 所示）。

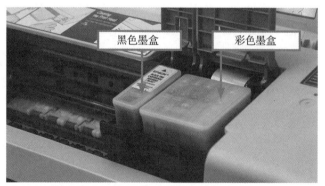

黑色墨盒　　彩色墨盒

大多数喷墨打印机使用 CMYK 色彩，只需青色（蓝色）、品红色（粉色）、黄色和黑色墨水即可创建出包含数千种颜色的输出

图 2-65　喷墨 CMYK 墨盒

喷墨打印机的销量比其他类型打印机的要高，因为其价格便宜，而且能产生彩色和黑白输出。它们适用于大多数家庭和小型商业应用。喷墨技术还为许多照片打印机提供了可能，这些打印机经过优化，可以打印出由数码相机和扫描仪记录下的高质量图像。

快速检测
哪种类型的打印机具有较低的成本和较慢的速度？
a. 激光打印机
b. 喷墨打印机

激光打印机是如何工作的？ 像图 2-66 所示的**激光打印机**使用与复印机相同的技术，在光敏滚筒上涂上光点。静电荷油墨被应用到滚筒上，然后转移到纸上。激光打印机的打印速度比喷墨打印机的快，但激光技术比喷墨技术复杂得多，这就导致了激光打印机的价格更高。

墨粉盒

图 2-66　激光打印机

基本的激光打印机只负责黑白打印。彩色激光打印机是可以实现的，但它们比基本的黑白模式打印机要贵一些。激光打印机通常是商业打印的选择，特别是对于生产大量印刷材料的项目。

什么是 3D 打印机？ 在纸上沉积油墨的技术是 3D 打印机的基础，这些打印机将塑料、树脂或金属层堆积成一个三维物体。3D 打印技术也被称为**增材制造**（additive manufacturing）。

消费者可以使用 3D 打印机生产小玩具、装饰品，甚至是简单的电子设备。这些打印机也被用来制造可穿戴设备（比如鞋子），以及家用电器的替换部件。

3D 打印机的一个重要工业用途是制造新产品，比如汽车前照灯、智能手机盒、火器，甚至是全尺寸自行车。

增材制造可以用来生产定制的助听器和其他医疗设备。牙科实验室使用 3D 打印技术生产牙冠、固定桥和其他牙科器械。

3D 打印机是如何工作的？ 现如今有数种增材制造技术，但大多数消费级的 3D 打印机使用一种称为细丝沉积模型（FDM）的技术，它可以熔化一种螺旋状的细丝，并将其沉积在硬化并形成一个物体的层中（如图 2-67 所示）。

细丝是由什么制成的？ 有几种类型的细丝可以使用。聚乳酸纤维是一种多用途、可降解的纤维，因为它是由玉米淀粉制成的。丙烯腈丁二烯苯乙烯（ABS）长丝更耐用，耐热性更强，适合打印需要承受一定磨损的物体。聚碳酸酯（PC）细丝更坚固，主要用于在高冲击情况下使用的物品。细丝每磅⊖约 10 美元。

⊖　1 磅 = 0.453 592 37 千克。——编辑注

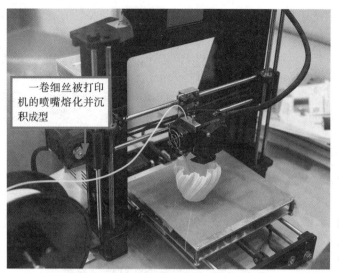

图 2-67　3D 打印

是什么在控制输出？ 3D 打印的对象是基于 3D 模型的 3D 矢量图。该模型可以使用图形软件创建，也可以通过一个真实对象的 3D 扫描得到。模块通常以 STL 文件格式存储。一些网站为 3D 打印提供 STL 文件的集合。

2.5.7　物联

物联网（IoT）的美好愿景是实现一种忙碌的**智能传感器**（smart sensor）集群，它们在后台工作以收集数据并使用这些数据来改善几乎所有事情。所有配备智能传感器的"东西"都可以监控我们的家庭、汽车和工作场所。它们还可以监控我们的习惯和身体健康状况，并在此过程中彼此沟通。

物联网设备所需的基本功能是什么？ 物联网设备需要某种方式与其他传感器和设备进行通信。这种通信是由网络技术来处理的，而网络技术是下一章中要讨论的。

设备必须能够处理数据、做出决策或发起活动，物联网设备内部包括微处理器和内存。一个基本的物联网电路板包含一个或多个传感器、一个电源、一个发射器和一个天线（如图 2-68 所示）。

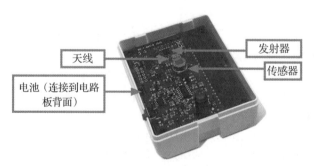

图 2-68　物联网解构

智能传感器都有哪些类型？ 目前最流行的物联网传感器会根据收集到的数据发送警报（如图 2-69 所示）。

声音
"你家的窗户刚刚破了。"
"你的狗在叫。"
"俱乐部很忙（吵）。"

水
"你的地下室好像是湿的。"
"你的游泳池需要更多的氯。"
"你的植物需要水。"

GPS
"你的狗在你的院子里。"
"你的车不在你的车道上。"
"你走了一条2.5英里长的线路。"

接触
"你的前门没有锁。"
"你的门铃响了。"
"你的孩子刚从学校回来。"

手势
"一个人或动物正在靠近你。"
"昨晚的小屋。"
"你的猫在小箱子里。"

加速度计
"你今天走了一万步。"
"行李搬运工刚刚把你的手提箱放下了。"

光
"晚上10点了，门廊的灯不亮了。"
"你想将灯光调暗吗？"
"你的紫外线照射已经达到了极限。"

温度
"你的烤箱正在开着。"
"你的公寓太热了。"
"目前是零度以下，远程启动你的车。"

图 2-69　传感器

什么是最流行的传感器？许多智能手机、VR 头戴式耳机和汽车内部导航系统都包含三个传感器：加速度计、陀螺仪和磁力计。图 2-70 显示了如何将这些传感器封装到一个 IMU（惯性测量单元）内。

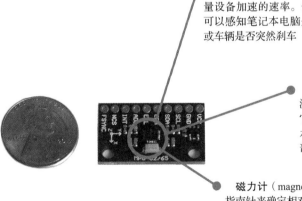

加速度计（accelerometer）测量设备加速的速率。例如，它可以感知笔记本电脑是否掉线或车辆是否突然刹车

陀螺仪传感器（gyro sensor）测量角速度：旋转角度的变化。它可以帮助无人机在空中保持水平，并帮助 VR 耳机追踪头部移动

磁力计（magnetometer）测量磁场，可用作指南针来确定相对于北极的方向。磁力计用于提供有关车辆和手持设备行驶方向的数据

图 2-70　IMU 传感器

哪里可以获得物联网设备？智能传感器可从电子商店、五金店和在线商城购买。传感器可以单独购买或以包装成批购买。目前流行的家庭监控软件包，如 Apple 的 Home-Kit，内容包括相机、温控器、灯泡、水传感器、门锁和 VOC 空气质量传感器。

传感器有安全风险吗？传感器本身一般不构成安全风险，但它们收集的数据可能会用于未授权的目的。

智能恒温器可以被房主合法地使用，以远程跟踪和调

快速检测

物联网智能传感器的以下哪一方面最不可能构成安全风险？

a. 匿名数据

b. 没有加密的数据传输

c. 存储在网站上的数据

d. 由你的电气服务提供商提供的温度传感器

节房子或公寓的温度。如果获得了批准，恒温器的数据甚至可以被当地电力公司收集，用来衡量使用水平。

由于温控器使用无线网络进行通信，因此信号会受到拦截。一个未经授权的人可能会监控这个信号，以确定房主离开房子（暖气被关了）、到家（暖气被打开），或者去度假（低温持续了好几天）。

在考虑智能传感器时，要注意了解它们的数据可以存储在哪里、谁可以访问数据、谁可以控制设备。为了最大化安全性，选择在本地或安全站点存储数据的传感器。此外，确认所有数据在传输和存储之前都已加密，并确保只能由你控制。

2.5.8 自动驾驶

空中有无人机，地面上到处都是房间，超级巡航模式下的汽车在高速公路上飞驰。这需要一组与机载计算机通信的传感器来允许这些车辆进行自主或半自主的操作。

到底什么是自动驾驶？ 汽车、卡车、火车、无人机、飞机和机器通常是由人类驾驶或操纵的，而不由人类驾驶的汽车，则由机器控制速度、刹车和转向。全自动无人驾驶汽车可在无人控制的情况下运行。半自动车辆为人类操作员提供帮助。

半自动汽车的特点包括自适应巡航控制、内车道转向控制、自动停车和避碰系统，这些系统占据了一些但不是全部的驾驶任务。

自动驾驶车辆是如何做出决策的？ 一般来说，自动驾驶汽车使用的是随着机器人系统的发展而出现的"感知 – 计划 – 行动"算法。这些算法可以被归类为人工智能（AI），因为它们在没有人工干预的情况下做出决策和开展活动。

感知 – 计划 – 行动（sense-plan-act）算法收集数据，进行分析，然后执行所需的操作。多个感知 – 计划 – 行动的回路会同时进行操作。例如，在无人驾驶汽车中，一个回路可以感应到车道的标记，而另一个回路则在监测前方车辆的距离，还有一个回路负责观察突然出现的物体。图 2-71 提供了关于感知 – 计划 – 行动算法的额外细节。

感知。 车辆上的传感器收集附近环境和车辆本身状态的原始数据。环境数据来自附近的车辆、人员、动物和其他物体以及道路本身。车辆状态数据包括速度、方向、角度和高度。传感器数据会传输至车载计算机中，计算机中的软件会快速处理输入的数据来识别道路上的危险和导航点。

BRAKE?
REDUCE SPEED?
HONK?
CHANGE LANES?

计划。 基于对传感器数据的分析，车载计算机采用一系列规则来确定最佳的行动方案。例如，若雷达数据显示前方车辆正在减速，则计算机必须决定是调整车速还是改变车道。该决定基于如下规则："如果前方车辆逐渐减速，并且左侧车道清晰，则移至左侧车道。"

行动。 计算机确定了一个行动方案后，它向车辆的控制系统发送信号。汽车转向系统的信号启动了车道更换。信号也可以发送到汽车的油门或刹车系统以实现速度变化。

图 2-71 自动驾驶中的感知 – 计划 – 行动算法

什么样的传感器可以让自动驾驶车辆在路上通行？激光雷达（光探测和雷达）是控制自动驾驶车辆的计算机算法的关键，但声呐、红外、GPS、照相机和内部导航系统也会提供基本数据（如图 2-72 所示）。

GPS使用轨道卫星来确定车辆的位置。从GPS接收到的坐标会与数字道路图进行交叉参考。民用GPS能够精确到10英尺（3.048米）左右，但使用增强技术可以提高定位精度。很快，增强型GPS系统应该能够以1英寸（2.54厘米）的精度来计算位置

激光雷达系统使用激光测距仪来确定其与障碍物之间的距离。该设备根据激光束到达物体并返回所需的时间来计算距离。该装置的射程约为650英尺（200米），360度激光雷达阵列可以在一秒内采集数百万个数据点，以映射65英尺范围内所有的车辆

红外传感器可用于探测行人和动物的热特征，特别是在黑暗中

内部导航系统（INS）包含可持续计算车辆位置、方向和速度的陀螺仪和加速度计。如果GPS信号被密集的城市结构暂时阻挡，INS可以监视车辆位置

雷达可以获得更多关于附近环境的数据。声波雷达可以很好地感应金属物体，但不会感觉到行人和其他非金属物体，它主要用于追踪附近的车辆。雷达目前主要用于自适应巡航控制系统，以与前方车辆保持安全的距离

相机用于收集道路标志和交通信号的图像，然后通过图像识别软件进行分析

图 2-72　自动驾驶车辆传感器

2.5.9　快速测验

1. ____总线将数据从外部设备传送到 RAM。

2. ____是一种在大约 30 英尺范围内用于连接设备的低速无线技术。

3. ____负责处理图像数据，释放 CPU 来执行其他处理任务。（提示：使用首字母缩写词。）

4. 触摸屏的两种最常用的技术是电阻式和____。

5. 笔记本电脑和台式机最常通过____端口与工具进行连接。（提示：使用首字母缩写词。）

网　　络

网络让我们接触到世界，但它们也让世界进入我们的个人空间。在这个模块中，你将会探索如何在不暴露你最隐私秘密的情况下创建和使用网络。

应用所学知识

- 选择何时使用有线或无线连接。
- 检查无线连接的信号强度。
- 查找路由器的 IP 地址。
- 查找你的设备的专用 IP 地址。
- 区分 IPv4 和 IPv6 地址。
- 获取一个域名。
- 查找域名和 IP 地址的所有者。
- 查找你的 DNS 服务器的地址，如有必要，修改这个地址。
- 检查因特网连接的速度，并与你的因特网服务提供商广告中的速度比较。
- 确定你的因特网连接的延迟、抖动和丢包，并衡量是否会影响流媒体服务的质量。
- 使用跟踪路由解决一个缓慢的因特网连接。
- 选择一个因特网服务提供商连接。
- 降低连接 Wi-Fi 热点的安全风险。
- 构建一个允许设备共享文件和因特网连接的局域网。
- 配置并保护局域网的路由器。
- 拼凑一个用于家庭监控的小的物联网网络。
- 在其他设备上通过局域网访问文件。
- 启用文件共享并通过权限来限制文件的使用方式。
- 使用基于因特网的服务获取文件，例如文件传输协议（FTP）、Dropbox 和比特洪流。

3.1　A 部分：网络基础

网络无处不在，它们是我们生活中必不可少的一部分。当它们停止运行，事情会变得失控。当它们怠工降速，我们会感到受挫。关于网络，你都需要知道什么？ A 部分将帮助你开始这些内容的学习。

目标

- 复制表示总体通信系统的香农图，包括所有九个标签。
- 分别给出两个个人区域网、局域网、广域网的例子。
- 列举四个用于网络的有线信道的例子。
- 说出通信网络中最常用的两种无线信道。
- 列出无线信道的两个优点和四个缺点。

- 描述宽带和窄带之间的区别。
- 绘制一个图表，表示显示智能恒温器的数据如何在不同拓扑结构的网络上运行。
- 比较并对比基于可靠性、安全性、容量、可扩展性、控制和监视的网格和星形拓扑。
- 分别列举两个数据终端设备和两个数据通信设备的例子。
- 解释调制解调器和路由器的区别。
- 列举通信协议能够解决的五个工作。

3.1.1　通信系统

你通常使用多种网络进行交流、研究和娱乐。不同的网络有大有小，最大型的网络为用户提供极少的控制权。你所建立的小型网络完全可以在你的控制之下，但同时它们也是你的责任所在。网络在不同方面可以被分为很多类。作为一个网络用户，你要记住控制的概念，并了解它如何影响你的隐私和安全。

网络是什么？一个网络把事物连接到一起。**通信网络**（communication network）（或通信系统）将设备连接在一起，以便在它们之间共享数据和信息。

1948 年，贝尔实验室的工程师克劳德・香农（Claude Shannon）发表了一篇文章，描述了适用于所有类型网络的通信系统模型。其中图表说明了网络的本质，因此该图表是作为这个模块开端的好选择。香农模型（如图 3-1 所示）很容易理解。

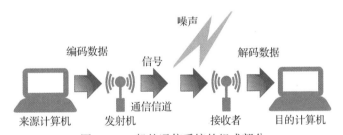

图 3-1　一般的通信系统的组成部分

计算机网络是如何分类的？可以根据网络的大小和地理范围对它们进行分类，如图 3-2 所示。

PAN（个人区域网）

个人区域网将智能设备或消费电子设备连接到大约30英尺（10米）的范围内，并且不使用电线或电缆。个人资料表明，网络提供一个单独的个体，而不是多个用户。个人区域网可以用来将数据从手持设备传送到桌面计算机、将数据通过无线的方式传输到打印机，或者将数据从智能手机传输到无线耳机

LAN（局域网）

局域网是在非常有限的地理区域内连接个人计算机的数据通信网络，这个地理区域通常是一幢建筑物。学校计算机实验室和家庭网络是局域网的两个示例。局域网是可以在机场、咖啡厅和其他公共场所接入的Wi-Fi网络。大多数企业所使用的内部网络也是局域网

WAN（广域网）

广域网覆盖一个很大的地理区域，通常由几个较小的网络组成，它们可能使用不同的计算机平台和网络技术。因特网是世界上最大的广域网。其他公共广域网包括电话系统、有线电视系统和基于卫星的通信系统

图 3-2　网络的分类

为什么地理范围很重要？本地化网络通常包括少量的计算机，这些计算机可以通过设备进行连接，有时需要专门的设备来增强信号，设备的多样性需要复杂的管理工具和策略。

物联网是什么？ 物联网是一个不断发展的概念，很难将其归类为个人区域网、局域网或广域网。物联网有可能成为通过因特网向其他设备传输的智能设备的全球集合。如今，智能设备通常被分为小型的本地设备，向集中设备报告，后者又与本地网络以及因特网进行数据交换。

3.1.2 通信信道

在你看来，当你的设备连接到 Wi-Fi 热点或有线局域网时，是否更容易被间谍暗中访问你的计算机？有些连接比其他连接更安全、更可靠，因此了解通信信道的输入输出是必要的。

什么是通信信道？ 通信信道（communication channel）是将信息从一个网络设备传输到另一个网络设备的介质。在通信信道上传输的数据通常采用电磁信号——光、电或声音的波的形式。这些波可以通过空气或通过电缆传播，所以信道分为两类：有线信道和无线信道。**有线信道**（wired channels）通过电线和电缆传输数据。**无线信道**（wireless channels）将数据从一个设备传输到另一个设备，不使用电缆或电线进行传输。

有线信道有哪些选择？ 有线信道包括用于电话地面线路的同轴电缆、用于有线电视网络的同轴电缆、用于局域网的第 6 类电缆，以及用于大容量干线的光纤电缆（如图 3-3 所示），该光纤是提供电话、电缆和因特网通信的主要干线。

> **快速检测**
> 一所大学向教室里的学生提供无线上网，该大学正在使用什么类型的网络？
> a. 个人区域网　　b. 局域网
> c. 物联网　　　　d. 广域网

> **试一试**
> 你现在正在使用网络吗？是有线的还是无线的？如果是有线的，你能识别连接计算机到网络其他部分的电缆类型吗？

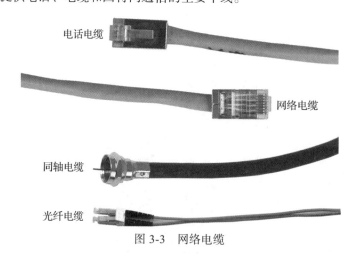

电话电缆

网络电缆

同轴电缆

光纤电缆

图 3-3　网络电缆

有线信道的优点是什么？ 在无线技术出现之前，局域网完全是有线的。如今，有线连接在家庭、学校和商业网络中的使用频率较低。然而，对于需要快速安全连接的因特网和局域网来说，它们仍然是网络技术的选择。

当建立有线连接时，你不必担心黑客从你家外面的人行道上截取你的数据，也不必担心当你的无线信号超出你的地界时，你的邻居会接触到你的个人文件。诚然，窃听有线网络是可行的，但需要物理访问电缆或使用相当复杂的窥探设备。有线信道的优点概括在图 3-4 中。

电缆可以屏蔽干扰，并安装在户外和地下设施的保护套管中

有线连接是可靠的。它们的运载能力和速度不受雨、雪或电气设备的空中干扰的影响

有线连接比无线通信更安全，因为只有通过电缆物理连接，设备才能连接有线网络

图 3-4　有线信道的优点

有线连接的缺点是什么？ 电缆为有线连接提供速度和安全性，但同时电缆本身也是这种连接的主要缺点。有线信道的缺点包括成本高、缺乏移动性和安装麻烦。图 3-5 提供了更多相关细节。

在广域网中，有线安装费用昂贵，因为电缆必须悬挂在电线杆上，或者埋在地下。电缆可能被天气因素破坏，或者由于挖错了地方而导致损坏。地下电缆的修理需要重型设备来定位、进入和修理断路器

通过电缆连接的局域网设备的移动性有限。台式机往往更适合有线连接，而笔记本电脑、平板电脑和手持设备则可以不受电缆束缚而保持可移动性

电缆不美观，容易缠结和收集灰尘。在天花板、墙壁和地板上铺设电缆是很有挑战性的。电缆还可能携带电涌，电涌有可能损坏网络设备

图 3-5　有线信道的缺点

无线信道有哪些选择？ 通信网络中最广泛的无线信道是无线电信号和微波。

无线信号是如何传输数据的？ 大多数无线信道将数据传输为**射频信号**（RF signals），通常称为无线电波。射频信道通常用于蓝牙连接、Wi-Fi 网络和广域无线设备，如 WiMax。这也是在智能手机和电池塔之间用于传输声音和数据的技术。射频信号由**收发信机**（transceiver)（发射机和接收机的组合）发送和接收，并配备天线（如图 3-6 所示）。

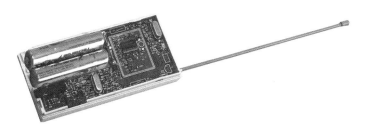

与无线连接一起使用的设备配备了收发器，其中包括用于发送数据的发送器和用于收集数据的接收器。收发器具有天线，天线可以是可见的，也可以是不可见的，存在于设备的系统单元内

图 3-6　收发设备

　　微波是如何传输数据的? 微波(microwave)(波本身,指的不是你的烤箱!)提供无线传输数据的另一种选择。像无线电波一样,微波是电磁信号,但它们的行为却不同。微波可以指向一个方向,比无线电波有更多的承载能力。然而,当发射机和接收机之间存在清晰的路径时,微波不能穿透金属物体,因此最好用于视线传输。

　　微波装置通常为大型企业网络提供数据传输,它们还可以用于在蜂窝和广域无线设备之间传输塔台之间的信号。

　　无线的优点和缺点是什么? 无线连接的主要优点是移动性。无线设备不固定在网络电缆上,所以装配电池的笔记本电脑、平板电脑和智能手机可以很容易地从一个房间移动到另一个房间,甚至移动到室外。有了无线网络,就不会有难看的电缆,电源尖峰也不太可能通过电缆损坏设备。无线信道的主要缺点在于速度、范围、安全性和许可方面。

　　为什么无线比有线更慢? 无线信号容易受到诸如微波炉、无绳电话和婴儿监视器等设备的干扰。当干扰影响了无线信号时,必须重发数据,这就需要额外的时间。

　　什么限制了无线连接的范围? 无线信号的范围可以通过信号类型、发射机强度和物理环境来加以限制。当远离广播塔时无线电台会逐渐消失,同样,随着网络设备之间距离的增加,数据信号逐渐消失。信号范围也可以被厚厚的墙壁、地板或天花板所限制。

　　随着信号强度的降低,速度也会降低。弱信号通常意味着缓慢的数据传输。通过检查网络信号强度计,可以大致了解台式机、笔记本电脑、平板电脑或智能手机的信号强度(如图 3-7 所示)。

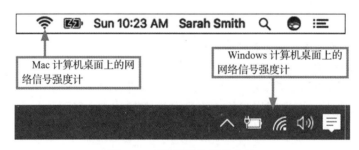

图 3-7　无线网络信号强度计

　　无线安全有什么问题? 无线信号飘浮在空气中,可以穿透墙壁。可以从你的房外访问到携带无线数据的信号。例如,你房子外面的人,可以秘密地加入你的网络、访问文件,并借用你的因特网连接。为了使无线数据对入侵者无效,应该对数据进行加密。在本章后面的部分,你将学习如何使用加密来保护通过无线连接发送的数据。

　　许可是如何影响无线连接的? 政府机构(如美国联邦通信委员会)管理那些通过空气发送的信号。为了能够在大多数频率进行广播（包括电台和电视台使用的频率），必须拥有一个许可证。

无线连接使用未经许可的频率，这些频率可供公众使用。这些频率包括 2.4GHz 和 5GHz。在这两个之中，5GHz 频率从其他设备受到的干扰较少，但它的传播范围相对有限。

什么是带宽？ 网络信道必须快速地移动数据。**带宽**（bandwidth）是通信信道的传输容量。正如一条四车道的高速公路，可以比两车道的公路承载更多的交通流量，一个高带宽的通信信道比一个低带宽的信道能承载更多的数据。例如，100 多个有线电视频道的同轴电缆的带宽要高于你家里的电话线的带宽。

携带数字数据的信道的带宽通常以每秒比特数（bps）来进行测量。例如，你的无线局域网可能会以平均 27Mbps 的速度进行评级。携带模拟数据的信道的带宽通常用赫兹（Hz）来测量。例如，携带话音级电话信号的铜线通常被描述为具有 3000Hz 的带宽。

截至 2015 年，美国联邦通信委员会定义，能够移动至少 25 兆比特每秒（25Mbps）数据的网络叫作**宽带**（broadband）。比 25Mbps 慢的信道被分类为**窄带**（narrowband）。宽带容量对于需要支持许多用户和那些承载大量音频和视频数据的网络（如音乐和电影下载）是必不可少的。

3.1.3　网络拓扑结构

蜘蛛织网时会在树叶、树枝和其他表面之间形成丝状的连接。大多数蜘蛛网有一种与通信网络相同的结构。你所使用网络的拓扑结构对于它们自身的可靠性、安全性和范围均有影响。

什么是网络拓扑结构？ 在通信网络中，**拓扑**（topology）指的是网络组件的结构和布局，如计算机、连接电缆和无线信号路径。当你设想如何通过通信信道连接设备时，你也正在创建网络拓扑图。

第 2 章解释了外围设备如何使用扩展端口、USB 电缆或蓝牙连接到主机设备。这些连接是**点到点拓扑**（point-to-point topology）的例子。当连接多个设备时，两种网络拓扑是备受欢迎的。**星形拓扑**（star topology）将多个设备连接到中央设备。**网状拓扑**（mesh topology）将多个设备连接到一起，要么构成一个完整的网格，要么构成一个局部网格。不太流行的**总线拓扑**（bus topology）以线性顺序连接设备。图 3-8 说明了这些网络的拓扑结构。

> **快速检测**
>
> 你可以选择不同的网络连接，以下哪一项是宽带？
>
> a. 56 kbps 的电话链路
> b. 2.4 GHz 的无绳电话
> c. 50 Mbps 的电缆连接
> d. 1.2 Mbps 的卫星链路

> **快速检测**
>
> 在图 3-8 种表示的全网状拓扑中，每两点之间有多少路径？
> a. 1　　　　　b. 5
> c. 9　　　　　d. 10

点到点拓扑　　星形拓扑　　全网状拓扑　　部分网状拓扑　　总线拓扑

图 3-8　网络拓扑结构

网络可以使用多种拓扑结构吗？ 数据可以在不同拓扑结构的多个网络上流动。如图 3-9 所示，健身腕带可以通过点对点连接，连接到一台笔记本电脑中的数据（A）。笔记本电脑是作为星形（B）配置的家庭网络的一部分。家庭网络使用康卡斯特公司（Comcast）的服务，因此家庭网络是更大的星型网络（C）的一部分。最后，数据被传递到具有网状拓扑结构的因特网（D）。

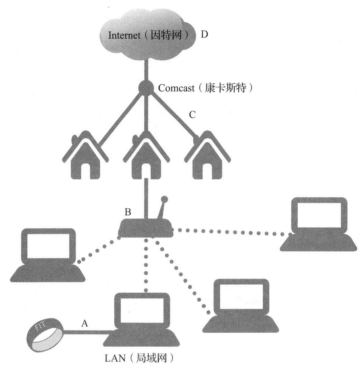

图 3-9   多种拓扑结构

哪种拓扑结构最好？ 每种拓扑都有优点和缺点，所以没有最好的网络拓扑结构。图 3-10 在可靠性、安全性、容量、可扩展性、控制和监测的基础上，比较了最流行的两种网络拓扑结构的优势和劣势。

可靠性	如果中心点故障，数据不能在网络上的任何地方流动。然而，如果其他设备之一故障，网络的其余部分仍可运行	没有中心故障点；设备之间的冗余路径可以用来绕过失效的设备
安全性	在星形路径上传送的数据，在发送者和目的地之间只有一站。任何传输的受威胁区域只包含三个设备和两个信道	在网格内，数据通过多个设备和多个信道传播。每一条路径都有潜在的安全隐患。随着设备和信道数量的增加，安全漏洞的可能性也随之增加

图 3-10   星形拓扑还是网状拓扑

容量

星形拓扑受到由中央设备
能够处理的数据量的限制

网状拓扑提供了更高的容量，
因为数据可以同时从不同的设
备进行传输

可扩展性

可扩展性受设备数量的限制，
这些设备可在无线覆盖或最大
电缆长度之内的直接区域中连
接到中央设备

网络可以无限扩展。随着新
设备的加入，网络在必要时继
续重复信号，直到到达最远的
设备为止

控制

安装和更新主要集中在中央
设备上，中央设备也可以用来
关闭整个网络

设置更复杂，因为每个设备
必须配置为发送、接收和转发
网络数据。没有一个中心点可
以关闭网络

监测

所有数据都通过一个中心
点，便于合法或非法监测

数据不通过中心点，使数据
监测更具挑战性

图 3-10　（续）

3.1.4　网络节点

通信网络连接各种各样的设备：从智能手机到卫星天线，从电脑到电池塔，甚至微型传感器和射频识别标签。网络中的任何设备都称为**节点**（node）。你比较熟悉有诸如笔记本电脑、智能手机、平板电脑、台式机和外围设备等网络节点，除此之外，还有很多其他的节点，你不能直接与它们进行交互，但它们最终控制着你的 Netflix 电影流的流畅程度，以及你的邮件是否能够到达目的地。

关于网络节点我应该知道什么？ 网络中的设备被分为 DTE 和 DCE 两种。DTE（Data Terminal Equipment）是数据终端设备。数据终端设备可以是存储或生成数据的任何设备。当连接到网络时，你的笔记本电脑是一个数据终端设备，同样，你的智能手机、平板电脑和健身跟踪器也是数据终端设备。容纳 Web 站点、处理电子邮件、提供云存储和流视频的服务器也是数据终端设备。你自己的数据终端设备在你的控制之下，而且许多服务器对公众开放。

DCE（Data Communication Equipment）代表数据通信设备。这些设备通过网络来控制数据传输的速度，当信号从电缆跳到无线时转换信号，检查损坏的数据，并将数据从原点传输到目的地。最著名的数据通信设备是路由器和调制解调器。

路由器是如何工作的？ 在你的家庭网络中，你可能有一个数据通信设备。**路由器**（router）是一种控制网络内数据流的设备，也是将数据从一个网络传递到另一个网络的网关。路由器用于在主要的因特网主干线上进行交通指挥。它们通常用于将数据从家庭网络路由到因特网（如图 3-11 所示）。

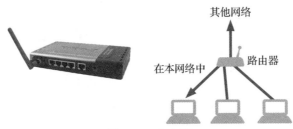

图 3-11 路由器

调制解调器是如何工作的？ 调制解调器（modem）包含一种电路，该电路能够把数字信号携带的信号转换成能够通过各种通信信道的信号。你使用的调制解调器类型取决于你连接到拨号、无线、有线、卫星还是数字用户线路（DSL）的因特网服务。调制解调器通常由因特网服务提供商提供（如图 3-12 所示）。

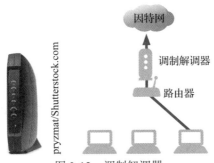

图 3-12 调制解调器

其他数据通信设备呢？ 数据通信设备可以执行各种任务。假设你想把家庭网络的范围扩大到阳台，该如何操作？如果你的因特网供应商想要在一个有很多用户流的高清电影社区里简化网络流量，该如何操作？数据通信设备（例如中继器、转换器和集线器）能够完成这些工作（如图 3-13 所示）。

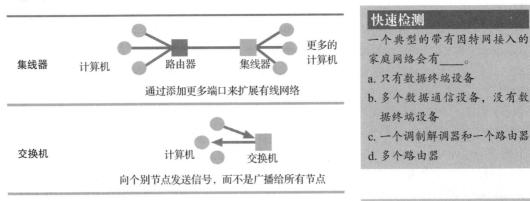

图 3-13 网络设备

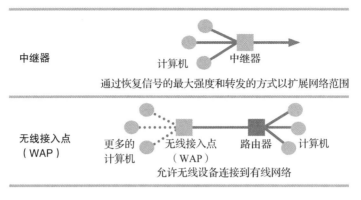

图 3-13 （续）

3.1.5　通信协议

协议是一组相互作用和协商的规则。在某些方面，它就好比是在棒球比赛中投手和接球手用手传递信号。在投球之前，投手和接球手会用手势来协商投球的速度和风格。网络使用通信协议来协调数据的传输，这就好比是投手和接球手用信号来传递信息。

什么是通信协议？ 在网络环境中，**通信协议**（communication protocol）指的是一组规则，用于将数据从一个网络节点有效地传输到另一个网络节点。网络上的两个设备协商它们之间的通信协议，这个协商的过程被称为**握手**（handshaking）。发送设备发送一个表示"我要通信"的信号，然后等待接收设备的确认信号。两个传真机连接时发出的呼呼的声音，就是握手的一个例子。

通信协议能做什么？ 协议为数据的编码和解码设定标准，引导数据到达目的地，来减少干扰的影响。网络会使用多个协议，网络协议的集合称为**协议栈**（protocol stack）。

一些协议为连接网络节点的物理电缆和信号设置标准，其他协议处理数据流过网络信道的方式，甚至更多的协议会指定数据的标准格式，以便通过通信软件访问它。图 3-14 对此做出了相应解释。

物理层协议
　为传输数据的信道指定电缆和信号标准

传输层协议
　通过建立将数据分成块、分配地址和纠正错误的标准，确保数据到达目的地

到达协议
　将数据转换成可被应用程序使用的标准格式，如电子邮件、Web浏览器和Skype

图 3-14　通信协议

试一试

人们使用许多口头和非语言的通信协议。想出一个非语言的信号，你可以在餐馆里用它来表示你想要结账。此时，服务员如何确认你的请求？

快速检测

哪些协议类别是负责试图阻止垃圾邮件的标准？

a. 物理层协议

b. 传输层协议

c. 到达协议

网络如何检测信号是否已损坏? 纠错（error correction）是通信协议的职责之一。第1章中讲述的文本、数字、声音、图像和视频都是由比特表示的。假设一些比特在传输乱码，这样的电子邮件会显示在29:00见面吗？你的音乐曲目中途停止了吗？如果没有错误检查，你收到的数据可能不可靠或不完整。

可以很容易地监测传输数字信号的数字网络，以确定干扰是否损坏了其中的信号。在最原始的层次中，数字设备只对两种频率敏感——一种代表1s，另一种代表0s。

假设一个0被发送为–5伏，一个1被发送为+5伏。如果在传输过程中，某些干扰将电压从+5伏特增加到+3伏特，那么该怎么办呢？

为了纠正损坏的位，接收设备意识到+3伏不是有效电压之一。它猜测，1比特（+5伏）实际上是被传播的信号，然后接下来，接收设备通过重建其电压达到+5伏，来达到清除信号的目的（如图3-15所示）。

图3-15   纠错

3.1.6   快速测验

1. ____区域网络在大约30英尺的范围内连接智能传感器和数字设备。
2. 用于网络的通信____包括铜线、同轴电缆、无线电信号和微波。
3. 处理至少25Mbps的网络被美国联邦通信委员会（FCC）分类为____。
4. 调制解调器和路由器是____的一个例子，它控制网络内的数据流，充当从一个网络到另一个网络的网关。（提示：使用缩写词。）
5. 通信____设立了关于物理信道、传输数据和纠正错误的标准。

3.2   B部分：因特网

因特网曾是一个被非营利组织和志愿系统运营商运行的和谐社区，它连接速度很慢，最大的安全挑战是避免下载带病毒的文件。如今，因特网本质上是由电信集团巨头所控制，真实的信息很难从众多的广告中厘清出来。因特网是如何演变成今天的样子？是什么让它"运行"下去的？B部分将拉开帷幕，让你了解网络的幕后情况。

目标

- 简要介绍因特网如何从阿帕网中发展起来。
- 解释互联网管理和资金的状况。
- 绘制一个图表，显示因特网服务提供商三层之间的相互关系。
- 描述包的创建以及它们如何在包交换网络上运行。
- 说明传输控制协议、因特网协议和用户数据报协议的作用。
- 识别因特网协议第四版和因特网协议第六版的地址。
- 解释静态地址和动态地址之间的区别。
- 绘制一个图表，说明路由器如何处理专用和公有IP地址。

- 列出至少五个顶级域名。
- 解释域名系统的作用以及为什么它是因特网的弱点之一。

3.2.1　背景

因特网起源自美国国防部的一个项目，该项目首先转变为非营利的民间运作，然后再转变为新兴的商业企业。我们可以不加考虑地使用因特网来交流、创造和消费内容，然而因特网也提供了深刻的伦理、安全、隐私和法律挑战。为了了解这些挑战和争议，所有的利益相关者都需要对基本因特网技术有深入的了解。

因特网是如何开始的？ 因特网的历史始于 1957 年。那一年，苏联发射了第一颗人造卫星 Sputnik。为了追赶苏联的步伐，美国政府决心改善其科学和技术基础设施。其中一项举措就是建立高级研究计划署（Advanced Research Projects Agency，ARPA）。

美国高级研究计划署随即实施了行动和项目，旨在帮助科学家进行交流和分享宝贵的计算机资源。**阿帕网**（ARPANET）创建于 1969 年，它连接了加州大学洛杉矶分校、斯坦福研究院、犹他大学和加州大学圣塔芭芭拉分校的电脑。

1985 年，美国国家科学基金会用阿帕网技术创造了一个更大的网络，该网络连接的不只是几个电脑主机，而是整个局域网的每个站点。连接两个或两个以上的网络能够创建一个因特网络，或称为因特网。美国国家科学基金会网络是一个小型的因特网（internet，小写 i）。随着这个网络在全世界范围内的发展，它被称为因特网（Internet，大写 I）。

因特网是如何变得如此受欢迎的？ 早期的因特网先驱使用原始命令行用户界面来发送电子邮件、传输文件，并在因特网超级计算机上运行科学计算。在当时，查找信息并不容易，而且仅限于一小部分教育工作者和科学家访问。

在 20 世纪 90 年代早期，软件开发人员创造了新的用户友好的因特网访问工具，而且任何愿意支付月费的人都可以使用因特网账户。

今天的因特网有多大？ 因特网是巨大的，估计有 5 亿个节点和超过 30 亿个用户。虽然确切的数字无法确定，据估计，因特网每天处理超过两个艾字节的数据。一个**艾字节**（exabyte）是 10 亿 7400 万字节，这是一个几乎难以想象的数据量。想象这样一个庞大网络的样子是困难的，但图 3-16 可以作为参考。

Source：2015 PEER 1

图 3-16　如今的因特网

因特网由谁运营？虽然因特网是一个庞大的实体，但理论上没有一个人、组织、公司或政府管理它。有一段时间，因特网是由世界各地建立的许多区域网络组成的。渐渐地，这些网络落入了大型电信公司的控制之下，比如康卡斯特公司、AT&T公司和NTT通信公司。

将因特网连接在一起并使数据能够跨越国界传播的黏合剂是一套为原始阿帕网开发的标准协议。在这方面，**因特网管理**（Internet governance）就是从网络提供商之间的共同协议发展而来的一组共享协议、程序和技术。

谁来监管因特网标准？尽管每个国家都可以制定管辖范围内网络的法律、政策和规章，但必须有一项至关重要的管理任务，以防止因特网陷入混乱状态。每个因特网节点、每台服务器、每台计算机和每一个数据通信设备都必须具有唯一的地址以便发送和接收数据。

管理因特网地址的组织是ICANN，全称是因特网域名与数字地址分配机构（Internet Corporation for Assigned Names and Numbers）。ICANN是一个非营利的私营部门组织，由一个国际董事会管理。它的咨询委员会由来自100多个国家的代表组成，其网站可以接受关于ICANN政策的公众评论。

控制因特网地址分配是一个强有力的工具，它提供了阻止用户访问特定网络节点的方法。地方政府可以在其管辖范围内行使这一权力，关闭侵犯版权和分发不当内容的服务器。然而，全球性关闭服务器的访问权仅限于ICANN。你将在本节后面看到更多关于因特网地址的关键作用。

> **快速检测**
>
> ICANN的主要作用是____。
>
> a. 运行因特网
>
> b. 为因特网提供资金
>
> c. 管理因特网地址分配
>
> d. 确保世界上每个国家都能平等地接触因特网

3.2.2　因特网基础设施

因特网不是一个庞大的通信网络，而更像是一个网络中的网络。这些网络组合在一起的方式称为**因特网基础设施**（Internet infrastructure）。因特网的网络被组织成层，作为一个消费者，你必须遵守提供因特网服务层次结构的收费、政策和技术。

因特网的组成部分是什么？因特网被构造为分层网络。第1层网络位于层次结构的顶部，其次是第2层和第3层网络。AT&T公司、CenturyLink公司、Verizon公司和NTT通信公司等第1层网络构成了**因特网主干网**（Interent backbone），这是一个高容量路由器系统和光纤通信链路，为因特网主干网上的因特网路由器提供用于数据加速的主要路径存储路由表，从而计算和跟踪数据从点A到点B传输的最高效路由。

因特网主干网被配置为网状网络，为网络数据传输提供冗余路由。主干网的基础设施可能是下面这个"神话"的基础：因特网起源于国防部的一个项目，用来创建一个可以承受核攻击的网络。

形成因特网的网络由提供路由器和其他网络的**因特网服务提供商**（Internet Service Provider, ISP）进行维护，数据通信设备以及物理和无线信道来传输数据，因特网服务提供商在**因特网交换点**（Internet eXchange Point, IXP）交换数据。

消费者通常连接到第2层或第3层网络。可使用图3-17中的信息来熟悉因特网基础设施及其术语，注意网络层和

> **快速检测**
>
> 因特网主干网____。
>
> a. 在1985年成为阿帕网
>
> b. 由因特网服务提供商维护
>
> c. 有IXP，其中的数据可能会被交换到其他位置
>
> d. 由NSA进行运营

点之间的安排情况，数据会在它们之间进行传输。

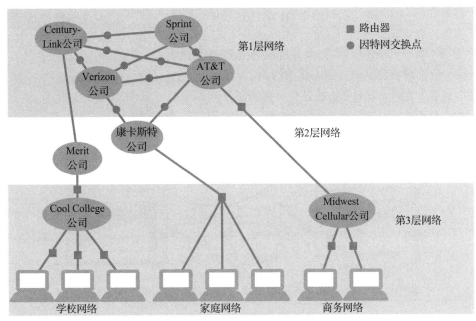

图 3-17 因特网基础设施

谁支付因特网的费用? 因特网并不是免费的。因特网服务提供商在设备和连接消费者的有线或无线基础设施方面进行了大量投资。每个最大的供应商拥有接近 200 000 英里（约 321 869 千米）的电缆，安装在各大洲并铺设在海底。

第 1 层因特网服务提供商还拥有并维护数百万美元的数据通信设备。除了基础设施费用外，因特网服务提供商还需要支付数据传输费用，特别是在通过更高层次传输数据时。为了抵消费用，因特网服务提供商向消费者收取访问费用。图 3-18 解释了其工作原理。

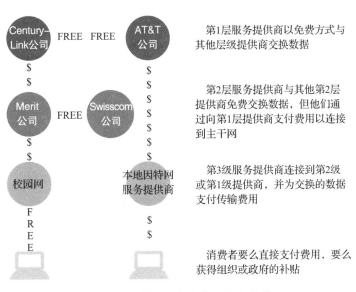

第1层服务提供商以免费方式与其他层级提供商交换数据

第2层服务提供商与其他第2层提供商免费交换数据，但他们通过向第1层提供商支付费用以连接到主干网

第3级服务提供商连接到第2级或第1级提供商，并为交换的数据支付传输费用

消费者要么直接支付费用，要么获得组织或政府的补贴

快速检测

哪一层因特网服务提供商不受其他层级传输费用的限制?

a. 第 1 层

b. 第 2 层

c. 第 3 层

图 3-18 因特网服务提供商如何收费

3.2.3　包

大多数人都以为他们的文件、电子邮件和其他数据是以连续的比特流传输到因特网上的。实际上并不是这样的，文件被切成小块，称为包。将文件分解成包并将其转移到地球上任何位置的技术绝对是令人震撼的。

什么是包？ 包（packet）是通过计算机网络发送的一组数据。每个包包含其发送地址、目标地址、序号和一些数据。当包到达目的地时，根据序号将它们重新组合成原始消息（如图 3-19 所示）。

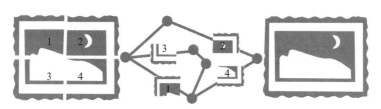

被分成大小相同的包比各种小型、中型、大型和超大型文件更容易处理

图 3-19　数据包

为什么不直接发送一个完整的消息？ 一些通信网络，例如电话系统，使用称为电路交换的技术，该技术实质上在呼叫期间在一个电话机和另一个电话机之间建立专用的私有链路。不幸的是，**电路交换**（circuit switching）相当低效。例如，当一些人处于等待状态时，没有通信发生，但电路会被保留并且不能用于其他通信。

一种更有效的电路交换的替代方案是**包交换**（packet switching）技术，该技术将消息分成几个包，这些包可以独立路由到它们的目的地。来自许多不同消息的包可以共享单个通信信道或电路。

包以先到先得的原则通过电路发送。如果消息中的某些包不可用，则系统不需要等待它们。相反，系统会继续发送来自其他消息的包。最终的结果是获得稳定的数据流（如图 3-20 所示）。

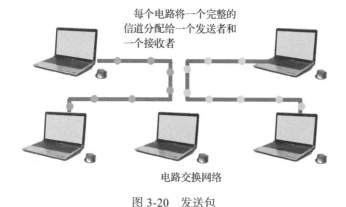

每个电路将一个完整的信道分配给一个发送者和一个接收者

电路交换网络

图 3-20　发送包

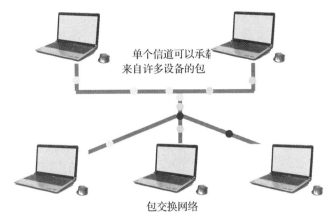

包交换网络

包交换网络提供比电路交换网络更高效的通信系统

图 3-20　（续）

如何创建包？ TCP（传输控制协议，Transmission Control Protocol）是核心网络协议之一，它负责将文件分割为块，添加包含按原始顺序重新组装数据的头文件，并验证数据在传输过程中是否被纠正（称为错误检查的过程）。当使用 TCP 通过因特网发送数据时，它将可靠地到达目的地。TCP 内置于将数据从一台数字设备传输到另一台设备的应用中。

包是如何传输的？ TCP 还负责建立连接和包的传输，并在传输完成时关闭连接。在因特网上流动的大部分数据都是由 TCP 控制的。

快速检测

哪种数据传输协议包括健壮性的错误检查？

a. 传输控制协议

b. 用户数据报协议

c. 阿帕网

d. 电路交换

另一种传输协议 UDP（**用户数据报协议**，User Datagram Protocol）比 TCP 快，但不执行错误检查，而且如果不按次序接收，也不能重新排列包。因此，UDP 适合于丢失一点数据也没有太大问题的应用，如流媒体视频和音乐，以及基于因特网的多人游戏和语音呼叫。UDP 和 TCP 都使用通信端口将数据传输到网络设备中。

通信端口是什么？ 这里有一个问题：在包交换网络上，网页、电子邮件、流媒体视频和其他下载的包可以在同一个流中和同一信道上到达你的数字设备，包不可能以整洁的小捆到达，一些视频数据包可能混杂着网页数据包，那么哪些包应该流向浏览器，哪些应该流向 Netflix 的播放器呢？

通信端口（communication port，通常简称为**端口**）是数据进入和离开数字设备的虚拟端点。这些端口在某种意义上是虚拟的，它们不是物理端口（例如 USB 端口）。通信端口不是物理电路，而是门廊、缺口或数据流入口的抽象概念。

端口与因特网地址一起工作，你将在以后的章节中学习到它们。计算机最多可以有 65 535 个端口。通常，大约有 10 ～ 20 个端口在使用，用于各种类型的数据。例如，来自 Web 的数据使用端口 80，而流式视频数据使用端口 554。当端口开放时，数据可以自由流动。关闭端口可以阻止数据，防火墙使用该策略防止未经授权的指令。

端口在包交换网络上创建模拟的端到端连接。所以，

快速检测

通信端口 ＿＿＿＿。

a. 包括 USB 和音频端口

b. 模拟存在于电路交换网络上的专用电路

c. 旨在提高视频数据的下载速度。

d. 无法识别包

虽然在一个通信信道两端的设备不是由单一的专用电路连接，但端口为每种数据类型创建概念上的电路，如图 3-21 所示。

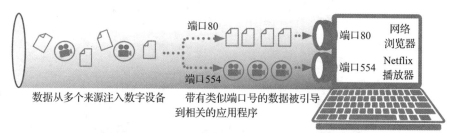

端口80
网络浏览器

端口554
Netflix播放器

端口80

端口554

数据从多个来源注入数字设备   带有类似端口号的数据被引导到相关的应用程序

图 3-21   通信端口与特定应用程序的数据一起工作

3.2.4   因特网地址

你可能听说因特网地址已经用完了。这是否意味着有些人将无法上网？人们必须共享地址吗？网络使用几种地址来确定包的来源和目的地。要了解因特网地址如何影响你的联机访问，请继续阅读。

究竟什么是因特网地址？ 虽然大多数人习惯于输入诸如 www.wikipedia.org 之类的东西来访问因特网地址，但这些"www"地址并不是用来将数据传输到目的地的基础地址，因特网地址是由 IP（**因特网协议**，Internet Protocol）控制的，它与 TCP 一同，是因特网协议套件的一部分。IP 定义了两组地址：IPv4（因特网协议第四版）和 IPv6（因特网协议第六版）。

> **术语**
>
> 因特网协议通常称为 TCP/IP

IPv4 和 IPv6 有什么区别？ IPv4（Internet Protocol version 4）代表因特网协议第四版，是自 20 世纪 80 年代初以来一直使用的因特网地址标准。IPv4 使用 32 位地址来唯一标识连接到因特网的设备。在二进制中，IPv4 地址写为：

11001111 01001011 01110101 00011010

为方便起见，32 位二进制地址通常以十进制格式写成 4 个由三个数字组成的数字组：

207.75.117.26

使用 32 位地址，IPv4 提供了大约 40 亿个唯一地址。在 2011 年，地址已完全分配。是的，当初始代理人不再需要 IP 地址时，可以回收 IP 地址，但需求远远超过即将回收的地址数量。因此，另一组地址是有必要的。

IPv6（**因特网协议第六版**，Internet Protocol version 6）的每个地址使用 128 位，从而产生数十亿个独特的因特网地址。一个 IPv6 地址通常写成 8 个十六进制数字组，每组 4 个数字，如下所示：

2001:48a8:800:1192:198:110:192:54

不用担心，即使预计有 20 亿新因特网用户涌入，并且物联网也将在 2020 年之前为因特网增加大约 500 至 100 亿台设备，在可预见的未来仍有足够的 IPv6 地址。

每个因特网用户都需要一个 IP 地址吗？ 更准确地说，因特网上的每台设备都需要一个 IP 地址。因特网上的许多但不是全部设备都已永久分配 IP 地址，称为**静态 IP 地址**（static IP address）。作为一般规则，因特网上充当服务器的路由器和计算机使用静态 IP 地址。

> **快速检测**
>
> 包含 84a3 的 IP 地址是____。
> a. IPv4 地址   b. IPv6 地址
> c. 损坏的地址   d. 静态地址

　　一直需要在同一地址被找到的因特网服务提供商、网站、Web 托管服务和电子邮件服务器也同样需要静态 IP 地址。个人为他们的家庭网络请求静态 IP 地址是一个新兴的趋势，并且静态地址对于与物联网中的传感器和其他设备进行远程通信可能是有用的。

　　当设备没有静态 IP 地址时会发生什么情况？ 可以暂时分配 IP 地址，以便设备仅在活动联机时使用该地址。当设备关闭或其因特网连接被禁用时，地址可以被回收以便另一个设备使用。下次打开设备时，会为其分配一个不同的 IP 地址。临时分配的因特网地址称为**动态 IP 地址**（dynamic IP address）。

　　在实践中，动态 IP 地址不会经常更改。如今，只要连接到因特网的路由器保持通电状态，大多数消费者总是在因特网连接上保持活动状态。关闭或打开计算机不会影响存储在路由器中的 IP 地址。例如，使用康卡斯特的 XFINITY 和 AT&T 的 U-verse 访问因特网的消费者可能拥有数周或数月的相同 IP 地址。

　　设备如何获得 IP 地址？ IP 地址可以由网络管理员分配，但更常见的是通过 DHCP（**动态主机配置协议**，Dynamic Host Configuration Protocol）自动分配 IP 地址。通过向充当 DHCP 服务器的网络设备发送查询，大多数设备会被预先配置并接收一个 IP 地址。该设备可能是局域网中的路由器或因特网服务提供商的 DHCP 服务器。IP 地址有点棘手，因为设备可以有一个公有 IP 地址和一个专用 IP 地址。

　　什么是专用 IP 地址？ 假设你的笔记本电脑已连接到你的学校网络。当你登录时，学校的 DHCP 服务器会为你的笔记本电脑分配一个动态 IP 地址。该地址可能以 10、172、192、FD 或 Fc00 开头，因此它被分类为专用 IP 地址，因为它仅在学校网络内运行。

　　专用 IP 地址（private IP address）可由任何网络分配，无须 ICANN 监督。但是，该地址不能用于通过因特网发送数据，而且它不可路由。图 3-22 演示了如何找到你的专用 IP 地址。

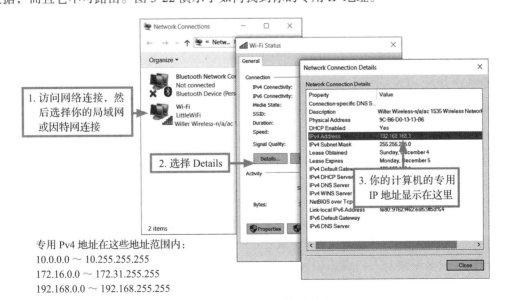

专用 Pv4 地址在这些地址范围内：

10.0.0.0 ～ 10.255.255.255

172.16.0.0 ～ 172.31.255.255

192.168.0.0 ～ 192.168.255.255

图 3-22　在 Windows 中找到你的专用 IP 地址

如果我的专用 IP 地址无法通过因特网路由，我的数据将何去何从？这时，你的本地路由器起着至关重要的作用。你用来访问因特网的任何网络都具有连接到因特网的路由器，如校园网络、家庭网络或 Wi-Fi 热点。该路由器具有可通过因特网路由的**公有 IP 地址**（public IP address）。图 3-23 解释了公有和专用 IP 地址的工作原理。

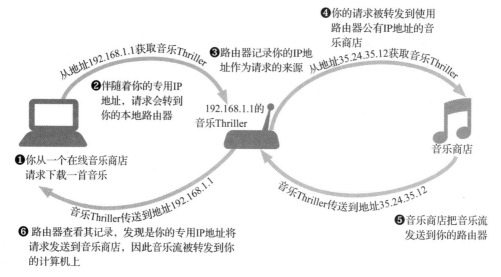

图 3-23　使用专用和公有 IP 地址路由数据

使用专用 IP 地址使我不得不匿名吗？不，路由器的网络地址转换表会跟踪你的活动，所以通过因特网上的足迹可以追溯到你。但是，专用 IP 地址可以保护你免受某些威胁。例如，随机输入 IP 地址以试图进行未授权访问的黑客将永远找不到你的专用 IP 地址，因为对公众可见的唯一地址是本地路由器的地址。这种安全技术通常称为 NAT（**网络地址转换**，Network Address Translation）。

专用 IP 地址无法保护你的设备免受许多其他攻击。点击损坏的链接或下载受感染的文件会把包发送到你的设备中，并在网络地址转换表中创建一个可以将恶意软件插入设备的路径。

3.2.5　域名

如果因特网有一个致命弱点，那就是域名系统。当一大片因特网失效时，或当你听说大规模停电，或者当你试图访问似乎已经消失的网站时，可能是域名系统中存在着错误。政府通过屏蔽网站进行信息审查的能力也可以通过域名系统实现。如果有因特网切断开关（Internet kill switch）机出现，你可以肯定此事与域名系统有关。

什么是域名系统？人们难以记住 IP 地址中的一串数字。因此，大多数因特网终端地址还有一个易于记忆的**域名**（domain name），例如 nike.com。域名是网页地址和电子邮件地址中的关键组成部分。你可以通过诸如 www.nike.com 等网站地址或 ceo@nike.com 等电子邮件地址轻松识别域名。跟踪域名及其相应 IP 地址的机制称为**域名系统**（Domain Name System，DNS）。

　　我需要一个域名吗？ 对于客户端式的网络活动，例如网页浏览、电子邮件和下载，你不需要你自己的域名。如今，社交网站提供了充足的机会让别人在互联网上了解你的存在。

　　然而，域名对于想从事电子商务的企业、个人艺术家、音乐家或手工业者来说非常有用。与获取域名相关的费用可能最初看起来很少。第一年可能只需花费 1 美元，但随后几年的价格通常在 15 美元左右。接下来就是需要多少个域名的问题了，对于你来说，可能一个域名还不够，那么你可能需要拥有多个扩展名的域名，例如 .com 或 .club。

　　ICANN 是监督域名请求的顶级权威机构。可以从多个域名注册和托管服务获得域名，这些服务为网站提供基于因特网的服务器空间（如图 3-24 所示），而不是直接去 ICANN 获得域名。

试一试

如果你想知道谁拥有域名或 IP 地址，请访问 Google 搜索 WHOIS，然后键入空格，输入名称或地址。试一试，谁拥有 199.181.132.250？

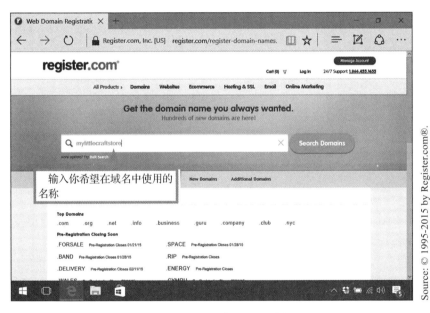

图 3-24　选择你自己的域名

Source: © 1995-2015 by Register.com®.

　　什么是顶级域名？ 一个域名以扩展名结尾，该扩展名指示其**顶级域名**（top-level domain）。例如，在域名"msu.edu"中，.edu 表示计算机由教育机构维护。国家代码也可作为顶级域名。加拿大的顶级域名是 .ca，英国的是 .uk，澳大利亚的是 .au，欧盟使用 .eu 作为顶级域名。

　　历史上，企业使用 .com 域名，而非营利组织使用 .org，教育机构使用 .edu，.net 域名通常被通信公司使用。

　　企业通常会获取具有所有适用的顶级域名（例如，nike.com、nike.org 和 nike.net）的域名，以防止其被竞争对手或假冒企业使用。企业也试图获取具有相似名称的域名或那些通常拼错公司名称的域名。

　　如今，还有数百个额外的顶级域名，例如 .biz、.co

快速检测

"www.nike.com"的顶级域名是什么？

a. www　　　　b. nike

c. .com　　　　d. "点"

和 .fit。获取包含企业名称的所有顶级域名是不实际的。即使在教育等领域，.academy、.education、.guru、.institute、.training 和 .university 也加入了 .edu 之中。

域名系统如何工作？分布在世界各地的几台**域名服务器**（domain name server）维护着所有域名及其相应 IP 地址的列表。此外，经常使用的域名由因特网服务提供商、教育机构、组织和因特网公司（如 Google）存储。

当新的域名被添加时，这些列表被更新。新域名可能需要数天的时间才能传播到所有列表，这就是为什么新网站在运营的前几天只能通过其 IP 地址访问。一旦名称被添加到域名服务器列表中，就可以通过域名访问网站。

假设你想看看耐克运动鞋的最新款式。你在浏览器地址栏中输入" nike.com"，在连接到站点之前，浏览器必须找到与" nike.com"对应的 IP 地址，浏览器通过查询域名服务器获取 IP 地址。一般情况下，这一过程没有明显的延迟发生（如图 3-25 所示）。

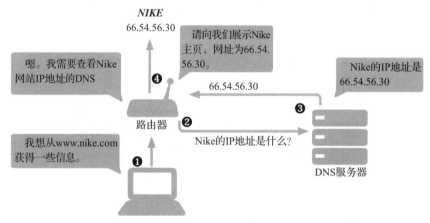

图 3-25　域名系统是如何工作的

那么是什么让 DNS 成为因特网的弱点之一？更改 DNS 记录可以更改电子邮件的目的地、浏览器连接的目的地和下载请求的目的地。未经授权的 DNS 更改被称为 DNS **欺诈**（DNS spoofing）。

黑客使用 DNS 欺诈，将对合法网站的查询指向虚假网站。一些政府使用 DNS 欺诈将来自文化或政治不当的网站的搜索重定向到政府批准的网站。图 3-26 显示了未经授权的更改在 DNS 中发生的情况。

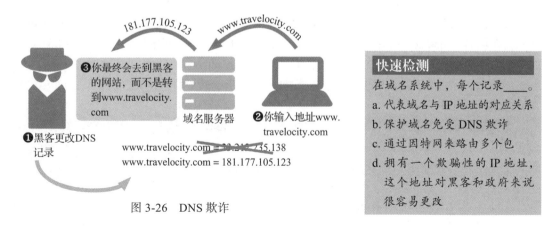

图 3-26　DNS 欺诈

快速检测

在域名系统中，每个记录＿＿＿。

a. 代表域名与 IP 地址的对应关系

b. 保护域名免受 DNS 欺诈

c. 通过因特网来路由多个包

d. 拥有一个欺骗性的 IP 地址，这个地址对黑客和政府来说很容易更改

可以关闭域名服务器吗？ 是的，尽管更常见的情况是，由你的因特网服务提供商运营的 DNS 服务器将因设备故障而脱机。当你使用的 DNS 出现故障时，访问因特网的过程可能会非常缓慢，而 DNS 请求将通过备用服务器路由。除非输入原始 IP 地址，否则 DNS 中断甚至可能导致你无法访问因特网。

好办法是知道如何找到你的 DNS 服务器以及在出现中断时如何更改它。图 3-27 演示了如何找到你的 DNS 设置。

Windows 系统
1. 使用"控制面板"访问"网络和共享中心"。
2. 右键单击网络，然后选择"属性"。
3. 选择 Internet 协议版本 4（TCP/IPv4）。
4. 选择"属性"。如果 DNS 服务器地址是自动获取的，那么你的设备可能使用因特网服务提供商的 DNS。你可以更改右侧所示的自动设置。

Mac OS 系统
1. 点击 Apple 菜单并选择"系统偏好设置"。
2. 选择"网络"。DNS 服务器在网络窗口中列出。
3. 要添加备用 DNS 服务器，请在输入 DNS 服务器的 IP 地址之前选择"高级"按钮和 DNS 选项卡。

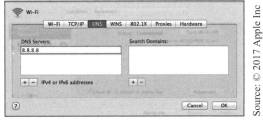

图 3-27　找到你的 DNS 设置

Source: © 2017 Apple Inc

我可以使用什么来作为替代 DNS 服务器的选择？ 令人惊讶的是，你可能可以通过更改 DNS 服务器来绕过 DNS 中断、阻止和攻击。域名表中的错误可能仅限于你正在使用的域名服务器。连接到不同的域名服务器可能会恢复完全访问权限。此外，当你在旅行时，特别是在海外旅行时，本地 DNS 服务器可能更近且更快。

如果需要更改域名服务器，请保留图 3-28 中的数字，将它们写下来，或将它们本地存储在你的设备上。请记住，如果你的域名服务器出现故障，你就无法使用域名在因特网上搜索解决方案。

谷歌的公共DNS
8.8.8.8　2001:4860:4860::8888
8.8.4.4　2001:4860:4860::8844

OpenDNS
208.67.222.222
208.67.220.220

图 3-28　公共域名服务器

3.2.6   快速测验

1. 因特网____是一个高容量路由器和光纤通信链路系统。

2. 因特网使用____交换技术通过单个通信信道从许多不同的消息中发送数据。

3. ____和 UDP 是因特网上传输数据的两种主要协议。

4. 因特网的____地址在 2011 年耗尽。

5. ____IP 地址不能通过因特网进行路由。

3.3   C 部分：因特网接入

　　法国和英国等国家立法禁止侵犯版权的人访问因特网。无论你是否同意因特网接入是一种人权，毫无疑问，从政治到教育甚至是约会，这些活动越来越需要全球的因特网接入。当你阅读 C 部分时，请考虑哪些接入技术能在全球各个地区提供。

　　目标

- 列出对以下三种活动来说可接受的速度：基本的 Skype 视频通话，流媒体标准清晰度电影和观看 YouTube 视频。
- 解释非对称因特网连接的重要性。
- 定义延迟时间，并说明受其负面影响最大的因特网服务类型。
- 列出受抖动和丢包影响最严重的在线活动。
- 列出三种可用于排除因特网连接故障的工具。
- 解释固定、便携式和移动因特网访问的优缺点。
- 按照速度对各类因特网服务进行排名，然后根据可靠性进行排名。
- 绘制有线、拨号、DSL、移动宽带和 Wi-Fi 热点因特网服务的基础设施图。
- 讨论为什么移动因特网接入是全球最流行的连接因特网的方式。

3.3.1   连接基础

　　随着在线访问成为我们日常生活中的重要组成部分，社会学家一直在追踪因特网的"有"和"无"。据皮尤研究中心称，估计有 80% 的美国成年人可以上网，全球约有 40% 的人口可以上网，但并非所有这些连接都快速可靠。让我们来看看如何构建一个良好的因特网连接。

　　因特网有多快? 数据以惊人的速度通过因特网传播，但速度各不相同。一些因特网服务比其他服务更快。速度受连接流量的影响，当使用量很大时，速度会变慢。由于路由器出现故障以及黑客发起拒绝服务攻击而导致服务器容量不足时，速度也会降低。

　　通过运行一些在线测试很容易检查因特网的连接速度。图 3-29 显示了农村地区测试速度的结果。这种连接适合看流媒体电影、玩在线游戏和进行视频聊天吗?

　　连接速度测量的是什么? 速度是某物体在特定时间内行进的距离。例如，汽车的速度是以每小时（时间）的英里数（距离）的度量。但这里的"连接速度"与距离无关。**连接速度**（connection speed）的最常见度量是在特定时间内传输的数据量。从技术上讲，这是能力的度量。但我们可以使用非技术术语并称之为速度。

试一试

你的因特网连接速度现在是多少? 连接到 www.ookla.net 或 www.bandwidthplace.com 并运行速度测试以查明。

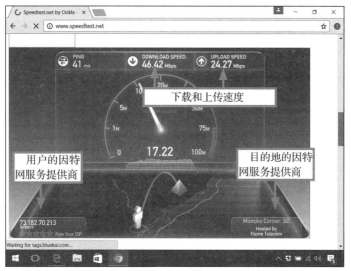

Source: 2015 Ookla

这个速度测试测量了位于美国佐治亚州梅肯的用户因特网服务提供商和
位于美国南卡罗来纳州蒙克斯科纳的康卡斯特服务器之间的数据传输速率

图 3-29　你的连接足够快吗

图 3-29 中的速度测试产生了 46.42Mbps 的下载速度，因为它能够在一秒钟内将 46 兆比特的数据从服务器下载到用户的计算机中。数据从计算机传输到服务器的上传速度仅为

24.27Mbps。通过这个连接，从 iTunes 下载一个两小时的电影大约需要 4 分钟，上传一张 4MB 的照片需要不到一秒钟的时间。

我需要多快的速度？ 对于电子邮件、网页浏览和流式视频来说，0.5Mbps（500Kbps）的速度就足够了。但是，其他活动需要更高的速度，如图 3-30 所示。

服务	建议下载速度	建议上传速度
Skype 视频通话和屏幕共享	300Kbps	300Kbps
Skype 视频通话	1.5Mbps	1.5Mbps
Skype 三人群组呼叫	2Mbps	512Kbps
在笔记本电脑上观看 Netflix 电影	1Mbps	—
在电视上观看 Netflix 的 SD 清晰度的电影	2Mbps	—
观看 Netflix 的 720p 高清电影	4Mbps	—
在 "最好的音视频体验 "的质量下浏览 Netflix 的音视频	5Mbps	—
YouTube 基本视频	500Kbps	—
YouTube 电影、电视节目和现场活动	1Mbps	—
亚马逊 Prime 即时视频（SD）	900Kbps	—
亚马逊 Prime 即时视频（HD）	3.5Mbps	—
Netflix 和亚马逊的 4K 流式视频	15-25Mbps	—

图 3-30　流行的基于因特网服务的连接速度

为什么上传和下载速度不同？ 因特网服务提供商根据你选择的服务计划控制连接速度。你的**带宽上限**（bandwidth cap）是所允许的最高速度。在高峰时段，因特网服务

快速检测

用于图 3-29 速度测试的连接是否会被分类为宽带？

a. 是的，它是同步的

b. 是的，下载速度符合宽带

c. 不，它的最低速度 17.22 Mbps 不够快

d. 不，它的平均速度仅为 24.27 Mbps

快速检测

在上面的表格中，为什么建议上传速度仅适用于 Skype？

a. Skype 不使用上传

b. Skype 需要双向通信，而其他服务仅使用大部分带宽进行下载

c. Skype 是列表中速度最慢的服务

d. 亚马逊、YouTube 和 Netflix 提供不同级别的服务，因此无法指定上传速度

提供商可以对速度进行进一步的限制，这个过程称为**带宽限制**（bandwidth throttling）。

当因特网上传速度与下载速度不同时，连接称为**非对称连接**（asymmetric connection）。当上传和下载速度相同时，连接称为**对称连接**（symmetric connection）。

大多数因特网连接都不对称，上传速度大大低于下载速度。非对称连接阻碍用户建立可传输大量外发数据的 Web 和电子邮件服务器。但对于大多数用户而言，非对称连接已足够，但低于 1.5Mbps 的下载速度可能无法提供完整的因特网体验。

什么是因特网包探测器（Ping）？ 因特网包探测器（Ping）是用来衡量响应能力的实用软件。因特网包探测器速率表明数据能够以多快的速度到达服务器并反弹给你。因特网包探测器是以潜水艇声呐在海底反弹时发出的声音命名的。

从技术上讲，因特网包探测器可以测量延迟。**延迟**（latency）是数据从 A 点到 B 点并返回到 A 点的往返时间。延迟是以毫秒（ms）为单位的度量。毫秒是千分之一秒，所以在延迟 100 毫秒的因特网连接上传输的数据在十分之一秒内进行往返。

可接受的因特网包探测器速率是多少？ 北美地区的延迟一般小于 40 毫秒，但跨大西洋传输延迟时间大约为 75 毫秒。如果你想玩多人在线游戏，最好有不到 100 毫秒的延迟。高质量的视频流和视频会议需要 200 毫秒或更短的延迟时间。

速度和延迟并不是影响因特网体验的唯一因素。即使你的连接在速度测试中获得好评，抖动和丢包也会降低在线服务的质量。

什么是抖动和丢包？ 抖动（jitter）测量包延迟的可变性。网络流量和接口可能会使某些包产生延迟并导致不稳定的数据流。如果包之间的间隔超过 5 毫秒，则因特网语音和视频通话质量可能会很差。

丢包（packet loss）是指永远不会到达目的地的数据，或被丢弃的数据因为数据到达太迟而无法使用。对于流式传输、游戏、Skype 和语音呼叫，丢包率小于 2% 是可接受的。在线游戏会话中丢失的包太多会导致游戏结束或停顿。如果包没有按正确的顺序到达，你的游戏角色可能会随机行动几秒钟，你可以使用类似于图 3-31 中的因特网包探测器测试来检测因特网连接上的抖动和丢包情况。

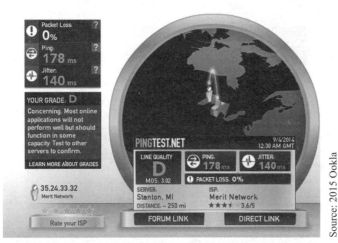

使用 www.speedtest.net 的 PINGTEST 选项卡进行该测试，此测试由 Ookla 提供支持

图 3-31 检查连接上的抖动和丢包情况

Source: 2015 Ookla

我可以排除因特网连接故障吗？假设你的因特网连接有一天似乎异常缓慢，或者，也许你无法访问喜欢的网站。你想知道，"是我的电脑、我的因特网服务提供商还是因特网上的其他地方出现了问题？"为了找到答案，你可以使用**跟踪路由**（traceroute），这是一种网络诊断工具，它列出数据在因特网上传输时遇到的每个路由器和服务器。

跟踪路由将三个包发送到指定的目的地。它会记录每个路由器的地址以及每个"跳转"所用的时间。当连接不可操作时，包不会到达目的地，并且会丢失。图3-32说明了如何使用跟踪路由以及如何解释其结果。

在 Mac 上打开实用程序（Utilities）文件夹，然后选择终端（Terminal）。输入命令 traceroute 后跟任何域名，如下所示：

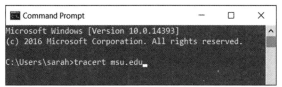

试一试

找出你的数据在到达 www.hot-wired.com 之前进行了多少次"跳转"，这个过程中最慢的一段是什么？

在 PC 上，从主屏幕中输入 com 并选择命令提示符（Command Prompt）选项。输入命令 tracert 后跟任何域名，如下所示：

```
Command Prompt                          —    □    ×
Microsoft Windows [Version 10.0.14393]
(c) 2016 Microsoft Corporation. All rights reserved.

C:\Users\sarah>tracert msu.edu_
```

Traceroute 的结果呈现为列表，其中显示了每个路由器、路由器的 IP 地址以及每一跳经过的时间

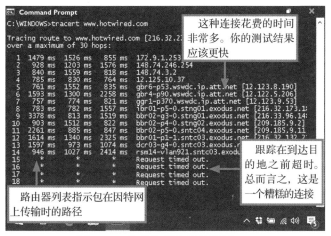

路由器列表指示包在因特网上传输时的路径

这种连接花费的时间非常多。你的测试结果应该更快

跟踪在到达目的地之前超时。总而言之，这是一个糟糕的连接

快速检测

当生成上面的跟踪路由报告时，每个包通过多少个 AT&T 路由器？

a. 1　　　　b. 3

c. 14　　　 d. 18

图3-32　你的数据在哪里传播

还有什么影响连接速度？你的因特网连接可能会受到停机和流量的影响。在 B 部分中，你已了解到 DNS 服务器关闭时会发生什么情况。因特网服务提供商、云存储站点、电子邮件服务器和其他基于因特网的服务也可能出现服务中断。你可以使用阿卡迈（Akamai）的实时网络监控（Realtime Web Monitor）和 downrightnow.com 等在线工具来检查各种因特网服务的状态。

我的因特网连接选择是什么？尽管公共因特网接入在许多地方可用，例如咖啡店和图书馆，但大多数消费者喜欢拥有自己的因特网连接的便利性。根据你的地理位置，

试一试

现在是否发生任何服务中断？请连接到 downrightnow.com 找出来。

你可能有几种连接到因特网的选择。在我们查看诸如有线因特网服务和蜂窝宽带等最流行的因特网接入选择之前，请考虑图 3-33 中三种因特网连接类型的优缺点。

固定因特网接入

固定因特网接入将你的计算机从固定点连接到因特网服务提供商，例如墙上的插座或屋顶安装的天线。这项服务是可靠的并是相对长期有效的。你不能随身携带该接入方式，所以当你不在家时，你必须依靠公共接入点

电缆、数字用户线路、综合业务数字网、固定WiMAX、卫星、光纤到户

便携式因特网接入

便携式因特网接入使你可以轻松移动接入设备，就像车辆停放时可以部署车载卫星天线一样。此服务主要用于移动和固定接入不可用的情况

移动卫星

移动因特网接入

移动因特网接入使你可以在旅途中使用因特网，例如在乘坐火车旅行时使用手机收取电子邮件，或在乘坐汽车时查询Siri。这些服务通常需要数据计划

移动宽带　　　　　　移动WiMAX

图 3-33　因特网连接选择

快速检测

本地因特网服务提供商会这样宣传调制解调器：你可以将它搬动到任何位置并插入以接入因特网。此设备将用于____因特网访问。

a. 固定

b. 便携式

c. 移动

d. 以上都不是

3.3.2　有线电视因特网服务

固定因特网接入的黄金标准是**有线电视因特网服务**（cable Internet service），由提供有线电视的相同公司提供。

有线电视因特网服务如何工作？ 有线电视系统最初设计用于无法通过屋顶安装天线接收电视广播信号的偏远地区。这些系统被称为社区天线电视（CATV）。社区天线电视的概念是指在社区安装一个或多个大型、昂贵的卫星天线，用这些天线捕捉电视信号，然后通过电缆系统将信号发送到个人家庭。

当电缆从中心位置分出时，社区天线电视系统的拓扑结构恰好也可用作数字数据网络的基础设施。现在，除了为有线电视提供信号之外，社区天线电视基础设施还提供因特网数据。当你的有线电视公司成为你的因特网提供商时，你的电脑将成为由有线电视公司连接的邻域网络的一部分（如图 3-34 所示）。

系统如何传输数据？ 随订购提供的电缆调制解调器将来自计算机的信号转换为可通过电缆基础设施传输的信号。除数字数据外，社区天线电视同轴电缆和光纤电缆还有足够的带宽来传输数百个频道的电视信号。社区天线电视电缆为电视信号、输入数据信号和输出数据信号提供带宽（如图 3-35 所示）。

图 3-34　有线电视基础设施

图 3-35　电缆上的电视和数据流

有线电视因特网服务有多快？ 大多数有线电视因特网服务是不对称的，上传速度远低于下载速度，以阻止用户建立公共 Web 服务器。服务计划的范围从提供 3Mbps 速度的套餐到昂贵的 150Mbps 套餐。由于你附近其他用户的流量，你的有线电视因特网连接的实际速度可能会低于所宣传的速度。

3.3.3　电话网络因特网服务

有些人因为窄带接入因特网而导致网络瘫痪，网络变得令人沮丧的缓慢，电话公司提供四种类型的服务：拨号、综合业务数字网、数字用户线路和光纤到户。这些技术中只有一种被认为是宽带，其他三种还有用吗？

什么是拨号连接？ **拨号**（dial-up）连接是一种固定的因特网连接，它使用语音频带调制解调器和电话公司的电路交换网络在你的计算机和因特网服务提供商之间传输数据。一个**语音频带调制解调器**（voiceband modem）将来自计算机的数字信号转换为可通过电话线路传送的可听模拟信号。一个调制解调器为 0 数据位传输 1070Hz 频率，为 1 数据位传输 1270Hz 频率（如图 3-36 所示）。

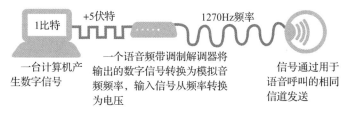

图 3-36　一个语音频带调制解调器将电压转换为音频频率

拨号连接如何工作？ 当你使用拨号连接时，语音频带调制解调器将定期呼叫你的因特网服务提供商。当因特网服务提供商的计算机接听你的电话时，你与因特网服务提供商之间将建立专用电路，就像你拨打了语音电话一样，并且因特网服务提供商中的某个人已经接听了电话。

该电路在通话期间保持连接，以便在你的计算机和因特网服务提供商之间传输数据。当你的数据到达因特网服务提供商时，路由器通过因特网发送它（如图 3-37 所示）。

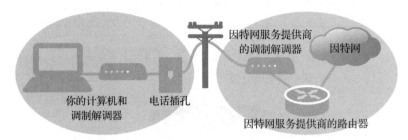

图 3-37   拨号基础设施

拨号服务有多快？ 因特网服务提供商仍然提供拨号因特网接入，如 NetZero、AOL 和 EarthLink。该服务每月的费用通常低于 10 美元，但访问速度很慢。

拨号连接的最大速度是 56Kbps，因此它不被分类为宽带。实际的数据传输速度受到诸如电话线和连接质量等因素的影响。在实际应用中，下载的最高速度约为 44Kbps，对于上传，数据速率则降至 33Kbps 或更低。

对于生活在偏远地区的人们，拨号服务是因特网连接的最后手段，在这些地区，电话线路是唯一的通信服务。

ISDN 怎么样呢？ 综合业务数字网的缩写是 ISDN（Integrated Services Digital Network）。它基本上将电话线分成两个信道：一个用于数据，另一个用于语音。数据信道使用包交换并以数字格式发送数据，这与使用模拟音调传输数据的拨号不同。数据速率为 128Kbps 时，综合业务数字网仅在美国短暂流行，但在欧洲它仍拥有活跃的用户群。

什么是 DSL？ DSL（**数字用户线路**，Digital Subscriber Line）是一种高速、数字的、永远在线的因特网接入技术，可通过标准电话线路运行。它最出名的就是 AT&T 的 U-verse 服务所提供的技术。

如今存在多种 DSL 技术。ASDL（非对称 DSL）为下载提供了比上传更快的速度，并且这种技术是最常见的。SDSL（对称 DSL）为上传提供与下载相同的速度。其他类型的 DSL 有 HDSL（高比特率 DSL）和 VDSL（甚高比特率 DSL）。

DSL 如何工作？ DSL 调制解调器将计算机信号转换为高频数据信号。语音和数据信号通过电话线传送到你的电话公司的本地交换站。在那里，语音信号被路由到普通电话系统，数据信号被路由到因特网（如图 3-38 所示）。

> **快速检测**
>
> 当使用 DSL 连接时，你能否拥有类似的上传和下载速度？
> a. 是，如果该连接是非对称连接
> b. 是，如果该连接是宽带连接
> c. 是，如果该连接是 ADSL 连接
> d. 仅当该连接是 SDSL 连接

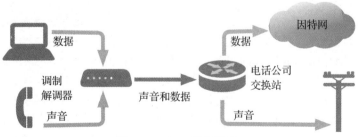

图 3-38   DSL 数据路径

DSL 有多快？ DSL 连接的速度因为电话线路的特性以及与电话公司交换站的距离而异。最便宜的计划提供 768Kbps 的速度，优质计划提供 6Mbps 的服务。DSL 安装需要在每部手机上都使用滤波器来筛选与数据信号接口的频率（如图 3-39 所示）。

图 3-39　DSL 调制解调器和滤波器

什么是 FTTH？ FTTH（Fiber-To-The-Home）代表光纤到户。它使用的是高容量光纤电缆而不是同轴电缆或双绞线，它将家庭连接到更广泛的市政网络。随着电话公司使用光纤电缆升级其基础设施，它们能够提供更快的访问速度。例如，AT&T 提供速度为 1000Mbps 的因特网接入计划。该计划仅适用于光纤流入家庭的地区。

> **快速检测**
>
> 电话网络中最快速的因特网接入计划是什么？
>
> a. 拨号
>
> b. 光纤到户
>
> c. DSL（数字用户线路）
>
> d. ISDN（综合数字业务网）

3.3.4　卫星因特网服务

通信卫星看起来如此复古。它们在你的祖父母观看《摩登家庭》以及美国匆匆赶上苏联的载人航天计划这种时代进入轨道。然而在某个时间点，用于陆地到陆地电话通信的卫星似乎与新兴的因特网天生相配。不幸的是，卫星有一个致命的缺陷，这降低了它们对当今因特网的适用性。问题是什么呢？请继续阅读，找出答案。

什么是卫星因特网服务？ 大多数人都熟悉通过个人卫星天线接入电视节目的服务。许多提供卫星电视的公司也提供因特网接入。**卫星因特网服务**（satellite Internet service）是通过向卫星广播信号来发布宽带非对称因特网接入的一种手段。在许多农村地区，卫星因特网服务是缓慢拨号连接的唯一选择。

卫星因特网服务如何工作？ 图 3-40 说明客户计算机（1）如何与客户的调制解调器（2）配合，通过电缆传输数据到个人卫星天线（3）并向通信卫星（4）广播。信号从卫星转播到基于地面的 ISP（5），将它们转发到因特网（6）。

图 3-40　你的数据移动到太空并返回

卫星因特网服务有多快? 卫星服务平均下载速度为 1.0 ～ 1.5Mbps,但上传时只有 100 ～ 256Kbps。卫星信号会因恶劣天气条件(如雨雪)而减慢或阻塞,这使得这种数据传输比有线因特网接入服务(如电缆和 DSL)更不可靠。

卫星数据传输可能会延迟一秒或更长的时间,这会在你的数据在计算机和卫星之间路由时发生。位于地球上方大约 5000 英里(8000 公里)的中等地球轨道卫星的延迟时间为 132 毫秒。地球上方 22 000 英里(35 786 公里)的地球同步卫星的延迟时间约为 500 毫秒。

> **快速检测**
> 卫星因特网服务的主要问题是什么?
> a. 速度   b. 延迟
> c. 跟踪路由   d. 花费

地球同步延迟对于一般的网上冲浪和下载文件可能不会造成很大的问题,但是可能成为需要快速响应的交互式游戏和用 Skype、FaceTime 进行视频呼叫等类似服务的干扰因素。

3.3.5 移动宽带服务

在世界范围内,与固定连接相比,更多的人使用蜂窝数据计划访问互联网。这些用户大多只能负担一个设备,他们用小屏幕为代价来换取便携式设备的便利性及其语音和数据功能。**移动宽带服务**(mobile broadband service)变得如此引人注目,以至于 2015 年大部分网站都进行了视觉改造,以适应智能手机屏幕尺寸的需求。

移动宽带如何工作? 蜂窝网络使用无线电信号传输语音和数据。信号在诸如移动电话的设备和蜂窝无线电塔(1)之间流动,如图 3-41 所示。每个塔上的发射机和接收机覆盖特定区域并使用独特的频率。数据信号被传送到地面站(2),在那里它们通过包交换网络被转发到因特网(3)。语音信号可以被路由到电路交换网络(4)。

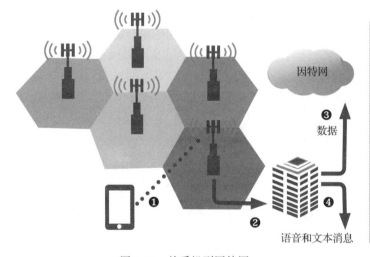

> **快速检测**
> 在蜂窝网络上,如何处理短信?
> a. 它们与因特网数据相结合,但额外收费适用
> b. 它们使用与语音数据相同的频道,但由 SMS 服务中心进行路由
> c. 它们从塔到塔发送而不是通过陆线传送
> d. 它们优先于语音和因特网数据,以便更快到达

图 3-41 从手机到因特网

在塔台之间移动时会发生什么? 当你访问因特网并移出某个塔的范围时,蜂窝网络会自动搜索新频道,以便将你的呼叫切换到下一个塔。为了协调切换,蜂窝网络告诉手机切换到新频道。同时,因特网数据链路也被切换到新的频道和塔。

为什么需要数据计划? 移动宽带提供商通常提供两种计划:语音和数据。它们可以分开,因为语音和数据通过两个不同的网络传输。

语音呼叫从塔传输到电路交换网络,然后到公共交换电话网络的陆线。数据从塔传输到包交换网络，然后传输到因特网。

短消息通过电路交换网络与语音呼叫一起传输，但它们被短信服务中心放在了另一个账单上。即使信号强度较低，短信也可以被成功发送，因为它们是一种存储转发技术，无须在发送方和接收方之间建立往返电路。

移动宽带服务有多快？ 移动宽带经过几代的发展演变，其中最新的是 3G 和 4G。

3G（第三代）服务于 2001 年开始在美国上市。常见的协议包括 CDMA，其最高下载速度达 4.9Mbps，以及 GSM EDGE，速度是 1.6Mbps。

4G（第四代）技术，如 WiMAX 和 LTE，于 2011 年推出。其中，LTE 最为普遍。LTE 的最大下载速率为 300Mbps，上传速率为 75Mbps。消费者使用时的实际速度可能显著变慢。在美国，5 ～ 12Mbps 的下载速度是常见的，一般情况下，上传速度为 2 ～ 5Mbps。

移动宽带的速度在覆盖边缘降低。它可能因障碍物而降低，如树木、山丘、墙壁甚至金属屋顶。扬声器、微波炉和其他电子设备的电磁接口也会降低速度，并且雨、雪和高湿度也会导致速度降低。

> **快速检测**
>
> 关于 LTE，以下哪一项是正确的？
>
> a. 它是 3G 技术
>
> b. 它不像早期的移动技术那样受天气的影响
>
> c. 用户可以期待比基本的有线电视因特网计划更快的速度
>
> d. 它使用电路交换网络来传输数据

我可以为笔记本电脑获取移动宽带吗？ 移动宽带不仅适用于你的智能手机，你还可以使用它从笔记本机或台式机访问因特网。如今，大多数智能手机都包含一个无线连接功能，可与其他数字设备进行无线连接。图 3-42 演示了如何设置共享来创建移动热点。要记住，连接发送的数据会累计到每月的数据使用总量。

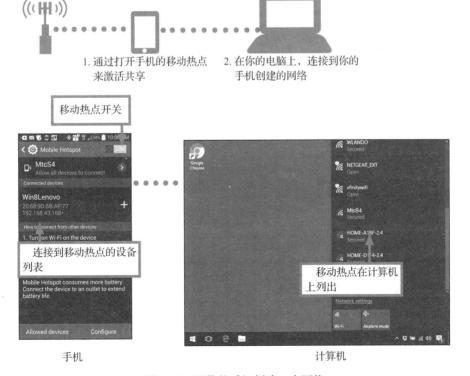

图 3-42　用你的手机创建一个网络

3.3.6 Wi-Fi 热点

Wi-Fi 热点无处不在。在任何咖啡店、机场、酒店大堂或大学建筑中拿出智能手机，你可能会发现多台因特网接入服务器。但公共 Wi-Fi 热点充满安全风险，因此了解它们的工作方式是值得的。

Wi-Fi 热点如何工作？ Wi-Fi 热点（Wi-Fi hotspot）是一个无线局域网，通常由一家企业运营，为公众提供因特网接入。该网络具有因特网连接和被称为接入点的设备，其在大约150 英尺（约 46 米）范围内广播 Wi-Fi 信号。任何具有 Wi-Fi 功能的设备都可以检测到信号（如图 3-43 所示）。

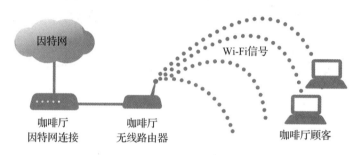

图 3-43 咖啡店 Wi-Fi 热点的背后

热点访问有多快？ 热点的速度与 Wi-Fi 网络的速度以及将其连接到因特网的服务相关。通过 1Mbps DSL 线路的热点将比通过 50Mbps 有线因特网连接的热点慢，但你可以预期速度为 2 ～ 8Mbps，但速度可能会因为接入点距离、登录的人数以及来自其他网络的干扰而有所不同。

热点访问安全吗？ 在不安全的热点上传输的数据不会被加密，所以窃听者可以轻松获取流经网络的数据。图 3-44 总结了热点风险水平

> **快速检测**
>
> 以下哪一项最有可能影响 Wi-Fi 热点的最高速度？
>
> a. 热点的因特网服务提供商
> b. 你的因特网服务提供商
> c. 使用热点的人数
> d. 热点是否安全

低 **浏览。** 当使用Wi-Fi热点进行简单的浏览活动（例如查看体育比分、阅读Google新闻和寻找路线）时，如果你的计算机的防病毒软件是最新的，则安全风险相当低。

低 **使用安全的网站。** 当你访问以HTTPS开头的安全网站时，你的安全风险很低。这些用于网上银行、访问病历和购买信用卡等活动的安全网站对你输入的数据进行加密，以保护其免受窃取。

中 **文件共享。** 如果你打开了文件共享，窃听者可能能够访问你计算机上的文件。当使用公共网络时，你应该关闭文件共享。如果你的操作系统在连接时不提供该选项，则可以手动执行此操作。

高 **使用不安全的网站。** 当你在使用公共Wi-Fi热点登录到不安全的网站时，无线窃听者可能会窃取你的ID和密码信息，然后稍后使用它来访问你的账户。例如，如果你的用户标识和密码是通过不安全的连接传输的，则登录到你的邮箱账户可能会有风险。

图 3-44 评估你使用 Wi-Fi 热点的风险

如何访问 Wi-Fi 热点？ 你的计算机网络实用程序会自动感应 Wi-Fi 网络并将其添加到可

用连接的列表中。你可以使用网络实用程序进行连接。只需启动浏览器并接受许可即可访问某些 Wi-Fi 热点。其他网络要求你输入密码，你可以从热点管理员处获得密码。

　　谨慎选择公共网络。黑客创建的网络名称类似于合法热点的网络，这些网络通常不安全。网络实用程序以各种方式指示不安全的热点。如果热点不安全，微软 Windows 会显示一个盾牌图标。

　　如果你错误地连接到不安全网络，则你输入的任何密码或你传输的数据都可能落入黑客手中。你可以查看可用网络列表并连接到一个网络，如图 3-45 所示。

> **快速检测**
>
> 在图 3-45 中，以下哪个说明 HolidayInn-FREE 网络不安全？
> a. 拼错的 SSID
> b. FREE 这个词
> c. 盾牌图标
> d. 酒吧的数量

来源：2015 IHG

使用桌面或主屏幕上的"无线"图标查找附近的 Wi-Fi 热点列表 ｜ 当你在热点范围内启动浏览器时，某些 Wi-Fi 热点会显示访问屏幕

图 3-45　安全地访问 Wi-Fi 热点

3.3.7　快速测验

1. 技术上，我们通常称之为"连接速度"的规范（如 10Mbps）是____的度量。

2. 因特网连接可以很快并且具有可接受的 ping 速率，但由于过多的____和丢包而仍然具有较差的质量。

3. 名为____的实用程序通过因特网报告包的路径。

4. 卫星因特网服务的问题是过度____。

5. 当前推出的移动____服务使用 LTE 技术。

3.4　D 部分：局域网

　　你自己的网络。这是只有大公司和政府机构才享受的技术，如今你也可以享受。尽管云提供了应用程序、存储和连接功能，但本地部分数据具有远程站点无法提供的安全性。用于在自己的设备之间传递数据并从可穿戴设备和家庭监控系统收集数据，你自己的网络可以成为安全的小数据堡垒。D 部分将指导你了解局域网的基本知识，并介绍如何设置它们。

目标

● 用图表示出典型的家庭局域网中的组件和连接。

● 解释局域网中 MAC 地址和 IP 地址的作用。

- 列出了以太网有线网络标准的五大优点。
- 解释无线网状网络与集中式无线网络相比的优缺点。
- 比较以太网和 Wi-Fi 的速度和范围。
- 列出了安全配置无线路由器的五个步骤。
- 说明服务区识别符（SSID）的用途。
- 列出四种类型的无线加密。
- 提供使用射频识别（RFID）标签和近场通信（NFC）标签的两个示例场景。
- 列出用于物联网网络的三种低功耗无线标准。
- 评估物联网收集的数据的潜在安全风险。

3.4.1 局域网基础

在个人计算机的早期，网络稀缺。大多数个人计算机都是独立单元，计算本质上是一个人与一台计算机互动的独立活动。然而，一些计算机工程师有先见之明，认为个人计算机可以联网，以提供独立计算机不具备的优势。

局域网的特点是什么？ 局域网通常被称为 LAN。它们旨在为有限区域内的设备提供连接，通常位于家庭、办公楼、商业场所或学校场所内。

局域网使用许多与因特网相同的网络技术，只是规模较小。它们具有拓扑结构，它们使用通信协议来发送包，它们需要诸如电缆或无线信号的通信信道，它们还包括数据通信设备，如路由器和调制解调器。图 3-46 显示了如何轻松构建局域网。

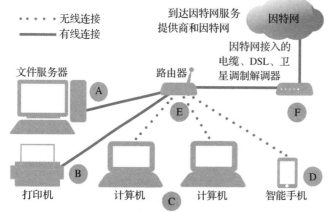

你的网络计划取决于支持有线和无线连接的集中式路由器

A 将计算机连接到有线连接以获得最大速度。将其用于在线游戏或作为存储和备份数据的文件服务器

B 将打印机连接到有线或无线连接，以便网络上的所有设备都可以访问它

C 无线连接电脑，以便你可以在不同的房间使用它们

D 连接你的智能手机，你就可以使用局域网的因特网连接，而不是昂贵的数据计划

E 路由器是你网络的核心。大多数无线路由器支持5个有线设备和最多255个无线设备

F 如果将路由器连接到由因特网服务提供商提供的调制解调器，则局域网中的所有设备都可以访问因特网

图 3-46　构建这个局域网

快速检测

在图 3-46 所示的局域网中，所有网络数据都通过____。

a. 调制解调器　　b. 打印机

c. 路由器　　d. 因特网

有不同种类的局域网吗？局域网可以按其协议进行分类，以太网和 Wi-Fi 是最受欢迎的两种。Windows 操作系统包括一个用于建立局域网的工具，称为**家庭组**（homegroup），家庭组可以很容易地在本地计算机之间共享文件，但不提供因特网访问。Mac OS 还提供了一种名为**隔空投送**（AirDrop）的工具，用于在两台计算机之间建立点对点连接。但是，大多数局域网都是使用路由器建立的，因此它们具有适当的安全性和因特网接入。

局域网是由政府监管的吗？大多数无线局域网使用 2.4GHz 和 5.0GHz 免授权频率，因此无须向美国通信委员会申请许可即可建立它们。然而，少数未经许可的频率比较拥挤，并且被迫使用相同频率的相邻网络之间会产生安全风险。

我的设备是否能够访问局域网？使设备能够访问局域网的电路被称为**网络接口控制器**（Network Interface Controller，NIC）。网卡内置于大多数数字设备的电路板中。NIC 也可作为附加电路板和 USB 设备使用。

NIC 包含一个 **MAC 地址**（媒体访问控制地址，MAC address），用于唯一标识局域网上的设备。MAC 地址通常由数字设备制造商分配并嵌入硬件中。

MAC 地址与局域网上的 IP 地址一起使用。局域网上的每台设备都有一个 MAC 地址（有时被列为 Wi-Fi 地址或物理地址）。DHCP 为设备分配 IP 地址并将其链接到设备的 MAC 地址。图 3-47 说明了如何在各种设备上查找 MAC 地址。

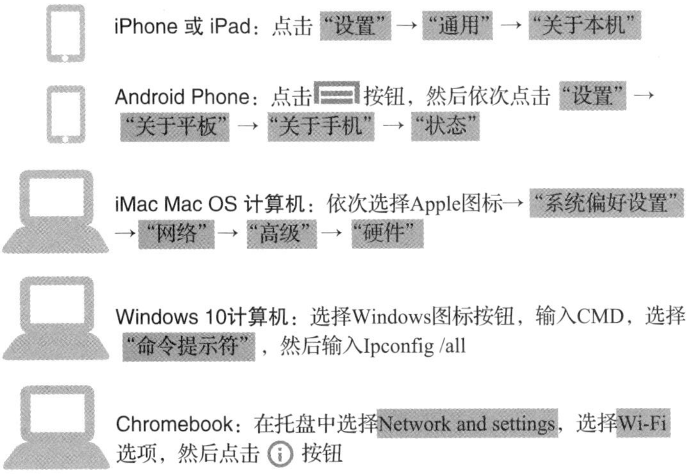

> **快速检测**
>
> 美国通信委员会不调节哪些频率？
> a. 无线频率
> b. 无线电频率
> c. 因特网频率
> d. 2.4 GHz 和 5 GHz

> **术语**
>
> 术语"MAC 地址"与苹果公司的 Mac 计算机无关。个人计算机和 Mac 都有 MAC 地址，智能手机、路由器和其他数据通信设备也一样具有该地址。

iPhone 或 iPad：点击 "设置" → "通用" → "关于本机"

Android Phone：点击 ▤ 按钮，然后依次点击 "设置" → "关于平板" → "关于手机" → "状态"

iMac Mac OS 计算机：依次选择 Apple 图标 → "系统偏好设置" → "网络" → "高级" → "硬件"

Windows 10 计算机：选择 Windows 图标按钮，输入 CMD，选择 "命令提示符"，然后输入 Ipconfig /all

Chromebook：在托盘中选择 Network and settings，选择 Wi-Fi 选项，然后点击 ⓘ 按钮

图 3-47　寻找 MAC 地址

> **试一试**
>
> 找到你当前使用的设备的 MAC 地址，它看起来与 IP 地址类似吗？

3.4.2　以太网

第一批计算机网络配置了有线连接。这些网络使用了各种拓扑和协议，但被称为以太网的技术成为主流标准，并成为大型和小型计算机网络的关键元素。

什么是以太网？以太网（Ethernet）是由 IEEE 802.3 标准定义的有线网络技术。它于 1976 年首次部署，现在用于几乎所有局域网中的有线连接。

为什么以太网如此受欢迎? 以太网的成功归因于几个因素:

简单。以太网易于理解、实施、管理和维护。

安全。对于有线连接来说,以太网局域网比无线局域网技术更安全。

便宜。作为非专有技术,以太网设备可以从各种供应商处获得,市场竞争保持低价。

灵活。目前的以太网标准为网络配置提供了广泛的灵活性,以满足小型和大型安装的需求。

兼容。以太网与流行的 Wi-Fi 无线技术兼容,因此在单个网络上可以轻松混合使用有线和无线设备。

以太网如何工作? 以太网最初是一种总线拓扑结构,在这种拓扑结构中,计算机都像电线上的鸟一样沿着电缆串起来。今天的以太网局域网通常以星形布局排列,计算机连接到集成在现代路由器中的中央交换电路。从网络上的计算机发送的数据被传送到路由器,然后路由器将数据发送到网络节点(如图 3-48 所示)。

> **术语**
>
> IEEE 是电气和电子工程师协会(Institute of Electrical and Electronics Engineers),这是一个专业组织,负责开发电子和网络等领域的技术标准。这些标准被分组和编号。很多 IEEE 局域网标准都以 802 号开头。

> **快速检测**
>
> 以太网和 Wi-Fi 是兼容的网络标准。
>
> a. 对　　　　 b. 错

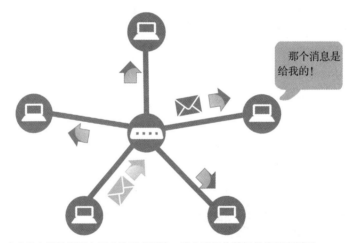

那个消息是给我的!

中央路由器处理以太网内的所有通信。路由器接收数据并将其广播到所有节点。该数据只能由被寻址的设备接受

图 3-48　以太网拓扑结构

以太网有多快? 原始以太网标准通过同轴电缆以 10Mbps 传输数据。以太网包括一系列局域网技术,可提供各种数据传输速率,如图 3-49 所示。如今,大多数个人计算机和局域网都配备千兆以太网。

以太网标准	IEEE 名称	速度
双绞线以太网	IEEE 802.3i	10Mbps
快速以太网	IEEE 802.3u	100Mbps
千兆以太网	IEEE 802.3z	1000Mbps
万兆以太网	IEEE 802.3ae	10Gbps
40/100 千兆以太网	IEEE 802.3ba	40 或 100Gbps

图 3-49　以太网标准

怎么知道一个设备是否准备好以太网？许多计算机在系统外壳上都有一个内置的以太网端口。该端口看起来非常类似于超大的电话插孔（如图 3-50 所示）。

以太网端口略大于电话插孔

图 3-50　你的电脑有以太网端口吗

如果一台计算机没有以太网端口怎么办？如果你需要有线网络连接但你的计算机没有以太网端口，则可以购买并安装**以太网适配器**（Ethernet adapter）（也称为以太网卡）。USB 以太网适配器插入 USB 端口，可与笔记本电脑和台式机配合使用。你还可以选择将以太网卡安装在台式机系统单元内的扩展槽中。图 3-51 说明了添加以太网端口的两种类型的适配器。

USB 端口以太网适配器　　　　扩展槽以太网适配器

图 3-51　以太网适配器

3.4.3　Wi-Fi

Wi-Fi 是指由 IEEE 802.11 标准定义的一组无线网络技术。Wi-Fi 设备以无线电波传输数据并与以太网兼容，因此可以在单一网络中同时使用这两种技术。

Wi-Fi 如何工作？你有两种设置 Wi-Fi 的方法。一种选择是使用无线网状拓扑结构，其中设备直接相互广播（如图 3-52 所示）。

Wi-Fi 网络的第二种选择是星形拓扑，其中集中式广播设备（无线接入点）协调网络设备之间的通信。从技术上讲，集中式设备是无线接入点，但该功能内置于大多数路由器中（如图 3-53 所示）。

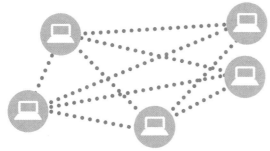

无线自组织网络在概念上很简单，但只提供少量的安全防护措施。这种类型的连接最好仅限于临时连接两台计算机共享几个文件时偶尔使用

图 3-52　无线网状网络配置

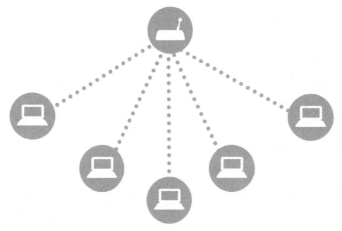

最常见的无线网络技术使用集中式设备来处理从一个设备传输到另一个设备的数据

图 3-53　无线星形网络配置

怎么知道设备的 Wi-Fi 准备好了? 如今, 几乎所有台式机、笔记本电脑、平板电脑和智能手机都包含 Wi-Fi 功能。如果你的设备没有可见的天线发送和接收数据, 请不要担心, 天线可能已集成到机器内部。没有 Wi-Fi 的旧设备可配备可插入 USB 端口或内部扩展插槽的 **Wi-Fi 适配器**(Wi-Fi adapter)。

Wi-Fi 有多快? Wi-Fi 有几种可用版本, 可以以不同的速度运行并具有不同的范围。目前的标准包括 802.11n、802.11ac 和 802.11ad。

通过有线连接(如以太网), 额定速度和范围通常非常接近于实际性能。然而, 无线连接速度和范围往往是理论上的最大值, 因为信号很容易恶化。尽管 Wi-Fi 802.11n 的速度可达 600Mbps, 但其实际性能通常为 50 ~ 100Mbps。802.11ac 的理论速度为 7Gbps, 但实际速度为 400 ~ 800Mbps。

Wi-Fi 网络的范围是什么? Wi-Fi 信号可能距离路由器达 300 英尺(约 90 米)。厚的水泥墙、钢梁和其他环境障碍物可以大幅度减小这个范围。

用于传输数据的标准(无论是 802.11n 还是更快的 802.11ad)取决于路由器和网络设备。具有 802.11n Wi-Fi 的智能手机无法发送 802.11ad 速度的数据, 即使网络中有 802.11ad 路由器。当设置 Wi-Fi 网络时, 请检查你的设备。你选择的路由器应支持你希望在网络上使用的最快设备。路由器有几种提升速度的方法(如图 3-54 所示)。

3.4.4 配置你自己的网络

拥有自己的网络非常棒。你可以从多个设备访问因特网、共享文件, 并在不使用蜂窝数据的情况下将应用程序下载到你的智能手机。但局域网可能存在安全风险。以下介绍如何建立自己的安全局域网。

	MAXSPEED	BANDS	RANGE	ANTENNAS	USES
基本路由器	300 Mbps	2.4 GHz		1	浏览网页、电子邮件、语音聊天
基本双频路由器	450 Mbps	150 Mbps at 2.4 GHz 300 Mbps at 5 GHz		2 MIMO	在线游戏、同步音乐下载
全功能路由器	600 Mbps	300 Mbps at 2.4 GHz 300 Mbps at 5 GHz		4 MIMO	视频流、多层建筑

速度：路由器速度可以通过单个数字或组合数字来指定。诸如300Mbps的单个数字意味着路由器以给定比特率在一组信号上进行传输。数字的组合，例如300＋300，意味着路由器可以传输多组信号。这样的路由器可能作为600N路由器出售，但精明的消费者明白，连接到这种调制解调器的单个设备不能使用全部600Mbps，每个连接被限制为300Mbps。

频段：Wi-Fi可以在2.GHz或5GHz频率上传输。当路由器用户同时使用两个频率时，它被称为双频段（dual-band）。双频段为支持各种网络设备提供了灵活性，并且还可以克服对其中一个频段的干扰。

天线：具有一个或多个天线的设备使用MIMO（多输入多输出）技术来提升信号，并在信号范围内使信号更均匀地传播。路由器通常有1~4个天线，即使设备远离路由器，更多的天线通常意味着更广的覆盖范围和更高的速度。

图 3-54 无线路由器选项

建立网络的一般程序是怎样的？ 建立局域网的基本步骤如下：

1. 插入路由器并将其连接到你的因特网调制解调器。

2. 配置路由器。

3. 连接有线和无线设备。

如何将路由器连接到我的因特网调制解调器？ 使用电缆将路由器的 WAN 端口（WAN port）连接到因特网调制解调器的以太网端口（如图 3-55 所示）。

将路由器的广域网或因特网端口连接到由因特网服务提供商提供的调制解调器

图 3-55 将路由器连接到因特网调制解调器

如何设置路由器？ 路由器没有自己的屏幕或键盘，因此要访问路由器的配置软件，需要使用计算机并使用浏览器连接到路由器。配置说明包含在路由器中。

更改密码。 第一步是更改路由器密码。所有路由器都附带一个标准密码，在你创建安全密码之前，输入标准密码的任何人都可以访问和控制你的路由器，如图 3-56 所示。

图 3-56　更改路由器的密码

创建一个 SSID。在更改路由器密码后，你可以为你的网络创建一个 SSID。SSID（**服务集标识符**，Service Set Identifier）是无线网络的名称。在无线网络重叠的地区（如城市或大学校园），SSID 可帮助你登录到正确的网络，而不是由黑客运行的网络，否则黑客会很快从你的计算机中窃取重要信息。

在修改路由器密码的同时，你可以决定是否广播这个 SSID。当 SSID 广播被开启，所有经过的无线设备都可以看到这个网络的存在。当 SSID 广播关闭，公共设备就看不到这个网络。不幸的是，即使 SSID 没有被广播，使用特定工具的黑客也可以看到这个网络。继续传播 SSID，如图 3-57 所示。你可以使用加密的方式来保护网络。

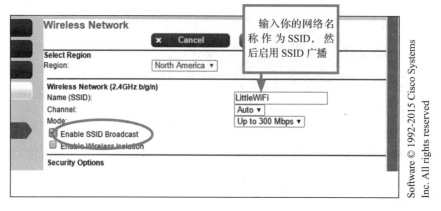

图 3-57　创建一个 SSID

激活加密。 无线加密（wireless encryption）对无线设备之间传输的数据进行加扰，并且仅在具有有效加密密钥的设备上对数据进行解密。WEP（Wired Equivalent Privacy，**有线等效隐私**）是最古老和最薄弱的无线加密协议。WPA（Wi-Fi Protected Access，Wi-Fi **保护访问**）及其同类 WPA2 和 PSK 都能提供更高的安全性。要使用可用的最强加密。

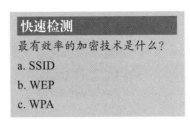

当设置加密时，你将创建一个**无线加密密钥**（wireless encryption key，有时称为网络安全密钥或密码）。密钥与密码相似。任何连接到安全局域网的设备都必须具有此密钥。图 3-58 说明了如何激活路由器上的无线加密。

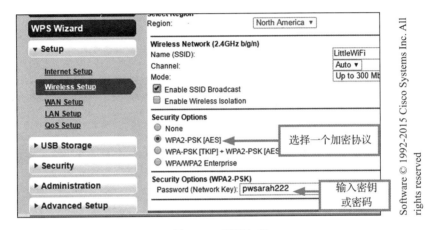

图 3-58　激活加密

配置访客网络。 访客网络（guest network）基本上是你可以在本地网络路由器上配置的第二个网络。访客网络允许访问者通过你的局域网访问因特网，但别允许他们访问你网络上的其他资源，例如你的数据文件。一些路由器预先配置了访客网络。你应该确保检查路由器的设置以验证它们是否符合安全要求。

你可以使用路由器的配置软件查看访客网络设置。你的访客网络将拥有自己的 SSID 和安全设置。你可能被允许更改这些设置，或者路由器制造商可能已指定永久设置。

如果访客网络是安全的，它应该有自己的唯一加密密钥或密码，你必须提供给访问者。访客网络不安全会导致访问对所有人都开放，这不是一个好主意。即使在安全的情况下，访客网络也会存在潜在的安全风险，因此当你不希望访问者访问时应该禁用它。

激活 DHCP。 每个工作站都需要一个唯一的地址来发送和接收数据。当你将路由器配置为充当 DHCP 服务器时，它会自动为每个加入网络的设备分配一个地址。图 3-59 说明了如何设置 DHCP。

如何将设备连接到局域网？ 只需使用第 5 类网线将有线设备连接到路由器即可。路由器自动感知有线设备并允许它们发起连接。有线设备不需要密码，因为信号不会穿过空气，它们很容易受到拦截。

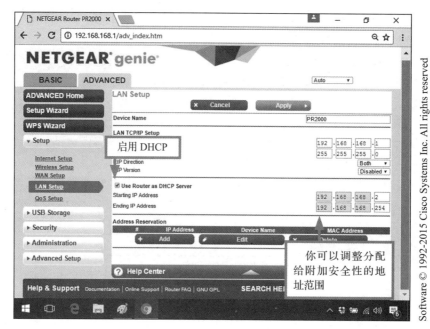

图 3-59 激活 DHCP

无线路由器正在不断广播其 SSID。无线设备（如智能手机、笔记本电脑和平板电脑）感知路由器的信号，并将 SSID 添加到附近网络列表中。第一次连接到安全网络时，必须输入加密密钥。你的设备会记住未来登录的密钥。

运行 Windows 的笔记本电脑和平板电脑会显示附近网络及其安全状态列表。图 3-60 显示了把使用 Windows 10 的设备连接到安全网络的过程。

> **快速检测**
>
> 如果有四台无线设备连接到你的网络，并且你不希望任何入侵者加入，则可以将____配置为仅分配四个 IP 地址。
>
> a. SSID   b. WEP
>
> c. DHCP   d. 访客网络

图 3-60 使用 Windows 10 连接局域网

个人计算机、Apple 计算机自动感应可用网络，并为你提供连接到它们的选项。确保 Wi-Fi 无线网络已打开，然后在询问密码时输入加密密钥（如图 3-61 所示）。

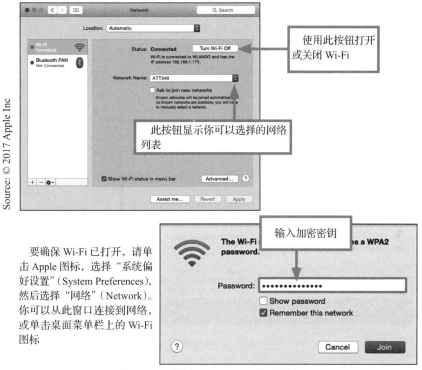

要确保 Wi-Fi 已打开，请单击 Apple 图标，选择"系统偏好设置"（System Preferences），然后选择"网络"（Network）。你可以从此窗口连接到网络，或单击桌面菜单栏上的 Wi-Fi 图标

图 3-61　使用 Mac OS 连接局域网

3.4.5　网络监控

如果你的数据没有传输并且你没有因特网访问，则问题可能出在你的局域网上。当你的网络停止发送和接收包时，这么做可以解决问题：关闭路由器和因特网调制解调器，等待几秒，再把它们重新打开。

如何监控网络活动? 在 Mac 上，你可以使用 Network Utility 应用程序查看传入和传出包的数量（如图 3-62 所示）。

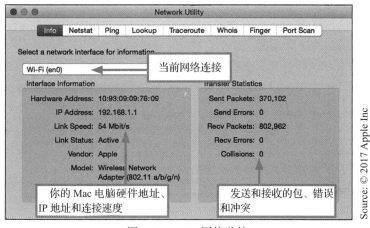

图 3-62　Mac 网络监控

在个人计算机上，网络和因特网设置是关于你的局域网信息的一站式服务平台。使用"设置"（Settings）图标访问和调整设置（如图 3-63 所示）。

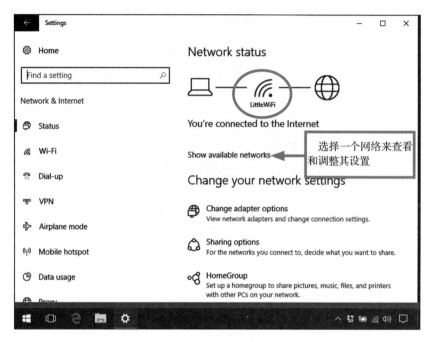

图 3-63　网络与共享中心

3.4.6　物联网

你在室内种植的植物需要你的不断关注。当它们需要水时，你想要通过一条短信来得知它们需要水吗？物联网将有源传感器和无源标签连接到通信网络，便于远程监控场所和事物。

物联网是否使用 Wi-Fi 技术？ 大多数传感器使用电池电力来收集数据并传输数据。只有在这些活动消耗少量电力时才能延长电池寿命。Wi-Fi 相当耗电，所以它不是最佳的物联网技术。现有的无线技术如 RFID（Radio-Frequency Identification，**射频识别**）和 NFC(Near Field Communication，**近场通信**）提供了潜在的解决方案。另外，专门为物联网开发的低功率短距离技术包括蓝牙低功耗（Bluetooth Smart）、ZigBee（一种短距离低功耗网络技术，用于物联网）和 Z-Wave（一种短距离低功耗网络技术，用于物联网）。

> **术语**
>
> RFID 代表射频识别，RFID 标签的范围大约为 300 英尺（约 100 米）。NFC 代表近场通信，NFC 标签的范围只有四英寸（约 10 厘米）。

传感器和标签有什么区别？ 诸如温度计或心率监测器之类的传感器主动收集数据，而标签包含被动数据，例如护照中的 RFID 标签包含个人信息数据，如存储在标签上的名称和出生日期数据，可以通过电子的方式读取这些数据。例如，NFC 标签可能会附加到商品上，以便你可以使用手机轻触它来查看其价格和规格。

标签可以由电池供电，但许多 RFID 和 NFC 标签不包含自己的电源，并且依靠接收设备为数据交换提供电源。来自图 3-64 标签的数据可以被网络设备读取，用于识别、进行电子支付以及追踪事物或人员。

图 3-64　RFID 和 NFC 标签

网络携带什么样的传感器输入和输出？ 传感器可以使用网络将它们收集的数据传输到其他设备进行存储和输出。例如，来自传感器的数据可以监测你的空调设备的能源使用量与室内和室外温度的相关程度，这些数据可能存储在你的家庭网络、电力公司的服务器上或传感器制造商的云存储服务中。

网络还提供了一种远程访问传感器的方式，例如你在工作中使用智能手机来调节家用恒温器的温度。

物联网如何工作？ 当本书交付出版时，物联网还是一门新兴技术，并且存在许多实现愿景。最普遍的配置是将传感器链接到基站，然后该基站可以将数据传送到局域网或因特网中的路由器。传感器以星形拓扑进行链接，或者如果传感器需要共享数据，则以网状拓扑进行链接。

传感器如何与物联网进行通信？ 物联网传感器可以连接到基站，但更通常的情况是它们配备了某种类型的通信设备，允许它们无线地发送和接收信号。XBee 船舶使用无线电信号无线传输数据。像图 3-65 所示的器件可以很容易地与小型封装的传感器配对。

图 3-65　XBee 发射机

物联网是否安全？ 在物联网网络上传递的数据看起来可能微不足道，但是真的微不足道吗？如果有人知道你的健身腕带在上周六午夜到凌晨 3 点之间记录了很多活动，你是否在意？随着物联网收集越来越多关于我们个人生活数据以及运行工厂和电网基础设施的机器的数据，安全性变得至关重要。

> **快速检测**
>
> 如果你正在组建一个物联网家庭控制传感器网络，那么最有效的配置是什么？
>
> a. 配备 Wi-Fi 的传感器将数据传输到网站
> b. 具有 IP 地址的传感器可与你的本地区域网络进行通信
> c. ZigBee 或 Z-Wave 传感器将结果发送到与你的局域网路由器通信的基站
> d. RFID 标签和专用 RFID 阅读器

> **快速检测**
>
> 假设你想从你的健身腕带收集数据。将数据获取到你的笔记本电脑最安全的方式是什么？
>
> a. 使用 USB 电缆将腕带直接插入笔记本电脑
> b. 在 ZigBee 基站收集数据，然后将它转发到你的局域网，在那里你可以通过笔记本电脑访问它
> c. 将腕带插入笔记本电脑以自动打开浏览器，并将数据发送到你可随时从笔记本电脑访问的网站

安全的物联网网络加密数据传输，以加密格式存储数据，密码保护对基站的访问，并向公共因特网公开尽可能少的数据量。当你开始收集可穿戴设备和家庭监控传感器时，请仔细考虑它们收集、传输和存储数据的安全性。

3.4.7 快速测验

1. 位于局域网中心的关键设备是____。

2. 除了 IP 地址外，局域网上的设备还有一个唯一标识它们的物理____地址。

3. 有线局域网的主要标准是____。

4. 诸如 WEP、WPA 和 PSK 之类的技术是可用于无线网络的____的示例。

5. ZigBee、Z-Wave 和 RFID 是在____网络上传输数据的低功耗无线技术。

3.5 E 部分：文件共享

数字防御? 粗心的文件共享是我们在数字生活中遇到麻烦的一种方式。这种交换照片、文档、音乐和视频的便捷技术可以成为数字防御链中的薄弱环节。你最后一次检查你的文件共享设置是什么时候?

目标

- 列出影响共享文件能力的七个因素。
- 说明用于在 Mac 和 Windows 上查看文件列表的实用程序的名称。
- 解释网络发现的目的。
- 列出处理共享文件时可以采取的三项预防措施。
- 定义可以分配给共享文件的三种类型的权限。
- 至少描述两种 FTP 将成为有用技术的情况。
- 列出两个对存储在云中的文件有负面影响的因素。
- 绘制一张解释 Torrent 如何工作的图表。
- 讨论与文件共享技术相关的法律问题，如 Napster 和比特洪流。

3.5.1 文件共享基础

网络提供对所有类型文件的访问。从 Snapchat 到特长电影，从杂志文章到长篇小说，从音效到交响乐，各种各样的文件存在于本地网络和因特网上。

你可能会花费大量时间将文件下载到本地设备，但有时你也想要访问已存储在本地或云中的文件。文件共享使这一功能成为现实。

什么是文件共享? 文件共享 (file sharing) 允许从存储文件的计算机以外的计算机访问包含文档、照片、音乐等的文件。共享可以在局域网内进行，也可以在包括因特网在内的多个网络进行。

文件共享如何工作? 当计算机连接到网络上的其他计算机时，其用户可能能够查看存储在远程设备上的文件列表。在获得许可的情况下，用户可以打开、查看、编辑、复制和删除远程设备上的文件。

文件共享有限制吗? 你与网络上的其他设备共享文件的能力取决于几个因素，如图 3-66 所示。

图 3-66　文件共享取决于这些因素

3.5.2　访问局域网文件

让我们从一个简单的场景开始。你已经建立了家庭网络，并希望使用网络上的一台计算机访问另一台连接家庭网络的计算机上的文件。

我如何查看连接到网络的所有设备？ 要查看网络上的设备列表，可以使用操作系统的文件管理实用程序，例如 Finder 或文件资源管理器（如图 3-67 所示）。

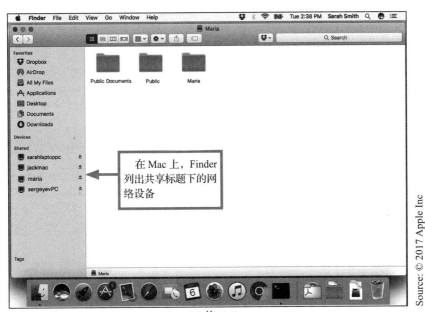

Mac OS 的 Finder

图 3-67　在局域网上查找其他计算机

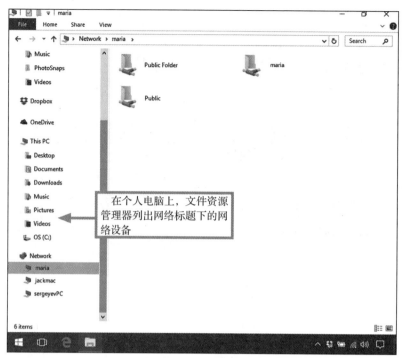

Windows 的文件资源管理器

图 3-67 （续）

如果其他网络设备未列出，该怎么办？ 由 Windows 和 Mac OS 等操作系统提供的网络实用程序会在网络发现开启时自动检测其他设备。**网络发现**（network discovery）是一项设置，它会影响你的计算机是否可以看到网络上的其他设备，以及你的计算机是否可以被其他人看到。

当网络发现打开时，连接到你的局域网的其他计算机会在网络设备列表中显示你的计算机的名称。当网络发现关闭时，你的计算机名称将不会出现在网络设备列表中。网络发现在不同设备上以不同的方式工作。

移动设备。移动设备上的操作系统可能无法提供查看网络上的其他设备或在网络上广播其存在的方式。

Mac 电脑。Mac OS 设备（如 iMac）没有用户可修改的网络发现设置，而是提供文件共享设置。如果文件共享处于开启状态，则启用网络共享发现。

Windows。某些操作系统（如 Windows 10）提供网络发现设置，允许用户关闭或打开网络发现。当使用公共网络时，该设置应该关闭（如图 3-68 所示）。

如何访问位于其他计算机上的文件？ 某些计算机上的文件夹需要有效的密码才能访问。你的文件共享用户 ID 和密码通常与用来登录计算机的密码相同。

快速检测

在图 3-67 所示的 Windows 网络上有多少设备被设置为发现模式？

a. 0　　b. 2　　c. 3　　d. 5

试一试！

检查你的电脑，是否有任何网络设备可见？

快速检测

当网络发现开启时，_____。

a. 你可以看到所有可用网络的 SSID

b. 计算机上的所有文件都会自动共享

c. 你的计算机将查找并列出本地网络上的所有其他计算机

d. 你的计算机将会播放其名称，以便因特网上的计算机可以共享你的文件

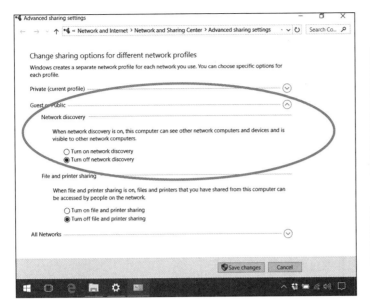

当使用公共网络（例如 Wi-Fi 热点）时，关闭网络发现功能会将你的计算机与连接到网络的其他用户隐藏起来。警告：即使网络发现关闭，网络管理员也可以使用路由器实用程序查看你的设备

图 3-68　Windows 中的网络发现设置

假设你有权访问网络设备上的文件，则可以像访问自己的计算机一样访问文件。选择保存文件的设备，打开包含该文件的文件夹，然后选择你想要访问的文件（如图 3-69 所示）。

Mac OS 的 Finder

Source: © 2017 Apple Inc

图 3-69　访问存储在其他计算机上的文件

Windows 的文件资源管理器

图 3-69 （续）

3.5.3 共享你的文件

有时你想与其他正在使用你的网络的人共享存储在你计算机上的文件。可能有想要复制你的某些体育照片的访客，或者你可能希望将文件从旧计算机传输到新计算机。一旦计算机可以在网络上看到彼此，共享文件很容易，但要小心地安全地进行。

文件共享有多安全？ 文件共享构成了具有多个维度的安全风险。共享文件可能会被滥用，可能会被无意修改，有权访问它们的人可能会对它们进行故意更改。此外，文件共享程序中的安全漏洞以给基于因特网的黑客提供未经授权访问计算机的权限而臭名昭著。

如果你不需要共享文件，请关闭全局文件共享。如果你想要共享文件的便利性，请按照图 3-70 中的提示限制你共享的文件和共享文件的内容。

| 为文件分配权限 | 限制分享给特定的人 | 从你不想分享的
文件中删除共享 |

图 3-70 理解文件共享

什么是权限？ 权限（permission）指定如何使用共享文件。

读写权限（完全控制）允许打开、查看、修改和删除文件。

读取权限允许授权人员打开文件并查看文件，但不允许修改或删除文件。

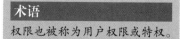

术语

权限也被称为用户权限或特权。

只写权限就像一个下拉框，允许用户将文件放入其中一个文件夹，但不能打开、复制或更改存储在其中的任何文件。

我可以控制文件如何修改吗？ 你可以控制谁修改文件，但不能控制他们对该文件做什么。一旦共享文件被授予读取许可，它可以被修改到无法识别的程度。如果你不经常检查共享文件，那么你可能会对这些文件包含的内容感到惊讶。这就是潜在的问题。如果没有经过深思熟虑，就不要给予读写权限。

关于文件共享的一个重要考虑是，是否提供对原始文件或其副本的访问。你的决定取决于共享文件的原因。

作为一般指导原则，不要提供对原始版本文件的读写访问权限。相反，制作该文件的副本并将该副本指定为写入权限共享。如果该文件以某种奇怪的方式被修改，那么你将拥有未被共享或修改过的原始文件版本。

如何从 Mac 共享文件？ 第一步是打开文件共享，然后选择你想要共享的文件夹。Mac OS 操作系统允许共享文件夹，但不能让你选择共享单个文件。建议的步骤是将所有要共享的文件放置在公用文件夹中，如图 3-71 所示。

> **快速检测**
>
> 假设你允许朋友访问某些照片，但你不希望他们进行任何更改。你会分配什么权限？
>
> a. 读　　　　　　b. 读写
>
> c. 写　　　　　　d. Drop box

> **快速检测**
>
> 丹应该在他的公共文件夹中存储什么样的文件？
>
> a. 文件的下拉框
>
> b. 他不想分享的文件
>
> c. 他不介意被修改的文件副本
>
> d. 他不想删除的文件

> **试一试**
>
> 如果你使用的是 Mac，请检查文件共享是否已打开。哪些文件夹是共享的？

❶ 从 Apple 菜单访问"系统偏好设置"。在那里，你可以选择"共享"来打开文件共享。

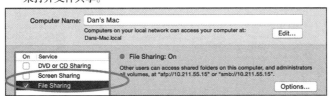

❷ 将文件夹添加到"共享文件夹"（Shared Folders）列表，然后指定谁可以访问以及他们可获得的权限。

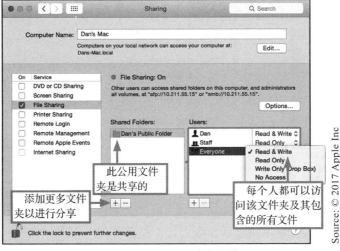

Source: © 2017 Apple Inc

图 3-71　从 Mac 共享文件

如何从个人计算机共享文件？ 在使用 Windows 的个人计算机上，第一步是使用"控制面板"的"网络和共享中心"实用程序来确保网络发现已打开，然后打开文件共享。

Windows 文件资源管理器包含一个"共享"（Share）选项卡，用于选择要共享的文件夹或文件。"共享"选项卡还允许你指定权限（如图 3-72 所示）。

❶ 使用"控制面板"访问"网络和共享中心"设置。启用网络发现，然后启用文件和打印机共享。

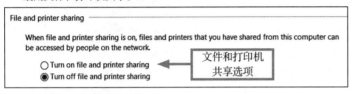

❷ 在文件资源管理器中，你可以选择要共享的文件夹或文件。使用"共享"（Share）选项卡访问设置，在设置中你可以指定用户和权限。

图 3-72　从 Windows 共享文件

快速检测

哪个操作系统提供了一种将单个文件指定为共享的方式？

a. Mac OS　　　　b. iOS

c. Android　　　　d. Windows

试一试

如果你使用个人计算机，请检查文件共享是否已打开。你的计算机是否允许共享访问你的任何文件？

3.5.4　基于因特网的共享

随着越来越多的活动转移到云端，提供云服务的公司越来越有兴趣鼓励消费者使用这些服务。云存储和共享服务通常被炒作为比本地选项更方便和更安全，但许多消费者都对云安全保持警惕，更不用说许多免费云存储服务伴随的猖獗广告了。

快速检测

FTP 是_____。

a. 云托管服务

b. 一个文件共享协议

c. 基于局域网的安全文件共享

d. 一个免许可的文件共享服务

从远程服务器提取文件的概念可以追溯到被称为 FTP 的协议，更新的技术为 Dropbox 和类似服务提供动力。那么它们都是关于什么的？

什么是 FTP？ FTP（File Transfer Protocol，文件传输协议）提供了一种通过任何 TCP/IP 网络（例如因特网上的局域网）将文件从一台计算机传输到另一台计算机的方法。FTP 的目的是使上传和下载计算机文件变得容易，而不必直接处理远程计算机的操作系统或文件管理系统。FTP 还允许授权的远程用户更改文件名和删除文件。

如何访问 FTP 服务？ 你可以使用 FTP 客户端软件（如 FileZilla）或浏览器访问 FTP 服务器。FTP 服务器的地址通常以 ftp 开头，而不是 www。要使用 Web 浏览器下载文件，只需输入 FTP 服务器的地址即可，如图 3-73 所示。

试一试
使用你的浏览器尝试连接到 ftp:// ftp.epa.gov，会发生什么事？

图 3-73　来自浏览器的 FTP

Dropbox 怎么样？ Dropbox 和类似的**文件托管服务**（file hosting services）将文件存储在云中。当多个用户访问相同的文件夹时，这些文件将被共享（如图 3-74 所示）。

3.5.5　Torrent

在 20 世纪 90 年代后期，一个名为 Napster 的在线服务闯入了美国人的视线，因为大学生通过它实现了对数以千计音乐下载的免费访问。Napster 遇到了一些版权难题，但通过因特网共享文件的概念促进了诸如比特洪流等复杂分布式协议的发展。

什么是比特洪流？ **比特洪流**（BitTorrent）是一种文件共享协议，它将文件服务器的角色分布在一系列分散的计

快速检测
比特洪流的独特之处是什么？
a. 它不提供来自中央服务器的文件
b. 它拥有逻辑拓扑结构
c. 它使用 FTP 协议
d. 它使用户加密而不是权限

算机上。如果你设想数据通过网状结构而不是星形结构进行传播，那么你将对分布式文件共享系统和集中式系统（如 iTunes）之间的区别有一个大致的了解。然而，比特洪流的网状拓扑是逻辑的，而不是物理的。你的计算机在物理上仍然是局域网的一部分，该局域网具有通过路由器访问比特洪流的星形拓扑结构。比特洪流的逻辑网状拓扑结构只是设想数据路径的一种方式。

你可以通过 Dropbox.com 网站访问 Dropbox，也可以在本地设备上安装一个应用来访问。你可以在本地设备上访问存储在你的 Dropbox 中的文件和文件夹，就像它们真的存储在本地一样

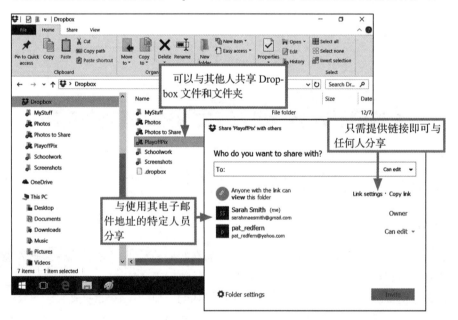

图 3-74　Dropbox 文件共享

比特洪流网络旨在减少在许多人尝试下载相同超大文件（例如特长电影、应用程序软件或交互式 3D 电脑游戏）时出现的带宽瓶颈。

比特洪流如何工作？ 假设 1000 台计算机同时请求新发布的《星球大战》电影的续集。服务器将电影文件分解成片段并开始将这些片段下载到请求该电影的第一台计算机。

随着更多计算机请求文件，它们成为使用点对点技术互相交换电影片段的"群"（Swarm）的一部分。在服务器将所有片段下载到群中之后，其任务已完成，并且可以处理其他请求。该群继续交换电影片段，直到群中的每台计算机都拥有整部电影（如图 3-75 所示）。

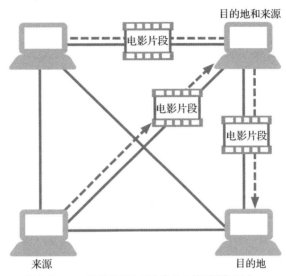

每个从Torrent下载的用户都会自动上传到其他用户。

图 3-75　由 Torrent 窥视文件共享

如何使用比特洪流？ 目前，可从多个网站获得比特洪流客户端软件。安装客户端后，只需单击你想要的文件，即可使用它从任何支持比特洪流的网站下载该文件。比特洪流客户端处理整个文件交换过程。在获得整个文件后，良好的礼仪要求客户保持与群的连接，以便他们能够通过类似于"播种"的方式将文件分发给其他人。

比特洪流正在引入基于分布式共享模式的其他服务。在这个时代，如此多的数据被整合到一些在线服务（如 Facebook、iCloud 和 Dropbox）的服务器农场中，黑客的未经授权访问就会非常猖獗。

像比特洪流这样的分布式系统有可能提供无服务器通信服务，如聊天。取代通过集中式服务器连接，你可以使用分布式资源来建立通信链接。

比特洪流和类似的文件交换网络合法吗？ 文件共享来源于基于因特网的文件服务器，这些文件服务器拥有大量流行音乐作为数字 MP3 文件存储，可以轻松下载这些文件并在计算机上播放或传输到 CD。没有版权所有者的许可，免费分发音乐是非法的，文件共享服务器运营商很快就遇到了计算机可疑交易的法律影响。

点对点文件共享网络和比特洪流等分布式技术在版权所有者的认可下，可合法发布音乐、图像、视频和软件。彼得·杰克逊的《金刚》的制作日记已经发布，并且可以使用比特洪流技术进行下载。美国环球影城和几个独立电影公司已经使用比特洪流技术发布了电影预告片。技术本身并不违法，对于技术的使用是受到法律监督的。

快速检测

比特洪流可有被称为_____。

a. 分布式网络

b. 点对点网络

c. 文件共享网络

d. 以上全部

比特洪流是安全的吗? 因为比特洪流文件是由来自多台计算机的小片段拼凑而成的,它们似乎并不适合成为散布恶意软件的候选者。聪明的黑客会意识到他们的恶意代码可能被轻易地斩断,而这些代码可能无法传送。但比特洪流文件已成为广告软件和间谍软件的来源。如果你使用比特洪流,请确保你的计算机受到提供良好间谍软件保护的安全软件的保护。

3.5.6 快速测验

1. 当网络____打开时,你的计算机可以看到连接到局域网的其他设备。

2. 读取和____权限允许打开、查看、修改和删除共享文件。

3. 文件____必须在计算机上的任何文件可被网络上的其他设备访问之前打开。

4. ____客户端软件(如 FileZilla)提供了一种将文件从基于因特网的服务器上上传和下载到局域网中计算机的方法。

5. Torrent 通过分布式网络使用逻辑____拓扑来交换文件片段。

万　维　网

如果你不介意被广告商跟踪，被监听者记录下来，并且被搜索引擎无限期地存储，那么网络是一个言论自由的平台。要学习如何浏览网页而不留下任何踪迹。

应用所学知识

- 识别网页上的文本和图形链接。
- 使用地址框中的 URL 以从坏链接中恢复。
- 缩短社交媒体和短消息中使用的 URL。
- 展开短网址以查看它们在单击之前的位置。
- 指定默认浏览器。
- 为浏览器选择一个主页。
- 自定义浏览器的预测服务和标签页。
- 在浏览器工具栏上设置书签。
- 确定浏览器是否存储密码。
- 查看并清除浏览器缓存和历史列表。
- 使用隐私浏览以避免累积的网站访问证据。
- 选择并安装浏览器插件。
- 选择并安装浏览器扩展。
- 查看网页的源代码和 HTML 标签。
- 使用 HTML 标签来标记博客文章和评论。
- 为网站创建层叠样式表。
- 创建、测试和发布一个基本网页。
- 查看存储在数字设备上的 cookie。
- 阻止第三方 cookie。
- 标识安全的 HTTPS 连接。
- 使用搜索引擎的高级搜索选项来生成查询。
- 管理你的搜索记录以保护隐私。
- 在自己的工作中使用适当的 Web 内容引用。

4.1　A 部分：万维网基础

有些空想家梦想着通过某种方式将知识库连接起来，并通过这些知识库轻松地漂浮在一条名为"懒惰"的河流上，并在其中穿行。那些空想家从未想过当今网络上充斥着海量信息。本章 A 部分从以下基础开始：超文本、Web 内容和 URL。

目标

- 列出作为万维网基础的四项关键技术。

- 总结现代网络出现的关键事件。
- 绘制以下内容的层级的图表：Web 服务器、Web 站点、网页、超文本链接。
- 描述双向超文本链接改善在线研究经验的情况。
- 举例说明网站主页的 URL，一个用于存储在文件夹中的网页，另一个用于根据查询生成的网页。
- 说明正确输入 URL 的四条规则。
- 定义坏链（linkrot）。
- 描述一个可能使用短 URL 服务的情况。
- 解释 URL 和域名之间的区别。

4.1.1　万维网概述

万维网不是因特网。正如蜂窝数据塔与你所发送的短信不同，因特网与万维网不同。因特网是全球数据通信网络，万维网只是众多使用因特网分发数据的技术之一。

Web 技术的关键要素是什么？ 万维网（World Wide Web，通常简称为 Web）是 HTML 文档、图像、视频和声音文件的集合，可以使用称为 HTTP 的协议通过因特网相互连接和访问。

使用通常被称为浏览器的软件，通过台式机、笔记本电脑、平板电脑和智能手机访问万维网。**Web 浏览器**（Web browser）是显示网页元素并处理页面之间链接的客户端软件。流行的浏览器包括 Microsoft Edge、开源 Mozilla Firefox、Google Chrome 和 Apple Safari。图 4-1 列出了你将在本模块中了解的基本 Web 技术。

> **术语**
> 访问网站的过程有时被称为网上冲浪，而访客被称为网上冲浪者。

> **快速检测**
> 以下哪个选项的重点是内容？
> a. 因特网　　　　b. 万维网
> c. CSS　　　　　d. URL

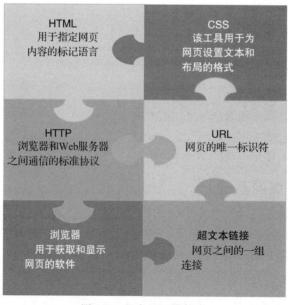

图 4-1　基本的网络技术

4.1.2　演变

根据麻省理工学院研究员马修·格雷（Matthew Gray）的说法，在 1993 年 6 月，共有 130 个网站包含链接文件。到 1996 年 1 月，出现了 100 000 个网站。如今，有超过 10 亿个网站，而且每天都有新的网站出现。半个多世纪以前，这种爆炸式增长的精彩故事就开始了。

万维网是如何发展的？ 1945 年，一位名叫范内瓦·布什（Vannevar Bush）的工程师描述了一种名为 Memex 的基于微缩胶卷的机器，它通过"路径"将相关信息或想法联系起来。通过追踪从一个文档到另一个文档的路径，阅读器可以从广泛的信息库中追踪想法。布什的 Memex 是假想的，但是，当时的微缩阅读器和模拟计算机并不适合这样复杂的任务。

链接文件的概念在 20 世纪 60 年代中期重新浮出水面，当时哈佛大学研究生泰德·纳尔逊创造了术语**超文本**（hypertext）来描述计算机系统，该系统可以存储文学文献，根据逻辑关系将其链接起来，并允许读者评论和注释他们阅读的内容。纳尔逊勾画了一个图表，以解释他基于计算机的"链接""网络"的想法，如图 4-2 所示。

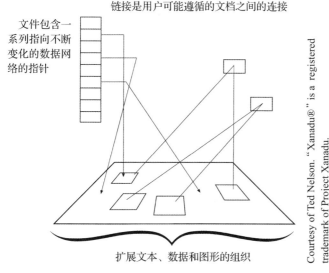

链接是用户可能遵循的文档之间的连接

文件包含一系列指向不断变化的数据网络的指针

扩展文本、数据和图形的组织

Courtesy of Ted Nelson. "Xanadu®" is a registered trademark of Project Xanadu.

> **快速检测**
>
> 图 4-2 中的矩形代表什么？
>
> a. 万维网　　　b. 因特网
>
> c. 网站　　　　d. 链接文件

在 20 世纪 60 年代，泰德·纳尔逊勾画出了对 Xanadu 项目的设想，注意他使用了**网络**和**链接**这些术语，现在每个使用万维网的人都熟悉这些术语

图 4-2　泰德·纳尔逊的 Xanadu 项目草图

到 1990 年，英国科学家蒂姆·伯纳斯·李（Tim Berners-Lee）开发了关于 URL、HTML 和 HTTP 的规范，这是当今 Web 的基础技术。他还创建了最初称为 WorldWideWeb 的 Web 浏览器软件，但后来更名为 Nexus（如图 4-3 所示）。

Nexus 运行在 NeXT 计算机上，并且不适用于 IBM 个人计算机的大型安装库。1993 年，伊利诺伊大学的马克·安德森（Marc Andreessen）和他的同事创建了 Mosaic，这个浏览器运行在包括 Windows 在内的多种计算平台上。安德森后来组建了自己的公司，并制作了一个名为 Netscape 的浏览器（如图 4-4 所示），该浏览器把万维网放入数百万网民的手中。

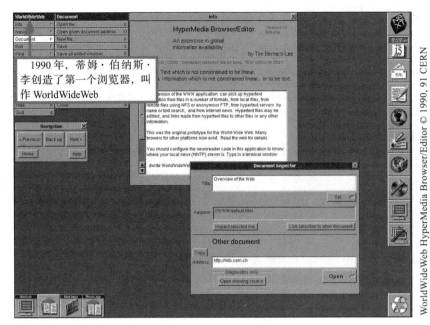

图 4-3　第一个 Web 浏览器

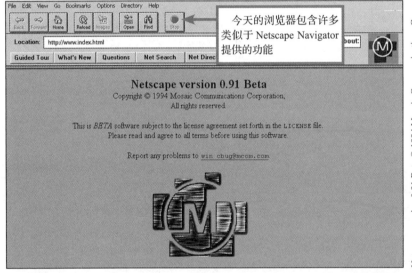

Netscape Navigator 是第一款广泛使用的浏览器。你能认出 Netscape 窗口中与当前使用
浏览器的元素相似的元素吗？

图 4-4　推广万维网的浏览器

4.1.3　网站

网站是等价于城市商业区内商店和办公室的网络空间。主页是网站的门户，它链接到网站提供的所有网页。

什么是网站？ 网站（Web site）通常包含一系列相关信息，这些信息经过组织和格式化，以便使用浏览器进行访问。

你可能很熟悉 HowStuffWorks、CNN.com、ESPN.com 和 Wikipedia 等信息网站。网站

还可以提供基于 Web 的应用程序（如谷歌文档）和社交网络（如 Facebook）。另一种较为流行的网站托管着 Amazon.com、eBay 和 Etsy 等电子商务商店。

　　在网站上发生的活动都在 Web 服务器的控制之下。**Web 服务器**（Web server）是一台基于因特网的计算机，用于存储网站内容并接受来自浏览器的请求。一台服务器可以托管多个网站，而一些网站则分布在多台服务器上。

　　什么是网页？ 网页（Web page）基于一个 HTML 源文档，该文档作为一个文件存储在 Web 服务器上。源文档包含网页中的文本，其中包括编码，这些编码显示文本以及任何其他视觉或听觉元素。

　　网页内容可以包含文本、图像、视频和声音文件，以及从数据库中随时拉动的元素（如图 4-5 所示）。

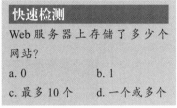

快速检测

Web 服务器上存储了多少个网站？

a. 0　　　　　　　b. 1

c. 最多 10 个　　　d. 一个或多个

文本和页面布局　　　图像　　　视频　　　数据库信息

图 4-5　Web 服务器有很多收集网页内容的来源

4.1.4　超文本链接

　　大多数人都非常习惯于网络，我们已经习惯了它的工作方式。我们很少停下来考虑应该如何改进。但如果泰德·纳尔逊对网络的设想已经实现，那么超文本链接不同功能的方式可能会大不相同。

　　什么是超文本链接？ 网页通过**超文本链接**（hypertext

快速检测

术语**超文本**起源于何处？

a. 来自泰德·纳尔逊

b. 来自微软

c. 来自 IBM

d. 以上都不是

link，通常简称为链接）相连。例如，教学大纲可以包含指向其他文档的链接，如课堂笔记或指定读物。

通常用下划线或彩色文本表示链接，但网页上的照片、按钮、标签或其他对象可以充当链接的来源。在传统屏幕上，当鼠标指针移动到链接上时，鼠标指针会变成一只手（如图 4-6 所示）。在触摸屏上，用户通常需要尝试进行点击和滑动来发现链接。

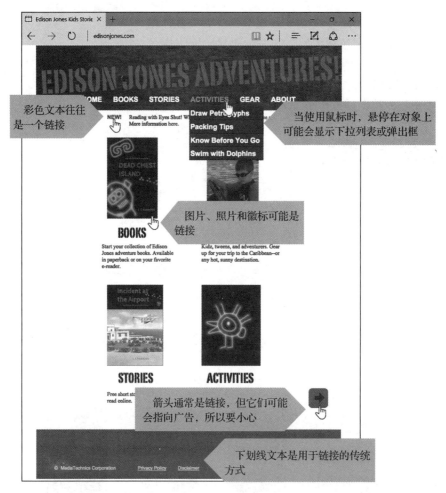

图 4-6　寻找链接

链接是如何工作的？ 在今天的网络中，网页具有**单向链接**（unidirectional link），因此文档 A 能够链接到文档 B，但没有反向链接。单向链接是简化早期 Web 原型的关键因素，它使得实现这些早期 Web 原型成为可能。然而，这种类型的链接限制了追溯到相关材料的能力。

双向链接（bidirectional link）使用两个方向的链接连接两个文档，可以从任一文档执行这两个链接。双向链接的设计太复杂，不能够成功构建，例如泰德·纳尔逊的 Xanadu 项目。图 4-7 显示了单向链接和双向链接的区别。

试一试

连接到维基百科并查找"印度"，你在该页面上找到了哪些链接？

快速检测

如今的网站使用＿＿＿链接。

a. 双向　　　　　b. 单向

c. A/B　　　　　d. X

文件A包含文件B的链接。当阅读文件A时，你可以轻松地链接到文件B中的相关材料

但从文档A到文档B的链接是单向的。当你阅读文档B时，没有链接到文档A，并且你可能永远也找不到相关的材料

双向链接将建立从文档A到文档B以及从文档B到文档A的链接，无论你首先查看哪个文档，链接都会存在于另一个文档中

图 4-7　单向和双向链接

4.1.5　URL

网址标识网站和网页，它们提供所包含页面的线索。或者说，它们是否提供所包含页面的线索呢？网址可能很长且很复杂，也可以缩短网址以掩饰它们所包含的内容。数字设备的安全性可能取决于你对 URL 及其组件的理解。

URL 的组成部分是什么？ 每个网页都有一个唯一的地址，称为 URL（Uniform Resource Locator，统一资源定位符）。例如，美国有线电视新闻网（CNN）网站的 URL 是 http://www.cnn.com。大多数 URL 都以 http:// 开头，表示 Web 的标准通信协议。

网站的页面存储在 Web 服务器上的文件夹中。拥有网页的文件夹和子文件夹的名称将反映在 URL 中。例如，CNN 网站可能会将娱乐新闻报道存储在名为 Showbiz 的文件夹中，该文件夹的 URL 将为 http://www.cnn.com/showbiz/。

特定网页的文件名总是出现在 URL 的最后部分。网页文件通常具有 .htm 或 .html 扩展名，表明该网页是使用超文本标记语言创建的。网站的主页通常称为 Index.htm。图 4-8 标识了 URL 的各个部分。

> **快速检测**
> 通常，保存网站主页的文件的名称是什么？
> a. Main.html　　b. Movies.html
> c. Index.html　　d. Site.html

http://www.cnn.com/showbiz/movies.htm

Web协议　　Web服务器名　　文件夹名　　文件名及扩展名

图 4-8　URL 组成部分

所有 URL 都会引用页面吗？某些 URL 包含的是搜索字符串，而不是 HTML 文档的名称。假设你打开了 CNN 网站，想找到最新的体育新闻。在搜索框中输入"运动"会产生一个包含问号和查询字符串的地址。显示的网页是搜索的结果（如图 4-9 所示）。

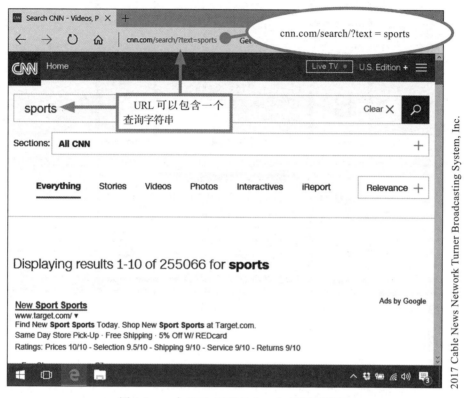

图 4-9   一个 URL 可以包含一个查询字符串

2017 Cable News Network Turner Broadcasting System, Inc.

正确输入网址的规则是什么？在浏览器地址框中输入网址时，需要记住一些规则。

- 即使在标点符号后面，URL 也不会包含空格，因此不要在 URL 中输入任何空格。下划线符号有时用于显示文件名中单词之间的空格，例如 www.detroit.com/top_10.html。
- 当输入一个 URL 时，可以省略 http://，所以 www.cnn.com 和 http://www.cnn.com 是一样的。
- 一定要使用正确类型的斜杠，URL 中总是使用正斜杠。
- URL 区分大小写。一些 Web 服务器区分大小写，在这些服务器上，键入 www.cmu.edu/Info.html（使用大写字母 I）不会将存储在 Web 服务器上的网页定位为 www.cmu.edu/info.html（使用小写字母 i）。

试一试

连接到 Amazon.com 并搜索"山地自行车"，看一下查询字符串中是否有问号。

试一试

你可以连接到 CNN 网站而不使用 http:// 吗？你可以连接到该网站而不使用 www 吗？

链接是 URL 吗？不，但链接包含指向另一个网页的 URL。在链接到页面之前，出于安全原因，你可能需要预览该页面的 URL。图 4-10 显示了如何实现这一操作。

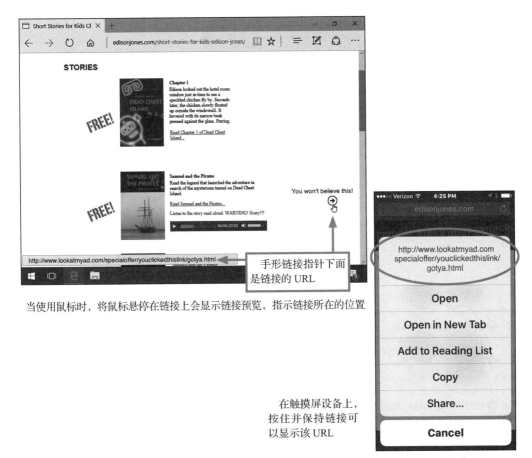

当使用鼠标时，将鼠标悬停在链接上会显示链接预览，指示链接所在的位置

在触摸屏设备上，
按住并保持链接可
以显示该 URL

图 4-10　在点击前查看 URL

网址如何与域名相关? 网址包含域名，例如，网址 http://www.nike.com/fitness 包含域名 nike.com。某些域名基于运营该网站的企业或组织的名称，但许多域名和网站 URL 并没有说明网站真正的所有者。要发现这些信息，你可以按照第 3 章中介绍的内容，使用 WHOIS 搜索。

可以操作网址吗? 当你点击一个链接时，你的浏览器链接到该网址并显示相关的网页。有时链接会指向一个不可用的页面，这种情况称为**坏链**（linkrot）。不再工作的链接被称为断链或死链接。如果你遇到无效链接，有时可以操作网址来查找网站上的相似资料。图 4-11 说明了该技术。

为什么网址这么长? 访问网站时，请不时地看一看地址栏，许多网址很长且很复杂。这是一个很长的网址，它指向一个简短故事的网页:

> 快速检测
>
> Bikes.com 是一个＿＿＿。
> a. URL　　　　b. 超文本链接
> c. 域名　　　　d. 网页

http://www.edisonjones.com/short-stories-for-kids-edison-jones/stories-forkids-samuel-and-the-pirates.html

有什么方法可以缩短网址吗? 长网址可能是有问题的。网址的长度越长，就越容易出现输入错误。另外，长网址在短消息传递应用程序（如 Twitter）中占用太多字符空间。

Bitly 和 Goo.gl 等多种服务都会创建**短网址**（short URL）。任何人都可以通过在这两个服务中输入正常的 URL 来请求简短的 URL。该服务将生成一个简短的 URL。原始网址和短网址存储在该服务的服务器上的转换表中。图 4-12 说明了短网址的工作原理。

www.bleacherreport.com/articles/nfl/injuries/new-helmets.htm

www.bleacherreport.com/articles/nfl/injuries/

当网页不再存在于指定的网址时，请通过回溯到第一个斜杠来编辑地址栏中的链接，按回车键。修改后的链接可能会带你到与原始链接类似的内容列表

www.SavannahBookFestival.com/events/2014/calendar.htm

www.SavannahBookFestival.com/events/2015/calendar.htm

你还可以尝试更改网址中的单词或数字，这种技术通常用于查找不同日期或页码的材料

图 4-11   越过坏链

试一试

你能连接到 http://www/sec.gov/news/pressrelease/2016-500.html 吗？如果将地址栏中的网址更改为以 50 而不是以 500 结束，结果会发生什么？

❶ 将完整的URL复制并粘贴到由Goo.gl.提供的短网址服务中。

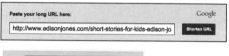

❷ 服务产生一个短网址。

❸ 短网址与完整的URL一起存储在服务器上。

❹ 指向短网址的链接指向服务器，服务器将链接指向到完整的URL。

图 4-12   把 URL 变短

为什么使用短网址？ 假设你想在 Twitter 上与朋友分享文章或视频，很简单，只需找到 Twitter 图标并点击它就可以，对吧？ Twitter 会自动将 URL 缩短为 22 个字符。

长网址肯定可以在 Twitter 和其他一些社交媒体网站上使用，但是如果你想将一些没有分享链接的网站的内容分享到社交媒体网站，该怎么办？你可以复制该链接并获取一个短网址，然后将其粘贴到电子邮件或社交媒体文章中。

发布短网址会占用较少的推文或帖子空间。另外，如果你认为收件人可能会手动输入网址，那么在输入短网址时他们犯的错误会更少。

某些 URL 缩短服务（如 Goo.gl）提供跟踪数据。你可以创建一个简短的 URL，然后跟踪它所收到的点击次数。要收集点击量统计信息，需要有服务账户，但账户是免费的。Goo.gl 由谷歌运营，它将使用你的 Google+ 或 Gmail 登录信息。

短网址是否会过期？ 短网址服务可能让消费者相信所有短网址将永远持续，但只有服务维护其服务器时才持续。如果某项服务停止运营，则在其服务器上维护的短网址将不再起作用。

短网址有时被用来掩盖非法网站的真实地址。这种做法导致短网址服务被 Web 主机和因特网服务提供商阻止。当 URL 服务被阻止时，其服务器上的短网址将不起作用。

试一试

使用 Goo.gl 或 Bitly 为你在网上找到的文章或视频创建一个简短的 URL。将链接邮寄给你自己，测试链接，它是否会生成指定的文章或视频？

试一试

你能在没有实际访问该网站的情况下发现短网址 http://bit.ly/1hjVjma 转到哪里吗？

网上冲浪者应该意识到，短网址可能会导致可疑的网站和诈骗的发生。如果你不确定短网址是否会引向合法网站，请不要点击电子邮件中的短链接。如图 4-13 所示，几个站点（如 checkshorturl.com 和 getlinkinfo.com）提供了在点击之前检查短网址的实际目标的方法。

在线服务（如 checkshorturl）会扩展短网址并显示原始的完整网址

图 4-13　展开该 URL

4.1.6　快速测验

1. 万维网是使用____基础设施分发数据的众多技术之一。

2. 泰德·纳尔逊原创想法____的基础是使用双向链接在数字文档之间导航。

3. URL 中的____符号表示查询。

4. 在 URL http://www.musicwire.com/bit.htm 中，musicwire.com 是____。

5. Http://bit.ly/MY67dd93B 是____的一个例子。

4.2　B 部分：浏览器

隐身。在阅读 B 部分之后，你可能希望让浏览器戴上"墨镜"，这样你就可以隐私浏览网页，而不会累积跟踪 Web 活动的网站、图像和广告。

目标

- 确定浏览器窗口的以下元素：地址栏、刷新和主页按钮、后退和前进按钮、选项卡和设置菜单。
- 列出四个流行的浏览器。
- 说明默认浏览器和浏览器主页之间的区别。
- 解释预测服务的目的。
- 描述浏览器扩展和插件之间的区别。
- 描述浏览器缓存中的内容并解释其如何影响你的隐私。
- 描述浏览器历史列表中的内容。
- 解释隐私浏览的工作方式。
- 总结允许你的浏览器存储密码所存在的潜在问题。

4.2.1　浏览器基础

　　网络浏览器是访问网络和它所提供的一切的万能工具，它们用于所有个人计算机平台。令人惊讶的是，小屏幕设备（如智能手机）的浏览器基本元素与大屏幕设备（如台式机和笔记本电脑）的基本相似。

　　标准浏览器窗口中有什么？ 浏览器的基本元素包括用于 URL 和搜索的输入区域、用于从一个页面移动到另一个页面的导航控件、一个刷新按钮、一个主页按钮、一个设置菜单以及用于网页内容的显示区域。其他元素（例如标签）有助于提高浏览体验。图 4-14 显示了全屏和移动设备上浏览器的基本浏览器元素和一些常见功能。

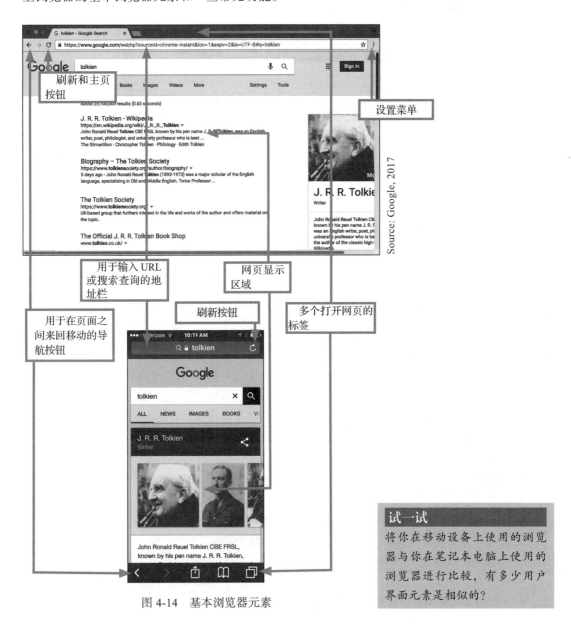

刷新和主页按钮

设置菜单

Source: Google, 2017

用于输入 URL 或搜索查询的地址栏

网页显示区域

用于在页面之间来回移动的导航按钮

刷新按钮

多个打开网页的标签

图 4-14　基本浏览器元素

最流行的浏览器是什么？如今流行的浏览器有 Apple Safari、Google Chrome、Microsoft Internet Explorer、Microsoft Edge 和 Mozilla Firefox。在图 4-15 中，比较了这些常用浏览器的地址栏和导航控件的位置和设计。

图 4-15　流行的浏览器

应该何时升级浏览器？当新版本的浏览器可用时，升级是一个好主意。因为大多数浏览器更新都是免费的，只需花几分钟下载并安装更新，即可获得最新功能。

升级的最重要原因是可提高安全性。随着黑客发现并利用安全漏洞，浏览器发行商尝试修补漏洞。升级通常包含已知安全漏洞的补丁，但新功能有时可能会导致新的漏洞。

新版本的浏览器也反映了操作系统和规范的变化，这些变化是为了用来创建网页的 HTML 而产生。为了利用最新的创新技术，也为了体验设计者所期望的所有精彩纷呈的网页，建议使用更新的浏览器。

有可能使用多个浏览器吗？ 可以在设备上安装多个浏览器，并且可以打开任何已安装的浏览器并使用它来浏览网页。但只有一个浏览器可以被指定为**默认浏览器**（default browser），例如，当你单击电子邮件或 PDF 文件中的链接时，会自动启用该浏览器。

你可以添加浏览器，也可以更改将哪个浏览器用作默认浏览器。假设你的设备配备了 Microsoft Edge，但你更愿意使用 Google Chrome 或 Firefox，那么没有必要删除 Microsoft Edge。只需下载并安装 Google Chrome 或 Firefox，然后使用图 4-16 所示的其中一种方法将其设置为默认浏览器即可。

> **快速检测**
>
> 以下哪项不是升级浏览器的理由？
> a. 以提高安全性
> b. 跟上新的 Web 技术
> c. 获得一个免费的浏览器

> **试一试**
>
> 你最常使用的设备上安装了多少浏览器？哪个是默认浏览器？

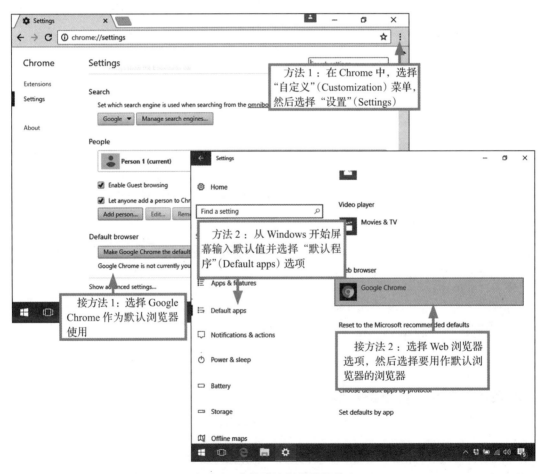

图 4-16　你的默认浏览器是什么

4.2.2　定制

停下来想一想，你每天花好几个小时用浏览器进行研究、娱乐和交流。当你可以通过定制浏览器来简化网络体验时，为什么还要选择平淡的香草颜色的界面呢？你可以更改主页、自定义书签和收藏夹、控制选项卡行为、选择预测服务并调整密码设置。

应该如何设置我的主页？ 浏览器主页（browser home page）是浏览器启动时显示的第一个页面。将主页设置为一个网站，这个网站是你走向网络世界的大门。如果你主要使用网络来寻找信息，那么搜索引擎网站（例如谷歌）将是一个良好的主页。如果你喜欢和你的在线朋友一起登录社交网络，那么 Facebook 就会成为一个好的主页。如果你是新手，请将你的主页指向谷歌新闻、CNN 或福克斯新闻。你还可以使用 Protopage、My Yahoo 或 uStart 等服务来设计自己的起始页面，就好比图 4-17 中页面。

> **试一试**
>
> 哪个网站被指定为你的浏览器的主页？你会更喜欢一个不同的主页吗？

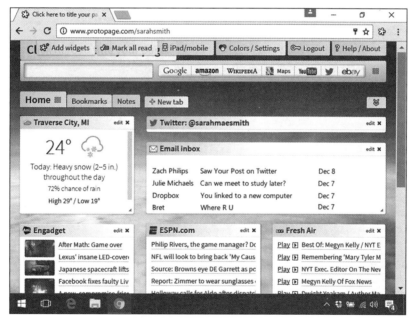

使用 Protopage 等服务，你可以创建一个自定义主页，帮助你轻松访问最常使用的网站
以及你想要的信息。

图 4-17　创建你自己的主页

预测服务是什么？ 预测服务（predictive service）用来展望未来，并预测在使用浏览器搜索或填写表单时可能执行的操作。这些服务可以根据之前表单输入的内容自动填写表单数据，它们也可以根据以前的搜索情况完成搜索请求。此外，它们还可以在输入查询时显示搜索和网站预测。

预测服务可能会跟踪你的操作，并在线存储有关你的数据。如果你对隐私侵入感到紧张，那么你可以禁用这些服务。

如何自定义书签和收藏夹？ 书签（bookmark，或收藏

> **试一试**
>
> 你可以从 Chrome 的"设置"菜单、Safari 的"首选项"菜单、Internet Explorer 的"Internet 选项"菜单、Microsoft Edge 的"高级设置"菜单和 Firefox 的搜索框中调整预测服务的行为。你的浏览器打开预测服务了吗？

夹，因为它们在 Microsoft 的浏览器中被叫作收藏夹）链接到你经常使用的页面。当浏览器被配置为显示书签时，它们会出现在浏览器工具栏上，并且很容易就可以对它们进行访问。

考虑为你最喜爱的社交网站和信息站点创建书签，为你喜爱的音乐服务设置书签，或创建书签以快速检查食物的卡路里含量。也许一个在线词库的书签可以帮助你提高写作水平（如图 4-18 所示）。警告：要为有所帮助的网站创建书签，而不是为那些可能会妨碍你的网站创建书签。那个令人上瘾的猫视频网站呢？如果网站变得使人分心，就不要将其加入书签。

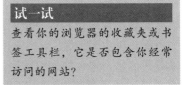

试一试

查看你的浏览器的收藏夹或书签工具栏，它是否包含你经常访问的网站？

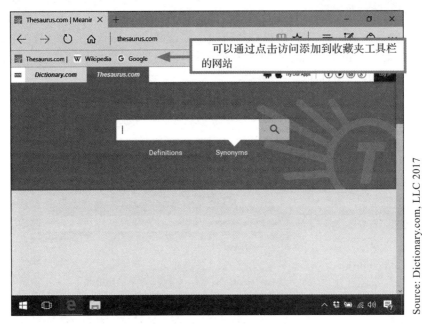

图 4-18　自定义收藏夹工具栏

可以控制标签页吗？ 浏览器标签页（browser tab）允许你的浏览器排列多个网页，以便你可以在它们之间轻松切换。浏览器的"设置"菜单允许你指定是使用标签页，还是使用新的浏览器窗口。每个标签页都包含一个页面，并且只需单击该标签页即可显示相应的页面。

标签页的另一种选择是在单独的浏览器窗口中打开新页面，这个过程允许你同时看到多个页面，而不是在它们之间切换（如图 4-19 所示）。

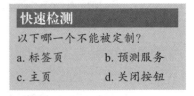

快速检测

以下哪一个不能被定制？

a. 标签页　　　　b. 预测服务

c. 主页　　　　　d. 关闭按钮

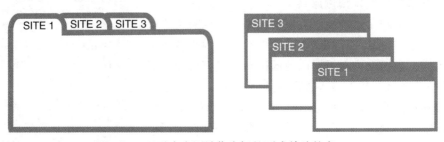

图 4-19　显示多个网站作为标签页或单独的窗口

　　什么是扩展？ 浏览器扩展（browser extension）为浏览器添加功能。例如，一种非常受欢迎的扩展称为 AdBlock，它从网页中删除广告。其他扩展将各种工具栏添加到浏览器窗口，谷歌工具栏、Merriam-Webster 在线工具栏和 StumbleUpon 工具栏非常受欢迎。

　　更多的扩展甚至还包括用于校对社交媒体帖子的语法检查器、用于添加 Twitter 链接的 URL 缩写器以及用于保护设备和 Web 服务器之间数据传递的加密。甚至还有扩展程序可检测和显示跟踪你在 Web 上活动的 cookie 和其他设备。

试一试

在线搜索可用于浏览器的扩展列表。如果你没有 AdBlock，则可以考虑从信誉良好的来源（例如 Chrome 网上商店）下载它。

　　如何管理扩展？ 浏览器提供已安装扩展的列表并提供禁用、启用或删除它们的工具，如图 4-20 所示。

图 4-20　找到浏览器的扩展

　　为什么必须下载软件才能查看某些网页？ 浏览器最初仅限于以 HTML 格式显示文档并以 GIF 和 JPEG 格式显示图形文件。但是，如今，网页中包含的图形、声音和视频将使用其他格式。当浏览器不具有对这些附加格式的内置支持时，需要使用到插件。

什么是插件？ 插件（plugin）是一个扩展浏览器处理文件格式能力的程序。流行的插件包括用于查看 PDF 文件的 Adobe Reader、用于查看动画的 Adobe Flash Player 和用于观看视频的 QuickTime Player。

尽管扩展可能看起来与插件相同，但其实它们是不同的。一个插件可以帮助浏览器显示、播放内容，而扩展则为浏览器本身提供更多功能。

如何管理插件？ 黑客利用插件在未经授权的情况下访问计算机并植入恶意软件。技术公司正试图逐步淘汰插件的使用。Microsoft Edge 不使用插件，对于其他浏览器，对插件的逐步淘汰也正在进行中。

如果你使用的浏览器需要插件或插件更新，则可以轻松地下载它们。插件针对不同的浏览器有不同的版本。当寻找插件时，使用浏览器进行搜索，并找到正确的版本。

你可以查看、禁用和删除插件。在 Chrome、Safari 和 Firefox 中，插件是通过浏览器进行管理的。在 Internet Explorer 中，插件通过控制面板与其他已安装的软件一起进行管理。图 4-21 提供了一个指南，以便你可以在使用的浏览器中找到插件。

> Google Chrome：在地址栏中输入Chrome://plugins/。
>
> Apple Safari：选择Safari "偏好设置"，然后选择 "安全性" 图标。
>
> Microsoft Internet Explorer：打开 "控制面板"，选择 "程序和功能" 图标。
>
> Mozilla Firefox：在Firefox地址栏中输入www.mozilla.org/en-US/plugincheck/。

图 4-21　寻找浏览器的插件

快速检测

如果你的浏览器无法播放视频，则其中的一个原因可能是____。

a. 该文件包含音轨

b. 你的浏览器没有必要的插件

c. 该文件正在流式传输

d. 该文件已下载

试一试

如果你的浏览器使用插件，请查看已安装插件的列表。其中有 Flash 插件和 PDF 阅读器的插件吗？

4.2.3　浏览器缓存

浏览器会将 HTML 文档、图像和其他网页元素拉取到本地设备上，而且不仅仅是页面的主要元素。所有那些时髦的广告也被拉取下来了。有些令人不安的是，这些元素可能会留在设备上的网页缓存中，留下一串你所访问网站的数字残渣。

什么是浏览器缓存？ 当你的浏览器提取页面和图形以组成网页时，它会将该材料存储在你设备中称为**浏览器缓存**（browser cache）的临时文件中，这些临时文件也叫作 Web 缓存或浏览器历史记录。

快速检测

你不希望在浏览器缓存中找到以下哪项？

a. 密码

b. 来自网页的图像文件

c. 来自广告的图片

d. HTML 文档

如果你在页面或网站之间来回切换，浏览器缓存将派上用场。你的浏览器可以简单地从本地缓存中加载整个页面及其所有图形，而不是再次获取它们（如图 4-22 所示）。

浏览器缓存是如何影响我的隐私和安全的？ 文件可以保留在网页缓存中长达几天或几周的时间，具体取决于浏览器的设置。由于浏览器缓存可以存储你所访问网站的所有网页元素，因此有权访问你设备的任何人都可以查看这些网站。此外，当你使用公共计算机或实验室计算机时，下一个使用计算机的人可能会看到你的 Web 活动的缓存。

图 4-22 你的浏览器缓存正在运行

我可以看到浏览器缓存中有什么吗? 可以,在某些浏览器(如 Google Chrome)中,很容易在浏览器缓存中看到一个文件列表,甚至可以检索它们。因此,如果你想要访问在之前的浏览会话中看到的照片,但无法返回到该网站,那么你可以从浏览器缓存中访问该照片。

在浏览器缓存中查看文件的步骤取决于你使用的浏览器。另外值得一提的是,如果你使用多个浏览器,则每个浏览器都有独立的缓存。图 4-23 说明了如何访问存储在 Chrome 缓存中的文件。

图 4-23 你的浏览器缓存中有什么

是否可以清除浏览器缓存？ 浏览器包含一些设置，用于限制缓存文件在你的设备上保留的时间、限制缓存文件在硬盘上使用的空间用量以及删除所有的缓存文件。图4-24 说明了如何在使用谷歌浏览器时删除缓存。

Source: Google, 2017

图4-24　清除缓存

历史列表是什么？ 好问题。除了缓存之外，你的浏览器还会维护你所访问网站的**历史列表**（History list）。此列表可能包含你无意中链接到但实际上不希望链接的恶意网站。你可以删除历史列表，其过程通常与清除浏览器缓存的过程类似。

如今的浏览器还提供**隐私浏览**（private browsing）模式，其中你的活动痕迹不会保留在历史列表或浏览器缓存中。Microsoft 浏览器将此模式称为 InPrivate 浏览，Google Chrome 将其称为无痕模式，在 Safari 和 Firefox 中，它被称为隐私浏览。

尽管隐私浏览功能不会在你的本地设备上累积网络活动，但它不会阻止外部来源（如广告客户和监听者）跟踪你的活动。如果你不希望获得你最近所使用设备访问权限的其他人看到你留下的浏览痕迹，请使用隐私浏览功能。图4-25 演示了如何在 Google Chrome 中进入无痕模式，操作非常简单。

从自定义菜单中选择"打开新的无痕窗口"（New）

图4-25　进入隐身模式

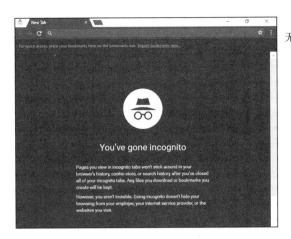

谷歌浏览器显示
无痕主屏幕

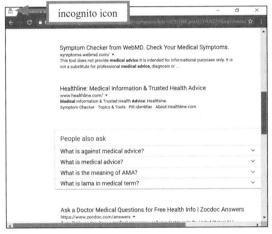

只要隐身图标出现在浏览
器窗口的左上角，无痕模式
就一直有效。当关闭隐身标
签页时，你所访问网站的所
有痕迹都将被删除

Source: Google, 2017

图 4-25 （续）

是否允许我的浏览器存储密码？ 浏览器在登录网站时要求保存密码。如果你同意，你的
密码将存储在本地设备上的加密文件中。当你下次登录网
站时，你的浏览器将使用相应的被存储的密码。

存储密码是一项有用的功能。你可以创建独特而难以
猜测的密码，而无须担心可能会忘记它们，并且无须每次
登录时查找它们。

存储密码的潜在风险是任何获得设备访问权的人都可
以轻松地登录到你的密码保护网站，因为密码是由浏览器
提供的。如果你允许浏览器存储密码，请务必使用密码来
保护对设备的访问。

你可以看到你使用的浏览器保存了哪些密码。要查看
Microsoft Edge 存储的密码，请使用"开始"菜单打开"凭
据管理器"。对于 Safari，请选择"首选项"菜单，然后选
择"密码"选项卡。在 Firefox 中，打开"安全"面板并选
择"保存的登录信息"。图 4-26 说明了如何查找 Chrome 存
储的密码。

快速检测

应该如何总结允许你的浏览器
存储密码所涉及的安全风险？

a. 这不是一个风险

b. 这是一个安全风险，应该避免

c. 在线存储密码更安全

d. 存储密码的便利可能值得冒
小风险

试一试

找出你的浏览器存储在你的设
备上的密码。你的室友、配偶
或客人是多么容易就能找到它
们呢？

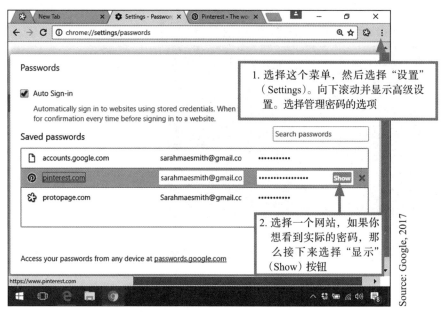

图 4-26　找到你的 Chrome 的密码

4.2.4　快速测验

1. 将你的浏览器导入____以获取已知安全漏洞的修补程序。
2. 当你使用公共计算机时，下一个使用它的人可以通过查看____列表来查看你访问的网页。
3. 如果你不想将最近访问过的网站的 HTML 和图像文件存储在你的设备上，请删除浏览器____。
4. ____，如 Adobe Reader，是一个扩展浏览器处理文件格式能力的程序。
5. 浏览器____，例如 AdBlocks 或 Merriam-Webster 在线工具栏，为浏览器增加了功能。

4.3　C 部分：HTML

网络的语言是 HTML。它决定了成为网页一部分的文本、图像和声音，并确切指定这些元素的显示方式。这也解释了为什么一些网页在一个浏览器中看起来有点糟糕，但在其他浏览器中显示完美。网络语言似乎很容易理解。

目标

- 勾勒出 HTML 和类似标记语言的家庭树。
- 识别 HTML 标签并陈述其两个特征。
- 解释 HTML 文档和网页之间的关系。
- 列出四种创建网页的工具类型。
- 勾勒出基本 HTML 文档的模板。
- 列出 HTML 中通常允许在博客文章和评论中使用的标签。
- 描述 CSS 的目的。
- 将内联 CSS 与内部 CSS 和外部 CSS 区分开来。
- 描述静态网页和动态网页之间的差异。
- 给出客户端脚本和服务器端脚本的例子。
- 解释一个网络托管服务的目的。

4.3.1　HTML 基础

HTML 是设计专业企业网站的基础，但是对 HTML 的一些了解可以让你在日常的在线互动中得心应手。你可以使用 HTML 标签在 Facebook 个人资料页面上添加突出的注释。HTML 对于改进博客文章和评论也很有用。

关于 HTML 应该知道什么？ 蒂姆·伯纳斯·李（Tim Berners-Lee）于 1990 年开发了原始的 HTML 规范。这些规范已经由万维网联盟（W3C）多次修订。目前的版本是 HTML5，于 2010 年推出。

HTML 是用于创建使浏览器可以显示为网页的文档的一组元素，它被称为**标记语言**（markup language），因为作者通过插入被称为 **HTML 标签**（HTML tag）的特殊指令来"标记"文档，这些标签指定文档在浏览器中的显示方式。

HTML 是标记语言家族的成员之一。当你进行网站设计时可能会看到对这些语言的引用。图 4-27 总结了标记语言的家族树。

图 4-27　标记语言家族树

HTML 标签如何工作？ HTML 标签被合并到 **HTML 文档**（HTML document）中，该文档类似于文字处理文件，但具有 .htm 或 .html 扩展名。HTML 标签（如 <h1> 和 <p>）用尖括号括起来并嵌入文档中。<h1> 标签指定一个标题，<p> 表示新的一段。

大多数标签都是成对插入的，在开始标签和结束标签之间放入内容，如下所示：

<h1> THE GLOBAL CHEF </ h1>

HTML 标签是浏览器的说明。当你的浏览器在计算机屏幕上显示网页时，它不会显示标签或尖括号，而是试图遵循标签的指令。当在浏览器中显示时，为 THE GLOBAL CHEF 添加 <h1> 标签可能会产生如下结果：

THE GLOBAL CHEF

HTML 文档看起来是否与网页有很大不同？是的。一个 HTML 文档就像是一个剧本，而你的浏览器就像是一个导演，导演通过组装演员并确保正确地传达它们的台词，才使剧本变为现实。

随着 HTML "剧本"的展开，浏览器会遵循 HTML 文档中的说明，以正确的颜色、大小和位置在屏幕上显示文本行。

如果"剧本"调用图形，那么你的浏览器从网络服务器收集并显示它。尽管 HTML 剧本作为永久文件存在，但你在屏幕上看到的网页仅存在于"演出"期间。

HTML 文档有时被称为**源文档**（source document），因为它是用于构建网页的 HTML 标签的来源。图 4-28 显示了 HTML 源文档（下图）和它生成的网页（上图）之间的区别。

试一试！

打开浏览器并连接到任意网页。你能找到浏览器中查看源 HTML 文档的选项吗？（提示：在 IE 中，在"查看"菜单中查找；在 Safari 浏览器中，在"开发"菜单中查找；在 Chrome 中，从右上角的快捷菜单中选择"开发人者工具"；在 Firefox 中右键单击该页面；在 Microsoft Edge 中输入 about:flags，然后检查查看源选项，返回到网页，右键单击它并选择查看源代码。）

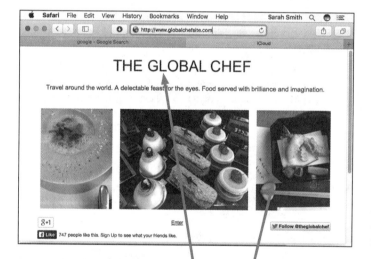

源文档包含文本但不包含图形。<img> 标签链接到图形并将其显示在浏览器中

图 4-28　HTML 源文档

4.3.2　HTML 编辑器

存在一个可拓展的工具集，可用于创建网页。一旦你知道了这些工具的选项，你可以选择最适合你的项目同时也最适合你作为设计师的能力的工具。

什么工具可用于创建网页？ 你可以使用 HTML 转换实用程序、在线 HTML 编辑器、本地 HTML 编辑器或文本编辑器为网页创建文件。

HTML 转换实用程序。 HTML 转换实用程序（HTML conversion utility）会根据传统文档、电子表格或其他基于文本的文件创建 HTML 文档。例如，你可以使用 Microsoft Word 创建标准的 DOCX 文件，然后使用 Word 的另存为网页功能将文档转换为 HTML 格式。但 HTML 转换过程偶尔会产生不正常的结果，因为原始文档中的某些功能和格式在 HTML 世界中可能无法实现。

在线 HTML 编辑器。 网页创作者的第二个选择是使用**在线 HTML 编辑器**（online HTML editor），如 WordPress 或谷歌协作平台。这些工具使用起来非常简单——选择一个模板，选择一个配色方案，输入标题和其他文本，上传图形，并添加到其他页面的链接（如图 4-29 所示）。

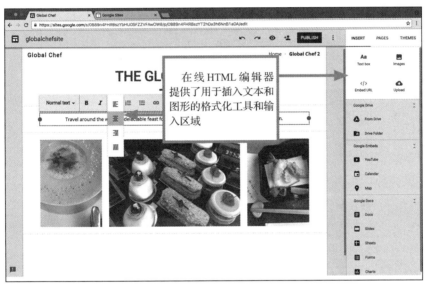

图 4-29　使用谷歌网站创建网页

本地安装的 HTML 编辑器。 另外两个用于创建网页的选项包括**本地 HTML 编辑器**（local HTML editor）和全面的网页开发软件。其中一些工具为管理大量企业网站提供了专业功能，而其他工具则致力于创建较小型的个人网站。流行的网页开发产品包括 Adobe Dreamweaver 和开源的 BlueGriffon。

文本编辑器。 可以使用基本的 ASCII 文本编辑器来创建 HTML 文档，如记事本和文本编辑器。凭借这些工具，你可以先从空白页面开始，然后输入 HTML 代码以及要包

快速检测

用文字处理软件创建的文档_____。

a. 可以作为 DOCX 文件发布到网上

b. 无法在网络上使用

c. 可以转换为网络的 HTML 文件

d. 包含 HTML 标签

含在网页中的文本。尽管网页设计师很少使用这些工具来创建整个网站，但文本编辑器可以用于对 HTML 文档进行故障诊断。文本编辑器还提供了一种学习 HTML 基础知识的好方法，你可以使用它来格式化在线评论和帖子。

HTML 文档的组成部分是什么？ HTML 文档的框架由两部分组成：头和主体。头部分以 <! DOCTYPE html> 和 <head> 标记开头，它还可能包含定义全局属性的信息，包括显示在浏览器标题栏中的网页标题以及搜索引擎可以使用的页面信息。

HTML 文档的主体部分以 <body> HTML 标签开头。文档的这一部分包含文本、格式化文本的 HTML 标签，以及图形、声音和视频的各种链接。图 4-30 包含一个网页的基本 HTML，你可以将其用作创建自己网页的模板。

❶ HTML 文档以 DOCTYPE 和 html 声明开头。

❷ <head> 标签包含页面标题。

❸ body 部分包含文本和图像链接。

❹ 标题使用 <h1> 标签进行格式化，并可以使用 <p> 标签进行分段。

❺ 图像通过 <img> 标签链接到页面。

❻ 到其他网页的链接使用 <a href> 标签进行编码。

图 4-30　HTML 文档模板

如何指定网页的文本和图形？ 在 HTML 文档的正文部分中，你可以输入文本和 HTML 标签来标记应以不同样式显示的文本部分。你还可以指定要在页面上显示的图像，并且可以创建可点击的链接来链接到其他网页。图 4-31 中的表格提供了可用于创建自己的 HTML 文档的基本标签列表。

哪些 HTML 标签可以用在博客文章和评论中？ 许多博客和社交媒体网站都接受读者的评论。你可以在评论中添加 HTML 标签以增强文字效果甚至添加图像。

快速检测

HTML 文档的头部分包含＿＿＿。

a. 标题（title）

b. DOCTYPE 声明

c. <html> 声明

d. 上述所有

HTML 标签	用途	例子
<b> <i>	把文本加粗或变为斜体	<b> Hello </b>
<h1> <h2> ... <h6>	改变字体大小，h1 是最大的	<h1> Chapter 1 </h1>
<h1 style="color: ">	改变字体颜色	<h1 style="color:green"> Fir Trees </h1>
<hr/>	加入水平线（没有结束标签）	Section 2 <hr/>
 	换行（没有结束标签）	This is line one. This is line two.
<p>	分段（没有结束标签）	<p>It was the best of times, it...of comparison only. </p>
<ol> <ul> <li>	编号列表 <ol>，项目符号列表 <ul>，列表项 <li>	<ol> <li> First item</li> <li> Second item</li> </ol>
<a href="URL">	链接到另一网页	<a href="www.news.com/today.htm"> Click here </a>
<img src="File">	加入一张图片	<img src="Photo.jpg">
<table>, <tr>, <td>	用来创建表格、表格行、表格元素	<table>

图 4-31　基本 HTML 标签

通常，你可以使用 <b> 或 <i> 标签以设置粗体或斜体文本，<a href> 标签也可以用来链接到一个网站。要知道特定的在线场合是否允许使用 HTML 标签，请查看其帮助链接或使用谷歌进行查询，比如“Goodreads HTML”，如图 4-32 所示。

试一试

在线搜索“Facebook HTML 标签”，你可以在 Facebook Notes 中使用图 4-31 中的哪些标签？

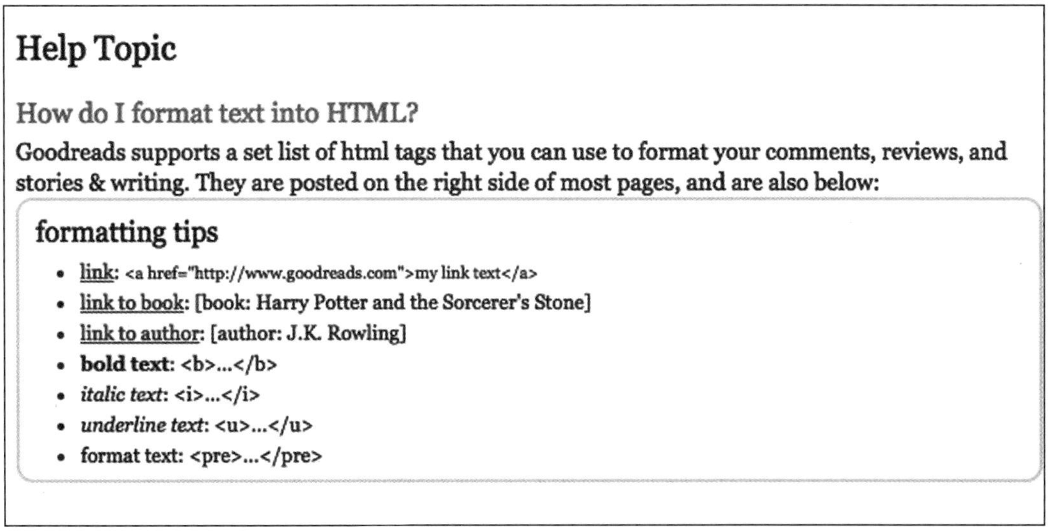

Help Topic

How do I format text into HTML?

Goodreads supports a set list of html tags that you can use to format your comments, reviews, and stories & writing. They are posted on the right side of most pages, and are also below:

formatting tips

- link: <a href="http://www.goodreads.com">my link text</a>
- link to book: [book: Harry Potter and the Sorcerer's Stone]
- link to author: [author: J.K. Rowling]
- **bold text**: <b>...</b>
- *italic text*: <i>...</i>
- *underline text*: <u>...</u>
- format text: <pre>...</pre>

图 4-32　在社交媒体上使用 HTML

4.3.3　CSS

快速检测

专业 Web 设计者应该避免使用 ____CSS。

a. 内联　　b. 内部　　c. 外部

显示在浏览器中的网页可能看起来很简单，该页面可能包含一些文本块、一些照片、一些文本链接以及一些导航按钮。随着你对 HTML 的了解，你可以设想关于这种页面的源文档。但该文件通常伴随着 CSS，那么 CSS 是什么？

什么是 CSS？ CSS（Cascading Style Sheets，层叠样式表）表示层叠样式表，是 HTML 文档的一组详细样式规范。这些规范被称为**样式规则**（style rule），其中包括对字体颜色、字体大小、背景颜色、边框、文本对齐方式、链接格式和页边距的设置。有以下三种类型的样式表：

内联。样式表可以在 HTML 文档中混合使用，但是专业设计人员都避免使用**内联** CSS（inline CSS）。

内部。内部 CSS（internal CSS）包含在 HTML 文档的头部分。它将所有格式化元素放置在可以编辑的位置，而无须查看整个文档。

外部。使用**外部** CSS（external CSS）时，样式规则被放置在带有 .css 扩展名的单独文件中，可以使用文本编辑器手动创建 CSS 文件。HTML 编辑器通常会自动创建外部 CSS。对于具有多个页面的网站，推荐使用外部 CSS。

外部样式表的优点在于，网站的所有页面都可以由单个样式表控制。例如，如果你决定更改标题字体的颜色，则只对样式表进行一次更改，并将其应用于网站上的每个页面即可。

样式规则是什么样的？ CSS 样式规则有一个选择器和一个声明块。选择器指示要应用样式规则的 HTML 元素，而该声明则指定了样式。这是用紫色 10 磅字体显示标题 1 文本的样式规则。

h1 {color: purple; font-sizeL 10px;}

一个包含多个网站样式的 CSS 可能看起来如图 4-33 所示。

```
body
{
font-family: arial; } ❶
h1 {
    color: purple; text-align: center;} ❷
a:link {
    color: purple; } ❸
a:visited {
    color: blue; } ❹
```

❶ 将整个网页的字体设置为　　❸ 将文字链接的字体颜色设置
　　Arial。　　　　　　　　　　　　为紫色。

❷ 将标题1的字体颜色设置为　　❹ 将已访问文字链接的字体颜
　　紫色，并将对齐方式设置为　　　色设置为蓝色。
　　居中。

图 4-33　使用 CSS 设置字体颜色

外部 CSS 如何工作？ 假设你有一个包含 5 个页面的网站，那么你还有关于每个页面的 HTML 文档，在每个页面的顶部是标题 "THE GLOBAL CHEF"。你希望浏览器以紫色显示该文本并在浏览器窗口中居中。图 4-34 说明了如何将 CSS 链接到 5 个网页。

快速检测
基于图 4-33 中的 CSS，已访问链接的颜色是什么？
a. 紫色　　　　　　b. 白色
c. 蓝色　　　　　　d. 黑色

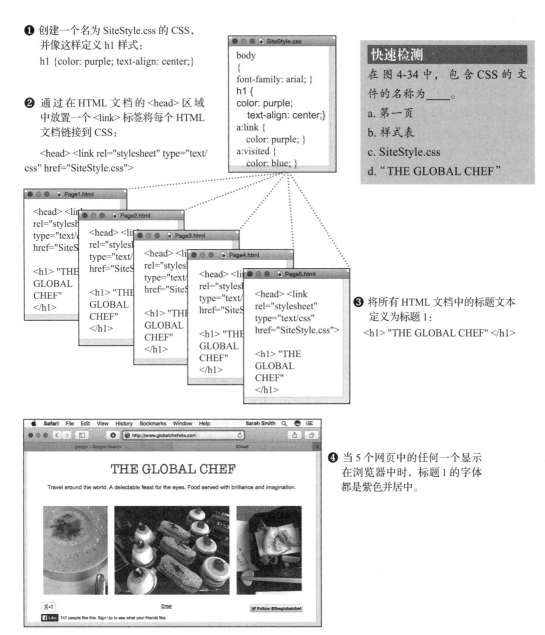

❶ 创建一个名为 SiteStyle.css 的 CSS, 并像这样定义 h1 样式:

h1 {color: purple; text-align: center;}

❷ 通过在 HTML 文档的 <head> 区域 中放置一个 <link> 标签将每个 HTML 文档链接到 CSS:

<head> <link rel="stylesheet" type="text/ css" href="SiteStyle.css">

```
SiteStyle.css
body
{
font-family: arial; }
h1 {
color: purple;
    text-align: center;}
a:link {
    color: purple; }
a:visited {
    color: blue; }
```

快速检测

在图 4-34 中, 包含 CSS 的文 件的名称为_____。

a. 第一页

b. 样式表

c. SiteStyle.css

d. "THE GLOBAL CHEF"

❸ 将所有 HTML 文档中的标题文本 定义为标题 1:

<h1> "THE GLOBAL CHEF" </h1>

❹ 当 5 个网页中的任何一个显示 在浏览器中时, 标题 1 的字体 都是紫色并居中。

图 4-34 对多个网页使用一个 CSS 样式表

4.3.4 动态网页

不管访问者是谁, 使用 HTML 和 CSS, 网页设计师都 可以创建一个静态网页来显示相同的信息。该页面将为所 有访问者提供相同的内容和格式。但是, 根据你的经验, 网站可以显示自定义网页, 以显示你正在购物的产品、从 你最喜爱的音乐家调出曲目或是为你的下一次出行提供行 车路线。这些动态网页都需要另一层技术。

网页如何变成动态的? **动态网页** (dynamic Web page)

快速检测

为什么网页设计师使用动态 网页?

a. 它们更具有趣味性和互动性

b. 它们更安全

c. 它们更容易产生

d. 它们比静态页面更快

通过响应键盘或鼠标动作，或者基于查看页面的人员直接或间接提供的信息，来显示定制内容。例如，当网站访问者搜索产品或询问驾车路线时，网页会直接提供信息。当网页可以根据访问者的位置或浏览历史记录自主获取数据时，则网页会间接提供信息。

可以在网页中加入动态元素，并增加使用脚本语言（如 JavaScript、PHP 和 Python）编写的指令（称为脚本）。这些脚本可以合并到 HTML 文档的 <head> 或 <body> 部分或单独的文档中。脚本动态网页有两种方式：客户端和服务器端。

网页设计师何时使用客户端动态？ 客户端脚本（client-side script）嵌入在 HTML 文档中，并在浏览器显示网页时在本地运行。客户端动态用于自定义用户界面的各个方面并进行简单交互。

一个客户端脚本的典型示例是改变网页上显示的图形对象的外观（如图 4-35 所示）。

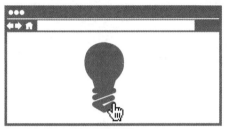

单击灯泡图像……

……运行脚本来更改图像

```
<!DOCTYPE html>
<html>
<body>
<script>
function changeImage() {
  var image=document.
  getElementById('myImage');
  if (image.src.match("bulbon")) {
    image.src="pic_bulboff.gif"; }
  else {
    image.src="pic_bulbon.gif";   }}
</script>
<img id="myImage" onclick="changeImage()"
src="pic_bulboff.gif" width="100" height="180">
<p>Click the light bulb to turn the light on/off.</p>
</body>
</html>
```

图 4-35   客户端脚本在单击时更改图像。

网页设计师何时使用服务器端动态？ 服务器端脚本（server-side script）在 Web 服务器上运行，而不是在本地设备上运行。服务器通常从数据库访问信息并使用该信息即时创建自定义网页。

服务器端脚本的常见用途是在线购物。图 4-36 说明了当你搜索山地自行车（Mountain Bikes）时，在线商店如何使用服务器端脚本来显示自定义产品列表。

4.3.5   创建网站

无论你使用文本编辑器还是其他网站制作工具，都应将 HTML 文档保存为扩展名为 .htm 或 .html 的文件。创建网页并不是发布过程的结束。建立网站的步骤包括选择托管服务、选择域、发布网页以及在各种浏览器中测试页面。

什么是托管服务？ 建立和运行一个网站很容易也很便宜，你只需要一个托管服务、一个 URL 和一组网页供网站使用。

网络托管服务（Web hosting service）是在服务器上提供空间来容纳网页的公司。诸如 GoDaddy、亚马逊网络服务、HostGator 和谷歌网络托管服务提供各种托管计划。图 4-37 显示了典型托管服务可用的计划类型。

该网站最初显示一个通用的主页

输入搜索将启动服务器端脚本

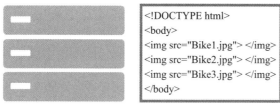

服务器会查找山地自行车并生成一个HTML页面，
该页面被发送到本地浏览器

浏览器显示由服务器端脚本即时创建的页面

图 4-36　服务器端脚本可以即时创建网页

快速检测

在图 4-26 中，生成该网页的是
什么？

a. 一个数据库

b. 一个 HTML 文档

c. 一次询问

d. 一个服务器端脚本

初级		标准	
1 GB的存储空间 网站管理工具 由托管服务选择的广告支持		自己的域名 100MB的网页空间 网站管理工具 广告	
免费			$5.95/月
增强		电子商务	
自己的域名 无广告 1GB的网页空间 网站管理工具		商品数据库 信用卡处理 安全连接 网站管理工具	
	$10.95/月		$19.95/月

图 4-37　典型的托管服务中的托管计划选项

网址有哪些选择？网站的网址取决于其网域。你可以获取自己的域名，例如 MyOwn-WebSite.com，然后使用 URL www.MyOwnWebSite.com 访问你的网站。一旦你有自己的域名，就可以通过任何托管服务使用它。另一种选择是使用你的托管服务的子域名，例如，通过谷歌协作平台创建的网站可以使用谷歌的域名和你为自己的网站选择的名称，例如 sites.google.com/sites/MyOwnWebSite。

如何发布页面？当使用文本编辑器或本地 HTML 编辑器在本地创建页面时，必须将这些页面上传到你的托管服务。通常由你的托管服务提供完成上传的机制。如果没有提供上传机制，你可以使用 FTP 上传文件。

使用托管服务中的工具在线创建的网页只需要"发布"即可，即指定它们可以被公开访问。

测试都涉及什么内容？基本的网页测试包括尝试每个文本链接，以确保它引向预期的目的地。此外，测试每个导航链接以确保访问者可以轻松地访问网站的每个页面，这一点非常重要。

如今的浏览器并没有完全标准化是一个不幸的事实。它们呈现一些 HTML 标签的方式不同，在某些浏览器上运行的效果可能在其他浏览器上看起来完全不同。

涉及字体的其他问题可能会影响页面的显示方式。浏览器通常在显示网页时使用安装在本地设备上的字体。假设我们的示例网站 THE GLOBAL CHEF 使用了一种不寻常的字体，例如 American Typewriter，当它的页面显示在没有 American Typewriter 字体的设备上时，将使用替代字体，该字体可能会使页面看起来与预期设计完全不同（如图 4-38 所示）。

为了发现浏览器兼容性可能导致的问题，谨慎的设计人员会使用每一种流行的浏览器测试新的和修订的网站。

此页面是在安装了 American Typewriter 字体的计算机上设计的（左图），但是在没有该字体的计算机上（右图），标题不会按设计者的意图显示

图 4-38   可用的字体可能会影响网页的外观

4.3.6　快速测验

1. Web 服务器将＿＿＿文档发送到浏览器，然后将其显示为网页。

2. 记事本和 TextEdit 可用于手动输入 HTML＿＿＿到文档中。

3. <a href> 用于在 HTML 文档中创建＿＿＿。

4. CSS 表示层叠＿＿＿表。

5. 动态网页使用＿＿＿语言（如 PHP 和 JavaScript 等）创建。

4.4　D 部分：HTTP

你有没有想过为什么你的数字设备被你访问过的每个网站的 cookie 弄得乱七八糟？这归咎于 HTTP，HTTP 是处理浏览器和 Web 服务器之间通信的协议。一旦你掌握了 HTTP，就可以明白对于那些在你的屏幕上弹出各种广告的令人讨厌的 cookie 都有哪些处理方式。

目标

- 列出浏览器可以使用 GET 方法请求的三种数据。
- 标识满足请求和请求不存在 URL 的请求的 HTTP 状态码。
- 解释网站使用 cookie 和 HTTP 无状态协议的原因。
- 列出网站使用 cookie 的四个原因。
- 描述会话 cookie 和永久性 cookie 之间的差异，并说明哪一个会影响隐私。
- 总结阻止第三方 cookie 但不阻止第一方 cookie 的原因。
- 确定你的浏览器何时显示可安全输入密码、财务信息和其他个人数据的安全站点。
- 解释公钥加密是如何工作的。

4.4.1　HTTP 基础

你可以将 HTTP 视为浏览器用于与 Web 服务器通信并请求 HTML 文档的系统。HTTP 负责传输网页，而 HTML 负责浏览器显示网页时的外观。

HTTP 如何工作？ HTTP（HyperText Transfer Protocol，超文本传输协议）是一种通信协议，它与 TCP/IP 一起使用来将网页的元素获取到本地浏览器。一组称为 **HTTP 方法**（HTTP method）的命令可帮助你的浏览器与 Web 服务器进行通信。

GET 是最常用的 HTTP 方法，GET 用于检索显示网页所需的文本和图像文件，GET 也可用于将搜索查询传递给 Web 服务器（如图 4-39 所示）。

> **快速检测**
> 网页的关键传输技术之一是＿＿＿。
> a. HTML　　　b. HTTP
> c. 比特洪流　　d. Chrome

图 4-39　GET 如何从 Web 服务器请求数据

HTTP 的方法集不是很大。就像数字世界的许多方面一样，HTTP 方法通过看似简单的元素来执行惊人的复杂活动。图 4-40 列出了其他最常用的 HTTP 方法。

方法	功能
GET	请求来自指定来源的数据
POST	将数据提交给指定的来源
HEAD	请求 HTTP 头，仅用于请求的数据
PUT	将数据上传到网址
DELETE	删除指定的资源
OPTIONS	获取服务器支持的方法列表

图 4-40　HTTP 方法

什么是 HTTP 会话？ HTTP 使用端口 80 在客户端设备和服务器之间进行通信。交换在一次会话内进行。**HTTP 会话**（HTTP session）是最常用于从 Web 服务器请求数据并返回在浏览器窗口中显示网页所需文件的一系列事务。

在会话结束时，连接关闭。因为服务器不会"记住"从一个会话到下一个会话的状态，所以 HTTP 被称为**无状态协议**（stateless protocol）。图 4-41 显示了典型的 HTTP 会话。

快速检测
浏览器使用哪种 HTTP 方法来请求 HTML 源文档？
a. GET　　　　b. POST
c. HEAD　　　d. OPTIONS

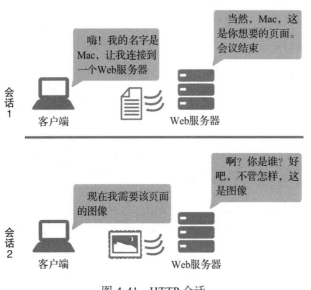

图 4-41　HTTP 会话

快速检测
在 HTTP 会话结束时会发生什么？
a. Web 服务器脱机
b. Web 服务器询问浏览器需要什么
c. Web 服务器停止与浏览器的连接
d. 浏览器会忘记你正在查看哪个网站

试一试
设计师使 404 页面富有创意，在线搜索"最佳 404 网页"以查看一些有趣的示例。

如果找不到元素会怎么样？ Web 服务器对浏览器请求的响应包括一个 **HTTP 状态码**（HTTP status code），用于指示是否可以实现浏览器的请求。状态码 200 意味着请求已完成，即所请求的 HTML 文档、图形或其他资源已发送。

任何在网上冲浪的人都会遇到"404 Not Found"消息。当 Web 服务器发送 404 状态码时，浏览器会显示此消息，表示所请求的资源不存在（如图 4-42 所示）。

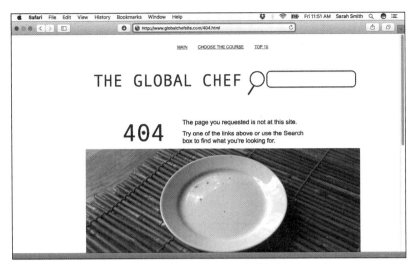

图 4-42　HTTP 404 状态码

4.4.2　cookie

Cookie（与网络相关的那种 cookie）声誉不佳。他们与
通过记录你浏览过的产品、你购买的商品以及你访问的网
站来追踪你的浏览行为的营销漏洞息息相关。一旦你了解
了为什么使用 cookie 以及 cookie 如何工作，你就可以控制
cookie。

什么是 cookie？ 一个 cookie（从技术上来说是一个 HTTP cookie）是由 Web 服务器生成
的一小块数据，并作为文本文件存储在磁盘的内存中。cookie 可以存储在任何使用浏览器的
设备上——台式机、笔记本电脑、平板电脑或智能手机。

cookie 为网站在客户端设备上存储信息供以后检索提供了一种方法。网站使用 cookie 来：

- 通过网站监控你的计划，以跟踪你查看的网页或你购买的商品。
- 收集信息，这些信息允许 Web 服务器呈现针对你之前在网站上所购买产品的广告
  横幅。
- 收集你提交给网页的个人信息，并在下次访问网站时保留该信息。
- 如有必要，验证你是否使用有效的用户标识和密码登录了网站。

为什么网站需要使用 cookie？ 在许多方面，cookie 是 HTTP 无状态协议所引起问题的
解决方案，它不会保留你在网站上访问页面的记录。

假设你使用浏览器访问流行的在线音乐商店，你搜索自己喜欢的乐队，听一些示例曲目，
并将几张专辑放入购物车。由于 HTTP 是一种无状态协议，
每当你连接到该站点的其他网页时，服务器都会将其视为新
访问。因此，HTTP 本身无法通过网站记录你的路径。然而，
cookie 使服务器能够跟踪你的活动并编制购买清单。

cookie 里有什么？ cookie 可以包含主机站点收集的
任何信息，例如客户号码、网页 URL、购物车号码或访问
数据，它也可能包含由服务器或 JavaScript 分配的 ID 号。
图 4-43 显示了典型 cookie 的内容。

快速检测

当 Web 服务器无法确定一系列
请求是否来自同一浏览器时，
协议为＿＿＿。

a. 无状态协议

b. 404 错误

c. HTML

图 4-43　cookie 内容

cookie 在设备上保留多长时间？有两种类型的 cookie：会话 cookie 和持久性 cookie。

会话 cookie。一些 cookie 存储在内存中，并在浏览器关闭时被删除。这些**会话 cookie**（session cookie）永远不会存储在磁盘或其他永久性存储介质上。

持久性 cookie。会话结束后存储在设备上的 cookie 称为**持久性 cookie**（persistent cookie）。这些 cookie 保留在设备上，直到它们过期或被删除。一些持久性 cookie 会在指定日期后失效。当其中一个 cookie 达到其预定的生命周期的结束时间时，你的网页浏览器会将其删除。一些持久性 cookie 没有到期日或在将来的日期到期，所以它们会累积在数字设备的主存储区中。

cookie 有什么问题？第一方 cookie（first-party cookie）被设置为域，这个域托管一个网页。第三方 cookie 由你所连接网站以外的网站设置。**第三方 cookie**（third-party cookie）通常由与广泛的广告服务公司有联系的网站设置，该公司可以将来自多个网站的 cookie 数据结合起来，以创建个人浏览习惯的配置文件。这些配置文件用于生成可能引起用户个人兴趣的产品的目标广告。

广告聚合器编制的配置文件并不总是准确的，但无论其准确性如何，这些配置文件都会生成广告和其他优惠，这些广告和其他优惠会在你的浏览器窗口中以令人震惊的频率弹出。图 4-44 解释了如何使用第三方 cookie 来创建配置文件。

有可能看到存储在设备上的 cookie 吗？你可以查看设备上存储的 Cookie 列表。Cookie 的某些部分通常是加密的，因此你无法确切知道它们包含的内容。但是，你可以查看 cookie 的来源。来自域名的 cookie（例如 adnxs.com、

快速检测
为什么图 4-43 中的 cookie 指的是 Amazon.com？
a. 该 cookie 存储在 Amazon.com Web 服务器上
b. 该 cookie 由 Amazon.com 设置
c. 该 cookie 将网页传输到 Amazon.com

术语
持久性 cookie 也称为永久性 cookie 或被存储的 cookie。

试一试
连接到信息性网站（如 www.huffingtonpost.com），然后查看显示的广告。这些广告看起来是通用的，还是说它们似乎基于你的个人数据？

快速检测
图 4-44 中的 cookie 是____的。
a. 无状态　　b. 会话
c. 持久性　　d. 第二方

试一试
看看你的设备上存储的 cookie。你能识别看起来是由广告商设置的 cookie 吗？

doubleclick.com、fetchback.com、33across 和 ad.360yield.com）可能包含与广告客户共享的跟踪信息。

❶ 假设你连接到GlobalChef.com，它会设置一个被称为第一方cookie的cookie，因为它来自你主动访问的网站

❸ 接下来，你访问Sports.com，那里有一个SlimSlurp的广告，这是We-SeeU广告网络的另一个成员。现在你的设备正在积累WeSeeU的cookie

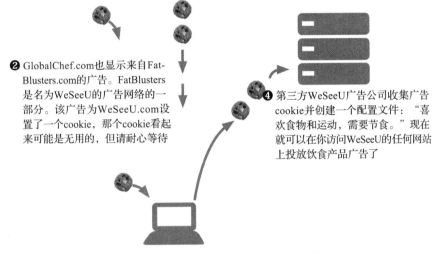

❷ GlobalChef.com也显示来自Fat-Blusters.com的广告。FatBlusters是名为WeSeeU的广告网络的一部分。该广告为WeSeeU.com设置了一个cookie，那个cookie看起来可能是无用的，但请耐心等待

❹ 第三方WeSeeU广告公司收集广告cookie并创建一个配置文件："喜欢食物和运动，需要节食。"现在就可以在你访问WeSeeU的任何网站上投放饮食产品广告了

图 4-44　第三方 cookie 跟踪和配置文件

你可以定期查看你的累积 cookie 来衡量正在建立的跟踪信息量。有关查找 cookie 的说明，请参阅你的浏览器文档。图 4-45 显示了如何查找 Google Chrome 存储的 cookie。

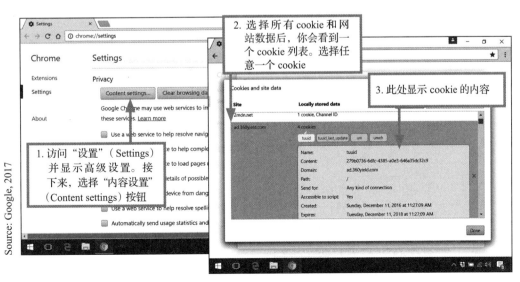

图 4-45　如何查看 cookie

可以阻止 cookie 吗？阻止所有 cookie 会大幅改变你的网络体验。当你不允许网站在你的设备上设置 cookie 时，这些网站无法追踪你的偏好或购买情况。

你可能更喜欢关闭第三方 cookie，而不是关闭所有的 cookie。这样做应该可以消除由 cookie 产生的大部分分析，但是阻止 cookie 并不会消除广告。你仍然会在浏览器窗口中看到广告，但它们会更一般化。图 4-46 说明了在 Google Chrome 中阻止第三方 cookie 的过程。

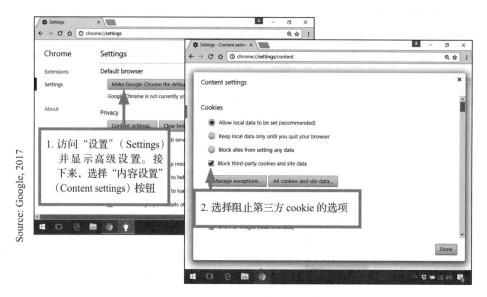

1. 访问"设置"（Settings）并显示高级设置。接下来，选择"内容设置"（Content settings）按钮

2. 选择阻止第三方 cookie 的选项

Source: Google, 2017

图 4-46　如何屏蔽第三方 cookie

4.4.3　HTTPS

当你在地址栏中看到 https:// 时，请格外注意，这很重要。

HTTP 安全吗？不安全。HTTP 在你的设备和 Web 服务器之间传输未加密的数据。在 HTTP 连接上，你的登录密码、信用卡号码和其他个人数据并不安全。但是，如果通过 **HTTP 安全**（HTTP Secure）连接发送传输到 Web 服务器的数据，则该连接会加密客户端设备和服务器之间的数据流。

当提交个人数据时，如果地址栏中的 URL 以 https:// 开头或显示锁定图标（如图 4-47 所示），你可以验证它是否将通过 HTTP 安全来进行传输。

HTTP 安全如何工作？使用 HTTP 安全的站点需要向浏览器提供 SSL 证书。该证书可帮助浏览器验证该网站是否假装成另一个网站。你的浏览器可能会指示 SSL 证书的状态。图 4-48 展示了 Google Chrome 显示的 SSL 证书图标，可帮助你确定连接是否安全以及是否可以安全输入个人数据。

Google Chrome

Microsoft Edge

Source: Google, 2017

Source: Amazon.com, Inc.

图 4-47　如何验证安全连接

图标	含义
🔒	该网站的证书是有效的，其身份已经由可信的第三方权威机构验证。你发送到网站的数据将被加密。确认该 URL 是否正确，以避免将数据发送到假冒的网站
ⓘ	该网站使用 HTTP 而不是 HTTPS 来与你的浏览器进行数据交换，你发送到此网站的数据未加密。你可以尝试在地址栏中将 http:// 更改为 https:// 以查看是否存在该网站的安全版本
⚠	Google Chrome 浏览器检测到该网站的证书存在问题。避免使用该网站。如果你决定继续，请意识到你的隐私信息存在泄露的风险

图 4-48　SSL 证书图标

HTTPS 加密如何工作？ HTTP 安全基于 HTTP 和被称为 SSL/TLS 的公钥加密技术。**公钥加密**（public key encryption）是一个非常聪明的过程，需要用一个密钥加密数据，但是也需要一个不同的密钥来解密。加密密钥不能用于解密该消息，所以如果该密钥落入第三方的手中，则它不能解密该数据。图 4-49 解释了这一过程。

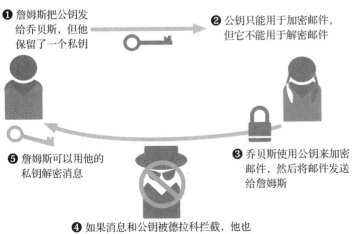

❶ 詹姆斯把公钥发给乔贝斯，但他保留了一个私钥

❷ 公钥只能用于加密邮件，但它不能用于解密邮件

❺ 詹姆斯可以用他的私钥解密消息

❸ 乔贝斯使用公钥来加密邮件，然后将邮件发送给詹姆斯

❹ 如果消息和公钥被德拉科拦截，他也不能解密该消息，因为他没有私钥

图 4-49　公钥加密

快速检测

HTTPS 对于以下哪项来说是最不重要的？

a. 登录时

b. 在查看商品时

c. 当提供信用卡资料时

d. 当注册一个在线服务时

快速检测

HTTPS 如何保护从网页传输到 Web 服务器的数据？

a. 公钥加密

b. 广告拦截

c. 设置 cookie

d. 切换到无状态协议

4.4.4 快速测验

1. HTTP 是一个＿＿＿协议，所以它不能确定一系列会话是由单个源还是多个源启动的。

2. ＿＿＿方 cookie 不是由浏览器显示的网页所在的域设置的。

3. 关闭浏览器时，＿＿＿cookie 会被删除。

4. 当浏览器请求被满足时，Web 服务器发送一个 HTTP＿＿＿码，比如 200。

5. HTTP 使用＿＿＿钥加密，它需要两个密钥：一个用于加密数据，另一个用于解密数据。

4.5 E 部分：搜索引擎

网络包含数以亿计的页面，这些页面存储在遍布全球各地的服务器上。要使用这些信息，你必须先找到这些信息。现代网络冲浪者依靠搜索引擎来浏览存储在网络上的海量信息。在 E 部分中，你将了解 Web 搜索引擎如何工作，以便更高效地使用它们。

目标

- 列出三个流行的搜索引擎网站。
- 列出搜索引擎的四个组件。
- 解释爬网程序如何通过网络收集搜索引擎的页面。
- 至少提供三个隐形网络的例子。
- 解释缓存页面和实时页面之间的区别。
- 解释搜索引擎索引器的工作。
- 列出由查询处理器执行的步骤以响应查询。
- 陈述 5 种可用于搜索引擎优化的技术。
- 给出使用搜索运算符（如 AND、OR、NOT、引号、星号和表示范围的"."）的查询示例。
- 解释搜索记录对隐私的重要性。
- 解释搜索记录和浏览器历史记录之间的区别。
- 描述何时合理使用适用于可能纳入自己工作的内容的一般准则。

4.5.1 搜索引擎基础

据谷歌称，万维网拥有超过 13 万亿个单独页面，并且还在持续增长。我们依靠搜索网站（例如 www.google.com、www.yahoo.com、www.bing.com 和 www.ask.com）来快速找到特定页面。在输入搜索查询的简单行为背后，存在令人难以置信的技术。让我们看看其工作原理。

什么是 Web 搜索引擎？ Web **搜索引擎**（Web search engine）（通常简称为搜索引擎）是一种计算机程序，旨在通过制定由一个或多个称为关键词或搜索项的单词组成的简单查询，帮助人们在网上定位信息。

作为对查询的回应，搜索引擎会将结果或"搜索命中"显示为相关网站的列表，并附有指向源页面的链接和包含关键字的简短摘录（如图 4-50 所示）。

搜索引擎和搜索引擎网站有什么区别？ 搜索引擎可以在以下网站上找到，例如 *www.google.com*、*www.yahoo.com* 和 *www.bing.com*，也可以通过平板设备或智能手机上的移动应用访问搜索引擎。

> **试一试**
>
> *网络在不断变化。搜索"密歇根山地自行车赛"，并将搜索结果与图 4-50 中的结果进行比较。*

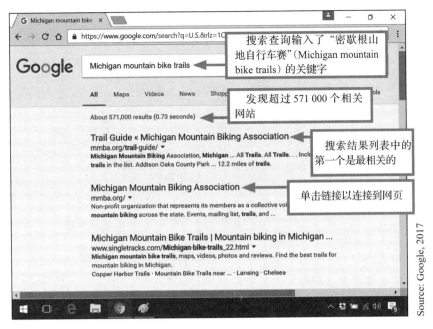

图 4-50　搜索引擎结果

人们很容易将 *www.google.com* 视为搜索引擎，但确切地说，它是一个提供对搜索引擎访问的网站。搜索引擎是在幕后开展工作的程序，用于收集、索引、查找和排列来自网络的信息。

一些网站（包括谷歌）使用自己的专有搜索引擎，但其他网站使用第三方搜索技术。例如，微软必应搜索技术是雅虎搜索的基础技术。

搜索引擎如何工作？ 一个搜索引擎包含 4 个组件。

爬网程序： 梳理网络以收集代表网页内容的数据。

索引器： 将爬网程序收集的信息处理成数据库中关键字和 URL 的存储列表。

数据库： 存储数十亿的网页索引引用。

查询处理器： 允许通过输入搜索条件来访问数据库，然后生成包含与查询相关的内容的网页列表。

让我们来看看以上每一个组件，以了解它们如何影响你从网络中挖掘信息的能力。

什么是爬网程序？ 一个爬网程序（Web crawler）（也被称为网络蜘蛛）是一个自动有条理地访问网站的计算机程序。爬网程序可以被编程，以便在它们访问网站时执行各种活动，但在搜索引擎环境中，爬网程序下载网页并将其提交给索引实用程序进行处理。

爬网程序如何知道去哪里工作？ 爬网程序使用搜索算法来遍历网络，它从要访问的 URL 列表开始遍历。此列表中的网址可能已由网站所有者提交，但更常见的是从先前所抓取网页上的链接中收集。

复制指定网址的材料后，爬网程序会查找超文本链接并将其添加到要访问的网址列表中。为了尽可能高效地覆盖网络，爬网程序可以并行运行多个进程。复杂的算法可以防止进程重叠或陷入循环（如图 4-51 所示）。

快速检测

搜索引擎用什么来组织有关网页的数据？

a. 索引器

b. 查询处理器

c. 爬网程序

d. HTML 查看器

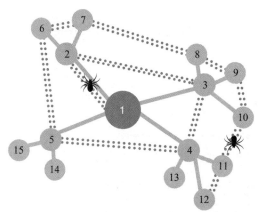

爬网程序首先制作与站点1直接相连的所有站点的列表。它会爬到
每个站点，并将这些站点的链接添加到要抓取的站点列表中

图 4-51   抓取网页

爬网程序能够覆盖多少网络？ 高性能的爬网程序每天可以访问数以亿计的网页，然而，这些网页仅构成万维网的一小部分。研究人员估计，最广泛的搜索引擎覆盖的网络不超过万维网的 70%。每个搜索引擎似乎都将重点放在稍有不同的网站集合上。使用不同的搜索引擎输入相同搜索可能产生不同的结果，所以有时值得尝试其他搜索引擎。

爬网程序通常不会从**隐形网络**（invisible Web）收集材料，因为其中包含需要密码保护登录的页面和使用服务器端脚本动态生成的页面。

动态生成的页面（如亚马逊网站从其库存数据库中生成的所有可能页面）因潜在数量太大而无法进行索引。要访问与在线商品或图书馆目录相关的信息，你可能必须直接访问商户或图书馆的网站并使用其本地搜索工具。

爬网程序多久重新访问一次网站？ 当使用搜索引擎查询时，你总希望结果保持最新，这样你就不会浪费时间尝试链接到已更改或已被删除的页面。搜索引擎使用各种算法刷新其索引。

搜索引擎的爬网程序访问某个网页的次数具体取决于几个因素，例如网页发生变化的频率和其流行度。无名的页面每月可能只被访问一次，而新闻网站的页面则每天都会被访问。

搜索引擎结果基于爬网程序上次访问网页时抓取的材料。内容可能在你链接到页面时发生变化，但你可以找到缓存页面以查看由爬网程序索引的确切页面（如图 4-52 所示）。

图 4-52   缓存的页面

搜索引擎索引器如何工作？ 搜索引擎索引器（search engine indexer）是一种从网页中提取关键字并将其存储在索引数据库中的软件。索引器的目的是使页面易于根据其内容进行查找。例如，山地自行车网站上的网页可能包含

快速检测

以下哪一项不会被视为隐形网络的一部分？

a. 美国国会图书馆图书目录

b. Facebook 的帖子

c. Blackboard 学习管理系统中的教学大纲

d. CNN 娱乐新闻中的一篇文章

试一试

使用谷歌搜索山地自行车博客，当前页面和缓存页面之间有什么区别吗？

有关自行车、装备、骑行和车道地图的信息，则有助于将此页面编入目录中供以后访问的关键字包括"山地""自行车""车道""路线""装备""密歇根""自行车包装"和"超级跳"。

查询处理器是做什么的？ 搜索引擎的**查询处理器**（query processor）会在搜索引擎的索引数据库中查找你的搜索字词，并返回相关网站的列表。谷歌的查询处理器每秒处理超过60 000个查询。有时谷歌一天的查询总数超过60亿！每个查询都在不到一秒的时间内处理完毕，图4-53总结了一秒钟内发生了什么。

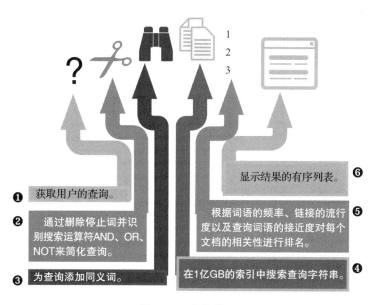

图4-53　查询处理

什么决定了结果的顺序？ 查询处理器可能会找到数百万个包含匹配查询词的页面，这些页面的排列顺序取决于搜索引擎的排名算法。谷歌的搜索算法是一个严加保守的秘密，因此网站开发人员无法通过操纵页面来得更好的排名。

底层排名算法基于页面链接的数量和质量。**链接流行度**（link popularity）是衡量从一个网页到其他网页链接的质量和数量的指标，与热门网站链接的页面往往会得到较高的相关性评级（如图4-54所示）。

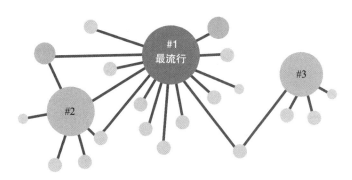

图4-54　哪个网站排第一名

快速检测

搜索引擎在显示页面之前用什么来排列页面？

a. 算法

b. 索引器

c. 爬网程序

d. 指向关键字的链接

试一试

网站 www.alexa.com 会进行网站流行度的排名。请参阅上一页的"试一试"，并复制位于谷歌搜索结果顶部的山地自行车博客的网址，然后转到 www.alexa.com 并将该 URL 粘贴到搜索框中。该网站是否应该获得最高排名？

搜索引擎可以被操纵来为页面提供较高的排名吗？一系列称为**搜索引擎优化**（Search engine Optimization，SEO）的技术可能会影响网页的排名和可见性。谷歌、雅虎和必应等搜索引擎为优化网站及其包含的网页提供了指导原则。图 4-55 总结了一些 SEO 技术。

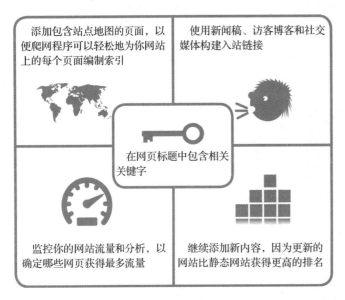

图 4-55　SEO 技术

什么是赞助商链接？ 一些搜索引擎接受名为**赞助商链接**（sponsored links）的付费广告，这些广告被顶到搜索结果列表中的顶部位置。其他搜索引擎也接受付费广告，但将其放置在明显标记的区域（如图 4-56 所示）。

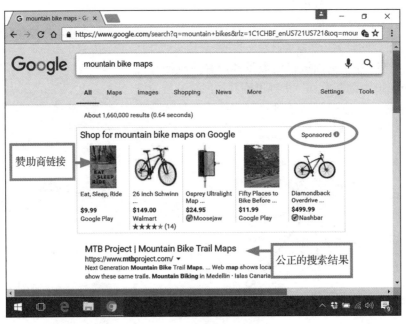

Source: Google, 2017

图 4-56　赞助商链接

4.5.2　制定搜索

基本查询由几个关键字组成。当这些基本查询不会产生有用的结果时，你可以尝试高级查询技术。

如何制定一个基本的搜索？ 大多数搜索引擎使用关键字查询，在其中输入一个或多个与你想查找的信息相关的单词，这些单词被称为**搜索项**（search term）。例如，如果你对蝙蝠侠漫画感兴趣，你只要键入'蝙蝠侠'即可（如图 4-57 所示）。

术语

你在搜索中输入的字词可以被称为查询、搜索条件、搜索项和关键字。

图 4-57　基本查询

在制定查询时，请牢记图 4-58 中的简单指南。

🔍 **大小写。** 大多数搜索引擎都不区分大小写，因此输入专有名词时不必使用 Shift 键。

🔍 **停止词。** 搜索引擎通常会忽略常用的"停止"词，如 and、a 和 the，因此不用费心将它们包含在查询中。

🔍 **词干提取。** 顶级搜索引擎使用词干提取技术，自动查找你所输入搜索项的复数和其他变体。例如，如果你输入"饮食"（diet），搜索引擎还会查找带有例如"饮食"（diets）、"饮食的"（dietary）和"营养师"（dietician）等搜索项的网页。

🔍 **顺序。** 搜索"时间机器"会产生与搜索"机器时间"不同的结果。

🔍 **位置。** 如果你的搜索引擎能够确定你的位置，结果可能会受到影响。大多数搜索引擎会给你一个选项来改变你的位置或隐藏它。

🔍 **上下文。** 搜索引擎建立在你以前的搜索上。如果你制定了几个和蝙蝠侠相关的搜索，然后搜索"黑暗夜晚"，你的搜索引擎可能会假设你正在寻找关于蝙蝠侠系列电影《黑暗骑士》的信息，而不是天文信息。除非你清除你的网络历史记录，否则谷歌会使用这种预测技术。

图 4-58　有效查询的技巧

试一试

将"附近餐馆"的查询输入到任何搜索引擎中，看看搜索引擎知道你的位置吗？

如何获得更有针对性的结果? 缩小搜索范围可以减少搜索结果的数量并产生更有针对性的列表。这可能有违常理,但在查询中输入更多单词会产生更少、更有针对性的结果。

输入"蝙蝠侠"的简短查询产生了约 4 亿条结果,输入"蝙蝠侠首次出现在漫画书中"的查询产生的结果少于 100 万条,而其中列出的第一个链接是关于蝙蝠侠首次出现在 1939 年 5 月的《侦探漫画》中的信息。

什么是搜索运算符? 搜索运算符(search operator)是描述搜索项之间关系的词或符号,从而帮助你创建更有针对性的查询。图 4-59 提供了如何在制定搜索时使用搜索运算符的快速概述。

AND	当两个搜索项通过 AND 连接时,两个词都必须出现在网页上才能包含在搜索结果中。 Batman AND movies 结果:关于蝙蝠侠电影的页面
OR	当两个搜索项通过 OR 连接时,一个或两个搜索项可以出现在页面上。 Batman OR Catwoman 结果:关于蝙蝠侠和猫女的页面
NOT	NOT 后面的搜索字词都不会出现在搜索引擎找到的任何页面上。 Batman NOT Catwoman 结果:关于蝙蝠侠的页面,但不包含猫女的信息
" "	要搜索确切的短语,请在输入使用引号。 "Dynamic Duo" 结果:仅包含短语"Dynamic Duo"的页面
*	星号(*)有时被称为通配符,它允许搜索引擎通过任何派生的基本单词来查找页面。 Bat* 结果:关于 bats、batters、Batman、batteries 等的页面
..	谷歌允许你用两点来指定一系列的数字、日期、剧集或价格。 Batman episode 5..8 结果:包含蝙蝠侠第 5、6、7、8 集的页面

图 4-59　搜索运算符

试一试

哪一个搜索返回最有针对性(最少)的结果?

a. racing shell gear

b. "racing shell" gear

c. racing sell –gear

d. racing OR shell OR gear

是否可以按文件类型过滤结果? 一些搜索引擎网站为学术作品、图片、视频、新闻、地图和博客提供单独搜索。在你最喜爱的搜索引擎网站上查找这些专业搜索的链接(如图 4-60 所示)。

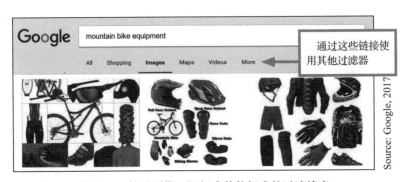

图 4-60　针对图像、视频或其他标准的过滤搜索

什么是高级搜索？许多搜索引擎提供了一些方法来使你的搜索更精确并获得更有用的结果。你可以使用高级搜索选项将搜索范围限制为：以特定语言编写或以特定文件格式存储的材料。你可以指定日期并规定是在网页的标题、网址还是正文中查找你的搜索项（如图 4-61所示）。

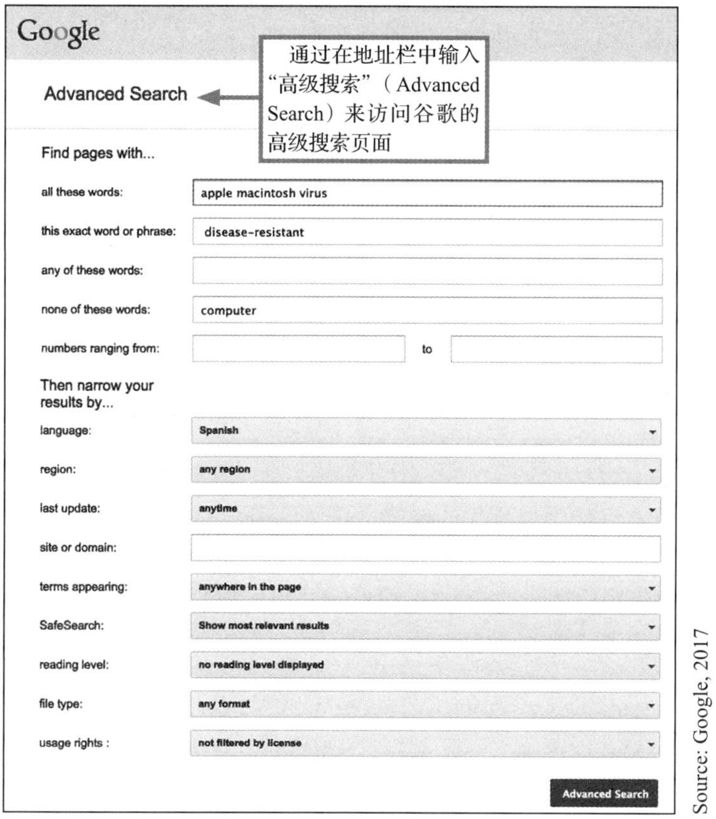

图 4-61　谷歌高级搜索

4.5.3　搜索隐私

浏览器存储你访问过的网站列表并缓存这些网站的文件是一件令人不安的事。其次，还有可用于分析浏览活动的 cookie 也是一件令人不安的事。另一个侵犯你隐私的是存储在搜索引擎维护的查询日志中的数据。

试一试
尝试图 4-61所示的高级搜索。确保你以西班牙语来寻找结果，你会得到多少结果？

搜索引擎是否保留查询记录？一个主流搜索引擎可以每天接收数十亿次查询吗？这个问题令人惊讶的答案是"是"。谷歌、必应和雅虎等主要网站的搜索引擎可以保存网站访问者执行的大量搜索。行业分析师认为，有些网站至少保留 30 天的用户查询，并且至少有一个搜索引擎网站保留了在该网站曾经进行过的所有搜索。

在 2006 年，美国在线（AOL）为研究人员提供了由网站访问者执行的 2000 万条查询的数据库。图 4-62 显示了这个数据库的一小部分，只包括对蝙蝠侠感兴趣的用户进行的查询。

图 4-62　搜索引擎应该保留用户的查询吗

Source: AOLstalker.com, 2006

搜索引擎存储什么样的信息？你的**搜索记录**（search history）包含你在特定搜索引擎中执行的查询列表。它与你的浏览器历史记录不一样，浏览器历史记录是你浏览过的网站列表，并由你的浏览器维护。搜索记录存储在搜索引擎计算机上的服务器日志中。在其隐私策略中，谷歌提供了如图 4-63 所示的服务器日志示例。

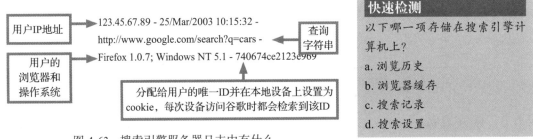

图 4-63　搜索引擎服务器日志中有什么

快速检测

以下哪一项存储在搜索引擎计算机上？

a. 浏览历史

b. 浏览器缓存

c. 搜索记录

d. 搜索设置

我可以访问我的搜索记录吗？检查你的搜索引擎的隐私策略，找出它是否提供对你的搜索记录的访问。可以在 www.google.com/history 上查看和删除谷歌搜索记录，但只有拥有谷歌账户并登录时才可以访问。

我可以做些什么来保持我的搜索机密？对于谷歌用户，请连接到 www.google.com/history 并选择关闭网络历史记录。如果你没有谷歌账户或未登录，请转至 www.google.com/history/output，然后单击按钮以关闭已注销的搜索活动。

雅虎用户可以通过"设置"菜单上的"搜索记录"选项来控制搜索记录设置。必应用户可以在 www.bing.com/profile/history 上的历史页面找到设置。

某些浏览器不维护搜索的服务器日志。DuckDuckGo、Startpage 和 lxquick 等浏览器提供私人的、未跟踪的浏览。这些网站声称每一两天删除所有活动日志，但依然可能会受到执法机构的审查。

匿名化网站（例如 www.torproject.ord）充当中继站，它将你的搜索转发到谷歌或其他搜索引擎，而不会留下回到 cookie 或 IP 地址的痕迹。除此之外，Tor 还提供在分布式网络上运行的浏览器来隐藏查询。尽管遵纪守法的公民可能没有什么可隐瞒的，但在许多网站上越来越多的侵入式跟踪和广告正在促使许多网民选择提供隐私保护的搜索引擎。

> **试一试**
>
> 你的搜索查询是否被跟踪？可使用本页提供的信息和其他在线资源来查明。

4.5.4　使用基于万维网的源材料

大多数浏览器提供复制和保存命令，允许你从网页获取文本和图像，然后将其粘贴到自己的文档中。

如何保存源代码？ 要跟踪每个文本部分的来源，可以在地址栏中突出显示网页的 URL，使用 copy 命令将 URL 粘贴到自己的文档中（如图 4-64 所示）。

图 4-64　将 URL 与源材料一起复制

如何引用来源？ 把别人的作品说成是你自己的，就是剽窃。如果你从网页复制文字、图片或其他作品，请务必说明原作者。标识引用或摘录作品来源的信息称为引文。书面文件（如报告和项目）通常包括根据标准样式格式化的脚注、尾注或内嵌引文，标准样式包括 MLA、APA 或 Chicago。

当编辑在线来源的引用时，一定要提供足够的信息，以便读者能够找到来源。此外，还要包括你访问来源和完整 URL 的日期。根据 APA 的风格，对基于网络来源的引用，应该提供文档标题或说明、作者的姓名（如果有的话）、发布/更新或检索的日期和 URL。

是否需要使用材料的权限？ 在美国，公平使用原则（Fair Use Doctrine）允许在没有获得权限的情况下有限度地使用受版权保护的资料以用于学术和审查。例如，对于学术报告和项目，如果包含对原件的引用，则可以在未获得权限的情况下使用一句或一段文字。

音乐和视频中的照片和摘录可以在评论文章中使用，但纯粹用作文档的装饰元素在大多数情况下不会被视为合理使用。

一些网站明确指出网站中材料的合法使用方式。要查找使用条款的链接，例如，YouTube 网站包含由业余和半专业人员提交的视频集合，他们将版权保留到其材料中。该网站的使用条款部分允许公众访问、使用、复制、分发、创建衍生产品、显示并预制用户提交的作品。然而，即使有这样广泛的使用条款，如果将其纳入自己的作品中，也必须引用材料的原始来源。

如何获得权限? 要获得你在网上找到的文字、照片、音乐、视频和其他元素的使用权限，请通过电子邮件与版权所有者联系，并说明你要使用的内容以及你打算如何使用它。通常可以在网站上找到联系信息，如果没有版权所有者的信息，至少可以将你引导至版权所有者的网站管理员的信息。

> **快速检测**
>
> 当你将基于网络的材料纳入研究论文时，为什么没有必要从来源获得权限?
>
> a. 因为公平使用原则允许
> b. 因为该材料没有版权
> c. 因为它在网上
> d. 因为你的学校图书馆与内容所有者有交易行为

4.5.5 快速测验

1. 搜索引擎的____从网络中提取关键字并将它们存储在数据库中。

2. 当你输入搜索项时，搜索引擎的____处理器会在搜索引擎的数据库中查找词条。

3. AND、OR、NOT 是搜索____的例子。

4. 大多数搜索引擎通过分配一个唯一的 ID 号来跟踪用户，该 ID 号存储在用户设备的硬盘上的____中。

5. 为了跟踪你获取信息或图像的网页，你可以突出显示网页的____，将其复制并粘贴到来源列表中。(提示：使用首字母缩写词。)

社 交 媒 体

它们是私人的，又是全球的，更是具有颠覆性的。社交媒体已经成为 21 世纪生活中独特的一部分。你是否已经掌握了它们，还是仍在试图找出自己在社交媒体中的定位？

应用所学知识

- 创建能反映你的身份和独特性的社交媒体资料。
- 使用社交网络工具来传达你的个人"主张"。
- 根据是否需要地理社交网络打开或关闭定位服务。
- 对一张社会关系图或邻接矩阵进行分析，评价社交网络中的关系。
- 通过你使用的社交媒体服务提供的工具，看看你是否在图片或视频中被标记过。
- 在你发表原创作品之前，为其分配知识共享许可。
- 你使用版权内容的方式是正当使用、衍生使用还是再创作？
- 确定并使用基本的博客工具来建立博客，并与其他博主互动。
- 评价一个博客中的信息是否准确可信。
- 使用 Twitter 发表推文、转推，并借助 @ mentions 和 # hashtags 阅读信息。
- 使用维基百科词条中的标签来访问讨论页、编辑和修订记录。
- 在你的学术作品中适当使用维基百科信息。
- 设置网络邮件和本地邮件账户之间的转发。
- 使用在线聊天、VoIP 服务和移动通信应用。
- 管理你的网络声誉，以确保不被冒领者、身份窃贼或网络欺凌者利用。
- 监视第三方社交媒体应用，限制线下实体收集你的社交信息。

5.1 A 部分：社交网络

社交媒体的范畴非常广泛。从诸如 Facebook 的超大站点到 DriveTribe 这类新兴的服务，社交媒体已经传播至全球。它们占用了用户在显示屏前的大量时间，并且开始扩大到其他媒体领域，如新闻、电视和电影。在 A 部分中我们提供了一些对社交媒体服务进行选择和分类的结构，并着重介绍社交网络和将六度分隔理论付诸实践时不可思议的联系。

目标

- 使用社交媒体蜂巢区分不同的社交媒体。
- 举出至少两个社交网络、地理社交网络、内容社区和在线交流的例子。
- 列出社交媒体个人资料的三个元素。
- 给众包下定义并举出三个例子。
- 列举并描述四种能够用于定位移动和固定设备的技术。

- 分析社会关系图。
- 解释六度分隔理论是如何应用于社交网络的。
- 举出由邻接矩阵能够得出的结论示例。

5.1.1 社交媒体基础

在全球范围内,数十亿人正在通过如 Facebook、Twitter、Snapchat、Pinterest、YouTube、维基百科、Yelp 和 Flickr 等服务使用社交媒体。社交媒体提供的内容十分广泛,想要同时使用所有这些社交媒体更是令人望而却步,所以我们必须做出选择。下面是一些对你有用的社交媒体相关信息。

什么是社交媒体? 社交媒体(social media)是能够促进人与人之间沟通和互动的在线服务,人们通过文本、图片、视频和音频的多媒体组合来分享关于生活、想法和活动的信息。

对社交媒体进行分类为你提供了一种比较方式,能帮助你理解它们各自的优势。关于社交媒体有多种分类模式。例如,一种分类社交媒体的方式是根据其目的进行分类。在这种分类中,LinkedIn 这种专业社交媒体服务和 Facebook、Google+ 这种朋友 – 家庭式的服务就分属于不同类别。

有时也可通过社交媒体支持的内容类型对其进行分类。Blogger 和 WordPress 这种基于文本的服务类别就不同于 Flickr 和 YouTube 这种基于图像和视频的服务。

社交媒体蜂巢(Social Media Honeycomb)提供了一种可视化模型,用于对不同的社交媒体服务进行分类和对比。蜂巢中的每个六边形表示一种社交媒体的组成块。观察图 5-1 所示的蜂巢,考虑你喜爱的社交媒体站点是如何对应于每个六边形中的特性的。

快速检测

社交媒体蜂巢中哪种六边形描述了 Facebook 的"点赞"功能?

a. 关系　　　　b. 分享
c. 声誉　　　　d. 对话

Source: Kietzmann, Hermkens, McCarthy, and Silvestre

图 5-1　社交媒体蜂巢

蜂巢如何帮助我比较社交媒体服务？ 每种社交媒体服务都强调不同的社交互动。如LinkedIn 这种服务强调身份，但是并不鼓励用户间的对话。Facebook 和类似的服务倾向于强调用户间的关系，其次注重对话、身份、存在和声誉。在图 5-2 所示的社交媒体蜂巢中，六边形的颜色越深表示该因素越重要。

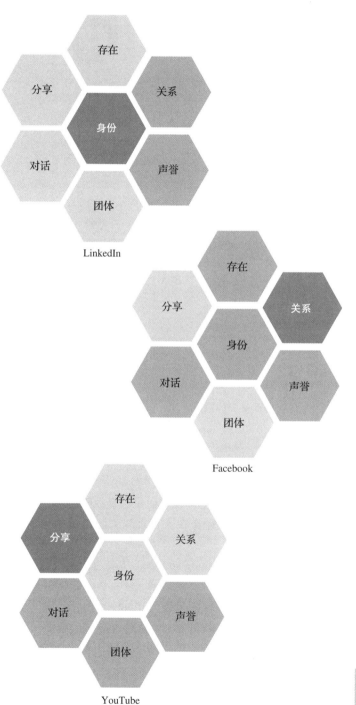

图 5-2　注重不同社会因素的社交媒体服务

最流行的社交媒体服务是什么？如今每天都在出现新的社交媒体，或者看起来如此。有些曾在聚光灯下短暂停留，而有些仍在积蓄力量。出于这种情况，社交媒体被划分为四组：社交网络、地理社交网络、内容社区和在线交流。图 5-3 给出了这些分类的概览，并列出了每类中最为流行的服务。

图 5-3　流行的社交媒体服务

5.1.2　社交网络的演变

让我们把目光从广阔的社交媒体领域转向特定的社交网络范畴。如今社交网络由 Facebook 主导，但是社交媒体领域所处的环境变化非常迅速，它们也会继续随着用户偏好的改变而继续演变。当初 Facebook 上线后，社交网络看起来在一夜之间兴起，但是实际上却并非如此。

什么是社交网络服务？ 社交网络服务（social networking service）主要与个人资料和想要分享自己信息的用户之间的关系有关。

第一个社交网络服务是什么？ 社交网络可以追溯到**在线服务**（online service），如 Compu-Serve、Prodigy 和 America Online（AOL），它们并非因特网的一部分。当新一代基于因特网的服务兴起后，这些服务也就逐渐不再流行。图 5-4 所示的时间线描述了社交网络服务的演变。

社交网络服务是如何演变的？ 当提到在线社交场景时，历史告诉我们没有什么能经久不衰。消费者的喜好不断变化，如今拥有数十亿用户的网站可以迅速过时。来自资产公司 Piper Jaffray 研究部门的报告显示，Facebook 在年轻人中的流行程度在逐年下降。

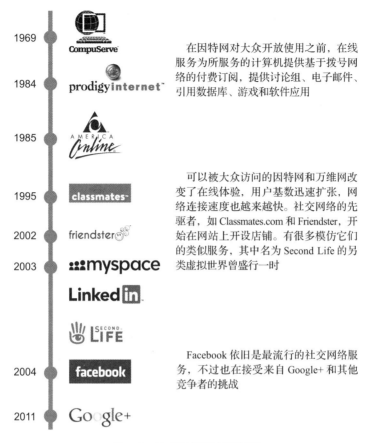

图 5-4　社交网络服务时间线

年轻人偏好更为简单的社交媒体平台，如 Instagram、Twitter 和 Snapchat，这一偏好可能预示着未来年轻的产品受众更偏向于易于使用的基于智能手机的交流平台，而有事业心的人依旧会保留 LinkedIn 上的个人资料。

5.1.3　社交网络基础

每个社交网络服务都有着自己的关注点和术语。一种服务中的"好友"在其他服务中可能称为"关注者"或"关系"。"点赞"可能称为" +1"或"喜欢"。当参与某个社交网络后，第一步可能要掌握其术语，这会帮助你学会如何使用它的功能。

关于社交网络个人资料该了解些什么？ 一个人在社交媒体服务中的存在被称为**在线身份**（online identity）。每个在线身份都保存于个人资料中。**社交媒体个人资料**（social media profile）是提供给朋友、联系人和公众的信息集合。一份基本的资料通常包括用户名、一张图像和几行描述性的文本。图 5-5 展示了几种流行社交网络服务中的个人资料。

> **快速检测**
>
> 第一代社交网络服务＿＿＿。
> a. 可以免费使用
> b. 不是因特网的一部分
> c. 由 Facebook 发起
> d. 随着移动设备的普及变得流行起来

> **术语**
>
> 在线身份通常也称为在线角色（persona）和在线化身（avatar）。

Twitter 的个人资料包括照片和个人介绍。比尔·盖茨是一个很好的
例子，他使用个人介绍为潜在的关注者提供与他的推文相关的主题

Facebook 的个人资料帮助用户构建在线身份。勒布朗·詹姆斯在这
里充分利用文本和图像创造了个人形象

Google+ 的个人资料可以通过专业设计来构建线上存在，如罗
恩·保罗的个人资料对他的网站 Voices of Liberty 进行了推广

图 5-5   社交媒体个人资料元素

社交网络共有的元素是什么？ 回到图 5-1 中蜂巢所展示的社交媒体的特性。社交网络服
务倾向于注重身份和关系。大多数社交网络站点都具有类似于图 5-6 所示的元素。

5.1.4   地理社交网络

向池塘中扔入一颗卵石会激起波纹，这就是 Pebblee 背后的思想。Pebblee 是一个社交
网络平台，它会向附近一定半径内的所有网络用户广播消息。正坐在教室中？试着向登录
网络的附近同学扔一个"Pebblee"，你不必知道他们的名字或邮箱地址。通过 Pebblee，你
可以在你的住所附近发起远程"波纹"，并收到在该区域内用户的回复。当你外出时，留意
Pebblee 从而注意附近发生的事件和安全信息。

每名用户创建并维护的个人资料

以文本或媒体形式发布信息的工具

用户查看谁在他们朋友网中的方法

查看他人发表的信息的方式

评论他人发表的信息的方式

Source: Facebook ©2017

存在

分享

关系

身份

对话

声誉

团体

社交网络网站注重身份（用户个人资料）和关系（朋友和联系）

图 5-6　社交网络账户解构

地理社交网络是什么？地理社交网络（geosocial networking）是社交网络众多种类之一，它为用户提供了基于当前位置进行互动的平台。一些最流行的、精心设计的地理社交网络服务有 Yelp、Foursquare、Banjo 和 Google Maps。社交网络服务通常提供地理社交功能，如 Facebook 和 Twitter。

地理社交网络服务能帮你找到最近的热门饭店，查明你朋友最爱的骑行线路，从附近商家获取特殊折扣，并为商家服务和产品留下反馈。一种新型的地理社交网络称为**社会发现**（social discovery），即通过地理位置遇见附近有着相同兴趣的人。图 5-7 总结了地理社交网络所提供的基本服务。

登录
注册用户打开应用或以其他方式登录来表明他们想进行互动

定位
使用自动地理定位技术或手动初始化位置跟踪来确定用户的当前位置

搜索
根据服务的不同，用户可以搜索附近地理标记的地点、人物或活动

推荐
提供大众评分和推荐

地图
到选定地点、人物或事件的地图和方位

图 5-7　地理社交网络活动

什么是众包？ 当人们贡献计算机时间、专业技能、意见或金钱来完成任务时，他们就在参与**众包**（crowdsourcing）。例如，Yelp 提供基于用户评论的餐厅评分。Amazon、Zappos 和其他在线商店同样收集并展示消费者评价。在一个名为 SETI@home 的项目中，人们贡献计算机处理时间来分析射电望远镜信号以探索地球之外的生命。

众包是基于个人团体的，但是它和协同工作不同。在协同工作中，参与者彼此交流来达成目标。而众包不需要参与者之间的合作，众包参与人做出的工作由众包平台汇聚。例如，Cathy's Cafe 的 3 星评分并不是通过 Yelp 用户彼此交流并达成一致才给出的。相反，评价者给出独立的评价，由 Yelp 平台通过算法进行汇总。

地理社交网络是如何运转的？ 每个人的物理位置由其数字设备发射的信号决定。大多数人都知道移动设备（如智能手机）能发送位置信号来定位设备。而没有 GPS 或蜂窝服务的台式机、笔记本电脑和平板电脑也同样可以定位，但是缺乏足够的准确性。图 5-8 列出了可以确定设备位置的 4 种途径。

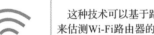

GPS三边测量
该服务用于定位智能手机和其他包含GPS芯片的设备。它的准确性在3平方码（约2.5平方米）之内。

蜂窝基站三角定位
蜂窝电话公司根据附近蜂窝基站的位置来追踪移动电话的位置。如果手机是开机的并且在三座基站的范围之内，就可以使用名为蜂窝基站三角定位的方法来确定设备的位置，其准确性在0.75英里（约1.2公里）之内。

热点三角定位
这种技术可以基于路由器相对于附近路由器的信号强度来估测Wi-Fi路由器的位置。连接至该路由器的台式机和笔记本电脑可以被认为位于以该路由器为中心、半径为50英尺（15.24米）的圆形范围之内。

IP地址查询
IP地址可以根据WHOIS数据库中的信息大致估计设备的位置。对于设备所属国家的估计可以达到99%的准确率。然而，定位具体地区或城市的准确率只有约50%。

图 5-8　定位服务

快速检测

下列哪一项可以被认为是众包？

a. Skype 聊天

b. 一篇博文

c. 一篇推文

d. Facebook 的"点赞"

试一试

查看手边数字设备的定位设置。你的设置是否允许地理社交网络功能？

关于地理位置需要留意什么？ 能够定位的应用通常会使用不止一种定位服务。数字设备定位服务的设置可以允许或禁止每个单独应用的跟踪定位。

地理社交网络是基于地理位置的，所以你参与的地理社交网络服务需要你的准确位置信息。如果你想要被查找到，就要激活所有可用的定位服务，比如打开 GPS、蜂窝网络和 Wi-Fi。如果你不想被找到，就要确保关闭了所有定位服务。

什么是地理标记? 显示"附近有什么"的信息需要标记地点和地标建筑的位置。例如,Yelp网站上的餐厅必须有一个机器可读的街道地址或经纬坐标,从而可以被地理社交网络服务的搜索引擎识别。地理标记和地理编码提供了所需的地理信息。

地理编码(geocoding)是确定特定位置(如 Cathy's Café 的街道地址或经纬度)坐标的过程。**地理标记**(geotagging)是向照片、网站、HTML 文档、音频文件、博文和文本信息中添加位置信息的过程。地理标记和地理编码的标准格式确保了位置数据能够被地理社交网络服务所操纵的计算机程序读取。

> **快速检测**
>
> 在地图上显示邮局位置的服务使用的是____的数据。
>
> a. 地理标记　　　　b. 地理编码
>
> c. 社交媒体　　　　d. 众包

5.1.5 社交网络分析

如今声名狼藉的游戏"六度空间"(Six Degrees of Kevin Bacon)是基于以下概念产生的,即任何一个好莱坞演员通过在不同电影中的演员角色都能在六步之内与凯文·培根相关联。六度分隔概念由弗里杰什·考林蒂于 1929 年在一篇短故事中提出,故事中的角色设计了一种游戏:地球上任意两个人利用自己的人际关系相互传递一封信能有多快。现如今,工具可以让我们对社交网络进行映射和分析,它们能告诉我们什么呢?

社交网络是如何映射的? 在线的社交网络并非互斥的。每个人都有其家人、朋友和熟人等亲密的社交网络,而这些人也拥有着他们自己的社交关系。你可以把这些网络想象成用线连接的点。社会学家用**社会关系图**(sociogram)来表示人与人之间的连接。

这些图中的圆圈称为**社会关系图节点**(sociogram node)。连接节点的线称为**社会关系图边**(sociogram edge)。当两个人都把对方认为是朋友时产生一条**双向边**(two-way edge)。当关系并非相互的时候就产生一条**单向边**(one-way edge),比如你在 Twitter 上关注了某个人,但他却没有关注你。图 5-9 中的连线告诉了你《指环王》中的哪些人物关系?

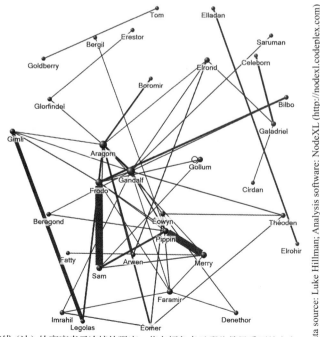

Data source: Luke Hillman; Analysis software: NodeXL (http://nodexl.codeplex.com)

连接线(边)的宽度表示连接的强度。节点颜色表示哪些是最重要的角色

图 5-9 社交网络解构

> **快速检测**
>
> 在社会关系图中,边表示____。
>
> a. 连接
>
> b. 关系的边界
>
> c. 朋友很少的人
>
> d. 3D 连接

> **试一试**
>
> 图 5-9 中最重要角色的朋友也最多吗?

能否根据复杂性进行分类? 社会关系图有可能非常复杂,这使关系变得难以追踪与分析。另一种描述社交关系的方法是邻接矩阵。

二进制邻接矩阵(binary adjacency matrix)是一系列单元格,如果两个人之间没有关系,单元格的值就为 0,有关系则为 1。图 5-10 所示的邻接矩阵和社会关系图描述了《中土世界》中一些精灵和霍比特人之间的关系。

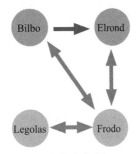

	Bilbo	Elrond	Frodo	Legolas
Bilbo	—	1	1	0
Elrond	0	—	1	0
Frodo	1	1	—	1
Legolas	0	0	1	—

在这张社会关系图中,Bilbo 认为 Elrond 是他的朋友,而 Elrond 却不认为 Bilbo 是自己的朋友

邻接矩阵中深色单元格的交点处值为1,表示Bilbo认为Elrond是他的朋友。你能否找到表示Elrond不认为Bilbo是自己朋友的单元格?

图 5-10　霍比特人和精灵

矩阵还揭示了什么? 可以通过观察或数学方法来揭示矩阵中更多关于社会关系的信息。这些方法能够发现路径、关系和分组,并令人有所启发。执法部门希望使用这种技术来发现犯罪团伙,而国家安全机关希望通过连接来发现恐怖组织的成员。

假设我们重新布局这个矩阵,使得两个霍比特人和两个精灵相邻,结果会十分有趣。图 5-11 所示的重新布局的矩阵看起来表示两个霍比特人互为朋友,而精灵之间却并非如此。因此,精灵们应该不会合谋来拯救或推翻中土世界。

快速检测

邻接矩阵是如何表示精灵之间不是朋友关系的?

a. 表示精灵的行与表示精灵的列的交叉点处值为 0

b. 表示精灵的行与表示精灵的列的交叉点处值为 —

c. 表示精灵的行与表示精灵的列的交叉点处值为 1

	Bilbo	Frodo	Elrond	Legolas
Bilbo	—	1	1	0
Frodo	1	—	1	1
Elrond	0	1	—	0
Legolas	0	1	0	—

在重新布局的矩阵中,两个霍比特人相邻,两个精灵也相邻。颜色块表示霍比特人和精灵之间的一般关系

	霍比特人	精灵
霍比特人	100%	75%
精灵	50%	0%

该矩阵表示每个块内部关系的百分比,霍比特人之间的连接很紧密,而精灵之间却不会彼此相连

图 5-11　推断出的关系

分析工具如何应用于在线社交网络中? 社会关系图和其他分析工具帮助我们了解个人社交网络的质量和数量。单向边的关系十分重要,例如,尽管你能够直接收到美国总统和第一夫人的最新动态,但是在另一个方向中你未必会拥有相似的链接。

社交网络分析工具同时揭示了一种非常奇怪的现象。你的朋友看起来是否比你拥有更多的朋友？结果是多于 80% 的 Facebook 用户都有这种情况。这一现象被称为班级规模悖论，因为它和学生们通常感觉自己处于一个比一般班级更大的班级中的原因有关。对此的解释是，人们通常倾向于选择受欢迎的班级和朋友，这种欢迎度确实意味着班级规模会更大，你朋友所拥有的朋友会比你更多。图 5-12 给出了一些关于朋友的额外知识。

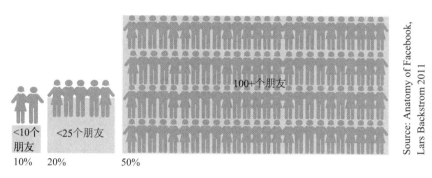

图 5-12 关于朋友的知识

在社交网络中有几度分隔？ 2001 年，哥伦比亚大学的一位教授开始跟踪超过 50 000 封电子邮件的信息，信息由发送者发给中间人，最终发给 19 名指定的未公开邮件地址的人员之一。中间人的平均个数是 6 个，这令人惊讶地验证了六度分隔理论。

然而，研究 Twitter 关系的研究者发现分隔的度数通常小于 4。Facebook 的研究人员发现，2008 年人与人之间的平均间隔数是 5.28。三年后，当 Facebook 的用户扩张后，分隔的度数降至 4.74。

> **快速检测**
>
> 如果你是一名普通的 Facebook 用户，你的朋友拥有的朋友数量和你相比____。
>
> a. 更多
>
> b. 更少
>
> c. 一样多

5.1.6 快速测验

1. 社交媒体____采用六边形来描述社交媒体的特性。

2. Yelp、Amazon 和 Zappos 的算法根据____来产生基于用户评论的评分。

3. 蜂窝服务通过蜂窝基站____来确定移动设备的位置。

4. ____通过节点和边来描述人与人之间的连接。

5. ____矩阵是一种表格形式的社交媒体分析工具。

5.2 B 部分：内容社区

内容社区一直在判断什么是"被拥有的"和什么是"被分享的"之间进退两难。一方支持共享所有权，而另一方则认为私人财产和所有权有关。名为知识共享（Creative Commons）的组织消除了这一隔阂。如果你至今还没用过它的服务，本部分末尾的信息将带你入门。

目标

- 使用社交媒体蜂巢说明内容社区的主要特点。
- 画出关于内容社区发展的时间线，其中包括重要的日期。
- 解释病毒式媒体的概念。
- 解释内容在何处储存以及这将怎样影响隐私。

- 描述大多数内容社区的财务模型，并描述这种模型可能怎样影响内容社区的未来。
- 列出形式化标记和非形式化标记的区别。
- 列出知识产权的四种类型，并说明在内容社区中通常会碰到其中哪两种。
- 列出完全由版权所有者行使的六种权力。
- 列出知识共享许可协议所赋予的五种权利。
- 列出表明合理使用的四项因素。
- 说明衍生作品和再创作作品的区别。

5.2.1 演变

在因特网出现之前，创作者的世界由一小部分人所控制，他们影响着流行文化。音乐巨头可以决定哪个乐队得以走红；好莱坞工作室可以挑选要出品的电影；出版社的编辑可以筛选待印刷的书籍和杂志。

现在，我们可以轻松地绕开这些守门人，因为在线内容社区能够轻而易举地分发书籍、照片、视频和音乐。流行文化不再取决于一些杰出评论家的喜好，而是取决于普通大众通过"点赞"进行的民主投票。任何人都会猜到这种文化民主所带来的影响。创作和发布数字媒体的可用工具移除了旧的门槛，但是大量媒体同时竞争屏幕时间，这为有才之士制造了新的障碍。

什么是内容社区？ 很多社交媒体站点被设计为用户产生内容的资料库，例如维基百科、YouTube 和 Flickr。这些社交媒体站点有时被称为**内容社区**（content community）。尽管我们可以说几乎每个社交媒体站点都充满了用户产生的内容，但是内容社区只强调内容本身，不像社交网络站点那样关心用户身份。

内容社区可能会关注文本信息，也有可能会关注其他媒体，如照片、音乐或视频。内容社区通常具有图 5-13 中所示的特点。

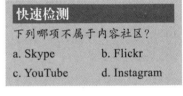

快速检测

下列哪项不属于内容社区？

a. Skype　　　　b. Flickr

c. YouTube　　　d. Instagram

可能会向社区成员提供用来将其内容组合为作品集的工具，如 Pinterest 的板块和 YouTube 的频道

内容由不同的人独立地创建，这些人可能并非专家

存在

分享

关系

可以使用用户账户，但并非强制要求。普通大众无须登录也能访问站点内的内容

关注文本、图像、音频或视频内容

身份

对话

声誉

订阅者使用的内容服务会提供上传、下载内容的工具

团体

社区成员拥有对其他成员发表的内容进行打分或评价的方法

图 5-13　内容社区的特点

内容社区是什么时候产生的？ 在 20 世纪 70 年代，**电子公告栏系统**（Bulletin Board Systems，BBS）就包含用户生成的内容，它们被认为是如今的内容社区和社交网络的前身。电子公告栏系统流行了约 20 年，后来出现了其他对有价值的在线内容进行收集和归档的系统。

古腾堡计划（project Gutenberg）就是首批内容社区之一。它由 Michael S. Hart 于 1991 年发起，如今由一家非营利组织管理。古腾堡计划的目标是保存文学作品，尤其是那些版权过期的作品。志愿者们起初根据印刷的书籍手工输入文字，如今可以对书籍进行数字扫描。

2001 年出现了另一个基于文本的协同工作项目。一个名为维基百科（Wikipedia）的在线百科全书发布了，并迅速形成了与之相关的贡献者社区。

1999 年，Webshots 社区成为第一个在线分享照片的社交媒体网站。与之竞争的社区迅速出现，如 Flickr 和 Photobucket。2005 年，YouTube 诞生，视频内容社区也随之出现。同年，世界见证了第一个以**病毒式**（viral）传播的视频实例。SlideShare 于 2006 年成立，它提供对 PowerPoint 形式的幻灯片展示进行归档的服务。

Pinterest 于 2010 年成立，它使用"板块"来展示一系列相关的图像，如关于时尚、家装或书籍封面的照片，这重新激发了人们对照片分享社区的兴趣。移动照片分享在 2010 年变得流行起来，利用如图 5-14 中所示的简明易用的智能手机应用，Instagram 使得对照片的拍摄、修改、标记和分享操作变得简单。

> **快速检测**
>
> 最先出现的是哪种内容社区？
>
> a. 电子公告栏系统
>
> b. 维基百科
>
> c. Flickr
>
> d. Instagram

> **术语**
>
> 在社交媒体中，病毒式指的是视频、乐曲、博文和其他媒体元素通过社交媒体迅速渗透进流行文化中的过程。

打开 Instagram 应用并拍摄照片　　使用工具对图像进行编辑和润饰　　在照片中标记人物并标注其位置　　向好友和关注者分享照片

图 5-14　Instagram 的拍摄、修改、标记和分享

Source © 2017 INSTAGRAM

5.2.2　媒体内容社区

媒体内容社区现在非常流行，几乎每个使用因特网连接的人都会登录 YouTube 观看视频或使用类似 Flickr 的网站浏览图片。很多人会通过上传媒体信息的方式参与社区。当上传者的照片或视频中出现其他人时，这些人也成了不知情的参与者。

媒体内容社区是如何工作的？ 媒体内容社区专门服务于用户产生的图像、视频、动画和音频。发布的内容可以使用通用搜索引擎来访问，如 Google 或社区网站提供的内部搜索引擎。发布内容的社区成员可以指定发布的内容对所有人可见，或是仅对限制名单中的成员可见。内容社区中的媒体信息通常不能被其他成员修改，这一点不像维基百科，维基百科鼓励成员对原始内容进行编辑。

媒体内容社区的技术核心是基于服务器的内容管理软件和与之相关的数据库，数据库中存储内容及其相关的信息。一旦媒体信息被发布到服务器上，它就无限期地留在那里。

一些媒体社区将广告作为内容创作者和日常运维的收入来源。事实是，内容社区几乎没有产生收入的渠道，如果广告收入不足以维持服务器空间和管理人员的运维开销，就可能会导致内容社区的消亡。

如何在媒体社区中发布内容？ 尽管很多内容社区允许开放访问媒体信息，但是大多数都要求注册后才能上传文件。内容社区会提供简单的工具以便从计算机中上传媒体文件，且很多社区还会提供从移动设备中上传的应用。图 5-15 说明了从计算机中向 Flickr 上传照片的便捷性。

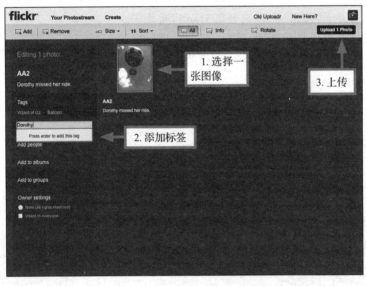

图 5-15   如何向 Flickr 上传照片

关于标记媒体信息我该知道什么？ 元数据标签（metadata tag）就是一个描述信息（如媒体元素的内容）的关键字。在内容社区中，标签用来描述照片、视频中的人物和地点。

与文档和其他基于文本的信息不同，媒体元素不包含能够用来索引、鉴别或搜索的文本。标签使人们可以用关键字（如*狗*、*海滩*、*阳光*、*水*和*浮木*）来搜索照片或视频。音频文件标签使人们能根据音乐家的名字、唱片公司、录音日期等信息来搜索曲目。

非形式化标记仅要求内容创作者为媒体元素分配一个或更多个关键字。输入标签的形式取决于社区。有些社区要求标签之间用逗号分隔，而其他社区仅要求用空格分隔标签。

形式化标记（formal tagging）方法根据一系列标记标准向标签中添加信息。这些标准使标准化媒体搜索引擎的创建成为可能，从而可以从不同地方搜索媒体信息。

都柏林核心集（Dublin Core Schema）是一种形式化标记的标准。它能同时适用于数字资源和物理媒体，如 CD、书籍和留声机唱片。

我是否被标记过？ 假设你认识的人为你拍摄了一张有损形象的照片，并将它发布在 Facebook 上，同时使用你的名字作为照片的标签。如果你和发布者不是好友，你可能永远不会见到这条消息，但难道你不想知道这件事吗？

Facebook 和其他几个社交媒体服务提供了用来发现你是否被标记过的方法。在 Facebook 中，你可以访问你的活动日志，选取照片并过滤公共信息。如果你发现你自己被标记了，可以选择移除标记你的标签，或要求发布者删除整张照片（如图 5-16 所示）。

> **快速检测**
> 形式化标记方法的主要优势是什么？
> a. 保护隐私
> b. 无法被入侵
> c. 它们是机器可读的标准
> d. 它们对描述媒体元素的标签词汇进行了限制

> **试一试**
> 查看你的社交媒体站点，哪些站点会在你被标记的时候通知你？

图 5-16　如何从 Facebook 标签中移除你的名字

5.2.3　知识产权

内容社区将所有类型的媒体都放在了你的指尖之下。你能够访问照片、故事、报告、视频、动画和音乐，它们都是数字格式，且很容易复制、修改并融入自己的作品中。但是能够访问这些媒体并不意味着使用它就是合法的或合乎道德的。有责任心的内容社区成员知道在何时、何地以及如何正确使用其他社区成员创建的媒体信息。

什么是知识产权？ 人们是具有创造性的。他们创作出美丽的艺术，发明出有用的机器，写出引人入胜的小说。所有对思想或知识进行物质化的创作都被认为是**知识产权**（intellectual property）。发明家、艺术家、作家以及其他有创造力的人都是其知识产权的所有者。像其他产权一样，知识产权也受各种法律和条例的保护。

知识产权有四种类别：专利、商标、版权和商业机密。内容社区中的一些媒体信息可以被分类为商标，但是大多数是受版权保护的材料。

关于商标我该知道些什么？ 商标（trademark）是在商业中用来标识和区分不同公司商品的任意文字、名字、符号或设计。Twitter 的蓝色小鸟就是商标，Facebook 风格化的" f"标志也是商标。商标中有时会出现 ® 或 TM，但是有时看不到这些标志。应该认为所有公司的标志都是受到法律保护而禁止滥用的商标。

很多有在线业务（如网站）的公司都提供了关于其商标的可接受的使用方式信息。在将某个公司的标志放在你的网站、博客或 Pinterest 板块中之前，要先检查该公司关于其商标的使用政策。例如，你可能会发现，你可以在你的网站中使用 Facebook 的点赞按钮，但是不能将你的名字与 Facebook 标志相结合，为你的网站混合一张横幅图片（如图 5-17 所示）。

Source: Facebook © 2017

图 5-17   根据政策使用商标

有多少东西是受版权保护的？ 版权（copyright）是一种法律保护的形式，它赋予原创作品的作者进行复制、分发、销售和修改该作品的专有权利。版权适用于"作品"，如照片、书籍、文章、喜剧、舞蹈表演、视频、动画、音效、乐曲和录音。

 复制作品

 准备衍生作品

 分发作品的副本

内容社区中的几乎任何东西都受版权保护。作品无须提供一份版权声明，作品的创作者也不必注册作品来获得版权保护。任何原创作品一旦被创作出来，就自动受版权保护。图 5-18 中列出的权利只能由版权所有者行使。

 演出作品

 公开展示作品

使用版权作品是合法的吗？ 版权所有者能够完全控制作品可能的使用方式。默认的保护使得其他任何人对作品进行的复制、分发、演出、展示、许可及衍生工作都是非法的。这意味着，在没有版权所有者允许的情况下，从内容社区中复制一张照片并将其在 Facebook 上发布，或用于杂志文章的插图都是非法的。

 转移作品所有权

图 5-18   版权所有者的专有权利

版权所有者能授予使用他们作品的许可，你不必私下联系他们来获取许可。版权所有者有两种方式允许其他人使用其作品：将作品放在公有领域或为作品分发许可证。

作品什么时候成为公有领域的一部分？ 公有领域（pubic domain）指的是版权过期或创作者失去版权的作品状态。例如，莎士比亚的作品就处于公有领域。任何人都可以演出莎士比亚的戏剧或出版其作品选集。然而，1996 年由肯尼思·布拉纳（Kenneth Branagh）导演的电影《哈姆雷特》就是莎士比亚作品的最新实例，且是受到版权保护的。

在美国，作者去世 70 年后版权才会过期，并且存在很多可以延期的漏洞。法律专家有时也难以确定某部作品是否已经属于公有领域。即使一部作品看起来年代非常久远，但是最好还是不要认为它属于公有领域。

5.2.4 知识共享

一个名为知识共享（Creative Commons，缩写为 CC）的非营利组织将内容社区变为了一项受欢迎的服务，它们提供了一套标准化的许可协议，使版权所有者可以将其作品的使用权扩展到其他人。

什么是知识共享许可协议？ 知识共享许可协议（Creative Commons license）基于版权所有者能赋予或拒绝他人的五项权利（如图 5-19 所示）。

 署名（Attribution）。当某作品被使用时，必须以引用版权所有者或其他适当的方式对作品进行署名

 相同方式共享（Share Alike）。基于原作的新作品必须以和原作相同的许可条款分发

 禁止演绎（No Derivatives）。在重新分发或分享作品时，不能改变作品

  公有领域（Public Domain）。赋予重用的权利或该作品属于公有领域

   非商业性使用（Noncommercial）。作品不能用于商业目的

知识共享权利可以由多种不同的许可协议组合而来

图 5-19　知识共享许可协议的权利

CC 许可协议是如何工作的？ 版权所有者可以将任意 CC 权利进行组合从而创建许可协议。例如，一名在 Flickr 上发布照片的摄影师可能会提供 CC BY-ND 许可协议，即该知识共享许可协议允许在标明图片出处的情况下使用图片（BY），且不能为创作衍生作品而修改图片（ND）。

相同方式共享权利有时也被称为 copyleft。术语 copyleft 表达的意思与版权（copyright）相反。版权的目的在于限制作品的使用，而 copyleft 的目的是在所有衍生作品使用相同许可协议的条件下，使作品可以自由分发和修改。使用 copyleft 许可协议的作品及其衍生作品以后不能再使用限制其使用的许可协议。

快速检测
在图 5-19 中的 CC 许可协议里，哪一个被认为是 copyleft 许可协议？
a. BY NC SA   b. BY ND
c. BY   d. BY NC

当你使用在内容社区中找到的任何作品之前，要先检查知识共享许可协议。通常可在照片的标签中找到它们。

我能为自己的作品分配 CC 许可协议吗？ 当你创作了一个作品，它会自动受到版权保护，同时你拥有对作品进行分发、修改和销售的专有权利。如果希望释放一些权利以便于他人使用和分享你的作品，你可以分配知识共享许可协议。图 5-20 说明了如何为不同种类的媒体分配 CC 许可协议。

① 连接到 Creative Commons 许可协议选择器，网址是 creative-commons.org/choose
② 选择你想要赋予他人的权利

③ 将许可协议放在易于访问的地方

作品类型	在何处放置许可协议
网页、网站和博客	访问知识共享网站 creativecommons.org/choose/，选择一种许可协议，复制网站提供的 HTML 代码，然后将其粘贴到网页或博客中
图像	在图片标题或标签中引用你选择的 CC 许可协议
演示文稿	在标题幻灯片或最后一张幻灯片中引用你所选择的 CC 许可协议。如果可能的话，添加许可协议的链接

图 5-20　如何分配 CC 权利

合理使用是什么？ 此前的模块涉及**合理使用**（fair use）的概念，即在没有从版权所有者获得允许的情况下，对版权作品的受限使用。美国的版权法规描述了合理使用的四个因素。

❶ **使用的目的和特征。** 当使用未经许可的版权作品时，对作品进行转化并用于与原作

不同的目的，这更可能是"合理"的。

❷ **版权作品的性质。**对于照片的合理使用原则可能有别于音乐、视频或书面作品。

❸ **所使用版权作品的数量。**从书籍中引用一段文字比复制整个章节更可能是合理使用。

❹ **对版权作品价值的影响。**会夺去版权所有者收入的使用方式通常不被认为是合理使用。

再创作作品是否有别于衍生作品？是的。**衍生作品**（derivative work）会对版权作品进行修改，但是不会在本质上改变其内容或用途。翻译、改编、音乐编曲、戏剧化、仿制、压缩及类似的修改都属于衍生。

由两段及更多乐曲混编而来的一段乐曲通常会被认为是衍生作品，因为它和原作品具有相同的使用目的。衍生作品不属于合理使用，它们需要直接从版权所有者或适用的许可协议（如 CC BY）处获取许可。

再创作作品会对版权作品进行重新包装以加入新的含义，或创作出与原作的使用目的不同的作品。例如，滑稽性模仿作品就是再创作作品，通过剪贴杂志封面创作出的挂在墙上的拼贴画也属于再创作使用。

再创作作品属于合理使用，可以在没有版权所有者许可的情况下对它们进行创作和分发。

衍生作品和再创作作品的区别看似很清楚，实际上版权所有者可以自由起诉任何使用他们的版权作品来制作作品的人。对于版权侵权案件，法院会做出最终裁决。如果你想在自己的作品中安全地使用他人作品，你应该只使用具有 CC BY 或 CCØ 许可协议的作品。

> **快速检测**
>
> 假设你创作了一段 YouTube 视频，并添加了最近热门电影中的一段音乐。你的作品是否属于再创作的？
>
> a. 是，我创作了一部新的、原创的作品
>
> b. 是，受版权保护的音乐只是新作品的一部分
>
> c. 否，我不会从该作品中盈利
>
> d. 否，我的作品中所用的音乐和原作中的使用目的相同

5.2.5　快速测验

1. 当媒体元素快速侵入流行文化，且被全球数百万人所访问时，则称该媒体元素以＿＿传播。

2. 内容社区关注用户＿＿的内容

3. 都柏林核心集是一种形式化＿＿的标准。

4. Twitter 的小鸟标志就是公司＿＿的一个例子，它受法律保护不被滥用。

5. 指定为 CC BY＿＿的知识共享许可协议禁止衍生作品。

5.3　C 部分：博客及其他

博客、推文和维基这些主要基于文本的社区提供了大量内容，其中的一些内容是准确可信的，有些则是完全错误的，但更多的会以微妙的方式对你产生误导。本节中，你将探索基于文本的内容的起源以及如何从中鉴别优劣。

目标

- 说明一个博客页面的 6 个主要元素。
- 描述 RSS 阅读器和博客聚合器的用途。
- 讨论博客为什么被认为是一种颠覆性技术。
- 列出能帮助你评价博客中信息质量的 5 个问题。
- 举例说明 Twitter 将其关注点扩展到个人状态更新之外的 6 种方式。
- 说明一个 Twitter 页面的主要元素。

- 描述维基的特点。
- 解释维基百科的条目是如何编写和编辑的。
- 解释维基百科中 NPOV、NOR 和 V 的含义。
- 说明维基百科条目中的元素。
- 说明每个维基百科选项卡的用途。

5.3.1   博客

文化的民主化并不仅局限于艺术，还渗透进了主流媒体。如今，博客提供了另一种新闻来源，相较于因特网诞生之前的路透社、美联社和 CNN 等，博客提供的话题和见解都更加丰富。广播信息的便利性已经成为一种主要的变革力量，且目前还看不到结果。

什么是博客？ 博客（blog，Web log 的缩写）是按时间倒序发布并显示在可滚动网页上的一系列具有信息性的文章。博客通常由一个人、一家公司或一个组织来维护。博客的条目是基于文本的，但是也可以包含图像和视频。

博客的基本元素有哪些？ 无论是创建自己的博客还是浏览他人创建的博客，你都应该注意到博客是基于一组标准化元素的，如图 5-21 所示。

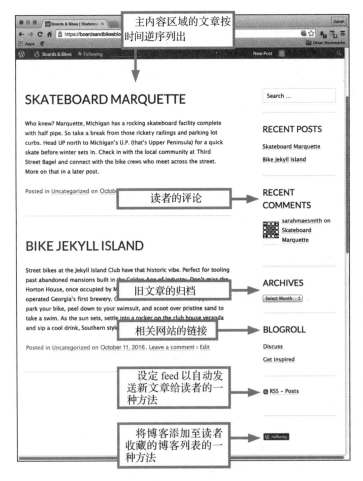

图 5-21   博客解构

快速检测

如果你订阅了 WordPress，如何将 Boards & Bikes 博客添加至你的列表？

a. 通过发表评论

b. 通过订阅归档文章

c. 通过加入 blogroll

d. 通过单击"Following"按钮

成为博主很容易吗? 流行的博客平台有 Blogger、WordPress 和 Medium。博客平台会为创建博客提供工具,它还会提供博客发布的网站供公众访问。

博客还可能会发布到博客平台提供的子域名中,如 https://medium.com/@sarah。想要一个专属域名(如 www.edison-jones.com)的博主可以使用网站托管服务,如 HostGator 或 GoDaddy。这些托管服务提供了博客插件,用来发表并管理博客文章。

如何搜索并访问博客? 你可以通过访问 Blogger、Word-Press 和 Medium 来搜索博客,或仅使用谷歌(如 Skateboard Blogs)进行关键词搜索。你可以使用 RSS 阅读器(RSS reader)或博客聚合器(blog aggregator)设置"feed"来订阅你喜爱的博客,收集并显示最新博文。你还可以使用如 Alltop(如图 5-22 所示)的博客目录来查看按主题排序的博客列表。

> **试一试**
>
> 如何知道 WordPress 上是否有关于滑板的博客?

> **术语**
>
> Blogger 是谷歌博客平台的名称。blogger(博主)指的是拥有博客的人。博主有时也称为影响者(influencer)。

图 5-22　博客目录

博客的重要性如何? 博客空间(blogosphere),即所有的博客和它们之间的联系,是很有影响力的。有些博主已经成为 CNN 或福克斯新闻的头条新闻节目评论员。顶级博客站点如 Mashable 和 Gizmodo,每月都有数百万的读者。一些博客每年赚取的收入已经超过了 100 万美元,然而大多数满足小众读者需求的网站都没有获得预期的利润。

很多博客都对大众开放,所以博客已经成为个人新闻的一种形式。博主可以探究事实、撰写评论、发表照片和意见。博客已经广泛用于政治评论、名人宣传和技术新闻。

博客和其他基于因特网的新闻媒体具有吸引大量用户的潜力。博客同时提供了新闻和信息的替代来源,减少了主流新闻媒体的读者数量。博客和很多基于因特网的新闻

> **快速检测**
>
> 新闻媒体认为博客是一种＿＿＿的技术。
>
> a. 颠覆性　　　　b. 过时
>
> c. 前沿　　　　　d. 失败

媒体都提供免费访问，这颠覆了基于印刷业的新闻媒体，因为它们减少了印刷新闻媒体的销量，并迫使大型报业停止了运营。行业分析师担心，如果这种趋势在未来几年持续下去的话，可靠的主流新闻媒体将所剩无几。

但是博客自己可能也会出现在濒危列表中。根据 Alexa 的统计数据，在 2016 年里，博客的阅读量和其他网站相比已经开始下降。每个访问者的平均阅读页数逐渐减少，且访问者在转向其他在线活动之前花在博客网站上的时间变得更少。博客仍是社交媒体的一个重要方面，但是随着社交媒体的演化与汇集，流行的平台也将会发生变化。

谁为博客内容负责？ 专业记者和他们所代表的媒体公司都遵循道德准则，即鼓励追寻并报告真相、最大限度地减少危害、抵制外部影响以及维护问责制。虽然有些专业记者没有遵守这些标准，但这些标准确实存在。

博主并没有经历新闻训练，也不曾受到责任公司的监督，因此博主可能不会很严谨地对待新闻的准确性和问责制。他们可能不会采取措施来验证信息，也可能不理解知识产权的意义。

总体来说，与主流媒体相比，博客提供的信息往往不太可靠。然而，还是存在很多可信的专业博客。与其他线上和线下信息一样，读者才是有责任最终评判博客中信息质量的人。图 5-23 中提供了一些评价博客的提示。

> **快速检测**
>
> 谁有责任最终评价博客中发表的内容？
>
> a. 博主   b. 主流媒体
> c. 政府   d. 读者

> **试一试**
>
> 连接至 Bad Astronomy 博客。你能在博客和互联网中找到哪些关于博主背景的信息？基于这些信息，你认为这个博主值得信赖吗？

博主是谁？在博客以外的站点上查找关于博主专业知识的信息

博客的阅读量和Alexa排名如何？流行的博客通常更可靠，因为它们经过了很多读者的检验

评论是否具有实质性和支持性？具有负面评论和更正的博客可能不会提供准确信息

博客归档的时间跨度是否比较长？完善的博客可能已经保持活跃很多年，所以查看博客的记录，并确保博客中有最近的文章

图 5-23   如何评价博客

5.3.2   微博

迈克尔·布朗的死亡、哈德逊河的飞机失事、本·拉登的袭击，以及波士顿马拉松爆炸案都是先出现在 Twitter 上的突发新闻。Twitter 是一种社交媒体服务，它所传播的信息从普通到特殊范围广泛。

Twitter 背后的原始理念是什么？ Twitter 是智能手机上提供的基于 Web 的文本消息服务。与其他限制 140 个字符的服务一样，Twitter 的消息（称为**推文**，tweet）也有这一限制。Twitter 是**微博服务**（microblogging service）的一个例子，因为一条 Twitter 消息基本上是一

条短博客文章。

Twitter 是作为社交网络服务产生的，用户可以根据日常动态更新（如"我正在前往生物课教室"或"刚才在自助洗衣房见到了彼得"）得知朋友们在做些什么。随着服务的演变以及用户影响圈子的迅速增长，除了持续不断的个人更新外，Twitter 的关注点扩大到了更多实质性的话题。Twitter 扩展的影响力包括以下例子。

试一试

访问 Twitter 并查看趋势话题列表。你认为它们中有多少是实质性的趋势话题？接着，试着在线搜索"最流行的 Twitter 账号"，查看搜索结果，并猜一猜其中有多少账号不属于自我营销。

突发新闻的平台。2008 年，美国国家航空航天局的研究人员使用 Twitter 宣布了凤凰号火星任务中一项令人激动的发现："你们准备好庆祝了吗？听好：我们发现冰了！！！！！是的，冰，火星上的＊水冰＊！喔喔喔！！！最棒的一天！！"。推文已经演变成为新闻的主要来源之一，这促使 Twitter 将其移动应用从苹果 iTunes 应用商店中的社交类别转移到了新闻类别。

公民新闻。2009 年，美国航空公司的一架飞机在哈德逊河上迫降。在主流新闻记者抵达现场之前，Twitter 上已经报道了这条突发新闻，同时还附有乘客从缓缓下沉的飞机机翼上被救起的照片。

观察名人。Twitter 展现并加强了名人的力量。奥普拉·温弗瑞（Oprah Winfrey）在 Twitter 开通账号当日就拥有了超过 100 000 名关注者。艾伦·德詹尼丝（Ellen DeGeneres）在 2014 年奥斯卡奖颁奖典礼上的自拍成为有史以来最流行的推文。

线上存在。从麦当劳到星巴克，各个公司都已经开通了企业 Twitter 账号，使得产品信息可以快速地传达给消费者。社交媒体网站上的企业存在是数字时代的商业活动的必需品。

公众意见。Twitter 用户可以迅速对突发事件和争论发表自己的意见，但他们的意见往往仅由 140 个字的信息总结而来。由于 Twitter 用户急于对热门争议发布推文表达看法，如无罪推定这样的正义准则往往会被遗忘。皮尤研究中心的一系列调查显示，Twitter 用户并非普通大众的代表，因此 Twitter 上的投票可能无法有效预测选举或购买偏好。

社会组织。Twitter 快速传播信息的能力使其成为社会组织的理想平台。比较有名的例子有 2011 年的占领华尔街运动以及 2015 年的"Black Lives Matter"抗议活动。

基本的 Twitter 词汇有哪些？ Twitter 拥有自己的词汇表，并且它的一些术语已经用于其他社交媒体中。图 5-24 中说明了 Twitter 页面中的一些 Twitter 术语。

Twitter 中信息的真实性如何？ 毫无疑问，推文塑造了社交对话。主流新闻媒体将推文作为突发新闻的来源和公众意见的风向标。尽管趋势话题列表中有时也会出现对重要社会话题的讨论，但对趋势话题和流行 Twitter 账号的一般印象都是大量毫无社会相关性的推文。

研究人员认为 Twitter 是一项有趣的研究课题。其中著名的研究有西北大学发起的对趋势话题的分类研究，以及一个名为 Truthy 的项目，该项目追踪模因（meme）的传播。还有宾夕法尼亚大学发起的对心血管疾病患者的评论的研究，以及皮尤研究中心于 2016 年发起的对美国人反映在公共推文中种族态度的研究。

快速检测

技术上，Twitter 和____最相似。

a. 博客　　　　　　b. Flickr

c. 电子邮件　　　　d. 众包

试一试

访问 Twitter，确保你可以认出图 5-24 中术语的示例。

Source: 2015 Twitter

@ 用户名（@username）：Twitter 中每位用户的独有标志。

推文（Tweet）：由 140 个或更少字符组成的消息，其中包括文本和可选的照片 / 视频。

转推（Retweet）：由一名 Twitter 用户转发给他人的推文。

推广推文（Promoted tweet）：包含付费广告的推文，这些推文上有标签，用于区别其他非商业推文。

Twitter 流 / 时间线（Twitter stream/timeline）：推文列表。用户的主页时间线上显示了用户自己的推文和关注的用户推文。

关注（Follow）：确定你想要接收其推文的用户。

关注者（Follower）：关注你的推文的 Twitter 用户。

互相关注（Follow back）：Twitter 用户同时关注彼此。（比如苏关注了乔伊，乔伊也关注了苏。）

@ 提及（ @mention）：某人在一条推文中被提及，方法是在 Twitter 用户名前面加上 @ 符号。（例如在一条推文中 @ BillGates，这条推文会被广播给你的关注者，同时还会出现在比尔·盖茨的提及页面中。）

回复（Reply）：回复某条推文发出的信息，会自动在原始推文前添加 @ 符号以发给推文源用户。

话题标签（ #hashtag）：用话题标签标明相关键词，用于通过话题对推文进行搜索和分组，如 #ipadgames，在 Twitter 和其他社交媒体中都有使用。点击推文中的话题标签会显示其他带有该话题标签的推文。（可以在 www.hashtags.org 查看话题标签的目录。）

私信（DM）：类似电子邮件的直接发送的信息，由 Twitter 用户使用导航栏中的消息选项发送给该用户的任一关注者。

趋势（Trending）：在一段时间内流行的 Twitter 话题标签。

图 5-24　Twitter 术语

5.3.3　维基

如今已经转型的内容社区为用户生成的视频和图像提供服务。然而，一些最古老和最有生产力的内容社区依旧建立在基于文本的维基上。

什么是维基？ 维基（wiki）是一种 Web 协同应用程序，为贡献者发表、阅读和修改内容提供工具。例如，一名贡献者可能写作并发表了一篇关于狼的条目，该条目可被他人阅读和修改，对某一条目的修改情况会被记录，这使得社区可以查看更改、保存更改或恢复到之前的内容。

维基软件运行在维基服务器上，为内容的创建和编辑提供了工具。内容存储于维基服务器上的数据库中，同时存储的还有内容变更的列表。流行的维基软件（如 MediaWiki）是开源的，所以任何人都可以创建并管理一个公开或私有的维基。世界上最流行的维基是维基百科。

维基百科是怎样运转的？ 维基百科是一部在线的百科全书，它使用 MediaWiki 软件管理 294 种语言的超过 1.58 亿个主题页面。维基百科每天的浏览量超过 80 亿次，全世界的人们都在使用维基百科探求关于艺术、地理、历史、科学、社会和技术的真实信息。维基百科按主题编写，如狼、托尔金、伦敦、美国革命和滑板。

公众无须订阅或注册即可匿名访问、查看或编辑维基百科的页面，但维基百科鼓励参与者们注册维基百科社区，成为"维基人"（Wikipedian）。截至 2016 年，超过 125 000 名的参与者是常规贡献者。这些编辑者不仅贡献新的条目并对旧条目进行更新，他们还监管着各个条目，以确保内

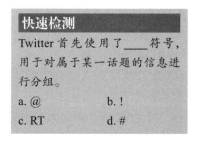

快速检测

Twitter 首先使用了＿＿＿符号，用于对属于某一话题的信息进行分组。

a. @　　　　　　b. !

c. RT　　　　　d. #

快速检测

为了保证条目不带有偏见，维基百科采用了＿＿＿政策。

a. NPOV　　　　b. NOR

c. RS　　　　　d. V

容质量符合维基百科的标准，并防止人为破坏。

维基百科的标准是什么? 维基百科致力于提供无偏见的、准确的、可验证的信息。维基百科鼓励内容的创建者和编辑者通过严格的标准对内容进行过滤，这些标准被内部人士称为NPOV、NOR 和 V。图 5-25 对这些标准进行了解释。

NPOV	**中立观点**（neutral point of view）：维基百科条目的内容应该用中立语言进行措辞和陈述，且不能带有偏见
NOR	**非原创研究**（no original research）：条目应该基于现有的公认知识。个人观点和原创研究是不妥当的
V	**可证性**（verifiability）：读者必须能够根据文本中包含的引用和结论中列出的引用，对照可靠的外部来源验证所有内容

试一试

打开一个维基百科的页面，说明图 5-26 中列出的各个部分的位置。

图 5-25　维基百科的内容策略

试一试

访问 http://en.wikipedia.org/wiki/Wikipedia:Tutorial，了解一下为维基百科做出贡献有多简单。

维基百科条目的元素有哪些? 维基百科的条目长度不同，但都包含图 5-26 所示的一系列标准元素。

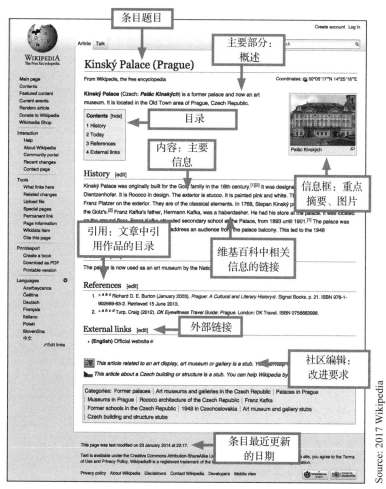

图 5-26　维基百科页面元素

Source: 2017 Wikipedia

其他维基百科选项卡中有什么？大多数维基百科的用户只会关注条目选项卡中显示的主页面，然而，其他选项卡中也包含有用的信息。举例来说，可以通过"编辑"（Edit）选项卡使用 Wiki 标记语言或 HTML 语言编辑条目内容，如图 5-27 所示。

条目（Article）：查看维基百科条目的主要内容

讨论（Talk）：查看并参与关于改进该条目的讨论，方便了解条目主题的背景结构

编辑（Edit）：修改条目或讨论页面的内容。被恶意破坏的页面可能会被锁定以防止更改

查看历史（View history）：查看对条目进行编辑的列表，便于确定添加或编辑内容的来源

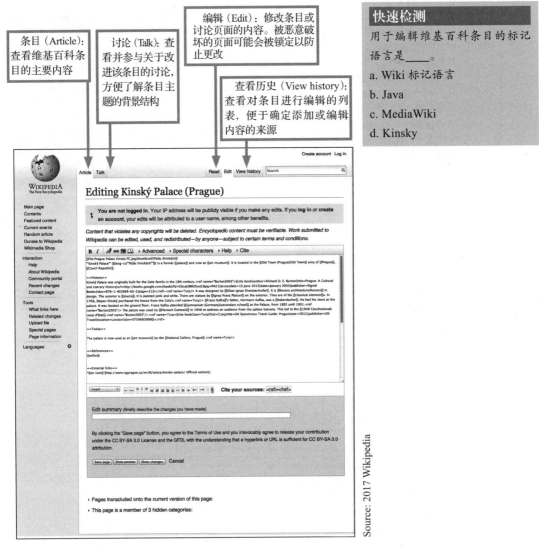

图 5-27　维基百科选项卡

关于使用维基百科的信息该知道些什么？因为任何人随时都可以编辑维基百科条目，关于维基百科信息的准确性和可靠性一直具有争议。有些条目包含错误信息并省略了重要数据，有时条目会被故意篡改。较老的维基百科条目会比新条目更为准确，因为它们已经经历了数次编辑。

在一些学术环境中，维基百科不是可靠的信息来源。图 5-28 中列出了一些在学术界使用维基百科的指导原则。

不要直接引用维基百科，不要在参考文献中列出维基百科条目，使用原始资料

在使用维基百科条目中的信息前进行交叉检查

不在将信息纳入研究论文之前，按照引文中的链接或使用谷歌来查找原始资料

切勿从维基百科条目的引用部分"抄袭"引文，仅当检查了源文档后时才使用引文

一定要使用维基百科以外的资源来深入研究主题

在提交论文、文章和其他学术作品前，查看将审查你的作品的导师或编辑提供的引用指南

图 5-28　维基百科学术使用指南

5.3.4　快速测验

1. ＿＿＿是相关博客的链接列表。

2. ＿＿＿阅读器会设置 feed，订阅你喜欢的博客，收集并显示最新发布的博文。

3. ＿＿＿表示 Twitter 话题。

4. 为贡献者提供发布和修改内容的工具的 Web 协同应用称为＿＿＿。

5. 维基百科条目不应该引用原创＿＿＿（NOR）。

5.4　D 部分：在线通信

当你想起社交媒体，你往往并不会第一个想到电子邮件和 Skype。但是，还有什么比实时和朋友回应或聊天更具有社交性呢？社交媒体提供了大量通信的选择。D 部分呈现了以便利、目的为导向的结构中的通信技术。

目标

- 将通信技术分类为同步、异步、公开或私有。
- 列出 Webmail 和本地电子邮件的优缺点。
- 解释术语*存储转发*和电子邮件的关系。
- 区分 IMAP 和 POP。
- 列出四个有助于降低在公用电脑上访问电子邮件的安全风险的步骤。
- 某人想在 Webmail 账户和本地账户之间转发电子邮件，请对该情景进行分析。
- 描述在线聊天的演变。
- 列出四种使用 VoIP 技术的服务。
- 解释有关 Snapchat 的争议及其使用社交媒体服务的意义。

5.4.1　通信矩阵

因特网提供了很多用于通信和协作的工具，并且这些工具逐日增多。可以根据一个四格矩阵对它们进行分类，如图 5-29 所示。

公共异步 博客 微博（Twitter） 论坛和讨论小组社交 媒体上的公开帖子	公共同步 聊天室 在线直播
私有异步 电子邮件 短信服务（SMS） 多媒体信息服务（MMS） 社交媒体上的私有帖子 Snapchat	私有同步 网络协议通话技术（Skype） 视频会议（WebEx） 即时通信（ICQ，AIM）

图 5-29 通信矩阵

同步通信和异步通信有什么区别？参考电子邮件和 Skype，你使用它们的方式不同是因为其中一个是同步的，而另一个是异步的。

同步。当各方都在线时，信息交换实时发生，此时通信是同步的。同步通信的优势在于直接性，它可以在你说话时就传达你的想法，也可以在事件发生时就传达该事件。电话、视频会议和直播都是同步的。

异步。在收信人准备好查看消息前，会一直保存消息，此时通信是异步的。异步通信提供了便利性，因为可以随时收集信息。但当你获得信息时，信息可能已经过期了。电子邮件就是异步通信的一个例子。

公共通信和私有通信的意义是什么？有时你想和特定的人进行通信，而有时你想同时和更多的人一起通信。网络为两种情况提供了工具。

公共。公共通信可以被他人访问，而创建信息的人可能并不认识访问者。发帖（posting）一词就和这种通信类型有关，因为它很像张贴广告牌、标语或海报。公共通信平台能很方便地向大众发布信息，如 Twitter 和博客。

私有。私有通信就是和你指定的一个或多个收信人进行通信。短信是一种流行的私有通信方式。收信人有限可能既是一种优点，又是一种缺点，这取决于你希望你的信息能够完成什么任务。然而要小心，私有消息可能会被收信人转发，所以它们不一定一直是私有的。

快速检测

电子邮件是一种____通信。

a. 同步　　　　b. 异步

c. 中介　　　　d. 公共

5.4.2 电子邮件

每天都有约 2250 亿封电子邮件信息在因特网上高速传播。你既可以使用 Webmail，也可以使用本地电子邮件系统来访问邮件。所使用的系统会影响你的安全性和隐私。

电子邮件到底是什么？术语**电子邮件**（email）既可以指一条信息，也可以指整个发送、接收和存储电子邮件信息的计算机系统和软件。一条**电子邮件信息**（email message）是指通过计算机网络发送的一份电子文档。

提供电子邮件服务的计算机和软件组成了**电子邮件系**

快速检测

图 5-30 中的邮件头表示该信息产生自____。

a. 一个 Yahoo! 账号

b. 一名 Facebook 用户

c. 一个 Gmail 账号

d. 一台 POP 邮件服务器

统（email system）。传统电子邮件系统的核心是**电子邮件服务器**（email server），即充当一群人的中央邮局角色的计算机。电子邮件服务器上运行有特制的电子邮件服务软件，为每名用户提供电子邮箱，将来信分入这些邮箱，并将外发邮件通过网络路由给其他电子邮件服务器。

电子邮件信息有标准格式，由邮件头和邮件正文组成。**邮件头**（message header）中包含发送者和接收者的地址、日期和主题。你所查看的电子邮件信息是简化版本，原有的邮件头更复杂，其中包含大量的路由信息，它显示信息的路径以及不同服务器是如何处理它的。如果你想确切地知道一条消息的来源或消息为什么被退回，就应该查看邮件头（如图 5-30 所示）。

试一试

打开一条你自己的电子邮件信息并查看邮件头。你能找到表示发送方安全检查的信息吗？

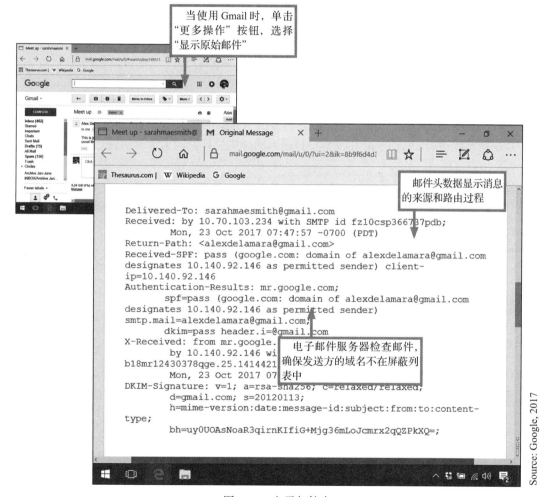

图 5-30　电子邮件头

Webmail 是如何工作的？　Webmail 通常是用浏览器访问的一种免费服务。在传统的 Webmail 配置中，来信存储于互联网中的收件箱中。当你想要阅读或发送邮件时，使用浏览器访问电子邮件提供商的网站并登录邮箱。对信息的管理、编写和阅读都在浏览器窗口中进行。当阅读或编写邮件时，通常必须保持在线（如图 5-31 所示）。

基于Web的服务器
处理邮件，并提供
用来编写和阅读邮
件的工具

Webmail服务器

可以用浏览器查
看存储在Webmail服
务器上收件箱中的
信息

访问因特网

当连接至因特网
时，在你的计算机
上运行浏览器

图 5-31　Webmail

Webmail 的优缺点有哪些？ Webmail 的账户很方便。它有很多优点，但同时也有一些需要用户注意的缺点。

价格合理。 大多数 Webmail 都是免费的。除了主账户以外，你还可以创建多个"一次性"账户，用于注册在线服务。

从任意设备访问。 用户能够从任何有浏览器的设备访问 Webmail。无论是智能手机、平板电脑、笔记本电脑还是台式机，你只需要打开浏览器就能登录 Webmail 账户。

从任意地点访问。 Webmail 是经常旅行的人的理想选择，因为你能从任意连接至因特网的计算机访问邮件。

安全风险。 你的邮件信息存储在 Web 服务器上，这使得信息可能会成为黑客的目标。在旅行时使用公用计算机访问电子邮件的确很便利，但是这也带来了安全风险。为了降低风险，你应该：

- 在登录电子邮件账户前重启计算机。
- 避免输入敏感信息，如你的信用卡账号，这是为了防止潜伏在公用计算机中的恶意软件记录你的按键。
- 确保使用完成后退出账户。
- 注销并关闭计算机。

广告。 免费的 Webmail 会受广告商赞助，所以要做好看到广告的准备。如今成熟的广告服务器会搜索来信内容中的关键词，并通过它们在你的浏览器窗口中显示定向广告。

本地电子邮件是如何工作的？ 当你使用**本地电子邮件**（local email）时，在启动邮件客户端接收邮件之前，基于因特网的电子邮件服务器会存储你的来信。信息会被下载到本地存储设备中的一个文件夹内，这个文件夹就相当于你的收件箱。这种通信技术有时被称为**存储转发**（store-and-forward）。

通过电子邮件客户端，你可以在空闲时阅读邮件。你同样可以编写新邮件并回复消息。外发邮件既可以临时存储于发件箱中，也可以被立刻发送。

用于管理来信的协议有 POP3（Post Office Protocol version 3，邮局协议第 3 版）和 IMAP（Internet Message Access Protocol，因特网消息存取协议）。POP3 会在下载之后从服务器中删除信息，而 IMAP 协议会保留服务器中的信息，直到你手动删除它们。SMTP（Simple Mail Transfer Protocol，简单邮件传输协议）处理外发邮件。

当设置本地电子邮件时，请记住这些协议，因为你指定的外发邮件服务器可能和接收来信的服务器不同（如图 5-32 所示）。

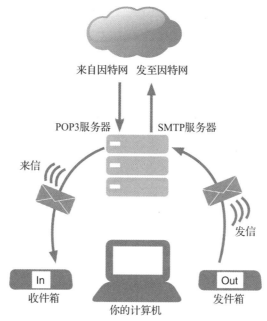

图 5-32　本地电子邮件

本地电子邮件有哪些优点？ 本地电子邮件有如下优点。

离线访问。 因为本地电子邮件在你的计算机中存储发件箱和收件箱，所以你可以离线编写和阅读邮件。你仅需要在线将发件箱中的邮件转发至电子邮件服务器，并接收来信。如果你使用的是拨号连接或偶尔才上网，这一特性将十分有用。

控制。 当你使用 POP3 接收邮件时，信息将转移至你计算机的硬盘中，这样你就能控制其访问权限。然而，你在控制权限的同时还要负责备份重要的电子邮件信息。

如何设置本地电子邮件？ 设置本地电子邮件的第一步是选择一个本地电子邮件客户端。Mac 中的电子邮件客户端名为 Mail。Microsoft Outlook 则是 Windows 中最流行的电子邮件客户端之一。

在安装电子邮件客户端之后，可以将其设置为你所使用的电子邮件服务。你的电子邮件提供商会提供相关的信息，其中包括如下内容：

- 你的电子邮件的用户 ID，这是你的电子邮件地址的第一部分。（如 AlexHamilton@gsu.edu 中，AlexHamilton 就是用户 ID。）
- 你的电子邮件的密码，访问邮件服务器时可能会需要。
- 外发（SMTP）服务器的地址，如 mail.viserver.net 或 smtp.charter.com。
- 来信（POP3 或 IMAP）服务器的地址，如 mail.gsu.edu 或 pop.media.net。

快速检测

哪种服务器处理外发邮件？

a. POP　　　　　b. IMAP

c. SMTP　　　　d. LOCAL

快速检测

当邮件被下载入图 5-33 所示的账户中时，服务器中发生了什么？

a. Sarah 收件箱中的信息被删除了

b. Sarah 的外发邮件被屏蔽了

c. 信息被转发至一个线上账户

d. 信息仍然保留在服务器中

- 外发和来信服务器的端口号，通常是 110 端口（来信）和 25 或 587 端口（外发）。
- 连接是否使用 SSL 安全性。

图 5-33 中显示了设置本地电子邮件账户所需的基本信息。

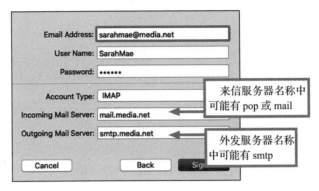

图 5-33　如何设置本地邮件

关于移动设备的电子邮件应用呢？ 移动应用中也有 Webmail 和本地电子邮件服务，如 Gmail、Apple Mail、Windows Mail 和 Microsoft Outlook。在移动设备中下载电子邮件应用就是说在你的智能手机或平板电脑中下载所需的客户端软件。

当打开电子邮件应用时，它会从你的电子邮件服务器的收件箱中收集最近的信息。这些信息会被临时复制到你的设备中以便阅读。信息的原始备份仍然保存在电子邮件服务器中。

当你使用移动应用删除信息或将其标为已读时，IMAP 协议通常会在电子邮件服务器中执行相同的动作。使用移动应用删除信息会同时删除服务器中的信息。有些电子邮件应用会提供自定义同步的菜单选项。你要确保理解了移动应用的同步设置，这样才不会误删稍后想访问的信息。

我能同时使用 Webmail 和本地电子邮件吗？ 可以。你可以以各种方式混合搭配使用 Webmail 和本地电子邮件。

使用本地电子邮件软件访问发送到你的 Webmail 账户中的信息。 如果你想离线编写邮件，或如果和 Gmail 这类 Webmail 服务的界面相比，你更喜欢 Outlook 这种本地电子邮件客户端的界面，这种方法就十分有用。

以 Gmail 为例，当你创建了 Gmail 账户后，可以打开设置，启用 POP 邮件，然后将你的邮件转发至本地客户端（如图 5-34 所示）。

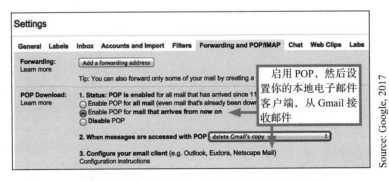

图 5-34　如何将邮件从 Gmail 转发至本地客户端

使用 Webmail 从 POP 服务器中收取信息。如果你有本地电子邮件账户但并不总是随身携带计算机，这种方法会很有用。你的本地邮件会被复制到 Webmail 账户中，所以当你在任意一台连接至因特网的计算机上登录时，你就能访问邮件。图 5-35 说明了如何将本地邮件转发至 Webmail 账户，图中以 Gmail 作为 Webmail 服务的例子，Media.net 是本地 POP3 账户。

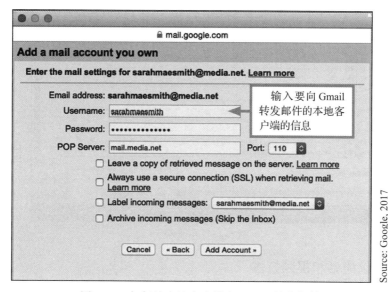

图 5-35　如何从本地客户端向 Gmail 转发邮件

5.4.3　在线聊天

当你想进行双向通信且电子邮件花费太长时间时，在线聊天服务会提供你所需要的技术。通过因特网传输同步文本、语音或视频的概念是即时通信的根源。

什么是即时通信？ 即时通信（Instant Messaging，IM）是一种同步、实时的技术，用于两个或更多人在线互相发送消息。这类似于电话，只不过参与者用打字代替了说话。在有些 IM 系统中，双方能看到对方输入的每个字。而更典型的系统中，接收方不会看到发送方输入信息的过程，必须等到输入完成时才能收到信息。

即时通信技术甚至在因特网对大众开放之前就已经出现在局域网中。随着因特网的发展，如 Yahoo!、MSN、AOL 和 Excite 这些在线服务也开发了 IM 系统。最开始这些系统都是私有的，这意味着信息不能从一种服务的 IM 客户端发送至另一种服务的 IM 客户端。最终，一些 IM 系统开始互相兼容。

IM 技术提供了一定程度的匿名性，因为输入的消息没有相关的语音或视频。这种匿名性导致了聊天室的流行，在聊天室中人们可以讨论各种话题而无须担心身份被发现，也不必为自己的言论负责。

快速检测

假设你一直使用 Outlook 作为电子邮件客户端，但是你决定换为 Gamil。你应该使用____中的工具从 Gmail 中收取全部邮件。
a. 图 5-34　　　b. 图 5-35

试一试

如果你使用 Webmail，花点时间查看你的转发设置，确保你的邮件没有被复制到某个未经授权的位置。你的邮件是否被转发到了某个本地或线上账户？

如今，用户的喜好已经转变为音频和视频的通信平台，但是 IM 作为电商网站的客服工具仍然十分流行，用户可以询问关于商品和服务的问题，然后获得帮助和支持（如图 5-36 所示）。

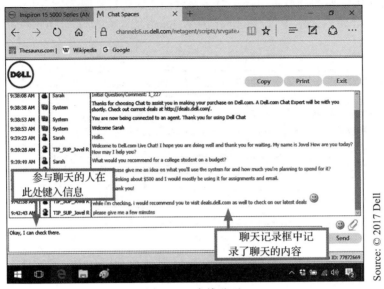

图 5-36 在线聊天

5.4.4 网络协议通话和视频技术

一名士兵从阿富汗使用 Skype 电话联系了家里，取得了和妻子聊天的宝贵时间；骄傲的父母使用 FaceTime 让祖父母第一眼看到了刚出生的婴儿；大学生不受长途电话费用的影响，与全球各地保持联系。如今的通信已经远非手写的书信和 20 世纪技术下昂贵的长途电话。

什么是网络协议通话技术？ VoIP（**网络协议通话技术**，Voice over Internet Protocol）是一种使用宽带因特网连接而非 PSTN 固定电话进行语音和视频通话的技术。如今的 VoIP 系统使用不同的通信协议。有些协议是开放标准，而其他的如 Skype、Google Hangouts、Snapchat 以及 FaceTime 使用的协议则是私有标准。因此，当安装和使用系统时，消费者有多种选择。

VoIP 技术非常适用于即时通信和同步通信，而对于视频通话，借用以前贝尔电话广告台词，它是"仅次于面谈的最好办法"。VoIP 同样也是 GoToMeeting 和 WebEx 这类商业视频会议应用的底层技术。

可以在不同设备之间进行语音和视频通话，包括笔记本电脑、台式机、平板电脑和智能手机。在移动设备上，VoIP 使用数据流，而非语音流。发起通话的人和接受通话的人必须使用同一种 VoIP 软件和服务。例如，发起 Skype 到 Vonage 的通话是不可行的。通话者通常都是在线的，但有些服务能够将通话路由到座机。

现在的 VoIP 系统是如何工作的？ 将语音交流和视频图像转换为数据包的软件使用的数

> **快速检测**
>
> 以下哪个不是即时通信的特点？
>
> a. 异步　　　　b. 基于文本
>
> c. 双向通信　　d. 聊天室

> **试一试**
>
> 你的数字设备可以使用哪种 VoIP 客户端？你倾向于仅在一台设备上使用还是在多台设备上使用？

> **术语**
>
> VoIP 也称因特网电话。

Source: © 2017 Dell

字技术类似于第 1 章中展示的技术。

　　每个数据包中都有一个 IP 地址。举例来说，如果你使用基于计算机的 VoIP 呼叫一个朋友，你朋友的 IP 地址就会被添加入数据包中。如果你呼叫一台座机或其他没有 IP 地址的终端，你的 VoIP 数据包中就会添加能使用座机或蜂窝信号塔将你的数据包路由至目的地服务的 IP 地址（如图 5-37 所示）。

图 5-37　VoIP 到座机

Snapchat 的意义是什么？ 一款叫作 Snapchat 的移动应用允许用户发送并接收照片和视频消息，这些照片及视频被称为"快照"。发件人可以指定允许收件人查看快照的时间段。一旦快照被查看后，它就会从接收方的设备中消失，并被 Snapchat 服务器删除。超过 30 天未查看的快照也会被服务器删除。据开发者声称，在快照被查看后就会"永久消失"。

　　实际上，存在很多种方法可以访问快照并进行无限制查看。发送查看后定时消失的图像的用户可能会惊讶地发现他们的快照可以被保存、复制，甚至被发布到社交媒体网站。

　　2014 年，联邦贸易委员会对 Snapchat 的欺诈行为提起诉讼。为了解决诉讼，Snapchat 同意停止欺骗性宣传，并采取措施保护用户隐私，同时发布了以下警告："……你可能知道，使用适当的取证工具，有时仍可以在删除数据后读取数据。所以……你知道的……在将任何国家机密置于自拍中之前，请牢记这一点:)"。

　　Snapchat 用起来很有趣（如图 5-38 所示），但就其对于联邦贸易委员会的解决方案的争议表明，在发布内容到社交媒体网站时需要谨慎行事。

1. 拍摄照片　　　　2. 设置定时器

图 5-38　Snapchat 定时器

5.4.5 快速测验

1. 在通信矩阵中，电子邮件是一种私有的、____ 的通信。

2. ____ 中的信息会追踪电子邮件信息从发送方到接收方的路径。

3. 本地电子邮件使用诸如 POP3 和____的协议管理来信。

4. 通过因特网传输同步文本、语音或视频的概念是____的根源。（提示：使用首字母缩写词。）

5. VoIP、Skype 和 FaceTime 都是____通信的例子，因为双方都必须同时在线。

5.5 E 部分：社交媒体价值观

社交媒体提供了大量的内容，范围从普通到特殊。这些社区中流动的大部分信息都属于微不足道的娱乐活动，但其中一些信息深刻地影响了人们的生活。尽管线上行为受到法律法规的影响，但仍然还有一套不断演变的关于线上自我约束的道德规范。在本节中你将了解更多关于这方面的信息。

目标

- 列出构成线上身份的元素。
- 描述马甲用于欺诈的 4 种途径。
- 列出在社交媒体服务允许的情况下，合理使用在线假名的三种情况。
- 解释为什么应该避免使用通用个人资料图片。
- 解释在线身份和在线声誉的区别。
- 列出五种损害在线声誉的因素。
- 列出四种处理网络欺凌的方法。
- 描述假扮者和分身之间的区别。
- 列出至少五种管理声誉的方法。
- 解释线上存在是如何对个人隐私产生威胁的。
- 分别定义六种社交媒体数据的类型。
- 列出第三方社交媒体应用带来的四个潜在问题。

5.5.1 身份

个人身份是我们将自己视为并定义为独特个体的方式。然而，这个身份可能并不是我们努力社交媒体资料中所展现的身份。一些学者担心社交媒体会鼓励人们构造假象，从而表达他们希望为他人所接受的身份，而非反映他们真实自我的身份。当你构造在线身份时要小心，因为社交媒体角色通常是面向大众的。创造反映你自身身份的线上资料时需要小心谨慎。

社交媒体身份由什么构成？ 在线身份不仅仅包括照片和简短的自我介绍。构成社交媒体身份的元素包括个人简介、构成关系的朋友圈，以及发布内容中提供的信息。所有这些元素构成了社交媒体身份，同时也揭示了一个人线下身份的蛛丝马迹。

第一印象有多重要？ 无论你是和老同学联系、和同事合作，还是攀登职业生涯的阶梯，在网上寻找你的人首先会看到你的社交媒体资料，它所传达的印象会影响后续的交流。举例来说，用户名就包含很多信息。一个亲切的名字可以传达良好的第一印象，而一个古怪的假名可能会起到相反的效果。

假名有多么普遍？ 一些社交媒体服务的使用策略要求用户使用其真名，而另一些服务则允许假名。无论服务的策略如何，在线身份并不总是真实的，认识到这一点很重要。如

BumbleBee532 和 CrossWalkTrekker 这种用户名很显然就是假名。但是如 BillGWillis 或 ShenikaLouisaEspinosa 这种看起来合理的用户名也有可能是假的。

据估计，接近 40% 的在线身份都是伪造的。其中一些假身份由那些不希望使用自己真名的人创建。垃圾邮件发送者控制着众多想要成为你的朋友的虚假身份，以便他们能以各种方式利用你的身份。虚假身份还被网络欺凌者、罪犯和跟踪狂用于各种恶意目的。**马甲**（sockpuppet，一种为达到欺骗目的而创建并使用的在线身份）的使用也很流行（如图 5-39 所示）。

马甲：一种用于欺骗目的的虚假身份，如：
· 规避在线组织的封号或禁言
· 为了暗中自我推销
· 用于犯罪身份盗窃
· 为了操纵线上投票

图 5-39　马甲简介

关于匿名呢？ 美国最高法院大法官约翰·保罗·史蒂文斯这样描述匿名的思想："匿名是群体暴政的屏障。因此，它佐证了人权法案，特别是第一修正案背后的思想：在容忍度不高的社会中保护不受欢迎的个体免受报复，以及他们的思想不受钳制。"

人们有很多合理隐藏身份的理由。举例来说，政治异议人士、权利滥用受害者和企业举报人等，可能无法以其真实姓名安全地在线进行交流。然而，只要在发表内容、照片位置和 IP 地址等方面进行一些侦查，真实身份同样也很容易被发现。

如果你决定通过使用线上假名来隐藏你的线下身份，要小心不要和其他人的合法身份冲突。

个人资料照片有多重要？ 大多数社交媒体网站会为没有上传个人照片的用户提供**通用个人资料图片**（generic profile image）。使用通用图片的用户通常是新用户或垃圾信息发送者。在线社区的成员通常会无视那些没有自定义头像的用户发来的好友请求或评论。图 5-40 中列出了在选择个人资料图片时要考虑的一些问题。

你的着装如何？

你的面部表情如何？

你手中拿着什么？

你在干什么？

你和谁在一起？

图 5-40　照片指导

个人简介展示了什么？ 大多数社交媒体个人资料中都包含一个简短的、公开的**个人简介**（tagline），它在 LinkedIn 中称为职业头衔（Headline），在 Facebook 中称为简介（Intro）。个人简介和个人资料照片共同构成了人们对线上身份的第一印象。个人简介不仅展示了个人信息，还能了解一个人的个性。然而，个人简介并不可信，它们可能是完全虚构的。

当创建个人简介时，要明白它是你公开第一印象的一部分，请谨慎用词。要使个人简介与网站和联系人相搭配，还要赋予其个性以传达你的独特性。

关于详细的个人资料呢？ 详细的个人资料通常只允许指定的联系人可见，这取决于用户的隐私设置。个人资料中包含用户的学历、工作经验、住址、家庭、技能、专业知识和志愿工作等细节。提供这些细节可以帮助社交媒体服务为你推荐具有相同兴趣的小组或用户。这些信息同样可能会被广告商和身份窃贼所滥用，所以要谨慎对待你所展示的信息。

5.5.2 声誉

当你未来的雇主想查看你的社交媒体账号时，你会恐慌吗？或是你有一套管理完备的社交站点，能够毫不迟疑地拿出来和大家分享？"从今天开始，你就是一个品牌。"这是《追求卓越》的作者汤姆·彼得斯的建议。这个说法在线上显得最为真实。你的在线身份需要你细心培育并保持警惕。维护你的在线声誉可以保证你的线上存在能准确反映你的线下身份。

在线声誉有多重要？ 在线声誉（online reputation）是对线上角色产生的印象，它涉及他人认识一个人的在线身份的方式，而不是一个人定义自己的方式。

一个人的在线声誉能用于衡量是否接受他的好友请求，以及他的推特是否值得关注。在线声誉也有助于衡量一个人的评论、评分和发布内容的权威性。

在线声誉会影响现实生活。良好的在线声誉能带来工作、合作项目和其他的机会。而不良的在线声誉会带来惨重后果，这种例子在数字世界比比皆是，如 Classmates.com 上求职者尴尬的春假照片、一名饱受网络欺凌者攻击的高中生的 Facebook 主页、知名运动员发表的具有攻击性的推文，以及著名政治家短信中的不雅照片。

什么会损害在线声誉？ 企业主管教练史蒂夫·托巴克（Steve Tobak）称，"你在因特网上做的所有事情就像是你在深夜文上的一个无法擦除的文身。"很多因素都会对一个人的在线声誉造成负面影响。

错误。 一个人可能会在不经意间发表错误的、不明智的或可能被误解的信息、评论、照片或个人资料。这种内容可能会损害发布者的声誉，进而影响公众舆论。

诽谤。 传播损害他人声誉的虚假陈述的行为称为**诽谤**（defamation）。在很多国家，诽谤都是非法的。

网络欺凌。 使用因特网等信息技术故意伤害或骚扰他人的行为称为**网络欺凌**（cyberbullying）。网络欺凌的目的通常是损害目标的声誉。处理网络欺凌的建议包括不回复、删除内容以及屏蔽肇事者，如果你决定向有关部门投诉，可以保存截图。

假扮。在未经他人同意的情况下，以伤害、欺骗或恐吓为目的故意使用他人的姓名或头像的行为称为**假扮**（impersonation）。假扮者会进行损害声誉的活动，例如发表有害评论。

分身。线上**分身**（doppelganger）是使用相同名称或用户名的两个或多个在线角色。分身的角色有时会被误认为是彼此，它们的声誉可能会令人混淆不清。

一个人在线声誉的构成因素有哪些？在线声誉包括很多影响在线身份认知的因素，其中有社交媒体网站上的用户资料、朋友列表、关注者列表、发布内容、评论、提及、照片标签和博客文章等。同样还有个人网站、网页、出版物以及存在于网络中的其他原创作品。此外，可能还包括跟踪在线活动的数据，如购买和下载记录。

有些构成在线声誉的因素由控制线上角色的本人来创建和管理，而其他数据由此人的朋友和关系构成。还有些数据由第三方进行汇总，如信用评分和购物记录。图 5-41 中总结了在线声誉中的元素。

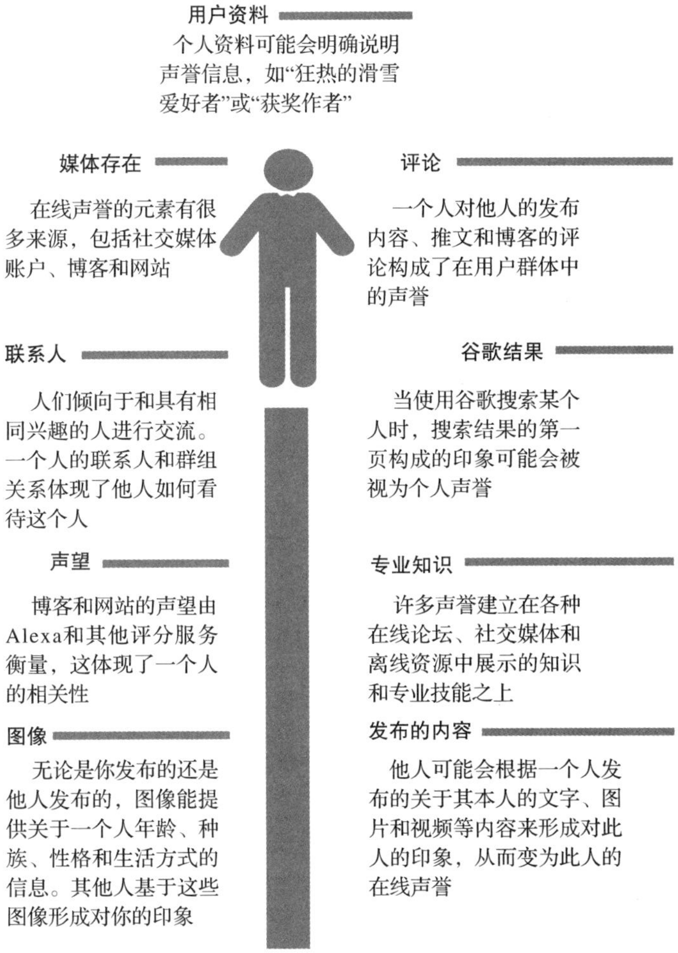
用户资料
个人资料可能会明确说明声誉信息，如“狂热的滑雪爱好者”或“获奖作者”
媒体存在
在线声誉的元素有很多来源，包括社交媒体账户、博客和网站
评论
一个人对他人的发布内容、推文和博客的评论构成了在线用户群体中的声誉
联系人
人们倾向于和具有相同兴趣的人进行交流。一个人的联系人和群组关系体现了他人如何看待这个人
谷歌结果
当使用谷歌搜索某个人时，搜索结果的第一页构成的印象可能会被视为个人声誉
声望
博客和网站的声望由Alexa和其他评分服务衡量，这体现了一个人的相关性
专业知识
许多声誉建立在各种在线论坛、社交媒体和离线资源中展示的知识和专业技能之上
图像
无论是你发布的还是他人发布的，图像能提供关于一个人年龄、种族、性格和生活方式的信息。其他人基于这些图像形成对你的印象
发布的内容
他人可能会根据一个人发布的关于其本人的文字、图片和视频等内容来形成对此人的印象，从而变为此人的在线声誉

图 5-41 在线声誉解构

快速检测

在线身份和在线声誉有什么区别？

a. 你的在线身份是你如何看待你自己，而你的在线声誉是他人如何看待你

b. 你的在线身份比你的在线声誉包括的内容更为广泛

c. 你的在线声誉构建于社交网站之上，而你的在线身份在线下产生

d. 二者完全一样

管理在线声誉的最好办法有哪些？管理在线声誉的关键是保持警觉。就像你学习使用社交媒体工具联系朋友和同事一样，学习如何使用不断发展的工具集来理解和管理你的在线声誉非常重要。图 5-42 中说明了管理声誉的基本工具和技术。

管理你的好友列表。不要急于扩大你的好友数量而接受由垃圾信息发送者操纵的随机用户的好友申请。

搜索你的名字，并记录任何可能损害你声誉的搜索结果。

使用Google Alerts来收取发布的关于你的信息。

调整你的社交媒体账户的设置，当你在图片或视频中被标记时可以获得通知。

不要让你的在线身份空置，定期发布内容。

定期检查你的社交媒体网站，确保它们没有被身份窃贼所利用。

保持在各个网站中一致的用户名和身份，尤其是那些对公众开放的网站。

删除有损你预期线上形象的内容、评论、照片和博客文章。

推送足够多的正面信息到谷歌搜索结果顶部，以遮盖与你相关的负面内容。

分离你的专业网站和个人网站，并为二者保留适当内容。

考虑购买含有你真实姓名的域名。

创建所有流行社交媒体网站的账户，使他人无法在上面假扮你。

管理民间讨论。民主倡导言论自由，但是仍然有法律和文化约束。在所有社交网站中，你都必须警惕有关合法言论和不合法言论的规定。

试一试

图 5-42 中列出的哪些项最有助于你管理在线声誉？

图 5-42　管理声誉的最好办法

5.5.3　隐私

1890 年，摄影技术刚刚出现，记者在未经拍照对象同意的情况下拍摄并发表了耸人听闻的照片。这种违规行为促使两名年轻的律师呼吁法律的制定要跟上新技术发展的步伐。其中一名律师于 1916 年被指派到最高法院，法官路易斯·布兰代斯（Louis Brandeis）成为隐私权的坚定捍卫者，并为今天的隐私法界定了先例。

究竟什么是隐私权？用布兰代斯法官的话来说，**隐私**（privacy）是"不受干扰的权利"。通常对隐私的期望包括免受侵入式监视，以及希望个人可以控制其自身的**个人身份信息**（Personally Identifiable Information，PII），以限制何时可以对其进行识别、跟踪或联系。

虽然互有交叉，但隐私不同于安全性。安全性指我们保护自身和自身财产的方式。而隐私是我们控制访问个人信息和活动的能力。安全性像是你家大门的锁，而隐私则像是卧室窗户的窗帘。

为什么隐私如此重要？你可能会认为你没有什么可以隐藏的，所以隐私权并不重要。你可能乐于和朋友甚至大众分享你生活的细节。但是请问问自己：你愿意将你的社交媒体密码交给任何一个想要你密码的陌生人吗？如果你的答案为否，那么隐私就对你很重要。

有点讽刺的是，你需要密码来访问自己的社交媒体账号，但营销机构、第三方应用开发者和各种数据收集程序不需要密码就可以访问它们所持有的信息。

尽管美国宪法没有明确将隐私定义为一种权利，但宪法中的文字表明了隐私的重要性。根据众多法律学者所言，隐私的重要性超过了个人权利，它是自由和民主的一种基本概念。

朱莉·E.科恩（Julie E. Cohen）在《哈佛法律评论》的文章"What Privacy Is For"中称，"……隐私是自由民主政治制度中不可或缺的结构性特征。无论是公开监视还是私人监视，不受监视都是批判性自我反思和公民知情能力的基础。其次，隐私也是创新能力的基础……一个重视创新而无视隐私的社会往往处于危险之中，因为隐私也保护了创新出现的表演和实验过程。"

什么是隐私政策? 大多数社交媒体站点都有书面的**隐私政策**（privacy policy），其中陈述了将如何处理个人身份信息，包括存储方式和存储时间。隐私政策可能长达数页，但很值得一读，你可以得知你期望的隐私权是否与服务提供的隐私保护相符合。即使你没有阅读整个政策，但应该尝试确认你的数据将如何被如广告商等第三方所使用。同时检查你发布的内容、照片和其他的媒体信息是否属于自己，还是它们的产权会属于该社交媒体服务。

快速检测

隐私权是＿＿＿。
a. 由美国宪法明确保护
b. 和个人安全一样
c. 一种普遍持有的期望
d. 由在线社区的隐私政策所描述

隐私政策会改变，这些改变通常会提供更少的隐私保护。当你收到隐私政策变更的通知时，查看你的账户设置。变更的结果通常是之前私有的数据可能会变为公开。

用户在哪里查看隐私设置? 隐私设置通常包含在通用账户设置中，可以从菜单栏或账户图标访问。图 5-43 中说明了 Facebook 用户可用的隐私设置。

Source: Facebook © 2017

图 5-43　定期查看你的隐私设置

有没有隐私级别? 有些数据适合公开发布，有些数据只适合同事查看，另一些数据可能只适合朋友，而其他数据需要保密。维护在线隐私的关键在于了解社交媒体服务所收集数据的不同类型以及适合每种类型的隐私级别。计算机安全专家布鲁斯·施奈尔（Bruce Schneier）设计了社交媒体数据的分类，如图 5-44 所示。

快速检测

根据图 5-44 中的表格，他人发布的关于你的信息是＿＿＿。
a. 服务数据　　b. 披露数据
c. 委托数据　　d. 附加数据

服务数据（Service data）	当你进行注册以便使用社交媒体服务时所提供的数据。这类数据可能包括你的真实姓名、年龄和信用卡账号
披露数据（Disclosed data）	你在自己的页面中发布的信息。这类信息包括博客文章、照片、信息和评论
委托数据（Entrusted data）	你在他人的页面中发布的信息。这类信息和披露数据中的信息相同，但一旦你发布之后，你就无法再控制这些数据
附加数据（Incidental data）	他人发布的关于你的信息。和委托数据一样，你无法控制它们
行为数据（Behavioral data）	由社交媒体服务基于你的习惯、网站使用、发布内容和关系收集的数据
衍生数据（Derived data）	从所有其他数据衍生而来的关于你的数据。例如，如果你的很多朋友都表明自己是同性恋，你的衍生数据可能也会将你标为同性恋

图 5-44 社交媒体数据分类

试一试

对图 5-44 中的每种数据类型，考虑你是否有通过隐私设置或其他方式控制它们的办法。

快速检测

使用第三方社交媒体应用的风险是什么？

a. 它们会出现很多错误

b. 它们会访问用户社交媒体账户中的数据

c. 它们会更改用户的个人资料数据

d. 它们无法被删除

个人信息是如何失控的？ 数据“失控”指的是数据脱离了适当的隐私设置并以某种方式被公开。一些个人身份信息（如照片或在 Facebook 中发布的信息）可能会因用户主动选择或误选而被公开。个人身份信息也可能会因他人的行为而被公开。最常见的数据失控原因包括：

- 用户将其全局隐私设置变更为公开。
- 用户在发布一条信息时将其指定为公开。
- 社交媒体服务隐私政策的改变导致之前私有的信息变为公开。
- 用户忽视了社交媒体服务隐私政策的变更。
- 发布的信息被公开转发。
- 第三方社交网络应用对用户使用应用时收集的信息进行重新分发。

社交媒体应用的风险如何？ 第三方应用是和社交网络服务交互的外部程序，如“钻石爆爆乐”等第三方游戏允许你和 Facebook 好友分享胜利，WhatsApp 会和 Facebook 附属公司共享用户手机号和行为数据。

现在有数百个第三方社交媒体应用，它们都有一个共同点：它们都从社交媒体个人资料中收集信息，包括个人数据和联系人列表。

第三方应用会在如下方面影响你的隐私：

- 收集的数据可能不会使用安全渠道传输。
- 可能会收集过量的个人数据。
- 可能会收集关于你的联系人的数据。
- 收集到的数据可能不会受到与其访问的社交网络服务相同的隐私政策保护。

第三方应用访问的数据量取决于你的隐私设置，以及当你注册使用该应用时所赋予的访问权限（如图 5-45 所示）。

我能监视社交媒体应用吗？ 一旦赋予第三方应用访问权限，在你取消之前该权限都有效。带有相关第三方应用程序的主要的社交网络服务都提供有关允许访问用户账户的应用程序信息。确保查看了你的社交媒体账户的设置，并移除不再使用的应用（如图 5-46 所示）。

在安装第三方应用之前，慎重对待它要从你的社交媒体账户中收集的数据

图 5-45　应用可能会要求访问你的社交媒体资料

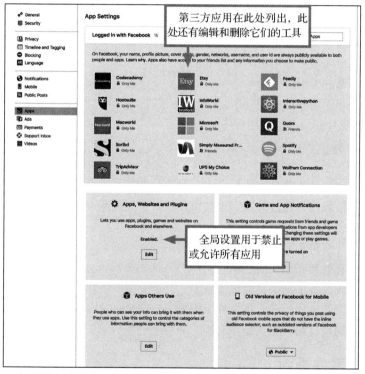

在"设置"菜单访问 Facebook 的第三方应用设置，它是 Facebook 工具栏右上角的一个下拉列表

图 5-46　管理你的第三方应用

5.5.4　快速测验

1. _____ 是一种用于欺骗目的的虚假身份。

2. 在线_____ 是一个人在社交媒体网站和其他基于因特网的环境中定义其本人的方式。

3. ____的目的通常是通过骚扰来损害一个人的在线声誉。

4. 个人____信息由可用于搜索、跟踪或联系一个人的细节信息组成。

5. 用户在注册时提供给社交媒体服务的数据称为____数据。

软　件

在数字世界中，任何不是硬件的东西都是软件。软件的领域包括应用程序、操作系统和文件。第 6 章探讨了这些不同的软件元素。

应用所学知识

- 确认软件或应用程序能否在特定的数字设备上运行。
- 先理解软件许可证的条款再接受它们。
- 识别出安装在数字设备上的操作系统。
- 识别出 Windows、Mac OS、iOS、安卓和 Chrome 操作系统中的关键桌面元素。
- 识别出资源部分文件，并在将 Mac 文件复制到 Windows 时处理它们。
- 使用具有一个或多个虚拟机的计算机。
- 访问并使用 Web 应用程序。
- 寻找、下载和安装移动应用程序。
- 在 PC 上下载并安装本地应用程序。
- 在 Mac 上下载并安装本地应用程序。
- 卸载软件。
- 使用文字处理软件的特色来输入文本、改善你的写作，并产生适当的格式化输出。
- 使用电子表格软件，通过公式、函数以及相对引用或绝对引用来创建假设分析。
- 识别数据库表中的字段和记录。
- 创建一个包含演讲者笔记的基本演示文稿。
- 为文件选择有效和有意义的名字。
- 根据其名称或设备字母识别存储设备。
- 遵循文件管理的最佳实践，将文件组织成一个合理的文件夹结构。
- 将文件发送到垃圾箱，永久删除它们，并将它们粉碎。

6.1　A 部分：软件基础

你从来没有真正购买软件，而只是获得使用它的许可证。那么这是如何工作的呢？ A 部分首先概述了软件的基本要素，然后重点介绍软件被分发和许可的方式。

目标

- 绘制一个层次图，说明三个主要类别的软件及其子类别。
- 说明获得软件的四个最佳实践。
- 区别软件更新和软件升级。
- 列出软件行业常用的四种定价模式。
- 解释为什么大多数软件都有许可证。

- 描述专有软件和公共域软件之间的差别。
- 列出并描述三种类型的商业软件许可证。
- 创建一个表格，比较免费软件、试用软件和共享软件。
- 说出两个流行的开源软件许可证的名字。
- 列出四种避免虚假移动应用的方法。

6.1.1　基本要素

在该术语最广泛的含义中，*软件*是指一个数字设备的所有非硬件组件，这些组件包括数据文件以及包含程序代码的文件。然而，在常见的使用中，术语*软件*用于计算机程序，例如操作系统和应用程序。让我们先看看为数字设备提供多样化功能的软件产品。

软件分为哪些主要类别？ 网络中存在着数百万的软件名。在搜索新软件遇到过多选择时，建立一个如图 6-1 所示的类别框架是有帮助的。

系统软件

操作系统
用于控制数字设备的内部操作。
Windows
Mac OS iOS
Linux
Android
UNIX
Chrome

设备驱动
用于数字设备彼此通信。
打印机驱动
视频驱动

实用程序
用于文件管理、安全、通信、备份、网络管理和系统监控。

开发软件

编程语言
用于编写程序。
C　　BASIC　　Java
Fortran　C++　　C#
Scheme　Objective-C

脚本语言
用于编写脚本、创建网页和查询数据库。
HTML　JavaScript
PHP　　Python
Ruby　　SQL

质量保证工具
用于测试软件。
调试器
负载测试
安全测试

应用软件

专业工具
用于自动化工作和家庭办公中的专业活动。
桌面出版
平面设计
特殊效果

教育软件
协助教室学习和远程学习中的学生和教师。
教程
课件
学习管理系统

个人财务软件
用于管理银行账户、准备税金、退休计划和其他财务事宜。
税务准备
银行应用
贷款计算器

娱乐软件
用于访问媒体和玩游戏。
电子书阅读器
游戏
媒体播放器
媒体编辑器

生产力软件
用于自动化那些以前使用传统技术（如笔和纸、打印机、计算器和幻灯片放映机）执行的任务。
文字处理软件
电子表格
演示　日历
联系人管理

参考软件
用于访问特定主题领域的信息。
旅行　体育
医疗　爱好
生活方式
地图　新闻
天气　购物

社交媒体软件
访问和使用社交媒体服务，如Facebook和WordPress。
社交分析
仪表盘
营销

商业软件
用于自动化核心业务功能。
会计　　库存管理
账单　　数据库
销售点　销售队伍
管理评估

图 6-1　软件类别

软件的类别是通用的吗？ 并不是。软件分类没有通用的标准，但各种分类方案有很多相似之处。例如，Google Play 使用和苹果应用商店以及亚马逊不同的分类集，但也有相似之处。找出图 6-2 中展示的在线商家软件类别中的相似之处和不同之处。

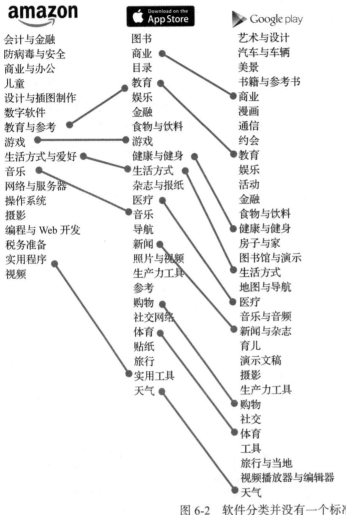

图 6-2　软件分类并没有一个标准

台式机和笔记本电脑上最重要的应用是什么？ 大多数数字设备都预装了应用程序。其中一些软件应用被包含在内，是因为软件开发人员已经与设备供应商达成协议，其他的应用更为重要。

台式机和笔记本电脑需要带有文件管理器的操作系统，以便用户可以查看和操作数据文件。一套基本的系统实用程序包括安全和防病毒软件、网络管理工具、浏览器以及用于鼠标、键盘、显示设备、打印机和其他外围设备的设备驱动程序。应用软件方面，大多数台式机和笔记本电脑用户都需要一套办公套件，其中包含用于文字处理、电子表格操作、幻灯片演示和日程安排的生产力软件。

哪些是移动设备的必要应用？ 移动设备的使用一般与

台式机和笔记本电脑有所不同，因此其软件配置略有不同。

移动设备需要一个操作系统以及一些实用程序来调整系统设置和访问网络，其他的基本工具包括浏览器、摄像头控件和语音集成。因为文件往往是由每个应用程序自行存储和检索的，所以用户几乎不需要实用程序来访问文件管理系统。另外，由于移动设备主要用于浏览内容，而不是创建内容，所以办公套件不在必备列表的顶部。相反，移动设备往往会被娱乐应用、游戏和社交媒体服务所占据。

图 6-3 列出了台式机、笔记本电脑和移动设备的核心软件组合。

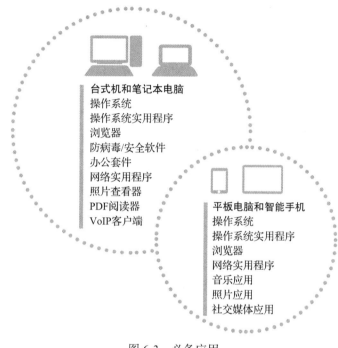

图 6-3　必备应用

6.1.2　分发

虽然有离线的软件源，但是大多数消费者都是在线获取软件，可以从开发者或软件聚合器那里直接下载软件。

一个典型的软件应用有哪些组件？ 一个软件应用可能包含一个**可执行文件**（executable file），或者可能由许多可以一起工作的独立文件组成。一个可执行文件包含一个可以在微处理器内逐步执行的计算机程序。专门为 PC 设计的可执行文件通常具有 .exe 文件扩展名，而 Mac 的可执行文件具有 .app 扩展名。

为了准备分发软件，通常会将分发文件压缩或打包成一个可以通过因特网轻松下载的单元。

软件的最佳来源是什么？ 软件可能包含病毒和其他恶意软件，因此消费者应该仅从可信来源下载新应用。主流应用程序商店（如 Google Play 和苹果应用商店）制定的政策阻止了有害的程序，但它们从未保证应用程序不包含恶意软件。在这些网站上检查用户评论和评分始终是一种很

> **快速检测**
> 以下哪一项不是可执行文件？
> a. Notepad.exe
> b. Textedit.app
> c. Spreadsheet.dat
> d. Virus.exe

好的做法，以避免下载风险较大的应用以及设计不佳的应用。

软件下载网站，如 CNET Downloads 和 FileHippo，提供来自多位开发人员的应用程序。这些软件商店的重点是台式机和笔记本电脑的应用程序。通过谷歌搜索免费软件会出现许多网站，但要小心，其中一些网址充斥着广告和间谍软件，即使你没有下载任何东西，也会感染设备。

软件开发人员通常有一个分发软件的网站。成熟的开发人员倾向于提供值得信赖的产品。与小型供应商打交道时要小心。必须始终确认支付交易是通过安全的 HTTPS 连接处理的，如果你怀疑网站运营商的诚信，请考虑使用 PayPal 而不是信用卡。

系统要求有多重要？ 系统要求（system requirement）指定了软件产品正常工作所需的操作系统和最低硬件需求。这些要求在下载网站上列出，值得一看。它们将帮助你确定软件是否与你的设备兼容以及需要多少存储空间（如图 6-4 所示）。

图 6-4　下载前查看系统要求

什么是更新和升级？ 软件发行商会定期发布软件产品的新版本，这称为**软件升级**（software upgrade）。每个版本都带有一个版本号，例如 1.0 或 2.0。升级到新版本通常需要费用，但通常比购买现成的新版本要便宜。

一个**软件更新**（software update）（有时称为软件补丁）是一小部分程序代码，用于替换当前安装的软件的一部分。术语**服务包**（service pack）通常适用于操作系统更新，指一组更新。更新和服务包旨在纠正问题并解决安全漏洞，它们通过修订编号（如 2.101）进行区分。软件更新和服务包通常是免费的。

有哪些可用的付款方式？ 可以在各种定价模式下获得软件。一个或多个定价计划的可用性取决于软件供应商。

一次性购买。 获取软件的传统方式是通过一次性购买，消费者为许可证支付一定量的费用，就可以无限期使用该软件。一次性购买的定价模式的优点是没有额外的费用，除少数更新之外，软件与购买时基本保持一致，软件在其生命周期中的外观或工作方式不会有什么突然的变化。

订阅。 订阅定价模型是一种既定的分配方法，消费者按月或按年支付使用该软件的费用。消费者能从中受益，因为更新和升级通常包含在定价中。消费者在使用订阅服务时必须保持警惕。当订阅失效时，软件可能会停止运行。有些供应商允许以前的客户启动软件并查看文件，但不允许进一步修改这些文件。另外，信用卡信息存储在供应商的网站上，也容易受到黑客攻击。

试用。 第三种定价模式允许消费者在免费试用期间使用软件产品。试用版可能功能完善，也可能功能受限。试用期结束后，需要以一次性购买或订阅的形式付款。这一定价模式对于预装在新设备上的软件应用程序很常见，例如防病毒实用程序、游戏和天气应用。

免费增值模式。另一种流行的软件定价模式可免费使用精简版或基本版的产品，但需要为升级功能付费（如图6-5所示）。

试一试
访问微软的网站，了解哪些定价模式可用于 Microsoft Office。

图 6-5　免费增值模式

6.1.3　软件许可证

购买软件与购买那些可直接由消费者购买的有形商品（如手套、椅子和鞋子）并不相同。一旦被购买，有形商品可以被使用、改变、借给朋友、转售或者赠与。相比之下，软件"购买"实际上是一个可能包含某些限制的许可协议。一些许可证的限制比其他许可证更低，所以它们的条款是选择软件时要考虑的因素。

为什么是软件许可？ 一个**软件许可证**（software license）或许可证协议，就是一个定义计算机程序使用方式的法定合同。这些许可证有时被称为 EULA（End User License Agreement，最终用户许可协议）。软件被许可的原因与版权有关。

像书籍和电影一样，软件是一种知识产权。软件著作权保护开发知识产权的个人或公司的权利。大多数软件会在屏幕上显示版权声明，如 ©2018 eCourse Corporation。但是，这一声明不是法律要求的，因此没有版权声明的程序仍受版权法保护。

版权授予软件产品作者复制、分发、出售和修改该作品的专有权。购买者除非在图6-6中列出的情况下，否则没有这种权利。

 购买者有权将软件从分发媒体或网站复制到设备的内部存储介质中进行安装

 购买者可以制作额外的软件副本，或对其进行备份，以防原始拷贝被删除或损坏——除非备份过程要求购买者打破旨在禁止拷贝的拷贝保护机制

 购买者可以复制和分发软件程序的各个部分，以用于分析和教学

图 6-6　何时可以合法复制软件

在没有版权保护的情况下，软件将被复制并由未经授权的团体分发，而不会对作者进行补偿。尽管这种情况听起来会对消费者有益，但是这阻碍了创新，从长远来看，降低了对技术支持和升级的积极性。

版权通过对其使用施加一系列限制来保护软件产品。版权所有者可能想要添加或删除其中的一些限制，软件许可提供商可以提供进行这种修改的方式。

在哪里可以找到软件产品的许可证？ 大部分法律合同都要求在合同条款生效之前签名。对于软件，这个要求变得很难做到——想象一下，你必须签署许可协议并将其返还才可以使用新应用程序。为了规避签名要求，软件发行商使用了基于屏幕的许可协议。

许可协议在安装过程中显示。通过单击我同意按钮，你就同意了许可协议条款（如图 6-7 所示）。

快速检测

假设你为你的智能手机下载了一个免费的应用程序，其主屏幕上没有版权声明。你可以做出什么假设？

a. 该软件受版权保护

b. 该软件是盗版的

c. 该软件有病毒

d. 该软件有缺陷

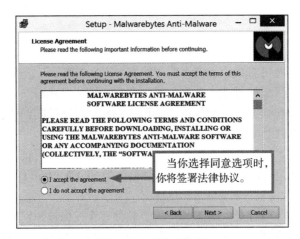

图 6-7　查看许可协议

什么是最常见的软件许可类型？ 从法律角度看，有两类软件：公共域软件和专有软件。**公共域软件**（public domain software）不受版权保护，因为版权已过期或作者已将程序置于公共域，使其可以不受限制地使用。公共领域软件可以被自由复制、分发，甚至转售。公共域软件的主要限制是你不能申请版权。

专有软件（proprietary software）对其使用做出了限制，版权、专利或许可协议规定了其使用范围。有些专有软件是商业性的，而有些是免费的。基于许可权，专有软件被分发为商业软件、免费软件、试用软件或开源软件。

什么是商业软件？商业软件（commercial software）通常销售给零售店或网站。大多数商业软件许可证严格遵守版权法规定的限制，但它们可能允许软件一次安装在多个设备上。

大多数商业软件是在**单用户许可证**（single-user license）下分发的，即一次只能限制一个人使用。但是，一些软件

快速检测

假设学校的计算机实验室提供可从任何实验室计算机访问的高端体系结构软件，但最多五名学生可以在任何给定时间使用它。它拥有什么样的许可证？

a. 单用户许可证

b. 定点许可证

c. 多用户许可证

d. 盗版许可证

发布商向学校、组织和企业提供批量许可证，如定点许可证和多用户许可证。

　　定点许可证（site license）的价格通常为固定费率，并允许软件在特定位置的所有计算机上使用。**多用户许可证**（multiple-user license）根据副本个数进行定价，并允许同时使用多个分配的副本。

　　什么是免费软件？ 免费软件（freeware）是受版权保护的软件，正如你所期望的那样——它可以免费使用。它功能齐全，不需要支付使用费用。免费软件许可证允许你使用该软件、复制该软件并把它分发出去，但该许可证不允许你更改或销售该软件。许多实用程序、大多数设备驱动程序、许多移动应用程序和一些游戏均可作为免费软件提供。

　　什么是试用软件？ 某些专有软件可作为试用版本提供，有时称为试用软件。**试用软件**（demoware）免费发布，并经常预装在新设备上，但在你付费之前，它的使用在某种程度上受到限制。

　　试用软件发行商可以使用各种技术来限制软件的使用，如它可能会在到期前的一定天数内保持正常运行并要求付款，可能每次启动的时候它只能运行有限时间，如60分钟，可能对试用软件进行设置，以便你只能运行有限次，也可能禁用关键功能（如打印）。

　　试用软件发行商通常会采取措施阻止用户卸载并重新安装试用软件以规避时间限制。想要解锁完整版本的用户可以通过链接访问软件发行商的网站并使用信用卡购买激活码。输入激活码后，可以重新启动并使用软件，不会再有中断。

　　激活码是如何工作的？ 产品激活（product activation）是一种通过要求用户在使用软件之前输入产品密钥或激活码来保护软件免遭非法复制的手段。激活通常是软件安装过程的一部分，但也可能在试用软件时发生。未能输入有效的激活码将阻止程序启动。可通过检查在线数据库来验证激活码或将它用于创建散列值。

　　通过在线数据库检查激活码可确保你输入的激活码以前未使用过。如果激活码是重复的，那么该软件副本的许可证正在被其他人使用，你必须打电话给客户服务部门以解决问题。

　　散列值（hash value）是从编码一个或多个数据集（例如名称、序列号和验证码）中导出的唯一号码。产品验证可以根据验证码和设备的内部序列号创建散列值，从而将软件及其使用有效地绑定到一个特定设备。

　　共享软件与试用软件一样吗？ 共享软件（shareware）是在试用购买政策下销售的受版权保护的软件。共享软件被设想为独立程序员的低成本营销和分发渠道。共享许可证通常会鼓励人们复制软件并将其分发给其他人。

　　复制——被商业软件发行商认为是一件坏事——可以发挥共享软件作者的优势，但前提是用户为产品付费。不幸的是，许多共享软件作者只收取了他们应得的编程费用的一小部分。共享软件和试用软件之间的区别在于，共享软件通常没有内置那种当消费者切换到付费版本时将被删除的限制。

　　什么是开源软件？ 开源软件（open source software）使未编译的程序指令——源代码——可用于想要修改和改进软件的程序员。开源软件可以以编译的形式免费销售或分发，但它必须在任何情况下都包含源代码。

　　Linux是开源软件的一个例子，Blender和FileZilla等程序也是如此。LibreOffice——一个全功能的生产力套件——是开源软件的另一个流行例子。你可以在SourceForge网站上搜索开源应用程序。

快速检测

共享软件和试用软件之间的主要区别是什么？

a. 共享软件可能没有内置的限制

b. 共享软件没有版权

c. 共享软件是免费的

d. 共享软件通过应用程序商店分发

尽管在发行和使用方面缺乏限制，但开源软件受版权保护并且不在公共域。它与免费软件不一样，你不应该修改或转售它。

两种最常见的开源免费软件许可证是 BSD 和 GPL。**BSD 许可证**（BSD license）源于为服务器操作系统定制的伯克利软件分发许可证。这个许可证很简洁（如图 6-8 所示）。

版权所有2016，［发行商］保留所有权利

只要满足以下条件，就允许在修改或不修改的情况下以源代码和二进制形式重新分发和使用：

- 源代码的重新分发必须保留上述版权声明，此条件列表和以下免责声明。
- 以二进制形式重新分发时，必须在随分发提供的文档和（或）其他材料中复制上述版权声明、此条件列表和以下免责声明。
- 未经事先明确的书面许可，发布者的名称和其贡献者的名称均不得用于宣传或推广衍生自此软件的产品。

本软件为发行商和贡献者“按现状”为根据提供，不提供任何明确或暗示的保证，包括但不限于本软件针对特定用途的可售性及适用性的暗示保证。在任何情况下，发行商或其贡献者均不对因使用本软件而以任何方式产生的任何直接、间接、偶然、特殊、典型或因此而生的损失（包括但不限于采购替换产品或服务；使用价值、数据或利润的损失；或业务中断）而根据任何责任理论，包括合同、严格责任或侵权行为（包括疏忽或其他）承担任何责任，即使在已经提醒可能发生此类损失的情况下。

图 6-8　BSD 许可证

快速检测

BSD 许可的第一个条款允许什么？

a. 打破复制保护

b. 分发源代码

c. 打印

d. 修改版权

GPL 许可证的独特之处是什么？ GPL（General Public License，通用公共许可证）是为称为 GNU 的自由操作系统开发的。GPL 的限制性要比 BSD 许可证稍高，因为它要求衍生作品也要遵循 GPL 许可。这意味着，如果你得到一个非常酷的遵循 GPL 许可的电脑游戏，并修改了游戏来以创建新的等级，你必须在 GPL 下分发你的修改。你无法在商业软件许可证下合法地销售你的修改。目前有三个版本的 GPL，软件开发人员主要对它们的差异感兴趣。

当我接受软件许可时，我同意了什么？ 软件许可证通常冗长且以法律术语撰写，但只要你遵守软件许可证的条款，你使用该软件的合法权利就会一直保持。因此，你应该了解你使用的任何软件的软件许可证（如图 6-9 所示）。

6.1.4　假冒和盗版软件

并非所有软件都是合法的。《纽约时报》的调查人员在苹果应用商店中发现了数百款假冒购物应用，而类似的应用程序也潜藏在 Google Play 商店中。非法复制的软件也被出售。消费者在对应用程序进行选择时应该谨慎以确保其合法。

什么是假冒应用程序？ 假冒应用程序会伪装成某些其他应用。例如，Overstock Inc 应用程序欺骗正在寻找 Overstock.com 应用程序的消费者。假冒应用程序可能会窃取密码、传播恶意软件并访问个人社交媒体的数据。以下是一些可以帮助你避免假冒应用程序的技巧：

试一试

阅读图 6-9 中的最终用户许可协议并回答以下问题：

消费者是购买软件还是获得软件许可？

许可证何时生效？

在什么情况下复制是合法的？

是否允许出借软件？

是否允许销售软件？

软件发行商是否提供保修？

> **软件许可协议**
>
> **重要——请仔细阅读：**本许可协议（以下简称“协议”）是你与eCourse公司的软件产品eCourse GraphWare（以下简称“软件”）之间的法律协议。通过安装、复制或以其他方式使用本软件，你同意遵守本协议的条款。该软件受版权法和国际版权条约的保护。该软件是许可的，而不是出售的。
>
> **授予许可。**本协议授予你在单个数字设备上安装和使用该软件的一份副本的权利。安装该软件的设备的主用户可以为在便携设备上的独占使用制作第二个副本。
>
> **其他权利和限制。**你不得对软件进行逆向工程、反编译或反汇编，除非且仅在适用法律明确允许的范围内。该软件被许可为单一产品；其组件可能无法分离以便在多个设备上使用。你不得租用或出借该软件。
>
> 你可以永久转让本协议项下的所有权利，前提是你不保留任何副本、转让所有软件并且接受方同意遵守本协议的条款。如果软件产品是一个升级产品，则任何转让都必须包含该软件的所有先前版本。
>
> 你可以在不止一种介质中接收该软件。不管你接收到的介质类型如何，你只能使用一种适合于单个设备的介质。不得在另一设备上使用或安装其他介质。
>
> **保证。eCourse保证本软件自收到之日起90天内将基本按照随附的书面文件执行。在适用法律允许的最大范围内，eCourse及其供应商放弃所有关于软件产品的其他明示或暗示的保证和条款，包括但不限于本软件针对特定用途的可售性及所有权和非侵权的暗示保证。**

图 6-9 软件许可证的元素

- 仔细比较应用程序发布商的名称与开发公司官网上的公司名称。
- 检查应用程序的评论。合法的应用程序有数百条评论，其中大多数应该是正面的。
- 注意应用程序描述中的拼写和语法错误。大多数假冒应用程序都是由非英语母语者创建的。
- 检查日期。成熟公司的应用程序的发布日期很少是最近的，尽管它们可能有最近的“更新日期”。

非法复制有什么问题？非法复制和销售的软件被称为**盗版软件**（pirated software）。识别盗版软件并不总是很容易。一些毫无戒心的消费者即使从声誉良好的来源支付了全价也会在无意中获得盗版软件。盗版软件可能无法正常更新，并且不具备认证升级的资格。以下特征可能是盗版软件的标志：

- 在网站上销售的软件远低于零售价格。
- 从第三方网站或 Tor 服务器免费下载的商业软件。
- 以光盘盒形式出售的软件，没有附带的文件、许可证、注册卡或真实性证书。
- 标记为“学术”的软件，且不需要证明资格。
- 标记为“OEM”或“仅跟随新 PC 硬件分发”的软件。

6.1.5 快速测验

1. 设备驱动程序和实用程序被分类为____软件。
2. PC 的大多数可执行文件都具有一个____扩展名，而 Mac 的可执行文件具有 .app 扩展名。
3. 软件属于____类财产，因此受版权保护。
4. ____定价模式提供对产品的基本版的免费使用，但升级功能需要付款。
5. 在____过程中可以创建一个散列值，以将软件产品与特定设备联系起来。

6.2 B 部分：操作系统

操作系统几乎是所有数字设备的组成部分。它从根本上影响你如何使用台式机、笔记本电脑、平板电脑或智能手机。你可以同时运行两个程序吗？你可以将设备连接到网络吗？设备运行可靠吗？它接受触摸输入吗？要回答这样的问题，对什么是操作系统以及它做什么有清晰的认识是有帮助的。

目标

- 列出并描述四种操作系统。
- 解释操作系统内核的用途，并说出用于开发 Windows 和 Mac OS 的操作系统内核。
- 列出由操作系统管理的五个数字设备资源。
- 定义术语*多任务*、*多重处理*和*多线程*。
- 解释一下内存泄漏是如何形成的以及为什么它们是一个问题。
- 给出一个由操作系统管理的缓冲区的例子。
- 总结 Windows 操作系统的优点和缺点。
- 总结 Mac OS 的优点和缺点。
- 列出 iOS 和安卓的三个相同之处和两个不同之处。
- 解释一下为什么 Chrome 操作系统被认为是瘦客户端。
- 提供一个可以从使用虚拟机中获益的例子。

6.2.1 操作系统基础

操作系统赋予你的数字设备自己的个性。它控制着**用户界面**（user interface）的关键元素，包括视觉体验以及收集用户命令的键盘、鼠标、麦克风或触摸屏。操作系统在幕后忙于监督设备内发生的关键操作。

是否有不同类别的操作系统？ 消费者熟悉 Windows 和 iOS 等操作系统，但还有其他几种广泛使用的系统。操作系统可以根据使用它们的设备来进行分类（如图 6-10 所示）。

桌面操作系统

桌面操作系统（desktop operating system）专为台式机或笔记本电脑而设计。你在家、在学校或在工作中使用的计算机最有可能配置桌面操作系统，例如Microsoft Windows操作系统、Mac OS或Chrome操作系统。桌面操作系统的主要特点包括：

- 一次只容纳一个用户，但允许多个账户。
- 提供局域网联网功能。
- 包含文件管理工具。
- 一次运行多个应用程序。
- 提供专为键盘和鼠标输入设计的图形用户界面。

移动操作系统

诸如iOS和安卓之类的操作系统被归类为**移动操作系统**（mobile operating system），因为它们是专为智能手机、平板电脑和电子书阅读器而设计的，移动操作系统的主要特性包括：

- 一次只容纳一个用户。
- 提供到无线局域网的连接。
- 提供专为触摸屏输入设计的图形用户界面。
- 包含集成蜂窝通信。

服务器操作系统

作为Web服务器部署的计算机，或作为文件、应用程序、数据库或电子邮件服务器部署的计算机通常使用专为分布式网络设计的**服务器操作系统**，这些分布式网络被很多用户同时访问。Linux、UNIX、Windows服务器和Mac OS服务器是受欢迎的服务器操作系统的例子，它们具有以下特征：

- 容纳多个同时使用的用户。
- 包含复杂的网络管理和安全工具。
- 提供一个实用的用户界面。

图 6-10　操作系统类别

操作系统位于何处？在一些数字设备中，如智能手机和电子书阅读器，整个操作系统足够小，可以存储在只读存储器中。对于大多数其他计算机而言，操作系统程序非常大，因此大部分都存储在硬盘或固态硬盘中。

在引导过程中，操作系统内核被加载到内存中。**内核**（kernel）提供必要的操作系统服务，如内存管理和文件访问。整个计算机运行时，内核都保留在内存中。操作系统的其他部分（如定制实用程序）会根据需要加载到内存中。

操作系统做些什么？操作系统与应用软件、设备驱动和硬件进行交互以管理一组资源。在数字设备的上下文中，术语**资源**（resource）是指执行工作所需的任何要素。

处理器是一台设备的主要资源，内存、存储空间和外围设备也是资源。当你与应用软件进行交互时，操作系统正忙于在幕后执行资源管理任务，如图 6-11 中所列出的。

快速检测

操作系统内核提供必要的服务，并在计算机开机时保持______。

a. 休眠　　b. 在内存中

c. 关闭　　d. 移动性

CPU
管理处理器资源以同时输入、输出和处理任务
通过为计算会话期间所有正在使用的程序和数据分配空间来管理内存
跟踪存储资源，以便可以找到并操纵文件和程序
通过与外围设备进行通信，确保输入和输出有序进行
建立用户界面的基本元素，例如桌面、菜单和工具栏的外观

图 6-11　操作系统资源管理任务

操作系统如何管理处理器资源？每个微处理器周期都是完成任务的资源，例如执行程序指令。许多活动——被称为**进程**（process）——争夺设备微处理器的注意力。当软件执行任务并且输入从键盘、鼠标和其他设备到达时，微处理器接收命令。同时，数据正在发送到输出设备或通过网络进行连接。

为了管理所有这些相互竞争的进程，操作系统必须确保每个进程都能从微处理器那里获得关注。你可以使用系统实用程序（如任务管理器）检查正在执行的进程（如图 6-12 所示）。

操作系统如何处理如此多的进程？在一个典型的会话中，笔记本电脑平均可运行 50 个进程。理论上，操作系统应该能够帮助微处理器从一个进程无缝地切换到另一个进程。根据操作系统和计算机硬件的性能，可以通过多任务、多线程和多重处理来管理进程。

多任务处理。当今大多数流行的操作系统都提供多任务处理服务。**多任务处理**（multitasking）提供进程和内存管理服务，允许两个或多个任务、作业或程序同时运行。

多线程。在单个程序中，**多线程**（multithreading）允许多个指令或线程同时运行。例如，电子表格程序的一个线程可能正在等待来自用户的输入，而其他线程在后台执行长时间计算。多线程可以提高单处理器或多处理器设备的性能。

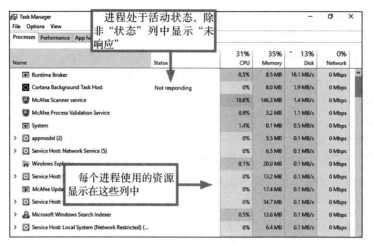

图 6-12　查看活动进程

多重处理。许多数字设备包括多核处理器或多个处理器。操作系统的**多重处理**（multi-processing）能力支持所有处理单元之间的分工。

操作系统如何管理内存？ 微处理器使用数据并执行存储在数字设备中最重要的资源之一——内存中的指令。如果你想一次运行多个应用程序，则操作系统必须为每个应用程序分配特定的内存区域。

有时应用程序请求内存，但从不释放它——这种情况称为**内存泄漏**（memory leak）。内存"泄漏"进该应用程序的保留区域，最终阻止其他应用程序访问足够的内存来保障正常工作（如图 6-13 所示）。这些应用程序会崩溃，操作系统可能会显示错误消息，如"一般保护错误"或"程序未响应"。如果你访问任务管理器（PC）或活动监视器（Mac）来关闭未响应的应用程序，设备有时可以从内存泄漏中恢复。

快速检测

在图 6-12 中，哪个进程看上去在使用最多的内存资源？

a. 运行时代理（Runtime Broker）

b. 迈克菲扫描仪服务

c. Windows 资源管理器

d. Microsoft Windows 搜索索引器

快速检测

当应用程序的两个或多个指令同时运行时，使用的术语是什么？

a. 多任务　　　　b. 多线程

c. 多重处理　　　d. 内存泄漏

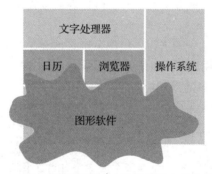

图 6-13　在内存泄漏期间，程序将溢出其内存空间

操作系统如何跟踪存储资源？ 一个操作系统在幕后充当文件管理员的角色，存储和检索来自各种存储设备的文件。它会记住所有文件的名称和位置，并跟踪可以存储新文件的空

白空间。在本部分的后面，你将更深入地探索文件存储，并了解操作系统如何影响创建、命名、保存和检索文件的方式。

为什么操作系统与外围设备相关？ 连接到计算机的每个外围设备都被视为输入或输出资源。你的计算机操作系统与设备驱动软件进行通信，以便数据可以在计算机和外围资源之间平稳传播。如果外围设备或驱动未能正常运行，操作系统会决定要做什么——通常它会显示一条屏幕消息来向你告知这一问题。

操作系统确保输入和输出有序进行，在设备忙于其他任务时，可使用**缓冲区**（buffer）收集并保存数据。例如，通过使用键盘缓冲区，无论你键入的速度有多快，或者计算机上发生了什么（如图6-14所示），你的计算机都不会漏掉任何一次击键。

> **试一试**
>
> 打开任何文字处理软件或电子邮件客户端，并尽可能快速地输入。你能够以足够快的速度输入，使得键盘缓冲区溢出，从而导致你输入的一些字符丢失并且不能显示在屏幕上吗？

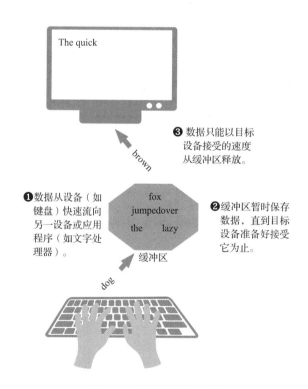

图6-14　缓冲区如何工作

6.2.2　Microsoft Windows

Microsoft Windows被安装在全球80%以上的个人计算机上。它基于屏幕的桌面被丰富多彩的图标所填充，这些图标用于启动应用程序、连接到网站和组织文件。

为什么选择"Windows"？ Windows操作系统的名称来源于其基于屏幕的桌面上显示的矩形工作区域。每个窗口都可以显示不同的文档或应用程序，它提供了操作系统多任务功能的可视化模型。图6-15说明了Windows桌面的特性。

> **试一试**
>
> 确保你可以使用正确的术语来识别Windows桌面上的所有元素。

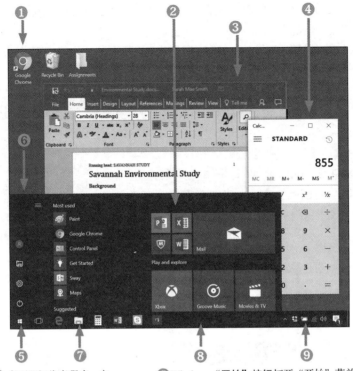

图 6-15　Windows 桌面元素

① 桌面**图标**代表程序、文件夹和数据文件。
② **磁贴**提供对应用程序的快速访问。
③ **应用程序窗口**显示程序。
④ 另一个应用程序窗口显示计算器。
⑤ Windows "**开始**" 按钮打开 "开始" 菜单。
⑥ "**开始**" 菜单提供对常用应用程序和实用程序的访问。
⑦ 应用程序图标被 "固定" 到任务栏。
⑧ 桌面**任务栏**包含 "开始" 按钮、固定图标和通知区域。
⑨ **通知区域**显示状态图标。

关于 Windows 的演变，我需要知道些什么？ Windows 从称为 DOS（Disk Operating System，磁盘操作系统）的微软操作系统发展而来，该操作系统被设计用于在采用英特尔或兼容英特尔微处理器的早期 PC 上运行。

为了创建 Microsoft Windows 操作系统，开发人员使用 DOS 内核，但添加了一个点击式图形用户界面。DOS 最终因 NT 内核而被抛弃。自 1985 年推出以来，Windows 已经发展了多个版本，其中一些版本今天仍在使用，所以能够识别和使用它们是有帮助的。Windows 最新版本是 Windows 7、Windows 8 和 Windows 10（如图 6-16 所示）。

Windows 是否也在平板电脑和手机上运行？ 除基本的 Windows 家庭版之外，微软还提供了几款专为台式机和笔记本电脑设计的 Windows 版本，消费者可以购买 Windows 专业版和 Windows 企业版，它们为高级用户和企业提供内置工具，如加密本地驱动程序、远程访问计算机以及管理网络用户组。

快速检测

图 6-15 中的 Windows 桌面上显示了多少个应用程序窗口？

a. 1　　　　　　b. 2

c. 3　　　　　　d. 4

试一试

如果你的设备运行 Windows，你能确定它是哪个版本吗？

快速检测

目前正在使用的 Microsoft Windows 版本的内核是什么？

a. DOS　　　　　b. NT

c. UNIX　　　　d. Mac OS

Windows 7 于 2009 年发布。它有一个圆形的启动按钮，可生成搜索框和启动菜单，用于启动应用程序和实用程序。桌面图标提供了访问应用程序的另一种方式

Windows 8 于 2012 年发布。它没有开始按钮，而是通过丰富多彩的标题提供对程序和实用程序的访问。按任意键时将出现搜索框

Windows 10 在微软决定跳过 Windows 9 后于 2015 发布。开始按钮再次成为任务栏的突出元素。桌面包括一个搜索框、一个经常使用的应用程序列表和一组访问应用程序的磁贴

图 6-16 Windows 7、Windows 8 和 Windows 10

所有版本的 Windows 10 都包含平板模式，用于带有触摸屏的平板电脑和笔记本电脑。对于采用 ARM 处理器的智能手机，微软提供了 Windows 10 Mobile（如图 6-17 所示）。

图 6-17 平板电脑和智能手机上的 Windows 10

Windows 的优点是什么？ 在 Windows 上运行的程序的数量和种类是任何其他操作系统无法比拟的。对于软件，特别是游戏和商业软件，Windows 是首选的操作系统。

Windows 用户社区也是一个优势。可以在网上找到综合教程和故障排除指南，也可以在大多数书店的书架上找到。微软的官方网站 *www.microsoft.com* 包含数千页易于搜索的信息。

Windows 计算机所有者可以从大量的外围设备中进行选择。许多最快的显卡和最酷的游戏控制器都是专门为 Windows 平台提供的。

Windows 的弱点是什么？ Windows 因其两个主要的弱点而备受批评：可靠性和安全性。一个操作系统的可靠性通常根据其无故障运行的时间长短来衡量。与其他操作系统相比，Windows 往往会更容易变得不稳定。

系统响应缓慢、程序停止工作以及错误消息可能是 Windows 故障的症状。重新启动通常会清除错误状况并使计算机恢复正常功能，但浪费时间去关机并等待其重启会给计算体验增加不必要的挫败感。

在主流桌面操作系统中，Windows 最容易受到病毒攻击、蠕虫攻击和其他攻击。Windows 易受攻击的一个原因是它拥有庞大的用户群，这使得它成为黑客攻击的最大目标。尽管微软正在努力修补漏洞，但它的程序员往往落后黑客一步，在用户等待补丁发布时，他们的计算机是易受攻击的。

6.2.3 Mac OS

1984 年，苹果公司为"我们其他人"推出了一款计算机，专为非商业用户、非 IBM-PC 用户设计。第一台麦金塔计算机的特点是桌面上有图形图标，且可以通过点击鼠标启动。该桌面演变成为当今苹果电脑的 Mac OS。

Mac OS 有什么独特之处？ 作为桌面操作系统，Mac OS 具有设计精美的图标和多个矩形工作区域以显示多任务功能。Mac 桌面的特性如图 6-18 所示。

> **试一试**
> 如果你使用的是 Mac，请单击苹果图标并选择"关于本机"，以确定安装了哪个版本的 Mac OS。

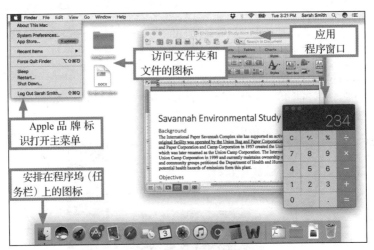

图 6-18　Mac OS 桌面元素

Source: © 2017 Apple Inc

关于 Mac OS 的演变，我需要知道些什么？ 和 Windows 一样，Mac OS 也经历了多次修改。最初的 Classic Mac OS 于 1984 年推出，专为基于摩托罗拉 68000 微处理器的麦金塔计算机系列而设计。

在 2001 年，Classic Mac OS 被重写为在包含 IBM 生产的 PowerPC 微处理器的麦金塔计算机上运行。新的 Mac OS 被设计为 Mac OS X，它通常被称为猎豹，这开创了一个传统，即便今天（每一代操作系统）仍然使用易于记忆的昵称。

术语

OS X 发音为 "oh es ten"。

2008 年，随着从 PowerPC 切换到英特尔处理器，麦金塔硬件发生了显著变化。Mac OS X 又被重写了。支持英特尔架构的第一个版本是 Mac OS X 10.4.4，有时也被称为 Tiger。2012 年，苹果发布了 OS X 10.8，并正式从操作系统名称中删除了 "Mac" 一词。随着 2016 年 Sierra 的发布，操作系统更名为 Mac OS（如图 6-19 所示）。

快速检测

哪个词出现得早，Mac OS 还是 Windows ？

a. Mac OS　　　b. Windows

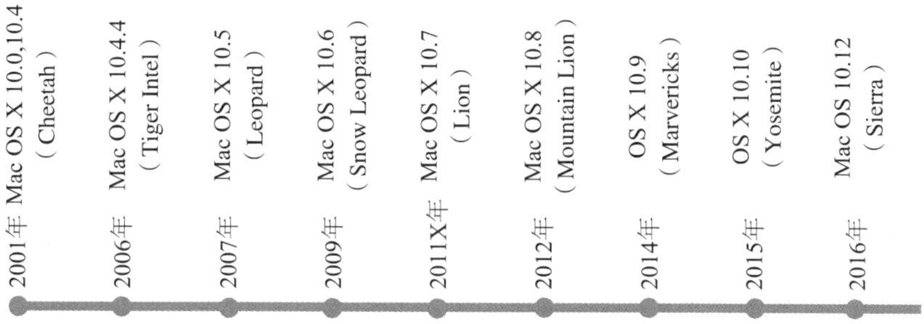

图 6-19　Mac OS 的演变

Mac OS 有哪些优点？ Mac OS 以易用、可靠和安全的操作系统而闻名。据业内观察人士称，麦金塔开发人员在直观的用户界面设计方面一直处于领先地位。

Mac OS 的操作系统内核基于 UNIX，这是一种服务器操作系统，包含工业强度的内存保护功能，有助于减少错误和故障发生。Mac OS 从 UNIX 继承了强大的安全基础，这往往会限制安全漏洞的数量以及减少被黑客入侵造成的破坏。

有利于运行 Mac OS 的计算机的安全性的另一个因素是，为 Mac 设计的病毒数量更少，因为其用户群比 Windows 用户群小。

无论运行 Mac OS 的计算机的相对安全性如何，麦金塔用户都应该及时应用软件更新和操作系统补丁（可用时）、激活无线网络加密、不打开可疑电子邮件附件以及不点击电子邮件中的链接来践行安全计算。

Mac OS 有哪些缺点？ Mac OS 的缺点包括软件的选择有限以及对使用资源复刻。运行 Mac OS 的计算机可以使用合适的软件，但选择的范围不如 Windows 系列广。许多最多产的软件发行商都为 Windows 生成软件的一个版本，为 Mac OS 生成另一个相似版本。

麦金塔计算机用户可能会发现一些流行的软件不适用于 Mac OS。例如，可供选择的游戏比 Windows 更少，但应该注意的是，Mac OS 下可供选择的图形软件与 Windows 下一样好或者更好。

什么是资源复刻？ 在大多数操作系统中，文件是包含数据或程序代码的独立单元。但是，由旧版 Mac OS 维护

快速检测

使用旧版 Mac OS 生成的文件具有数据和资源_____。

a. 复刻　　　　b. 处理器

c. 操作系统　　d. 安全漏洞

的文件可以有两部分，这称为"复刻"。**数据复刻**（data fork）类似于其他操作系统中的文件，它包含数据，如文档的文本或程序的指令。**资源复刻**（resource fork）是一个配套文件，用于存储有关数据复刻中数据的信息，例如文件类型和创建它的应用程序。

虽然资源复刻在其本机麦金塔平台上有用处，但是在将文件传输到其他平台时，它们可能会造成麻烦。例如，当你将文件从 Mac 复制到 Windows 计算机时，最终可能会有两个文件：一个用于数据复刻，一个用于资源复刻。资源复刻以一个点号开始，通常可以直接忽略或从 Windows 目录中删除它（如图 6-20 所示）。

图 6-20　资源复刻

6.2.4　iOS

Mac OS 适用于台式机和笔记本电脑，但其表兄 iOS 适用于移动设备，如 iPhone、iPad 和 iPod。

iOS 与 Mac OS 有何关系？ iOS 是一个移动操作系统，它来源于和 Mac OS 相同的 UNIX 代码，这些代码是 Mac OS 的基础。两种操作系统的图标拥有类似的设计美学。

iOS 如何工作？ iOS 显示包含应用程序图标的主屏幕。在屏幕的底部，一个程序坞包含常用应用程序的图标，触摸图标会启动其应用程序。按下设备上的物理主页按钮可让用户返回到主屏幕。设置图标引向各种系统实用工具（如图 6-21 所示）。

图 6-21　iOS 是专为移动设备设计的

可以将应用程序分组到文件夹中以节省主屏幕上的空间。触摸并按住某个应用程序图标会产生"抖动模式"，在这种模式下，图标不断摇晃以表明它们处于可修改状态，可以将图标删除或拖动到彼此顶部以将其放入文件夹中。

iOS 是第一个提供程序来管理触摸屏手势输入的操作系统，例如使用手指将屏幕上的图形"挤压"为更小的尺寸。

作为移动操作系统，iOS 提供连接选项，如蜂窝电话连接和本地网络连接。虽然所有的 iOS 设备都有 Wi-Fi 和蓝牙功能，但只有 iPhone 和一些 iPad 具有蜂窝功能。

iOS 有哪些限制？ iOS 会将你选择的应用程序限制为由在线苹果应用商店提供，除非你做出未经授权的修改，将手机"越狱"。越狱也克服了其他限制，比如缺乏对文件系统的访问。与完整的桌面操作系统不同，iOS 不包含文件管理器。访问数据文件的唯一方法是通过创建该文件的应用程序。

你在 iOS 设备上找不到具有应用程序窗口的桌面。每个应用程序填充整个屏幕。诸如音乐、语音通话和通知等后台进程提供了非常有限的多任务处理能力。

> **快速检测**
>
> 哪个设备不使用 iOS？
>
> a. 苹果手机
> b. MacBook Air
> c. iPad
> d. iPod Touch

6.2.5　安卓

诸如*蛋糕*、*甜甜圈*、*糖果豆*和*棒棒糖*这样的词可能会让人想起含糖的甜食，但它们也是安卓操作系统版本的昵称。

安卓是什么？ 安卓（Android）是一款移动操作系统，是平板电脑、智能手机和电子书阅读器的流行平台。安卓由技术公司联盟开发并于 2007 年推出。它是谷歌项目领导下的开源操作系统。与其他流行的移动操作系统一样，安卓也是为 ARM 处理器设计的。

安卓如何工作？ 安卓会显示一个主屏幕，其中包含代表软件应用程序的图标。触摸图标会启动应用程序。

与 iOS 设备不同，安卓设备具有基于屏幕的主页按钮，而不是物理按钮。触摸屏幕上的主页按钮可调出主屏幕（如图 6-22 所示）。

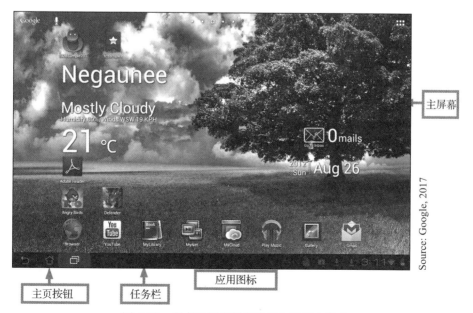

图 6-22　安卓运行在智能手机和平板电脑上

安卓的独特之处是什么？ 除触摸屏输入外，安卓操作系统还支持将语音输入用于谷歌搜索、语音拨号、导航和其他应用程序。

安卓操作系统包含允许安卓设备成为 Wi-Fi 热点的基本网络和路由例程。例如，在基于安卓的智能手机上激活网络实用程序可将手机转换为路由器，并且手机的数据连接可被附近的台式机、笔记本电脑或平板电脑用于访问因特网。

安卓提供了对文件系统的访问，并提供用于查看存储在内部或外部 SD 卡上的文件的实用程序。要操作文件则需要第三方文件管理器实用程序。

6.2.6　Chrome OS

对于足迹很少离开云端的消费者而言，Chrome OS 操作系统提供了一个简单而安全的平台。Chrome OS 有时被描述为基于浏览器的操作系统，它有一些限制，但这些限制不一定是负面的。

什么是 Chrome OS？ Google 于 2009 年推出了名为 Chrome OS 的操作系统，其内核基于一种名为 Linux 的开源操作系统。但 Chrome OS 本身是根据专有许可证分发的。在开源社区中，这种情况很常见，其中具有开源许可证的产品是**复刻**（forked）的——这意味着源代码是由独立的组织在两条不同路径上开发和更新的。以 Chrome OS 为例，来自名为 Chromium 的项目的源代码被谷歌占用，并使用专有代码进行修改，然后在 Chrome OS 许可证下分发，该许可证下的软件不允许被复制、修改或重新分发。

Chrome OS 有哪些优点和缺点？ Chrome OS 是**瘦客户端**（thin client）的一个例子，因为它主要依赖于远程计算机提供的处理和存储——在这里，远程计算机指的是云计算服务器。要了解 Chrome OS 的世界，将浏览器视为你的桌面，并想象一下你的数字世界仅限于浏览器可以访问的在线应用程序、通信和存储位置。

随着云服务越来越广泛，Chrome OS 受到的限制越来越少。与 iPad 不同，Chromebook 支持多个用户。但是，它们提供的本地存储空间非常有限，并且不提供与有线打印机或扫描仪的连接。谷歌声称 Chrome OS 非常安全，但消费者明白其安全性与浏览器和云存储服务所提供的安全性相同。

谁使用 Chrome OS？ 目前，Chrome 操作系统支持廉价的翻盖式设备，称为 Chromebook，这些设备在教育环境和轻量级商业用途中很受欢迎。Chromebook 可以快速启动一个简单的桌面，并在 Chrome 浏览器中显示应用程序（如图 6-23 所示）。

6.2.7　Linux

当技术专家需要可靠、可扩展和多功能的操作系统时，他们经常转向 Linux。Linux 环境提供了众多的选择，这对于外行来说似乎令人望而生畏，但却受到技术从业者的重视。

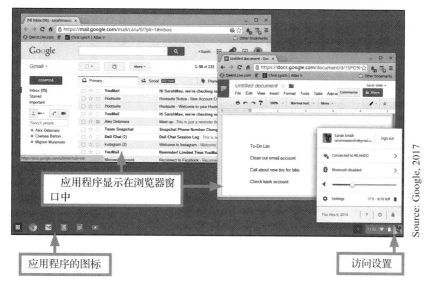

应用程序显示在浏览器窗口中

应用程序的图标

访问设置

Source: Google, 2017

图 6-23　Chrome OS 中的元素

Linux 的起源是什么？　1991 年，一位名叫 Linus Torvalds 的年轻芬兰学生开发了 Linux 操作系统。Linux 受到了由 Andrew Tanenbaum 创建的名为 MINIX 的 UNIX 衍生产品的启发。Linux 经常用作服务器的操作系统。对于桌面应用而言，它不像 Windows 或 Mac OS 那样受欢迎。

Linux 有什么优势？　作为一个操作系统，Linux 是独一无二的，因为它是按照 GPL（通用公共许可证）的条款与其源代码一起分发的，它允许每个人为自己的用途制作副本、赠予他人或出售。此许可政策鼓励程序员开发 Linux 实用程序、软件和增强功能。Linux 主要通过 Web 分发。

Linux 最强大的方面之一就是它提供了丰富的定制功能。Linux 用户可以从很多的文件管理系统实用程序中进行选择，打包以满足各种企业和行业的需求。除了系统实用程序外，Linux 用户还可以从各种桌面中进行选择，每种桌面都有自己的一组图标和菜单，以便创建独特的用户界面。

Linux 的弱点是什么？　Linux 比 Windows 和 Mac OS 需要更多的附加程序。在 Linux 下运行的程序数量相对有限也阻止了许多非技术用户。一系列高质量的开源软件可用于 Linux 平台，但其中许多应用程序都针对商业用户和技术用户。

如何获得 Linux？　一个 Linux 发行版（Linux distribution）是包含 Linux 内核、系统实用程序、桌面用户界面、应用程序和安装例程的下载。适合初学者的 Linux 发行版包括 Arch、Fedora、Ubuntu、Debian、openSUSE 和 Mint（如图 6-24 所示）。

6.2.8　虚拟机

我们倾向于将操作系统视为每个数字设备中不可变的部分。PC 始终运行 Windows，Mac 始终运行 Mac OS，三星手机运行安卓。是否可以在 Mac 上运行 Windows 并在台式机上模拟安卓设备呢？答案是肯定的，可以使用虚拟机实现。

快速检测

Linux 的用户界面以____提供。

a. 发行　　　　　　b. 分发

c. 内核　　　　　　d. 桌面

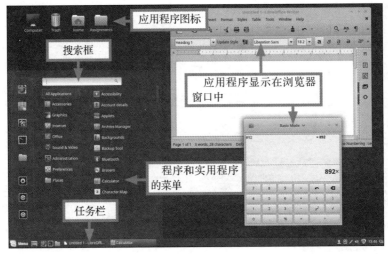

图 6-24 Linux Mint

什么是虚拟机？ 虚拟机（Virtual Machine，VM）允许一台计算机模拟另一台计算机的硬件和软件。每台虚拟机都有自己的模拟处理器、RAM、显卡、输入和输出端口以及操作系统。每台机器都可以运行与虚拟操作系统平台兼容的大多数软件。

虚拟机软件（如 VMware Workstation 和 ParallelsDesktop）可以在大多数带有英特尔微处理器的计算机（包括英特尔 Mac、PC 和通用 Linux 计算机）上运行。计算机引导到其本机操作系统（如 Mac OS），但用户可以启动运行客户机操作系统（如 Windows）的虚拟机。虚拟机桌面出现在主机桌面上的一个窗口中（如图 6-25 所示）。

> **术语**
> 虚拟机软件也被称为虚拟机器监视器。

> **快速检测**
> ____机器技术可用于在一台计算机上运行两种不同的操作系统。
> a. 操作系统　　b. 专用
> c. 虚拟　　　　d. Windows

图 6-25 虚拟机模拟一个或多个数字设备

6.2.9　快速测验

1. Microsoft Windows 是第一个具有图形用户界面的操作系统，对还是错？＿＿

2. 操作系统＿＿提供基本的系统编程，并在计算机打开时保留在内存中。

3. iPad、iPod Touch 和 iPhone 的操作系统称为＿＿。

4. 这个＿＿操作系统是平板电脑和智能手机的iOS 和 Windows Mobile 的替代品。

5. Parallels Desktop 是＿＿机器技术的一个例子，可用于在 Mac 上运行 Windows 软件。

6.3　C 部分：应用程序

令人惊讶的是，很快你就会觉得预装在数字设备上的标准应用程序集不能完全满足你的需求。当购买新的应用程序时，你可以选择各种软件范例，以确定软件是否需要安装并占用内部存储设备的空间。了解每种范例的细节将帮助你选择正确的软件。

目标

- 描述 Web 应用程序与移动应用程序的两个不同之处。
- 列出 Web 应用程序的四个优点和三个缺点。
- 描述移动应用程序的安装过程。
- 解释为什么 iPhone 所有者想要将他们的设备越狱。
- 声明以下文件扩展名是否与 PC 或 Mac 关联：.exe、.app、.dll、.dmg。
- 列出 PC 软件安装过程中发生的七项活动。
- 描述在 Mac 上安装软件的过程。
- 总结在 PC 和 Mac 上卸载软件所需的不同步骤。

6.3.1　Web 应用程序

使用 Chromebook 的人依靠 Web 应用程序来处理他们数字世界中的所有任务。Web 应用程序对使用其他设备（无论是台式机还是智能手表）的人也有优势。了解为什么你可能想要为自己的软件集寻找 Web 应用程序。

什么是 Web 应用程序？ Web 应用程序（Web Application）是使用 Web 浏览器访问的软件。与运行本地存储的程序文件不同，Web 应用程序的代码与 HTML 页面一起临时下载，并由浏览器在客户端执行，某些 Web 应用的程序代码也可能在远程服务器上运行。

快速检测

Web 应用程序需要＿＿。
a. 一个浏览器
b. 瘦客户端
c. 移动操作系统
d. 安装

Web 应用程序是云计算的一个例子。你可能熟悉一些常用的 Web 应用程序，例如 Gmail、Google Docs 和 Turnitin，但还有数千种更多的 Web 应用程序。

许多 Web 应用程序与消费者网站相关联，例如 Sherwin-Williams 网站上的 ColorSnap 可视化工具，它使用你家的照片来帮助你选择涂料颜色。其他 Web 应用程序（如 XECurrency Converter）则拥有专门的网站。

必须安装 Web 应用程序吗？ 大多数 Web 应用程序完全不需要安装在本地计算机或手持设备上。但是，你的设备必须具有 Web 浏览器以及因特网连接。

要访问 Web 应用程序，只需访问其网站即可。在首次使用之前，你可能必须注册，然后使用注册的用户名和密码登录以进行后续访问。当正在使用应用程序时，你的浏览器将保持打开状态（如图 6-26 所示）。

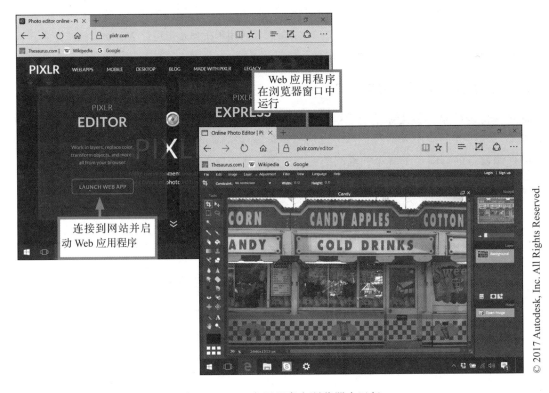

图 6-26　Web 应用程序在浏览器中运行

谁使用 Web 应用程序？ 几乎每个人都在使用，Web 应用程序特别适合消费者级别的活动，如基本文字处理、创建电子表格、照片编辑、录音、视频编辑、设计演示文稿和个人财务管理。虽然它们可能还没有提供专业人士所需的功能，但网络应用程序的复杂性仍在不断增加。

另一个优势是，许多 Web 应用程序都允许多个人在项目上进行协作，因为项目文件存储在 Web 上并且可以轻松共享（如图 6-27 所示）。

Web 应用程序的优点和缺点是什么？ Web 应用程序非常方便，但在将工作委托给它们之前，请考虑其优点和缺点：

- 你可以从任何具有浏览器和因特网连接的设备访问 Web 应用程序，包括全尺寸计算机、智能手机、平板电脑和增强型媒体播放器。
- 你的数据通常存储在应用程序的网站上，所以即使计算机不再身边，你也可以访问数据。
- Web 应用程序始终是最新的，你无须安装更新，因为最新版本就是你在访问该应用程序的 Web 站点上发布的版本。
- Web 应用程序不需要本地存储空间，因此你不必担心它们累积在你的硬盘或固态硬盘上。

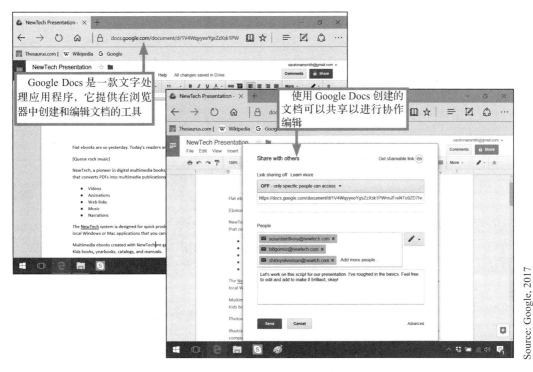

图 6-27 Web 应用程序使协作变得容易

- Web 应用程序比需要安装的应用程序往往具有更少的功能。
- 如果托管应用程序的站点关闭，你将无法访问应用程序或数据。
- 你的数据可能更容易受到损失，因为它超出了你的控制范围。如有可能，请将数据备份到本地设备或辅助云存储站点。

6.3.2 移动应用程序

尽管几乎所有的移动设备都包含浏览器，但目前的趋势并不是在移动设备上使用 Web 应用程序。在苹果公司的带领下，大多数移动开发者都会提供在智能手机或平板电脑上本地安装的应用程序。

什么是移动应用程序？ 移动应用程序（mobile app）专为手持设备设计，如智能手机、平板电脑或增强型媒体播放器。它们通常是通过在线应用商店销售的小型的、专一领域的应用程序。

移动应用程序与 Web 应用程序有何不同？ 大多数手持设备可以同时使用 Web 应用程序和移动应用程序。两者之间的区别在于，仅当你使用该应用程序时，Web 应用程序的代码才会被下载。而手机应用程序存储在手持设备上，因此必须下载并安装它们。

一些移动应用程序，如 Yelp 和 Pandora，是混合形式的。从应用商店下载瘦客户端，但在使用过程中，通过 Web 访问数据。这些混合应用程序只能在设备连接到因特

> **试一试**
> 当你尝试在没有因特网服务的移动设备上使用混合应用时会发生什么？打开飞行模式并关闭蜂窝和 Wi-Fi 服务，然后尝试启动应用程序（如 Yelp），以了解混合应用程序的反应方式。

网时正常运行，并且它们的使用可能会消耗你的网络流量。图 6-28 总结了移动设备的软件选项。

图 6-28　移动设备的软件

如何安装移动应用程序？ 第一步是前往你设备的应用商店。iPhone、iPad 和 iPod Touch 用户可以在在线 iTunes 应用商店中找到适用于他们设备的应用，Droid 和 Galaxy 用户可以进入安卓市场（Android Market）。大多数手持设备都有一个可将你直接带到设备平台应用商店的图标。

在应用商店中，请选择一个应用，如果需要的话请付款。触摸"下载"按钮可检索文件并自动安装。安装过程将应用的程序文件放置在存储设备上，并创建一个可用于启动应用程序的图标。

什么是越狱？ iPad、iPhone 和 iPod 只被允许从官方 iTunes 应用商店下载应用程序。事实上应用程序可以从其他来源获得，但使用它们需要对设备的软件进行未经授权的更改，这称为**越狱**（jailbreak）。下载并安装越狱软件后，你的设备将能够从 iTunes 应用商店以外的各种来源安装应用程序。越狱持续到你接受来自 Apple 的软件更新。更新将清除越狱软件，迫使你重新安装它。

可以对一个安卓设备进行越狱吗？ 安卓手机并不局限于某一个应用商店，因此不需要对其进行越狱以访问更多应用。有多种方式可以对任何移动设备进行未经授权的修改，以打破移动服务供应商施加的限制。这个过程被称为**破解 root 权限**（rooting），但大多数消费者不需要对他们的移动设备进行 root 权限破解。

6.3.3　本地应用程序

本地应用程序（local application）安装在计算机的硬盘上。运行时，程序代码被复制到内存中，在那里它可以被微处理器访问。办公套件、游戏和专业软件工具是台式机和笔记本电脑本地应用的常见例子。本地应用程序不需要进行因特网连接。

一个典型的软件包包含哪些内容？ Mac 上的软件通常存储在带 .app 扩展名的单个可执行文件中。但是，该文件实际上是一个包含其他文件和文件夹的软件包。可以通过右键单击应用程序文件并选择"显示包内容"来查看应用程序包的内容。

为运行 Microsoft Windows 的计算机设计的软件通常由多个文件组成。主要的可执行文件具有 .exe 扩展名——例

快速检测

诸如 Yelp 和 Pandora 等应用程序是混合形式的，它们使用____和基于 Web 的数据。

a. 浏览器　　　　b. 瘦客户端
c. 移动操作系统 d. 智能手机

快速检测

用于在 PC 上启动应用程序的文件具有____扩展名。

a. .exe　　　　b. .app
c. .dll　　　　d. .html

如 *Inkscape.exe*。Windows 应用程序软件所需的其他文件包含称为**应用程序扩展**（application extension）的支持模块，其文件名以 .dll 结尾，如图 6-29 所示。

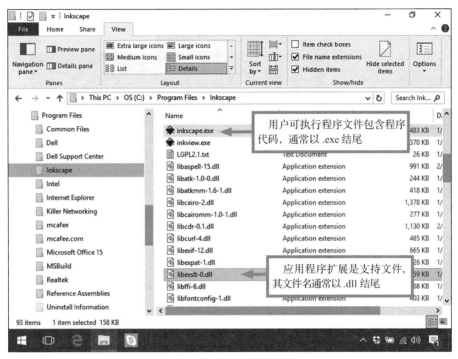

图 6-29　PC 软件可以由多个文件组成

在 PC 上安装软件的过程是怎样的？ PC 上的软件包含一个**安装程序**（setup program），可指导你完成安装过程。安装程序使安装变得简单，因为它可以处理各种幕后技术细节。在安装过程中，安装程序通常会执行以下活动。

- **复制文件**。从分发媒体（CD 或 DVD）复制应用程序文件或将文件下载到硬盘上的指定文件夹。
- **解压缩文件**。重新组织已经以压缩格式分发的文件。
- **检查资源**。分析计算机的资源，如处理器速度、内存容量和硬盘容量，以验证它们是否达到或超过最低系统要求。
- **选择设备驱动程序**。分析硬件组件和外围设备以选择适当的设备驱动程序。
- **查找播放器**。查找运行该程序需要的，但未在分发媒介或下载中提供的任何系统文件和播放器，如 Microsoft Edge 或 Windows Media Player。
- **更新注册表**。使用有关新软件的信息更新必要的系统文件，例如 Windows 注册表和开始菜单。
- **更新桌面**。在 Windows 桌面、"开始"屏幕或"开始"菜单中放置新软件的图标或磁贴（如图 6-30 所示）。

术语

Windows 注册表是一个数据库，用于跟踪计算机的外围设备、软件、首选项和设置。在运行 Windows 操作系统的计算机上安装软件时，有关该软件的信息将记录在注册表中。

快速检测

在 PC 上安装应用程序时，应用程序的名称将添加到＿＿＿。
a. EXE 文件
b. 操作系统
c. Zip 文件
d. Windows 注册表

图 6-30　从桌面或开始屏幕启动图标

如何在 PC 上下载和安装软件？ 将用于 Windows 应用程序软件的 EXE 和 DLL 文件压缩成一个大文件，然后将该文件压缩以缩小其大小并缩短下载时间。作为安装过程的一部分，必须将此下载的文件重新组织或解压到原始文件集中。

下载的文件通常存储在 Downloads 文件夹中。你可以定期备份该文件夹。如果你的计算机硬盘出现故障，可以使用这些文件重新构建软件集，而无须再次下载所有文件。图 6-31 列出了在 PC 上下载和安装本地应用程序的过程。

> **试一试**
>
> 如果你使用的是 PC，请通过单击任务栏上的文件夹图标打开"文件资源管理器"，然后搜索 .exe。你能识别这些文件启动的软件应用程序吗？

1. 在分发网站上阅读安装说明，然后选择"下载"链接。

Inkscape-0.92.1-x64-1.exe finished downloading.　Run　Open folder　View downloads　×

2. 如果你从受信任的站点下载并且防病毒软件正在运行，请选择"运行"（Run）按钮。

3. 等待下载完成。下载中包含的安装程序会自动启动。

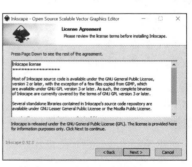

Courtesy of Inkscape

4. 阅读许可协议并接受其条款以继续安装。

图 6-31　在 PC 上下载并安装软件

5. 选择一个文件夹来保存新的应用程序。你可以使用安装程序指定的默认文件夹或自己选择的文件夹，也可以在安装过程中创建一个新文件夹。

6. 等待安装程序解压下载的文件并将软件安装到选定的目录中。安装完成后，启动软件以确保其正常工作。

图 6-31 （续）

快速检测

下载软件时，为什么要选择仅在受信任的站点运行？

a. 因为这样不必检查其是否有病毒

b. 因为安装程序将自动运行，如果它包含病毒，它可能会传播该病毒

c. 因为如果你选择"保存"，你可能会忘记程序存储的位置

d. 因为下载通过 HTTPS 连接传输

如何在 Mac 上安装软件？ Mac 软件易于安装。下载通常以 DMG 包的形式提供，通常称为"磁盘映像"。DMG 包具有 .dmg 扩展名。它包含软件的主 APP 文件，也可能包含应用程序使用的 Read Me 文件或其他数据文件。下载完成后，从下载文件夹中打开 DMG 文件，然后将 APP 文件拖到应用程序文件夹中，如图 6-32 所示。

试一试

如果你使用的是 Mac，请打开访达（Finder），然后打开"应用程序"文件夹。你能识别软件应用的 .app 文件吗？你可以在你的下载文件夹中找到 DMG 软件包吗？

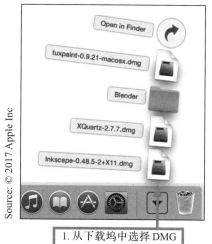

Source: © 2017 Apple Inc

Courtesy of Inkscape

1. 从下载坞中选择 DMG 文件

2. 将程序文件拖到应用程序文件夹中

图 6-32 安装 Mac 软件

如何在安装后访问 Mac 软件？ 在 Mac 上，你可以从屏幕底部的启动台访问大多数软件。单击图标可告诉计算机启动该应用的可执行文件。如果频繁使用某个应用程序，可以将启动台上的图标拖放到程序坞上（如图 6-33 所示）。

6.3.4 卸载软件

当你的智能手机或计算机由于不需要的试用软件、未

快速检测

要在 Mac 上安装应用程序，请将____文件拖到"应用程序"文件夹中。

a. dmg　　　　b. Read Me

c. app　　　　d. exe

使用的应用程序或过时的移动应用程序而变得乱七八糟时，你就可以开始清理你的设备了。

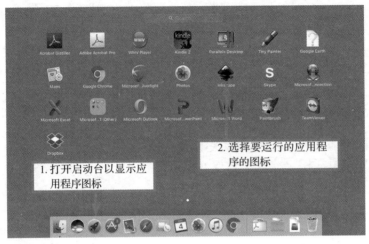

图 6-33　启动一个应用程序

　　应该如何删除移动应用程序？在 iPhone 上，按住应用程序图标，直到它抖动。点击小 X，然后选择"删除"。在安卓设备上，转到"设置"，然后找到"应用程序管理器"，点击程序名称，然后选择"卸载"。

　　应该如何删除 Mac 软件？大多数 Mac 用户只需使用访达（Finder）来定位程序的 APP 文件或文件夹并将其移至废纸篓。某些 Mac 程序（如 Adobe Creative Suite 应用程序）包含更彻底的卸载例程，该例程通常位于"实用程序"文件夹中。

　　如何清除 PC 软件？从 PC 中删除软件因两个因素而复杂化。首先，安装软件的过程经常会将文件分散到各种文件夹中，包括"系统"文件夹，在那里它们可以与其他程序共享。其次，在删除应用程序时必须更新 Windows 注册表。

　　Windows 包含一个卸载实用程序（uninstall utility），该实用程序从计算机硬盘上的各个文件夹中删除软件文件。卸载例程可帮助你决定如何处理由多个程序使用的共享文件。通常，你应该保留共享文件。"控制面板"提供对卸载例程的访问（如图 6-34 所示）。

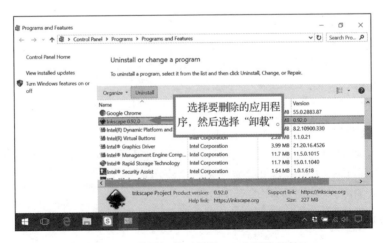

图 6-34　使用卸载工具从 PC 中删除软件

6.3.5　快速测验

1. 大多数＿＿＿应用程序不需要安装，可通过浏览器访问。

2. 在 PC 上，一个＿＿＿程序引导你完成安装过程。

3. 从运行 Windows 的计算机安装或删除程序需要更新 Windows＿＿＿。

4. Mac 的软件应用通常以带有＿＿＿扩展名的文件分发。

5. 要从 PC 中删除文件，使用＿＿＿实用程序确保应用程序的文件被删除，那些文件是在安装期间被放置在各个文件夹中的。

6.4　D 部分：生产力软件

生产力软件是每台台式机和笔记本电脑必不可少的一套应用程序。雇主认为熟练使用该软件是对大多数新员工的要求。D 部分涵盖了生产力软件的基础知识，可以让你掌握这些软件的使用。

目标

- 列出三个作为办公套件核心的应用程序。
- 描述文字处理软件三个有助于提高写作质量的功能和三个改进文档格式的功能。
- 提供一个假设分析的例子。
- 给出一个使用数学运算符和单元格引用的电子表格公式的例子。
- 描述一个需要绝对参考的公式。
- 识别数据库表中的字段和记录。
- 提供一个数据库的例子，该数据库拥有两个或多个相关表。
- 列出演示软件的五个常用功能。

6.4.1　办公套件基础

办公套件（如 Microsoft Office 和 Google Docs）深受个人和企业的欢迎，它们有时被称为**生产力软件**（productivity software），因为其提供的功能确实有助于完成工作。

什么是办公套件？ 办公套件（office suite）是一系列程序，通常包括文字处理、电子表格和演示模块。套件还可能包括电子邮件和联系人管理器、日历项目管理、数据库管理和绘图模块。

在办公套件的环境中，术语**模块**（module）是指一个组件，例如文字处理模块。模块可以作为单独的程序运行，但是办公套件中的所有模块都有一套标准控件，使你可以轻松地将你的专业知识转移到其他模块上。

最受欢迎的办公套件是什么？ 受欢迎的办公套件包括 Google Docs、iWork、Libreoffice、Microsoft Office 和 Zoho Office Suite（如图 6-35 所示）。

名称	模块	平台
Google Docs	文字处理，电子表格，演示	在线（免费）
iWork	文字处理，电子表格，演示	Mac OS（需购买）
LibreOffice	文字处理，电子表格，演示，数据库，绘图	Windows, Mac OS, Linux（免费）
Microsoft Office	文字处理，电子表格，演示，数据库，邮件 / 日历	Windows, Mac OS, Linux, iOS, 安卓（需购买）
Zoho Office Suite	文字处理，电子表格，演示，日历等	在线（免费）

图 6-35　办公套件

6.4.2 文字处理

无论你是在撰写一篇十页的论文、生成软件文档、设计小册子还是撰写毕业论文，你都可能使用办公套件的文字处理模块。

软件如何帮助我写作？ 文字处理软件（word processing software）已经取代了打字机来生产多种类型的文件，包括报告、信件、备忘录、论文和书籍手稿。文字处理软件包（如Microsoft Word、iWork Pages 和 LibreOffice Writer）使你能够在最终确定文档之前在屏幕上创建文档、对文档进行拼写检查、编辑文档和格式化文档。

一个典型的文字处理器窗口显示一个工作区域，称为工作区，该区域代表一张空白的纸。该窗口还包含用于查看和格式化文档的控件（如图 6-36 所示）。

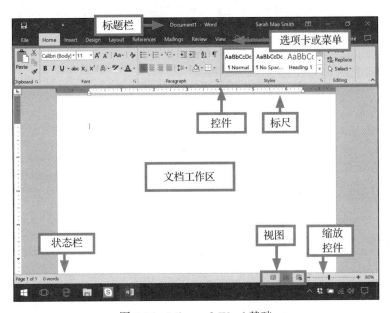

图 6-36   Microsoft Word 基础

文字处理软件如何帮助我将我的想法变成句子和段落？ 文字处理软件可以让你的创意过程变得轻松，因为它可以自动处理许多可能会让人分心的任务。例如，你不必担心单词会越过页面边界。称为**自动换行**（word wrap）的功能通过在到达右边界时自动将单词移动到下一行来确定文本如何在各行之间流动。

想象一下，文档中的句子是一条写有文本的纸带，换行会弯曲纸带。更改边距尺寸意味着在不同的地方弯曲纸带。即使在键入整个文档后，调整右边距、左边距、上边距和下边距大小的操作也很简单。

文字处理软件能否帮助我纠正不良的书写习惯？ 可以使用**查找和替换**（search and replace）功能来查找你在书写中所犯的习惯性错误。例如，如果你倾向于过度使用单词typically，则可以使用 "查找和替换" 来查找 typically 的每个匹配项，然后决定是否用一个不一样的词来替换它，如usually 或 ordinarily。

文字处理软件能够提高我的写作水平吗？ 由于文字处

快速检测

使用文字处理软件时，不必在每行末尾按 Enter 键，因为____。

a. 你可能想回去做编辑

b. 自动换行将文本移动到下一行

c. 这样做会触发查找和替换

d. 这样做会产生双倍的间距

理软件面向写作过程，因此它提供了几项可以提高写作水平的功能。

　　文字处理软件可能包含一个**词库**（thesaurus），它可以帮助你找到一个词的同义词，这样就可以使你的写作变得更加多样和有趣。一个**语法检查器**（grammer checker）读取你的文档并指出潜在的语法问题，如不完整的句子、连写句以及不匹配名词的动词。

　　你的文字处理软件也可以使用标准的**可读性公式**（readability formula），例如 Flesch-Kincaid 阅读水平，来分析文档的阅读水平。根据句子的长度和词汇量，你可以使用此分析来确定你的写作水平是否适合目标受众。

　　大多数文字处理软件都包含一个**拼写检查器**（spelling checker），用于在文档中标记拼错的单词。可以输入时轻松更正拼写错误的单词，或者在输入所有文本后运行拼写检查程序。某些软件甚至具有自动更正功能，在键入时会自动将错字（如 teh）更改为正确的拼写（the）。

　　虽然软件的拼写检查器可以帮助你更正拼写错误，但它不能保证文档中没有任何错误。拼写检查器的工作原理是将文档中的每个单词与存储在被称为**拼写字典**（spelling dictionary）的数据文件中的正确拼写单词列表进行比较。如果文档中的单词在字典中，拼写检查器会认为单词拼写正确。如果单词不在词典中，则该单词被认为是拼写错误的。

　　拼写检查器无法判断你是否误用了某个单词，例如，你使用 *pear of shoes* 而不是 *pair of shoes*。此外，拼写检查器会标记许多专有名词以及科学、医学和技术词汇，因为它们不包含在拼写检查器的词典中。即使在使用拼写检查器之后，也要确保你进行了校对（如图 6-37 所示）。

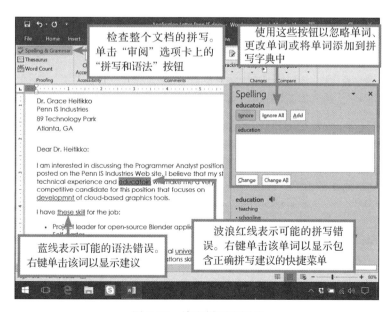

图 6-37　检查拼写和语法

如何让我的文档看起来不错？ 术语**文档格式**（document formatting）是指文档的所有元素（文本、图片、标题和页码）在页面上排列的方式。

文档的最终格式取决于你打算如何使用以及在何处使用该文档。例如，一篇学校论文只需要以标准的段落格式制作——可能是双倍行距和带有编号的页面。宣传册、时事通讯或公司报告可能需要更耗时、更费力的格式，如列、标题和图形。

文档的最终外观取决于几种格式因素，例如页面布局、段落样式和字体。

- **布局和标题。页面布局**（page layout）是指页面上每个元素的物理位置。除了文本段落外，这些元素还包括边距、页码、指定自动显示在每个页面的顶部边距中的标题文本，以及指定自动显示在每个页面的底部边距中的页脚文本。

- **样式和对齐。段落样式**（paragraph style）包括边距内的文本对齐方式和每行文本之间的空间。文本行之间的垂直间距称为**行距**（leading，发音为"LED ding"）。大多数文档是单倍行距或双倍行距的，但你可以以 1pt 的增量来调整行间距。**段落对齐**（paragraph alignment）指的是文本的水平位置——是左对齐、右对齐还是**完全对齐**（fully justified），完全对齐可以让文本在左右边距间均匀对齐。

- **字体。**字体是一组字母共享的统一设计。字体大小是以点大小来衡量的，缩写为 pt。一点大约是 1/72 英寸。

文字处理软件不是单独选择字体和段落样式元素，而是允许你选择一种**样式**（style），即只需单击一次即可应用多种字体和段落特征（如图 6-38 所示）。

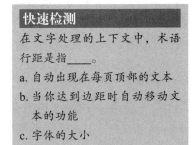

快速检测

在文字处理的上下文中，术语行距是指_____。

a. 自动出现在每页顶部的文本

b. 当你达到边距时自动移动文本的功能

c. 字体的大小

d. 文本行之间的空隙

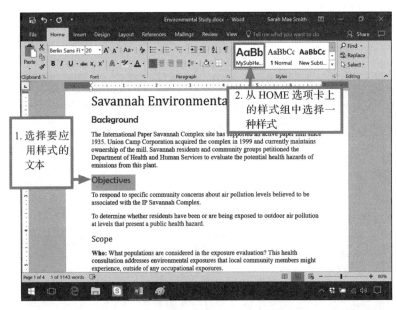

在此文档中，标题的格式是通过单击选择一种样式来设置的，而不是单独选择字体颜色、字体大小和字体样式。现在，如果标题样式变为红色，则所有标题都会自动更改颜色

图 6-38　专业格式的使用样式

6.4.3　电子表格

电子表格软件最初受到处理纸质电子表格的会计师的欢迎，会计师们发现电子版本比手动计算更容易使用，并且不易出错。其他人很快就发现了电子表格对于需要重复计算的项目的好处，例如预算、计算等级、追踪投资、计算贷款支付以及估算项目成本。

什么是电子表格？ 电子表格（spreadsheet）使用一行行、一列列的数字来创建模型或表示真实情况。例如，你的银行对账单是一种电子表格，因为它是流入和流出银行账户的现金的数字表示形式。

什么时候需要电子表格软件？ 电子表格软件（spreadsheet software，如 Microsoft Excel、iWork Numbers、Google Docs Sheets 和 LibreOffice Calc）提供了用于创建电子表格的工具。它就像一张智能的纸片，自动叠加写在其上的数列。

电子表格计算基于你创建的公式或更复杂的内置公式，电子表格软件可将数据转换为彩色图形。它还拥有对数据进行分类、对符合特定标准的数据进行搜索以及打印报告等特殊数据处理功能。

因为用不同的数字进行实验非常简单，所以电子表格软件对**假设分析**（what-if analysis）特别有用。你可以使用假设分析来回答诸如"如果我在接下来的两次经济考试中得到 A 会怎么样？但是如果我只得到 B 又会怎样？"或者"如果我每月在我的退休计划中投资 100 美元会怎样？但是如果我每月投资 200 美元又会怎样？"这种问题。

计算机化电子表格的外观是什么？ 电子表格软件可用于创建屏幕上的**工作表**（worksheet）。工作表基于列和行的网格，网格中的每个单元格都可以包含**值**（value）、标签或公式。值是你想要在计算中使用的数字。**标签**（label）是用于描述数据的任何文本（如图 6-39 所示）。

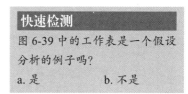

快速检测

图 6-39 中的工作表是一个假设分析的例子吗？

a. 是　　　　　　b. 不是

图 6-39　Microsoft Excel 基础知识

有格式化选项吗？ 工作表上的标签和值可以采用与文字处理文档中格式化文本相同的方式进行格式化。你可以更改字体和字体大小、选择字体颜色并选择字体样式，如粗体、斜体和下划线。

电子表格软件如何工作？ 包含在单元格中的值可以通过放置在其他单元格中的公式进行操纵。**公式**（formula）在幕后工作，它告诉微处理器如何在计算中使用单元格的内容。你可以在单元格中输入一个简单公式，以便对数字进行加减乘除运算，也可以设计更复杂的公式来执行你能想象到的任何计算。图 6-40 说明了如何在简单的电子表格中使用公式来计算存款。

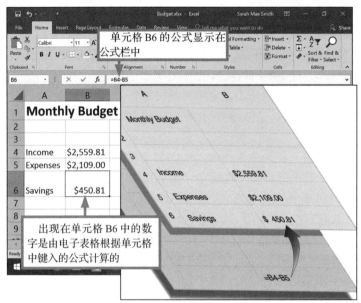

当单元格包含公式时，它将显示公式的结果而不是公式本身。要查看和编辑公式，请使用公式栏。你可以认为公式在幕后进行计算并将结果显示出来

图 6-40   电子表格公式如何在幕后工作

如何知道该用哪个公式？ 要创建一个有效且准确的工作表，你必须理解所涉及的计算和公式。例如，如果想创建一个计算课程中最终成绩的工作表，你需要知道评分量表，并理解你的老师打算如何衡量每项作业和测验。

大多数电子表格软件包含一些用于预先设计的工作表的模板或向导，例如发票、收入支出报告、资产负债表和贷款支付时间表。互联网上提供了其他模板。这些模板由专业人士设计，包含所有必要的标签和公式。要使用模板，只需插入计算值即可。

从头开始创建电子表格时，你可以输入自己的公式，也可以从电子表格软件提供的一系列预定义公式中进行选择。

公式的格式是什么？ 一个公式，例如 = A6 – (B6 * 2)，可以包含**单元格引用**（cell reference）（如 A6 和 B6）、数字（如 2）和数学运算符（例如乘法符号"*"、除法符号"/"、加法符号和减法符号）。公式的一部分可以用括号括起来表示数学运算的执行顺序。括号内的操作——在这种情况下，应该先执行（B6 * 2）。

你可以简单地键入整个公式，或者你可以使用指针形式的数学运算，当你指向它们时，它将公式的单元格引用添加到公式中。图 6-41 说明了如何将公式输入单元格中。

快速检测

图 6-40 中的公式在哪里？

a. 在单元格 A1 中

b. 在单元格 A4 中

c. 在单元格 B4 中

d. 在单元格 B6 中

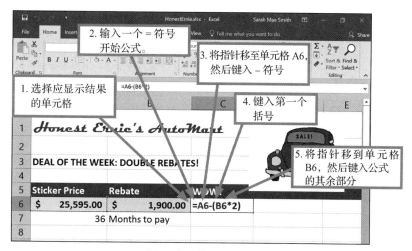

图 6-41　输入一个公式

输入函数的过程是什么？ 电子表格软件提供了用于执行常见计算的函数，例如平均值、贷款支付和比较。一个**函数**（function）就是一个内置的预设公式。要使用某个功能，只需从列表中选择一个函数，如图 6-42 所示，然后指定要包含在计算中任何值的单元格引用。

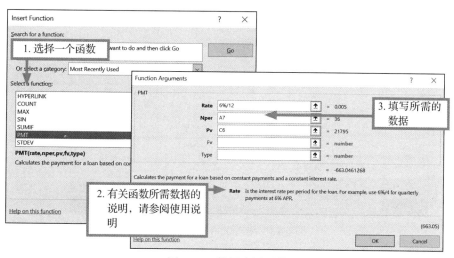

图 6-42　使用内置函数

当我修改工作表时会发生什么？ 当你更改工作表中任何单元格的内容时，将重新计算所有公式。这种**自动重新计算**（auto recalculation）功能可确保每个单元格中的结果对于当前输入到工作表中的信息都是准确的。

你的工作表也会自动更新，以反映你在工作表中添加、删除或复制的任何行或列。除非另有说明，否则单元格引用是**相对引用**（relative reference）——即，例如，如果删除了第 3 行并且所有数据都向上移动一行，可以从 B4 更改为 B3 的引用。

如果你不希望单元格引用发生更改，则可以使用绝对引用。插入行或者复制或移动公式时，**绝对引用**（absolute reference）永远不会更改。了解何时使用绝对引用是获得电子表格设计专业知识的关键方面之一。图 6-43 提供了有关相对引用和绝对引用的附加信息。

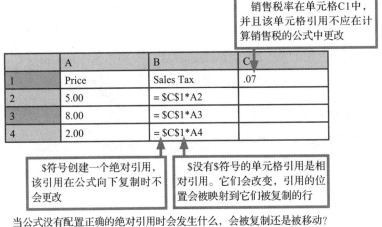

销售税率在单元格C1中，并且该单元格引用不应在计算销售税的公式中更改

$符号创建一个绝对引用，该引用在公式向下复制时不会更改

$没有$符号的单元格引用是相对引用。它们会改变，引用的位置会被映射到它们被复制的行

当公式没有配置正确的绝对引用时会发生什么，会被复制还是被移动？

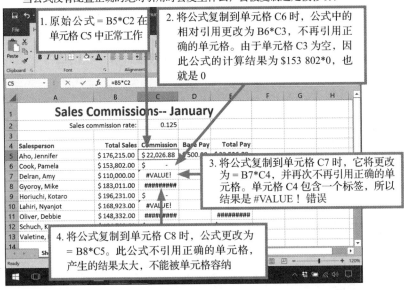

1. 原始公式 = B5*C2 在单元格 C5 中正常工作

2. 将公式复制到单元格 C6 时，公式中的相对引用更改为 B6*C3，不再引用正确的单元格。由于单元格 C3 为空，因此公式的计算结果为 $153 802*0，也就是 0

3. 将公式复制到单元格 C7 时，它将更改为 = B7*C4，并再次不再引用正确的单元格。单元格 C4 包含一个标签，所以结果是 #VALUE！错误

4. 将公式复制到单元格 C8 时，公式更改为 = B8*C5。此公式不引用正确的单元格，产生的结果太大，不能被单元格容纳

图 6-43　绝对引用和相对引用

6.4.4　数据库

数据库可以包含任何类型的数据，例如一所大学的学生记录、一家图书馆的卡片目录、一家商店的库存、个人的地址簿或一家公用事业公司的客户。数据库可以被存储在个人电脑、网络服务器上、Web 服务器、大型机甚至移动设备上。

什么是数据库？术语*数据库*已经从专业术语发展成为日常词汇的一部分。在现代用法的情况下，**数据库**（database）仅仅是可以存储在一个或多个数字设备上的数据的集合。

什么是数据库软件？数据库软件（database software）

快速检测

在图 6-43 中，单元格 C5 中的公式为 =B5*C2。B5 和 C2 是相对引用还是绝对引用？

a. 相对引用　　b. 绝对引用

快速检测

在图 6-44 中，数据库表中有多少个字段？

a. 5　　　　　b. 7

c. 9　　　　　d. 11

提供工具，用于输入、查找、组织、更新和报告存储在数据库中的信息。Microsoft Access、Filemaker Pro 和 Libreoffice Base 是用于个人计算机的流行数据库软件的三个例子。Oracle 和 MySQL 是流行的服务器数据库软件包。

数据库如何存储数据？ 数据库软件将数据存储为一系列记录，这些记录由包含数据的字段组成。一个**记录**（record）包含单个实体的数据——人员、地点、事物或事件。一个**字段**（field）包含与记录相关的一项数据。你可以设想成为 Rolodex 卡或索引卡的记录。一系列记录通常以行和列的形式呈现（如图 6-44 所示）。

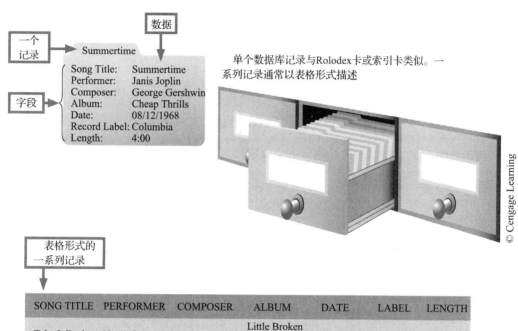

图 6-44   数据库元素

数据库可以保存不同类型的记录吗？ 一些数据库软件提供的工具可以处理多个记录集合，只要这些记录彼此之间有某种关联即可。例如，假设 MTV 维护一个有关爵士音乐的数据库。一系列数据库记录可能包含有关爵士乐歌曲的数据，它可能包含歌曲名、表演者和长度等字段。

另一系列记录可能包含有关爵士表演者的传记资料，包括表演者的姓名、出生日期和家乡。它甚至可能包含一个记录表演者照片的字段。这两组记录可以通过表演者的名字相关联，如图 6-45 所示。

快速检测

图 6-45 显示了爵士乐表演者的表格和爵士乐歌曲的表格。这些表格相当于多少个数据库？

a. 1   b. 2
c. 4   d. 8

JAZZ PERFORMERS		
PERFORMER	BIRTH DATE	HOMETOWN
Ella Fitzgerald	04/25/1917	Newport News, VA
Norah Jones	03/30/1979	New York, NY
Billie Holiday	04/07/1915	Baltimore, MD
Lena Horne	06/30/1917	Brooklyn, NY

这两个记录由Performer字段关联。该关系允许你从JAZZ PERFORMERS表中选择Norah Jones，并在JAZZ SONGS表中找到两首歌曲

JAZZ SONGS						
SONG TITLE	PERFORMER	COMPOS ER	ALBUM	DATE	LABEL	LENGTH
Take It Back	Norah Jones	Jones	Little Broken Hearts	05/01/2012	Blue Note	4:05
Even Though	Norah Jones	Jones and Harris	The Fall	11/17/2009	Blue Note	3:52
Summertime	Janis Joplin	Gershwin	Cheap Thrills	08/12/1968	Columbia	4:00
Summertime	Sarah Vaughan	Gershwin	Compact Jazz	06/22/1987	PolyGram	4:34

图 6-45　可以根据通用字段对数据库记录进行关联

如何创建数据库? 数据库软件提供了定义字段和输入记录的工具。图 6-46 显示了一个可用于指定数据库字段的简单表单。

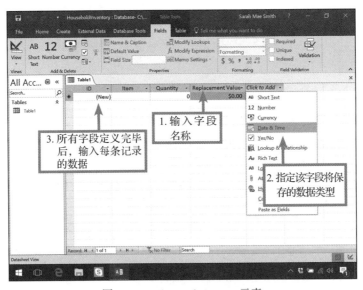

图 6-46　Microsoft Access 元素

6.4.5　演示

演示软件 (presentation software) 提供了一个工具，用来将文本、照片、剪贴画、图形、动画和声音合并成可以在屏幕或投影仪上显示的一系列电子幻灯片 (如图 6-47 所示)。

流行的演示软件产品包括 Microsoft PowerPoint、iWork Keynote、LibreOffice Impress 以及 Google Docs Slides。

演示软件的最佳功能是什么? 演示软件的亮点包括:

1. 项目符号列表总结演讲要点。

2. 图形使你的演示视觉上有趣。

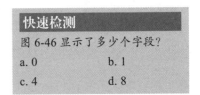

快速检测

图 6-46 显示了多少个字段?

a. 0 　　　　　　b. 1

c. 4 　　　　　　d. 8

3. 幻灯片之间的切换可保持观众的注意力。

4. 演讲者笔记可帮助你记住要说的话。

5. 主题和模板为你的幻灯片提供专业外观。

6. 将演示文稿打包为 PDF 文件和 YouTube 视频的转换例程。

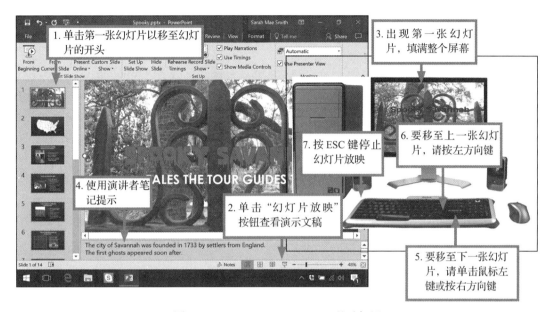

图 6-47　Microsoft PowerPoint 基础知识

6.4.6　快速测验

1. 文字处理应用程序通常提供____样式选项，包括边距、行距和对齐。

2. ____软件对于执行假设分析很有用。

3. 输入公式时，可以使用相对引用和____引用。

4. 数据库中的信息通常表示为一个____，每行代表一条记录。

5. 每个数据库记录由许多____组成。

6.5　E 部分：文件管理实用程序

积累成千上万的文件并不需要很长时间。仅你的音乐收藏可能就包含超过一千个文件，再加上保存照片集的所有文件和创建的文档，考虑一下这些文件的集合在未来五年可能会如何增长。文件管理工具旨在帮助用户将文件组织起来！

目标

- 列出 5 种文件命名约定。
- 解释个人计算机上的存储设备是如何命名或用设备字母指定的。
- 识别磁盘分区。
- 写出数字存储设备上存在的任何文件的完整文件路径。
- 确定 Windows File Explorer 和 Mac OS Finder 的基本元素。
- 解释操作系统是如何使用默认应用程序的。
- 说明物理存储模型和逻辑存储模型之间的区别。

- 描述为什么操作系统使用索引文件。
- 解释当你将文件移动到回收站以及永久删除文件时操作系统执行的操作。

6.5.1 文件基础

数字格式的计算机文件为存储文档、照片、视频和音乐提供了一种紧凑便捷的方式。计算机文件有几个特征，例如名称、格式、位置、大小和日期。为了有效地使用计算机文件，你需要很好地理解这些文件的基础知识。

什么对于文件名很重要? 文件名是保持文件井然有序的基础，这样可以很容易地定位文件，而且不会混淆新旧版本。文件名称应该是描述性的，并且版本必须清晰。比如，如果你预计将对报告进行多次修订，请将一个版本号（如 Report v1.docx）添加到文件名中，将报告的下一个版本保存为 Report v2.docx。如果你想要检索其中包含的某些素材，则可以使用原始版本。

是否有命名文件的规则? 正如你在第 1 章中学到的，计算机文件（或者简单地说是文件）被定义为存储介质（如硬盘、云盘或 USB 闪存盘）上存在的已命名的数据集合。保存文件时，你必须提供符合特定规则的有效文件名称，称为**文件命名约定**（file-naming conventions）。不同操作系统之间的约定略有不同。但是，由于文件共享如此流行，所以图 6-48 中的惯例代表了在任何平台上命名文件的最佳实践。

最大长度为255个字符。Windows和Mac OS的当前版本支持长达255个字符的文件名。实际上，255个字符中的一些用于文件的驱动器号、文件夹名称和扩展名，因此分配给文件的名称应该更短。文件名限制为255个字符，这使你可以灵活地使用描述性文件名，例如*Job Search Cover Letter Pixar*，以便可以轻松识别文件包含的内容。

避免使用符号。如果一个符号对操作系统有特殊意义，则不能在文件名中使用它。例如，Windows使用冒号(:)字符将盘符与文件名或文件夹分开，如C：Music中所示。包含冒号的文件名（例如*Report：Summary*）无效，因为操作系统会对如何解释冒号感到困惑。避免在文件名中使用*、\、<、>、|、：和? 等符号。

不要使用保留字。某些操作系统还包含用作命令或特殊标识符的保留字列表。不能单独使用这些单词作为文件名。但是，你可以将这些单词用作较长文件名的一部分。例如，在Windows中。文件名Nul不会有效，但可以将文件命名为Null Set.exe。以下文字不应用作文件名：Aux、Com1、Com2、Com3、Com4、Con、Lpt1、Lpt2、Lpt3、Prn和Nul。

不区分大小写。某些操作系统区分大小写，但你经常在个人计算机上使用的操作系统不区分大小写。名为Final Report的文件与FINAL REPORT或final report相同。

空格是允许的。可以在文件名中使用空格。这条规则不同于电子邮件地址，电子邮件地址不允许有空格。你可能已经注意到，人们经常使用下划线或句点来替代电子邮件地址中本该是空格的地方，例如Madi_Jones@msu.edu。这一惯例在文件名中不是必需的，因此文件名（如 *Letter to Edison Jones*）是有效的。

图 6-48 文件命名约定

什么是存储设备标识? 文件可以保存在内部存储设备以及外部设备和云中。知道文件的位置是检索文件的关键。每个存储位置都有一个名称，例如 C：、JACKsHD、DropBox、

Macintosh HD 或 SanDiskUSB。存储位置的名称可以标识设备的位置、类型或拥有者。

使用 Windows 时，存储设备可以通过**盘符**（device letter）来识别。主硬盘驱动器称为 C 盘。盘符通常后跟冒号，因此 C：通常是硬盘驱动器的名称。可插拔存储设备在插入时会分配驱动器号，例如，可移动磁盘（E：）可能是 USB 驱动器的名称。

驱动器盘符是 DOS 的传统，这就是为什么它们仍然在 Windows 中使用，而不是在 Mac 上。Mac 不使用驱动器号。Mac 上的每个存储设备都有一个名称。主硬盘被称为 Macintosh HD。图 6-49 说明了如何在 PC 上指定设备。

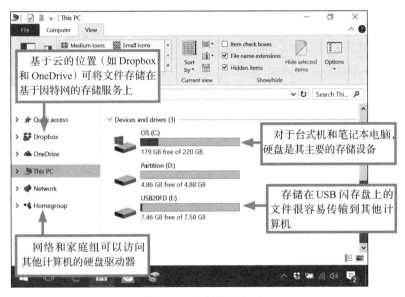

图 6-49　存储设备名称

什么是磁盘分区？ 磁盘分区（disk partition）是硬盘驱动器的一部分，它被视为一个单独的存储单元。大多数硬盘都配置有一个单独的分区，其中包含操作系统、程序和数据。不过，也可以创建多个硬盘分区，每个分区都有单独的名称和盘符。可以用 Mac 上的磁盘工具和 PC 上的磁盘管理来创建、修改和删除分区。

根据图 6-49 中的屏幕截图可知，这台计算机似乎可能有两个硬盘驱动器：C：和 D：。但实际上，它只有一个分了两个分区的驱动器。在这种安排下，由于 C：和 D：是同一个物理存储设备，所以在硬盘失效时将文件从 C：备份到 D：，将不能提供保护。

磁盘分区有助于将程序与数据文件分开。例如，一台 PC 可能有一个用于操作系统文件的分区，另一个分区则用于程序和数据。这种安排可以加快被恶意软件攻击的计算机的杀毒过程。

什么是文件夹？ 每个存储设备都有一个包含其文件列表的**目录**（directory）。主目录被称为**根目录**（root directory），根目录可以细分为更小的列表，每个列表被称为**子目录**（subdirectory），每个子目录都被描述为一个**文件夹**（folder）。

文件夹可帮助你设想文件就像存储在文件柜中一样。每个文件夹可以容纳相关项目——例如，一组文件、声音片段、财务数据或学校项目的照片。Windows 提供了一个名为 Documents 的文件夹，你可以用它来保存报告、信件等。你还可以创建和命名文件夹以满足你的需求，例如可创建一个可为 QuickBooks 的文件夹以存放个人财务数据。

可以在文件夹中创建文件夹。例如，你可以在"音乐"文件夹中创建一个 Jazz 文件夹，以保存一组爵士乐曲目，创建另一个名为 Reggae 的文件夹来保存你的雷盖音乐集。

文件夹名称与盘符以及其他文件夹名之间用特殊符号分隔。在 Microsoft Windows 中，此符号是反斜杠（\）。例如，你的雷盖音乐的文件夹（在驱动器 C 上的音乐文件夹内）将被写为 C：\Music\Reggae。其他操作系统使用正斜杠（/）分隔文件夹。

什么是文件路径？ 计算机文件的位置由**文件路径**（file path）定义，在 PC 上，该路径包含盘符、文件夹、文件名和扩展名。假设你在硬盘上的 Reggae 文件夹中存储了名为 Marley One Love 的 MP3 文件。其文件规范如图 6-50 所示，图中还给出了常用文件扩展名表。

C：\Music\Reggae\Marley One Love.mp3

| 盘符 | 主文件夹 | 次级文件夹 | 文件名 | 文件扩展名 |

文件类型	扩展名
Text	.txt .dat .rtf .docx (Microsoft Word) .doc (Microsoft Word 2003) .odt (OpenDocument text) .wpd (WordPerfect) .pages (iWork)
Sound	.wav .mid .mp3 .m4p .aac
Graphics	.bmp .tif .wmf .gif .jpg .png .eps .ai (Adobe Illustrator)
Animation/video	.flc .swf .avi .mpg .mp4 .mov (QuickTime) .wmv (Windows Media Player)
Web page	.htm .html .asp .vrml .php
Spreadsheet	.xlsx (Microsoft Excel) .xls (Microsoft Excel 2003) .ods (OpenDocument spreadsheet) .numbers (iWork)
Database	.accdb (Microsoft Access) .odb (OpenDocument database)
Miscellaneous	.pdf (Adobe Acrobat) .pptx (Microsoft PowerPoint) .qxp (QuarkXPress) .odp (OpenDocument presentations) .zip (WinZip) .pub (Microsoft Publisher)

图 6-50   文件路径

6.5.2   文件管理工具

操作系统提供文件组织工具，称为**文件管理实用程序**（file management utility）。Windows 提供了一个名为文件资源管理器的实用程序，该实用程序是从任务栏上的文件资源管理器图标启动的。Mac OS 提供了一个名为访达的实用程序，该程序是从程序坞上的访达图标启动的。

　　文件管理实用程序的窗口中有什么？ 文件资源管理器和访达有许多相似之处。虽然图标不同，但是其通用功能、特性和布局都具有可比性。图 6-51 中的示例说明了文件资源管理器和访达的组件。

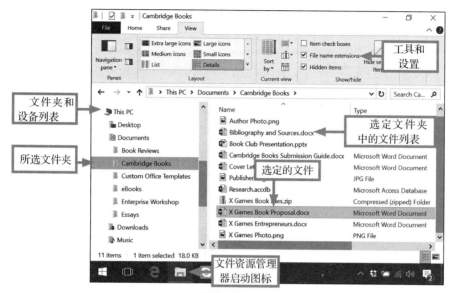

文件资源管理器

Mac OS 访达

图 6-51　文件管理实用程序元素

Source: © 2017 Apple Inc

　　我可以看到文件路径吗？ 熟练的计算机用户擅长使用文件扩展名和路径来使文件井井有条。要应用这些工具，必须在文件资源管理器和访达中启用显示扩展名和路径的设置，如图 6-52 所示。

试一试

如果你使用 PC，当你单击 Windows 文件资源管理器中显示文件路径的框时会发生什么？

Windows 文件资源管理器

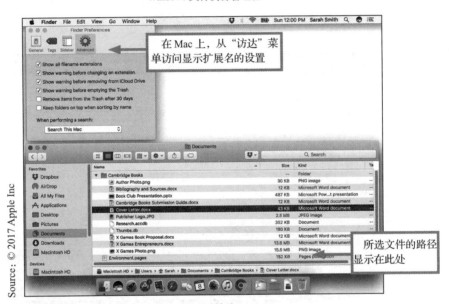

Mac OS 访达

图 6-52　设置文件管理器显示扩展名和路径

我可以用文件夹和文件来做些什么？ 文件管理实用程序对于查找文件和查看其内容非常有用。通过双击或点击数据文件将打开该文件及其相应的软件应用程序。与特定文件类型关联的软件应用程序被称为**默认应用程序**（default application）。例如，Paint 可能是所有 PNG 文件的默认应用程序，因此当你选择如 Sunset.png 等文件时，操作系统会使用 Paint 自动打开它。

但是如果操作系统打开文件时所用的应用程序不是你想要的呢？假设 Windows 在 Paint 中打开一张照片，但你想在 Photoshop 中查看它。或者，如果 Mac OS 在 Viewer 中而不是在 Photoshop 中打开照片呢？你可以通过右键单击文件，然后从列表中选择要使用的应用程序。

你还可以告诉操作系统，你希望对用于打开特定类型文件的应用程序进行永久更改。例如，假设你想用 Paint（在 PC 上）或 Paintbrush（在 Mac 上）打开所有的 PNG 文件，可按照图 6-53 中的步骤进行操作。

试一试

使用 Mac OS 访达或 Windows 文件资源管理器查找 PNG。PNG 文件的默认应用程序是什么？

在 PC 上搜索"默认程序"并选择它。向下滚动以选择"选择按文件类型指定的默认应用"选项。找到 .png 扩展名，然后选择 Paint 应用程序作为默认值

在 Mac 上，右键点击任何带有 .png 扩展名的程序。选择"获取信息"。使用"打开方式"选项选择 Paintbrush 作为新的默认应用程序，然后选择标记为"全部更改"的按钮

图 6-53　更改默认应用程序

Source: © 2017 Apple Inc

我还能用文件管理工具做些什么？ 除了查找文件和文件夹外，文件管理实用程序还可以帮助你通过以下方式操作文件和文件夹。

1. **重命名**。你可以更改文件或文件夹的名称以更好地描述其内容。

2. **复制**。你可以将文件从一台设备复制到另一台设备——例如，从 USB 驱动器复制到硬盘驱动器。你也可以制作一份文档副本，以便可以修改副本并保留原始文档。

3. **移动**。你可以将文件从一个文件夹移动到另一个文件夹，或从一个存储设备移动到另一个存储设备。移动文件时，会从原始位置删除它，因此请务必记住文件的新位置。你还可以将整个文件夹及其内容从一个存储设备移动到另一个存储设备或另一个文件夹。

4. **删除**。当你不再需要一个文件时，你可以删除该文件。你也可以删除一个文件夹。删除文件夹时要小心，因为大多数文件管理实用程序还会删除文件夹中的所有文件。

我可以一次处理多个文件或文件夹吗？ 要使用一组文件或文件夹，你必须先选择它们。你以通过多种方式完成此任务。你可以在按住 Ctrl 键的同时（Mac 上是 Command 键）单击每个项目。如果你对不连续列出的文件或文件夹进行选取，这一方法很有效。

作为另一种可选方案，你可以在按住 Shift 键的同时单击要选择的第一个项目和最后一个项目。通过使用 Shift 键方法，你可以选中所单击的两个项目以及它们之间的所有项目。选择一组项目后，可以对其进行复制、移动或删除操作，和对单个文件进行的操作相同。

什么是个人文件夹？ Windows 和 Mac OS 提供一组预先配置的个人文件夹，例如"文档"和"音乐"文件夹用于存储你的个人数据文件。这些文件夹一开始可能不会显示出来，因为微软和苹果更愿意消费者去使用云存储服务。对于要在本地存储的文件，这些预先配置的文件夹是一个很好的开始，因此可将它们添加到文件管理器窗口的左侧列表中，这样将很容易对其访问（如图 6-54 所示）。

Source: © 2017 Apple Inc

在 PC 上，打开"此电脑"（This PC）选项，然后将"音乐"(Music)、"图片"(Pictures) 和"视频"(Videos) 文件夹拖动到文件资源管理器的"快速访问"或"收藏夹"区域

在 Mac 上，使用访达打开 Macintosh HD 的图标，然后将"电影"(Movies)、"音乐"（Music）和"图片"（Pictures）图标拖动到"个人收藏"区域

图 6-54 在 PC 和 Mac 上的个人文件夹

什么是文件管理的最佳方法？ 文件管理实用程序提供工具和程序来帮助你跟踪程序和数据文件。不过，如果你有合理的计划来组织文件并遵循一些基本的文件管理准则，这些工具就非常有用。考虑图 6-55 中用于管理自己计算机上的文件的提示。在实验室的计算机上处理文件时，请遵循教师或实验室管理人员的指导。

6.5.3 基于应用程序的文件管理

应用程序包含打开文件和保存文件的菜单选项。事实上，应用程序调用操作系统的文件管理例程来完成工作。这就是应用程序提供的"保存"（Save）窗口与文件管理实用程序的窗口非常相似的原因。

- **使用描述性名称**。给你的文件和文件夹起一个描述性的名称，并避免使用神秘的缩写。

- **保持文件扩展名**。重命名文件时，请保留原始文件的扩展名，以便可以使用正确的应用程序软件打开它

- **将类似的文件分到同一组**。根据主题将文件分为多个文件夹。例如，将你的创意写作作业存储在一个文件夹中，将MP3音乐文件存储在另一个文件夹中。

- **从上到下组织你的文件夹**。在设计文件夹层次结构时，考虑如何访问文件并进行备份。例如，备份一个文件夹及其子文件夹很容易。但是，如果你的重要数据分散在多个文件夹中，则备份会更加耗时。

- **考虑使用默认文件夹**，你应该使用预先配置的个人文件夹（如"文档"和"音乐"）作为主要的数据文件夹。根据需要向这些个人文件夹中添加子文件夹以组织文件。

- **为要共享的文件使用公用文件夹**。使用公用文件夹来与其他网络用户共享文件。

- **不要将数据文件和程序文件混在一块**。不要将数据文件存储在保存软件的文件夹中。大多数软件都存储在Windows系统上Program Files文件夹的子文件夹中以及Mac上的应用程序文件夹中。

- **不要将文件存储在根目录中**。尽管在根目录中创建文件夹是可以接受的，但将程序文件或数据文件存储在计算机硬盘的根目录中并不是一个好习惯。

- **从硬盘上访问文件**。为获得最佳性能，请在访问文件之前将它们从USB驱动器复制到计算机的硬盘中。

- **遵守版权规则**。复制文件时，请确保遵守版权和许可限制。

- **删除或压缩不再需要的文件**。删除不需要的文件和文件夹有助于让你的文件列表不会增长到难以管理的大小。

- **注意存放位置**。保存文件时，请务必指定正确的存储设备和文件夹。

- **备份！** 定期备份你的文件夹和文件。

图 6-55　文件管理最佳实践

关于保存文件我应该知道什么？ 应用程序通常提供打开文件并将其保存到指定存储设备上特定文件夹中的方法。某些应用程序还允许你删除和重命名文件。保存文件很容易。只需使用应用程序提供的"保存"选项，指定文件的位置并为其命名即可。大多数应用程序允许你在保存过程中创建一个新文件夹并向文件添加标签（如图6-56所示）。

试一试

使用应用程序（如 Word）保存文件。查看保存窗口并将其与计算机上文件管理实用程序（文件资源管理器或访达）的窗口进行比较。它们是否相似？

图 6-56   创建文件夹并保存文件

6.5.4   物理文件存储

显示在文件管理器窗口中的文件和文件夹的结构称为**逻辑存储模型**（logical storage model），因为它可以帮助你构建一个文件夹层次结构中文件组织方式的概念图。**物理存储模型**（physical storage model）描述了磁盘和电路中实际发生的事情。如你所见，物理模型与逻辑模型完全不同。

如何存储数据？ 在一台计算机可以存储文件之前，必须先对存储介质进行**格式化**（formatting）。格式化过程创建了电子存储箱的等同物。磁性和光学介质被分成圆形**轨道**（tracks），然后进一步分成**扇形**（sectors）。固态存储介质被分为一个个单元。

操作系统如何跟踪文件的位置？ 操作系统使用**文件系统**（file system）来跟踪驻留在存储介质（如硬盘）上文件的名称和位置。不同的操作系统使用不同文件系统。例如，Mac OS 使用 Macintosh Hierarchical File System Plus(HFS+) 或 Apple 文件系统（APFS）。Microsoft Windows 使用称为

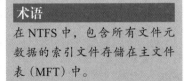

术语

在 NTFS 中，包含所有文件元数据的索引文件存储在主文件表（MFT）中。

NTFS（新技术文件系统）的文件系统。

为了加速存储和检索数据的过程，磁盘驱动器通常与称为**簇**（cluster）或块的一组扇区协同工作。文件系统的主要任务是维护一个簇列表并跟踪哪些簇是空的以及哪些簇存放了数据。该信息存储在一个索引文件中。

当你保存文件时，操作系统会查看索引文件以了解哪些簇是空的。它选择其中的一个簇，记录那里的文件数据，然后修改索引文件，以添加新的文件名及其位置。

单个簇无法容纳的文件会溢出到相邻的簇中，除非该簇已包含数据。当相邻的簇不可用时，操作系统会将文件的一部分存储在不相邻的簇中。图 6-57 帮助你了解索引文件如何跟踪文件名和位置。

快速检测

在图 6-57 中，米色簇表示_____。

a. 储存 Jordan.wks 的簇

b. 相邻的簇

c. Pick.bmp 扇区

d. NTFS

索引文件		
文件	簇	注释
MFT	1	为MFT文件保留
DISK USE	2	包含空扇区列表的MFT的一部分
Bio.txt	3, 4	Bio.txt 文件存储于簇3和4中
Jordan.wks	7, 8, 10	Jordan.wks 文件非连续存储于簇7、8和10中
Pick.bmp	9	Pick.bmp 文件存储于簇9中

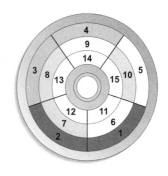

磁盘上的每个彩色簇都包含文件的一部分。Bio.txt存储在相邻的群簇中。Jordan.wks存储在不相邻的簇中。计算机通过在索引文件中查找其名称，从而找到该文件的第一个簇的位置来定位并显示Jordan.wks文件

图 6-57　索引文件的工作原理

文件被删除时会发生什么？ 当你单击一个文件的图标，然后选择"删除"选项时，你可能会想象读写头以某种方式清理包含数据的簇。但相反，操作系统只是将文件簇的状态更改为"空白"，并从索引文件中删除文件名称。文件名不再出现在目录列表中，但文件的数据仍保留在簇中，直到这些簇存储了新文件。

删除的文件可以被恢复吗？ Windows 回收站和其他操作系统中类似的实用程序旨在保护你免于意外删除实际需要的硬盘文件。操作系统将文件移动到回收站文件夹，而不是将文件的簇标记为空。被删除的文件仍占用磁盘空间，但不会出现在通常的目录列表中。

"回收站"文件夹中的文件可以取消删除，以便它们再次出现在常规目录中。另外，回收站可以被清空以永久删除它包含的任何文件。

清空回收站时会发生什么？ 清空回收站时，索引文件

快速检测

当删除文件然后清空废纸篓（Mac）或回收站（PC）时会发生什么？

a. 包含文件数据的簇被清理干净

b. 文件塞满了 1 和 0

c. 文件的簇被标记为"空"，但数据保留在其中，直到数据被覆盖

d. 文件被粉碎

将包含已删除文件的簇标记为"空",并从所有目录列表中删除文件名。旧数据保留在簇中,直到它被其他文件覆盖。各种第三方实用程序可以恢复很多这种已被删除的数据。例如,执法人员使用这些实用程序从犯罪嫌疑人计算机磁盘上的已删除文件中收集证据。

要从磁盘中删除数据,以便没有人可以读取它,可以使用特殊的**文件粉碎软件**(file shredder software),它用随机的 1 和 0 来覆盖空白扇区。如果你计划将你的计算机捐赠给慈善组织,并且希望确保你的个人数据不再保留在硬盘上,则该软件非常方便。

6.5.5 快速测验

1. 文件命名____是创建有效文件名的规则列表。

2. 磁盘____将硬盘分成两个或多个存储单元。

3. 驱动器 C：\ 也被称为____目录。

4. 用作存储单元的一组磁道和扇区被称为____。

5. NTFS 和 HFS+ 是 Windows 和 Mac OS 文件____的例子。

数 字 安 全

随着对电子设备的恶意攻击急剧增多，我们的个人隐私和环境安全岌岌可危。为了强化数字防御，你可以做些什么呢？请阅读以下内容。

应用所学知识

- 加密一个文件或整个存储卷。
- 调整你数码设备上的登录选项以提高安全性。
- 使用二元认证来增强设备的安全性。
- 设计一个个性化策略来创建强大的密码并保护好它们。
- 选择、安装和配置防病毒软件。
- 确保杀毒软件正在积极扫描并处理病毒。
- 鉴别恶作剧病毒。
- 关闭可能会带来安全风险的远程访问功能。
- 采取措施以防止你的设备感染勒索病毒。
- 使用按需病毒扫描以发现并消除 0-day 攻击。
- 安装、激活并配置好个人防火墙。
- 当使用 Wi-Fi 热点时避免"双面恶魔"（Evil Twin）恶意软件的攻击。
- 留意数字证书破解的威胁。
- 采取措施减少收到的垃圾邮件。
- 使用垃圾邮件过滤器来屏蔽不需要的电子邮件。
- 识别并消除网络钓鱼、网络嫁接、流氓反病毒软件和 PUA（潜在附加应用）的骚扰。

7.1　A 部分：安全基础

你的智能手机被偷了，你的室友是一个爱管闲事的人，或者执法部门希望查阅你的档案。如今，电子设备储存了重要并且私密的信息，如果这些信息落入不该落入的人的手中，会导致你的个人隐私受到危害，使你的信誉受损，甚至让你遭遇法律诉讼。保护物理设备和设备上储存的数据是抵御身份盗窃和其他安全攻击的重要措施。

目标

- 列出五个为了安全加密数字资料的例子。
- 描述当你从一个以前从来没用过的设备上登录 Gmail 账户时，二元认证是如何进行的。
- 解释在一些设备中加密和密码是如何相关联的。
- 列出加密整个存储卷的好处。
- 列举建立一个强密码的基本法则。
- 列出至少五个弱密码的特征。
- 写出计算使用四位密码可能生成的密码个数的公式。

- 解释密码熵的概念。
- 描述本地的、基于云端的和基于 USB 的密码管理器各自的优缺点。

7.1.1 加密

基本的数字安全依赖两项技术：加密和认证。这些技术结合起来以保护数据免遭非法访问并确保数据在被黑客盗取的情况下无法被黑客解读。

加密的原理是什么？ 加密（encryption）把信息或数据文件转换成一种特殊的形式，在该形式下，文件的内容对于非法读取者而言是无法解读的。未被加密的原始消息或文件称为**明文**（plaintext 或 cleartext）。被加密过的消息或文件称为**密文**（ciphertext）。将明文转换为密文的过程称为**加密**（encryption），相反的过程——将密文转换为明文——称为**解密**（decryption）。

数据通过加密算法和密钥进行加密。**加密算法**（cryptographic algorithm）是用于加密或解密的程序。**加密密钥**（cryptographic key）通常称为密钥，是加密或解密数据过程中必须用到的特定的单词、数字或者短语。密码通常被用作加密和解密数据的密钥。

什么可以被加密？ 加密通常用于通过有线或无线传输的数据包、银行卡号码和其他发送到电子商务网站的个人信息、包含机密信息的电子邮件、数码设备的整个存储卷，以及包含敏感信息的单独文件。

文件被加密保护的效果怎么样？ 加密的方法有多种，其中的一些方法相较于其他有更好的安全性。AES（Advanced Encryption Standard，高级加密标准）是目前在世界范围内使用的加密标准。破解 AES 是可能的，但是这个过程非常困难并且需要强大的计算能力。

该如何加密文件？ 加密存储卷的方法会在本章的后面部分介绍。可以很简单地使用文字处理软件、电子表格软件和数据库软件内建的加密功能加密单独的文件。加密选项，如果可用的话，通常可以在"文件"菜单中找到。图 7-1 解释了如何用 Microsoft Word 加密文件。

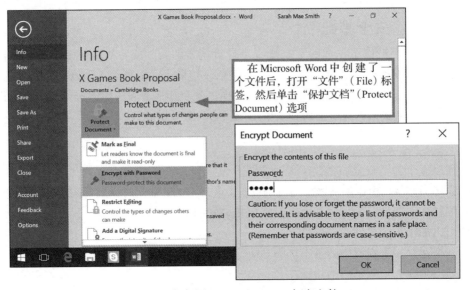

图 7-1   如何用 Microsoft Word 加密文件

7.1.2 认证

在数字安全的语境里，**用户认证**（user authentication）指任何用于验证和确认一个人的身份的技术。认证技术，例如密码、个人标识号、指纹扫描和面部识别，可以阻止网站或被盗设备上对数据的未经授权的访问。

二元认证（two-factor authentication）通过用两个要素（如密码和验证码）验证身份的方式来增加安全性。它可以用来验证之前未登录过的设备发送的登录请求。当输入一个有效的密码后，一个验证码被发送到另一个已知属于该用户的设备上，例如手机。验证码被作为除密码之外的第二个验证要素输入到要登录的设备中。

iOS 设备上的认证选项是什么？ iPhone 和 iPad 可以被锁定，每次使用设备时都会要求输入登录密码或者进行其他形式的验证。当一个 iOS 设备被锁定时，它的存储卷的内容就会被自动地加密。一个设法拿到设备的黑客在没有正确验证凭证的情况下无法访问设备中的文件，甚至当存储设备被拆掉后，其中包含的信息也会因为被加密而无法解读。

iOS 设备的认证选项包括简单密码和长密码。指纹扫描也可作为认证选项。可参考苹果技术支持，以获得有关健身、游泳、烹饪和其他活动可能影响设备可靠地识别指纹能力的相关信息。

标准 iOS 安全设置建立了一个四位数字的密码，它类似于个人识别码。短密码不是很安全。由于密码是四位，只有 10 000 种可能的密码，密码破解工具可以在几秒钟内迅速遍历它们。iOS 可以被设置为在十次不成功登录后删除设备的数据。当使用短密码时，这个选项可以提供非常必要的保护。

和四位个人识别码相比，长密码要难破解得多。要为 iOS 设备设置长密码，可打开"设置"，选择"密码"选项，如图 7-2 所示。

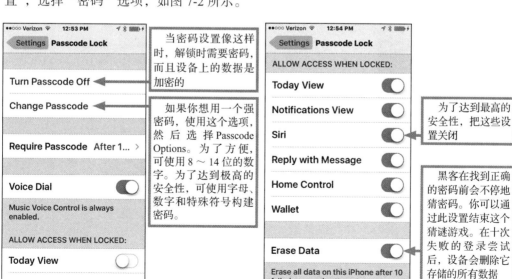

图 7-2　iOS 设备上的登录密码管理页面

Source: © 2017 Apple Inc

安卓设备上的认证选项有哪些? 安卓设备有许多安全认证选项，包括个人识别码、密码、面部识别、声音识别以及在屏幕上绘制图案。设置一个强密码可以提供最高级别的安全性。

与 iOS 设备不同，安卓设备不会自动加密存储的数据。配置密码和激活加密是两个独立的步骤，如图 7-3 所示。

① 安卓的密码设置选项可在"设置"页面找到，步骤是选择"锁定屏幕"选项，然后选择屏幕锁定方式。一个强密码可以提供最高的安全性。

快速检测

把配置密码和激活加密分开设置的好处是什么?

a. 登录和加密的密码可以不同，这样可使找到登录密码的黑客无法访问加密数据

b. 登录密码要比加密密码短，所以密码更好记

c. 分开设置没有任何好处，正因为如此，对于安全问题，iOS 要比安卓系统处理得更好

② 为了加密安卓设备上的文件，打开"安全"（Security）设置并选择"加密设备"（Encrypt device）。当第一次激活此功能时，加密过程可能需要一小时。确保在此过程中你的设备充满了电，并已连接到电源上。

2017 Android

试一试

如果你有一个装有安卓系统的手机，检查一下密码设置，考虑是否要用一个更长的密码来确保设备的安全。

图 7-3　安卓设备上的登录密码管理页面

Windows 系统的认证选项有哪些? Windows 系统提供了多个认证选项，可以在"设置"页面的"账户"里配置这些选项。图 7-4 详细解释了认证选项并指明了关键的安全设置。

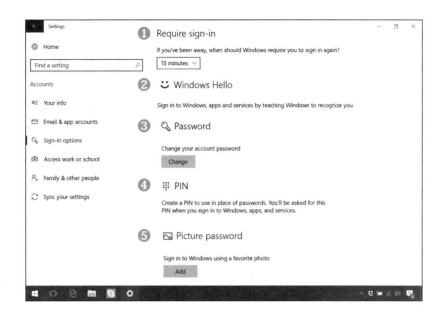

① 用户在离开时通常把他们的电子设备设为休眠模式而不是关闭设备，所以丢失或被盗的设备很可能处于休眠模式。将设备设为需要密码才能从休眠模式唤醒可以大大提高安全性。一定要确保这个功能处于激活状态。

② Windows Hello 使用面部识别来解锁设备。识别算法是基于 3D 成像的，很难用图片来欺骗。只有拥有特殊相机阵列的具有 Windows Hello 功能的计算机才会提供人脸识别功能。

③ 使用这一选项来更改密码或取消登录密码。不建议取消登录密码，因为这样会让任何人都能够访问该设备上的文件。

④ 使用 4 位个人识别码而不是密码。这一选项主要为平板电脑用户提供，因为他们很难输入包含字母、数字和符号的长密码。为了保证最佳的安全性，不要用个人识别码取代密码。

⑤ 指定一张照片和一个动作序列作为登录凭证。例如，照片可能是你的狗，而动作序列可能是触摸或单击它的鼻子，然后单击它的尾巴。

图 7-4 Windows 系统设备的登录密码管理页面

加密 Windows 硬盘是否可行？ Windows 设备可以使用微软的 BitLocker 或第三方工具进行加密。Windows 专业版和旗舰版提供了 BitLocker，但家庭版没有提供。Windows Mobile 在"设置"中包含"设备加密"选项。

对于正在使用家庭版的 Windows 用户，可以将关键文件进行单独的文件加密，如本章前面所述。可提供更全面的卷加密功能的软件工具包括 Symantec Encryption 和 GNU Privacy Guard。

Mac OS 的认证选项有哪些？ 苹果电脑提供了多个密码设置选项，可以在"安全性与隐私"偏好设置页面找到这些选项。一个叫作"自动登录"的功能可以实现不用密码就能访问设备。为了安全，这个功能应该关闭，如图 7-5 所示。

> **试一试**
> 如果你有一个笔记本电脑或台式机，检查密码设置并思考你该如何加强登录安全性。

> **快速检测**
> Windows 笔记本电脑经常被设置为把个人识别码也用作加密和解密存储卷的凭证。
> a. 正确   b. 错误

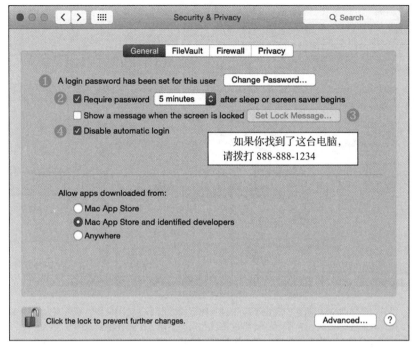

❶ 配置这一选项来改变密码或取消登录密码。如果还没有设置密码，勾选"停用自动登录"（Disable automatic login）选项，然后设置一个密码。

❷ 用户通常让他们的设备处于休眠状态而不是关闭状态，所以丢失或被盗的设备很可能处于休眠状态。将设备设为需要密码才能从睡眠模式唤醒可以大大提高安全性。为了方便起见，允许设备不需密码即可从短期休眠中唤醒。

❸ 当屏幕锁定时在屏幕上显示一则信息，这在设备丢失时非常有用。你可以在屏幕上显示你的联系方式，以便于有人发现设备后归还。

❹ 当这个选项没有被选中时，无须密码即可访问设备。为了安全起见，要确保这一选项被选中。

图 7-5　苹果电脑上的登录密码管理页面

在加密 Mac OS 文件卷之前需要密码认证吗？ Mac OS 设备包括一个名为 FileVault 的实用工具，它可以自动加密本地存储的数据。FileVault 设置和"安全性与隐私"中的密码设置在同一个窗口。

7.1.3　密码

密码保护电子设备免遭非法入侵，还可以保护网上银行、网站和应用商店的账户。**强密码**（strong password）很难被破解。传统经验告诉我们，强密码至少要有八位字符并包括一个以上的大写字母、数字和符号。根据这些约定创建的密码可能很难被破解，但是它们也很难记忆。该怎么办呢？

黑客是如何破解密码的？ 黑客和身份窃贼使用一系列的方式盗取密码。在公共场所，黑客可能只是在你输入密

快速检测

基于图 7-5 中的设置，当设备休眠三分钟后被唤醒时会发生什么？

a. 设备会要求输入登录密码

b. 设备显示"如果你找到了……"的信息

c. 不需要输入密码，系统就会恢复

d. 以上都不会发生

试一试

如果你拥有 Mac 台式机或笔记本电脑，检查你的密码设置，并思考你是否应该加强登录安全性。

码的时候越过你的肩膀偷看。如果你把密码写在位于键盘下面或手机外壳里的纸条上，身份窃贼很容易就能找到你的密码。

如果一个黑客和你的设备没有物理接触，但是你的设备连到了网络上，你的密码也可能会被破解，例如利用一台远程计算机和软件工具进行破解，这些软件工具可以系统地猜测你的密码、截获密码或诱骗你泄露密码。

蛮力攻击（brute force attack）使用密码破解软件来遍历每一个可能的字母、数字和符号的组合。因为这种方法要穷举所有可能的情况来找到密码，所以它找出一个密码可能需要几天的时间。

字典攻击（dictionary attack）可以帮助黑客猜测你的密码，它的原理是在字典中逐个搜索，字典包含常见语言的词汇列表，如英语、西班牙语、法语和德语。这些字典也包含单词的常见变化（如 p@ssw0rd），以及数百个常用密码（如 qwerty 和 12345）。字典破解很有效，因为许多用户都选择容易记忆的密码，而这些密码很有可能在常用密码列表中（如图 7-6 所示）。

12345	000000	buster	coffee	eeyore
abc123	money	dragon	dave	fishing
password	carmen	jordan	falcon	football
p@ssw0rd	mickey	michael	freedom	george
Pa55word	secret	michelle	gandalf	happy
password1	summer	mindy	green	iloveyou
!qaz2wsx	internet	patrick	helpme	jennifer
computer	service	123abc	linda	jonathan
123456	canada	andrew	magic	love
111111	hello	calvin	merlin	marina
a1b2c3	ranger	changeme	molson	master
qwerty	shadow	diamond	newyork	missy
adobe123	baseball	matthew	soccer	monday
123123	donald	miller	thomas	monkey
admin	harley	ou812	wizard	natasha
1234567890	hockey	tiger	Monday	ncc1701
photoshop	letmein	12345678	asdfgh	newpass
1234	maggie	apple	bandit	pamela
sunshine	mike	avalon	batman	
azerty	mustang	brandy	boris	
trustno1	snoopy	chelsea	dorothy	

图 7-6　常用密码

是什么使得密码容易被字典攻击破解？ 用户设计密码的许多精巧方案对于黑客和那些创建密码破解工具的程序员来说是显而易见的。弱密码包括以下几项：

- 字典中的单词，包括除英语外的其他语言的单词。
- 像 passpass 或 computercomputer 这样的重叠单词。

- 默认密码，如 password、admin、system 和 guest。
- 以一串数字结尾的字符串，如 Secret123 和 Dolphins2018。
- 有符号或数字变体的字符串。
- 日期或数字格式的数字序列，例如 01/01/2000 和 888-5566。
- 任何包含用户名的序列，例如 BillMurray12345。
- 任何使用正确的大小写的序列，如 Book34 和 Savannah912。

快速检测

为 Dave Meyers 设计的哪个密码最安全？

a. DaveBMeyers

b. Dave12345

c. Ih2gtg8pw

d. D@veMeyer5

是什么使得密码容易被蛮力攻击破解？ 蛮力攻击系统地尝试每一个可能的密码，直到找到正确的密码。考虑一个简单的猜数字游戏，猜中在 1 到 10 之间数字的概率要比猜中 1 到 10 000 之间数字的概率大得多。同样，从 10 000 个可能密码中选出的密码要比从 100 000 000 个可能密码中选出的密码更容易破解。

可能密码的数量取决于字符集大小和密码长度。更长的密码以及由字母、数字和符号组成的密码更难被破解。计算可能密码数目的一般公式是：

$$可选择字符种数^{密码长度}$$

例如，假设你在为 iPhone 创建一个简单密码，可以使用的字符有键盘上的数字：0、1、2、3 等。密码长度是 4 位，可能的密码个数是

$$10^4$$

可选择字符种数   密码长度

10^4 是 $10 \times 10 \times 10 \times 10$，等于 10 000。密码破解软件拥有在一秒内尝试十亿多个密码的能力，一眨眼的工夫就可以遍历这 10 000 种可能的密码。

5 位密码的安全性增加了多少呢？可能的密码有 10^5 种。相较于 4 位密码，可能的密码数大大增加，但是密码破解软件依旧可以轻松遍历可能的密码。

一个使用大写字母、小写字母、数字和符号的 8 位密码有 6 095 689 385 410 816 种可能性，遍历所有可能性需要的时间超过一周。破解这样一个密码的难度是为安全密码提供足够熵的一个良好开端。

试一试

为了确保你完全学会了如何算出可能密码的个数，请计算 4 位密码可能的密码个数，密码中只能使用小写英文字母。

什么是密码熵？ 可能密码的个数很快就会变成非常巨大的数字。安全专家以熵的形式表达密码强度，而不是用那些巨大的数字。**密码熵**（password entropy）是对密码不可预知性和不易被发现程度的一种度量。例如，4 位 iPhone 密码的熵是 14 位。对数学有兴趣的读者可以看一下熵的计算公式：

$$\log_2 10^4$$

$10^4 = 10\ 000$，$\log_2 10\ 000 = 13.2877$

注意，比特数并不等于密码的长度。一个 iPhone 密码的长度是 4 位，但是它的熵约等于 14。数字 14 是以二进制形式表示可能密码个数所需的位数。对于 iPhone 可能的密码个数是 10 000，用二进制表达是 10011100010000，它的位数有 14 位，这就是熵（如图 7-7 所示）。

	字符种数	长度	可能的密码数	熵
PIN （个人识别码）	10	4	10 000	14位
小写字母组成的密码	26	8	208 827 064 576	38位
小写和大写字母组成的密码	52	8	53 459 728 531 456	46位
字母、数字和字符组成的密码	94	8	6 095 689 385 410 816	53位
长的字母、数字和字符组成的密码	94	12	4.75920314814253E23	79位

图 7-7　常见密码的熵

这些数学知识都很重要吗？ 这些数学知识简单地说明了安全密码的基本原理。关于熵的结论是，具有更高熵的密码比更低熵的密码安全，因此，一个 46 位的密码要比一个 13 位的密码安全得多。

此外，熵是一个理论概念。在现实世界中，安全措施可能已经具备了防止破解工具逐个连续尝试可能密码的能力。Web 站点上的登录程序通常限制了密码输入的速度，而且尝试连续密码的次数达到一定数目后会暂时冻结账户，此外还需要进行其他身份验证。更改设备设置以限制登录尝试次数是一个明智的安全措施。

创建安全密码的推荐方法是什么？ 密码破解软件的复杂程度和当今计算机的处理器速度给用户带来了挑战，随机密码是最安全的，但很难记住它们。设计和记住一个或两个站点的安全密码是可能的，但是普通用户可能拥有超过 50 个设备和 Web 站点的密码。设计 50 个独特的强密码并记住哪些密码对应哪些网站是不可能实现的，也许我们另有高招？图 7-8 提供了一些创建密码的技巧。

快速检测

在图 7-7 中，为什么个人识别码的熵是 14 位？

a. 它是可能密码的个数

b. 它是可能的数字的个数

c. 它是可能密码个数的二进制表达的位数

d. 以上都不对

试一试

使用图 7-8 中的指导原则，创建一个能被多次使用的安全密码。

7.1.4　密码管理器

如果你讨厌小学课堂里的记忆任务，让你记住密码就更加无趣了。用于管理密码的数字工具可以承担这个任务，但是没有什么是完美的，密码管理器也不能完全防止黑客入侵。

密码管理器的原理是什么？ 密码管理器（password manager，有时称为钥匙串）的核心功能是记录密码，这样用户就不必记住密码了。一些密码管理器还可以利用存储的地址和信用卡数据，将相关信息填入表单。密码管理器可以是操作系统实用程序、浏览器扩展或独立的实用程序。

大部分密码管理器可以生成由随机字母、数字和符号组成的独特密码，这些密码的熵非常大，复杂度很高。你不必记住这些密码，因为密码管理器会根据需要存储和自动检索它们。

以短语开头。用一句短语的每个单词的首字母组合起来作为密码，选择恰当的短语可以构建出包括数字和专有名词的密码。
- 最好设计 8 ～ 12 个字符组成的密码，因为有的网站限制密码长度。
- 不在密码开头使用大写字母。
- 不在结尾使用数字。
- 一些网站不允许使用符号，所以如果你的密码要在许多网站上使用，就不要使用符号。

这里有一个能产生足够安全密码的短语的例子。

I went to Detroit Michigan when I was 23 years old

IwtDMwiw23yo

添加网站的名字。通过添加网站的名字，每个密码都是独一无二的，而且你能够记住这个密码是用在哪里的，就像这样：

I went to PayPal when I was 23 years old

IwtPayPalwiw23yo

创建低安全性的密码。一个有 4 位或更多位的密码有足够好的复杂度。可以通过这种方式创建日常使用的密码，这里有一个例子：

SpaBraidAmazonNuit

留神笔下。如果你为了记住密码而不得不写下它们，那么把密码保存在和你的电子设备无关的安全地方。如果你的电子设备失窃，你的密码不会一起失窃。

使用加密功能。如果你想在设备上存储密码，确保密码所在的文件被加密。

使用密码管理器。如果完全随机且独一无二的密码能给你更多的安全感，密码管理器会是一个完美选项。

图 7-8   关于密码的建议

当你开始注册一个网站或应用程序的账户时，密码管理器可以显示你通常使用的用户 ID，通常是你的电子邮件地址，然后询问你愿意自己输入密码还是使用自动生成的密码。

密码管理器可能会显示一个可以衡量密码安全性的**强度计**（strength meter）——如果你创建自定义密码而不是使用密码管理器生成的密码（如图 7-9 所示），那么这个功能将非常有用。

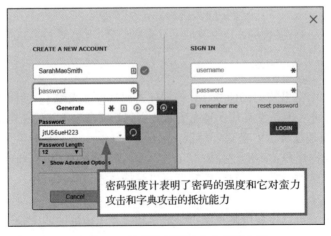

图 7-9   密码管理器可以生成强密码

密码管理器可以节省时间吗？ 密码管理器在一个加密的文件中存储有用户 ID 及相应的密码的 Web 站点列表。每次当你打开一个已知密码的应用程序或网站的登录页面时，密码管理器会自动提供你的用户 ID 和密码，节省你查找它们的时间。

存储用户 ID 和密码的加密文件由主密码保护。每次打开设备时，必须手动输入密码，只需输入一次。密码管理器存储的数据是安全的，除非主密码被破解。在这种不幸的情况下，文件中的所有密码都会被攻破，黑客会完全掌握它们。另外，如果你忘记了主密码，那么你就无法访问你存储的密码。

快速检测
密码管理器的安全性取决于____。 a.主密码的安全性 b.强度计 c.字典攻击 d.以上均是

通过密码管理器存储的数据安全吗？ 受单一主密码保护的文件存在安全缺陷，这种缺陷是为了方便而将密码托付给密码管理器所付出的代价。密码管理器创建和保存的密码的安全性取决于存储密码文件的位置。

本地存储。本地存储的密码被绑定到创建它们的设备上。例如，当在笔记本电脑上安装密码管理器时，只有在使用该设备时密码才可用。密码文件是加密的，但如果设备被盗，黑客可以花时间尝试破解主密码。

在使用其他设备时，本地存储的密码不可用。假设你通常使用 MacBook Air 上的 Safari 浏览器，并在该设备上存储你的密码，但如果你在咖啡店里使用公用计算机，则无法从该设备访问你的密码。本地存储的缺点促使许多用户尝试使用基于云的密码管理器。

云存储。一些密码管理器可以在云中存储加密的密码文件。只要提供主密码，就可以从任何设备访问该文件。然而，在云中存储一个包含密码的文件可能会带来安全风险。基于 Web 的密码管理器可以成为密码窃贼的目标。通过攻破一个网站，密码窃贼可以获得数百万个密码。在考虑使用基于云的密码管理器时，请仔细评估它们，然后再使用它们存储你宝贵的登录信息。

USB 存储。一些密码管理器可以在 U 盘上的加密文件中存储你的密码。可以在任何带有 USB 端口的设备上使用密码。当你不打算访问使用密码保护的网站时，可以从设备上拔掉包含密码管理器的 U 盘，这可以抵御那些在你的设备上搜索你的密码的入侵者。当你外出时，也可以从你的设备上拔掉 U 盘，这样多管闲事的室友就不能窥探你的数字文件。当你移除 U 盘时，你的便携式密码管理器不会留下任何有关密码的痕迹。然而，丢失 U 盘会让你的数字生活陷入危险境地，所以最好把它拴在你的钥匙环上。

试一试
假如你打算使用密码管理器，你会把密码存在本地、云端还是 U 盘上？为什么？

7.1.5 快速测验

1. PIN（个人识别码）和密码保证登录安全，不过它们也可用于____存储卷。

2. 用户____技术包括 PIN、密码、指纹识别和面部识别。

3. 和蛮力攻击相比，____攻击破解密码通常能花费更少的时间。

4. 术语 46 比特表述了密码强度或密码的____。

5. 密码管理器可以是操作系统实用程序、____扩展和独立实用程序。

7.2 B 部分：恶意软件

病毒对计算机构成最大威胁的日子已经一去不复返了。今天，有许多其他类型的恶意软件或恶意程序，对计算机系统、网络甚至手持设备造成严重破坏。Windows 计算机感染恶意软件的风险最高，但任何接收电子邮件、访问网络和运行应用程序的数字设备都可能受到攻击。

目标

- 列出至少五个恶意软件的例子。
- 描述区分计算机病毒和其他类型恶意软件的特征。
- 解释 rootkit（隐藏运行进程的软件）的用途。
- 描述计算机蠕虫的特征并列举三个常见的感染源。
- 解释恶意木马的目的以及它们与 dropper（释放病毒的程序）的关系。
- 列出杀毒软件检测病毒的两种方法。
- 说明杀毒软件在检测到病毒时可能采取的三种措施。
- 说明在病毒检测时误报的意义。
- 描述如何确定电子邮件中一个包含病毒的警告是真实的还是恶作剧。

7.2.1 恶意软件的威胁

对数字设备的攻击始于无害的炫技，但它很快就变得令人讨厌。简单的恶作剧逐渐演变成攻击行为，这些攻击摧毁了硬盘上的数据，侵入网络，窃取了大量个人记录，并劫持了对网络的访问。恶意软件也是对国家安全构成威胁的网络战攻击的组成部分。

恶意软件是什么？恶意软件（malware）是指任何企图偷偷进入数字设备的计算机程序。可以通过恶意软件进入设备的方式或所执行的活动类型来对它进行分类。常见的恶意软件包括病毒、蠕虫和木马。

创造和发布恶意软件的人被称为黑客、骇客、黑帽子或网络罪犯。一些恶意软件仅仅是恶作剧。其他恶意软件的设计目的是散布政治信息或干扰特定公司的运作。在越来越多的案例中，恶意软件被用来获取经济利益。为身份盗窃或勒索而设计的恶意软件已经成为个人和公司的真正威胁。

一旦恶意软件侵入一个设备，它的行为就取决于它是如何编写的。恶意软件代码所采取的行动称为**恶意软件攻击**（malware exploit）或"有效载荷"。恶意软件可进行多种类型的攻击，例如删除文件、记录登录时击键位置、为入侵者授予访问权限以及允许远程控制设备。图 7-10 列出了一些影响用户的恶意软件。

> **术语**
>
> 恶意软件（malware）的英文也可写为 malicious software。**病毒**可泛指一切私密地入侵电子设备的软件。

7.2.2 计算机病毒

1982 年，当苹果电脑（Apple Ⅱ）达到其影响力顶峰时，第一个影响个人计算机的计算机病毒出现了。这种名为 Elk Cloner 的病毒是相对无害的。它使屏幕空白，并展示一首短诗。从这种无害的恶作剧开始，病毒逐渐发展成为一种主要的威胁，并发动令人讨厌的攻击，例如清除存储在硬盘上的所有数据并覆盖 BIOS，使计算机无法启动。

- 显示烦人的消息和弹出式广告
- 删除或修改你的数据
- 加密数据并用加密密钥勒索赎金
- 上传或下载文件
- 记录键盘击键位置以窃取密码和信用卡号码
- 将含有恶意软件和垃圾邮件的信息发送给电子邮件通讯录或即时通信好友列表中的每个人
- 禁用反病毒和防火墙软件
- 拦截对特定网站的访问，并将浏览器重定向到受感染的网站
- 导致响应时间变慢
- 允许黑客远程访问存储在设备上的数据
- 允许黑客对设备进行远程控制，并将其变成僵尸
- 将设备链接到僵尸网络中，可以发送数百万封垃圾邮件或对网站发动拒绝服务攻击
- 造成网络拥塞

图 7-10　恶意软件攻击

什么是病毒？ 计算机病毒（computer virus）是一组自我复制的程序指令，它偷偷地附加到宿主设备上合法的可执行文件中。当被感染的文件运行时，病毒代码与程序的其余部分一起被加载到 RAM 中。一旦病毒代码在 RAM 中，它就会被执行。当被执行时，病毒可以通过向其他文件注入恶意代码复制自己。一个常见的误解是病毒会从一个设备传播到另一个设备，实际上它们不能。病毒只能在宿主设备上复制自己。

除自我复制之外，病毒通常还包含"有效载荷"，即负载，它可以仅仅显示恼人的消息，十分无害，也可以在你的计算机的存储设备上破坏数据，破坏性十足。它可以破坏文件、毁坏数据或者扰乱操作。触发事件，例如特定的日期，可以激活病毒。在特定日期加载其负载的病毒有时被称为定时炸弹。通过其他系统事件触发其负载的病毒称为逻辑炸弹。

如今，病毒是一种温和的威胁。它们不会迅速传播，而且很容易被杀毒软件过滤掉。但是，它们依然很有趣，因为它们反映了黑帽文化的起源。它们揭示的基本技术目前仍然用于将第三方代码注入合法数据流中。**代码注入**（code injection）是通过添加额外的命令来修改可执行文件或数据流的过程，如图 7-11 所示。

> **快速检测**
>
> 可以把计算机病毒以＿＿＿为特征进行区分。
>
> a. 向不同设备扩散的能力
>
> b. 自我复制的能力
>
> c. 威胁的严重程度
>
> d. 大小

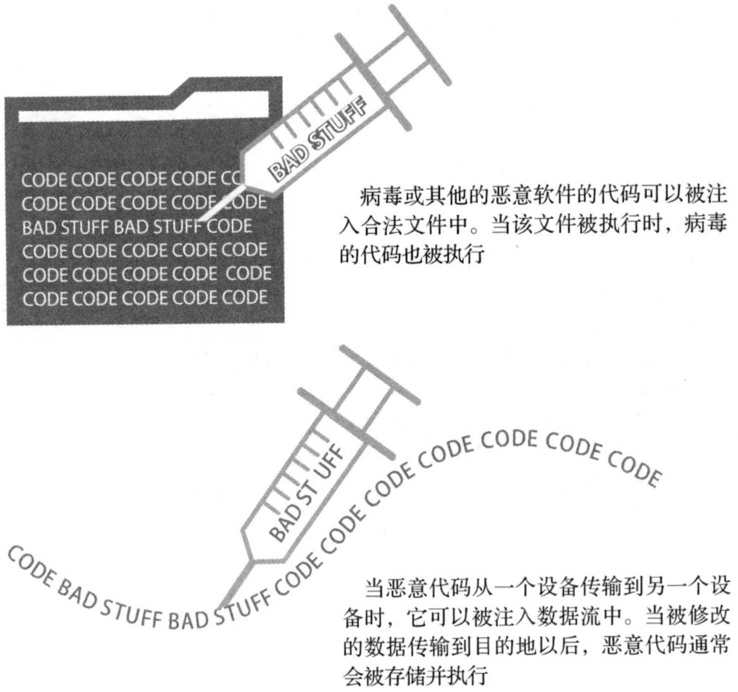

病毒或其他的恶意软件的代码可以被注入合法文件中。当该文件被执行时，病毒的代码也被执行

当恶意代码从一个设备传输到另一个设备时，它可以被注入数据流中。当被修改的数据传输到目的地以后，恶意代码通常会被存储并执行

图 7-11　代码注入

病毒是怎样传播的？ 当人们通过磁盘和 CD、电子邮件附件、文件共享网络、社交网站和下载站点交换被感染文件时，病毒就会传播。它们也可以在不经意间从未授权的应用商店中传播到设备上。通过一个叫作**侧面安装**（side-loading）的过程，一个并非来自官方应用商店的应用程序被安装在设备上。通常这些应用程序是修改过的流行应用程序，它被上传到非官方的下载网站上。这款应用程序看起来和原来的合法应用程序是一样的，但下载后它可能会在你的设备上安装一个病毒或其他恶意软件。

病毒的一个关键特征是它们能够在设备中潜伏数天或数月，同时安静地在设备上复制自己。当复制发生时，你可能甚至不知道自己的设备已经感染了病毒。因此，你很有可能不小心将受感染的文件传播到其他人的设备。尽管病毒不再是最危险的恶意软件威胁，但病毒隐藏技术已经变得非常复杂，并且是现如今最严重的安全攻击的核心要素。病毒和其他的恶意软件可以使用各种技术（比如 rootkit）来伪装自己。

什么是 rootkit？ 任何旨在隐藏进程和权限的代码都被称为 rootkit。rootkit 的设计初衷是允许"root"或以管理权限访问数字设备和计算机系统。通过改变系统设置并隐藏这些改变，黑客就可以成为影子管理员，访问设备或网络上的所有数据。

现代 rootkit 通过用修改的代码替换部分操作系统的方式来隐藏恶意代码。例如，rootkit 可能会破坏操作系统的主文件表，以隐藏病毒存储在某个扇区的证据。一些 rootkit 甚至可以禁用反病毒软件，以防止它检测到恶意软件的存在（如图 7-12 所示）。

快速检测

rootkit_____。
a. 允许以管理员权限访问电子设备
b. 可以隐藏恶意代码
c. 可能对禁用杀毒软件有帮助
d. 以上都对

在这个硬盘上，rootkit 隐藏了一个包含恶意软件的磁道，所以该恶意软件对文件系统是不可见的

图 7-12 rootkit 隐藏恶意软件

7.2.3 计算机蠕虫

最初，恶意软件从一台计算机传播到另一台计算机的速度取决于人们交换被感染的软盘的速度。1996 年，当黑客设计出只凭借自身就可以从一个设备传播到另一个设备的恶意软件时，情况开始发生变化。第一个自我分发的恶意软件入侵电子邮件地址簿，将其代码的副本通过邮箱发送到其他设备上。到 2000 年为止，黑客已经有能力创造出能够把自身发送到大量 IP 地址上的恶意软件。

蠕虫是什么？ 计算机蠕虫（computer worm）是一个自我复制、自我分发的小程序，它会在被入侵的设备上执行非法活动。蠕虫通常是独立的可执行程序，往往不需要用户执行任何操作就可以从一台设备传播到另一台设备上。

蠕虫可以通过浏览器和操作系统的安全漏洞侵入系统，如邮件攻击，当用户点击含病毒的弹出式广告或邮件中的链接时就会中招。以下几种计算机蠕虫较常见。

大规模邮件蠕虫（mass-mailing worm）通过向受感染设备上的通讯录中的每一个地址发送自己副本的方式传播。例如，如果大规模邮件蠕虫感染了你的设备，那么你的朋友就会收到来自你的邮箱账户的受感染邮件。你的朋友会认为这个邮件来自一个可信任的来源，他们很有可能打开受感染的附件，让病毒传染到他们的设备上并继续向他们的朋友传播病毒。

网络蠕虫（Internet worm）寻找操作系统、开放通信端口和网页上 JavaScript 中的漏洞。这些蠕虫作为侵入到数字设备里的小型引导程序在通信网络上传播。当一个蠕虫找到它的宿主之后，它会和远程的计算机联系并下载更多种类的恶意程序。

快速检测

计算机病毒和蠕虫最重要的不同之处是什么？

a. 和蠕虫相比，病毒搭载了更多破坏性的负载

b. 蠕虫会复制自己

c. 病毒是自我分发的，然而蠕虫不是这样

d. 蠕虫是独立的可运行程序，而病毒不得不借助于其他的可执行文件

文件共享蠕虫（file-sharing worm）用一个无害的名字作掩护把自己复制到共享文件夹里。当文件夹通过文件共享网络或 BitTorrent 分享时，蠕虫会和文件夹一起被发送并传播到所有参与分享的设备上。图 7-13 阐明了计算机蠕虫是如何传播的。

图 7-13   计算机蠕虫是如何传播的

7.2.4   木马

Stuxnet 是一种有害的计算机蠕虫，它破坏了伊朗核项目所使用的设备，通常被认为是最早的网络战工具之一。一个名为 Stuxnet.exe 的文件不太可能被人下载，所以恶意软件开发人员通过木马将恶意软件伪装成无害的实用工具和流行的应用程序。今天，超过 80% 的恶意软件感染属于木马感染。

木马与病毒和蠕虫有何不同？ 木马（trojan，有时被称为 Trojan Horse）是一种计算机程序，它假装在执行某个功能但实际上同时在做其他事情。与蠕虫不同，木马的设计并不是为了传播到其他设备上。与病毒和蠕虫都不同的是，大多数木马并不是为了复制自己而设计的。

木马是一个独立的程序，它伪装成有用的实用工具或应用程序，受害者下载并安装这些程序，完全没有意识到它们的破坏性。木马依赖于社会工程学——愚弄用户——来传播。在本章后面部分详细介绍社会工程学攻击。

木马病毒可以包含病毒、控制设备的代码或是 dropper（释放病毒的程序）。

什么是 dropper ？ dropper 的设计目的是将恶意代码

快速检测

在恶意软件的语境下，木马的主要目的是_____。

a. 把恶意软件伪装成合法程序

b. 在宿主设备上自我复制

c. 以尽可能快的速度传播

d. 加载另外的恶意代码

术语

dropper 和代码注入是有区别的。dropper 在设备上安装恶意程序，它以完整应用程序的形式工作。代码注入把一个恶意代码段输入另一个程序，它仅仅包含短的代码段而不是完整的程序。

传输到设备中。它类似于一个安装程序，可以在 Windows 设备上解压缩并安装软件应用程序，但 dropper 却秘密安装恶意软件，而不是合法的软件。

　　dropper 通常是复杂恶意软件攻击的第一阶段。大多数 dropper 都包含压缩的或加密的恶意软件文件。在这些文件释放时，它们会在存储器中被解压缩，以避免被检测。文件解压缩后被执行，它可能执行负载，也可能下载和安装其他恶意软件组件。著名的 Stuxnet 蠕虫曾用 dropper 来发动攻击，如图 7-14 所示。

❶ 一个包含伪装过的 Stuxnet dropper 的 U 盘被插入计算机。 　❷ 当查看 U 盘目录时，Windows 系统的安全漏洞会运行 dropper。 　❸ dropper 会运行包含蠕虫的二级文件。

❹ 蠕虫会通过 LAN 传播，寻找 Stuxnet 要破坏的指定类型的硬件。 　❺ 当蠕虫到达目标设备时，在这个例子中是离心机，蠕虫会下载一个包含负载指令的更完整的文件。 　❻ 恶意软件的负载导致核离心机损坏。

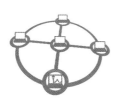 

图 7-14　Stuxnet 蠕虫攻击核离心机

7.2.5　杀毒软件

　　任何进入电子设备的数据都可能是恶意软件。用户几乎不可能识别出包含恶意代码的文件。避免接触已知的恶意软件来源，如免费文件分享服务和离线下载网站，可以减少接触恶意软件的风险，然而恶意代码也可能存在于合法网站中、潜伏在官方应用商城或渗入受信任的网络中。对付恶意软件的最好方法是使用杀毒软件。

> **试一试**
> 你的每台数字设备上安装的杀毒软件的名字是什么？

　　最受欢迎的杀毒软件是什么？ 杀毒软件（antivirus software）是一类实用程序，它可以寻找并消除病毒、木马、蠕虫以及其他恶意软件。杀毒软件可以在所有类型的计算机和数据存储设备上使用，包括智能手机、平板电脑、个人计算机、U 盘、服务器和苹果电脑。流行的杀毒软件包括诺顿杀毒软件、卡巴斯基杀毒软件、F-Secure 杀毒软件、Windows Defender 和 Avast。

　　杀毒软件的原理是什么？ 现代杀毒软件以后台进程的方式运行，并尝试识别设备上已经存在的和那些以下载文件、互联网邮件、附件或网页的形式入侵计算机的恶意软件。寻找恶意软件的过程通常称为扫描或进行病毒扫描。为了识别恶意软件，杀毒软件会搜索病毒特征代码或进行启发式分析。

什么是病毒特征代码？病毒特征代码（virus signature）是一段程序代码，这段代码包含一段已知是恶意软件一部分的特殊指令序列。尽管被称为病毒特征代码，但是它们也可能是病毒、蠕虫、木马或其他类型的恶意软件的特征代码。

安全专家检查恶意程序代码中包含的位序列，从中找出病毒特征代码（如图 7-15 所示）。当找到病毒特征代码后，就把它们添加到病毒定义集，这就形成了杀毒软件扫描可疑文件时使用的数据库。

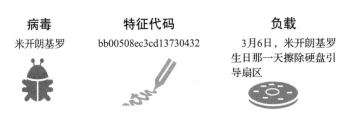

病毒	特征代码	负载
米开朗基罗	bb00508ec3cd13730432	3月6日，米开朗基罗生日那一天擦除硬盘引导扇区

图 7-15　病毒特征代码

什么是启发式分析？ 杀毒软件可以使用名为**启发式分析**（heuristic analysis）的技术，通过分析可疑文件的特征和行为找出恶意软件。这些技术在寻找病毒数据库还未记录其特征代码的新型恶意软件时非常有用。

一种启发式分析方法允许可疑的文件在一个称为沙盒的隔离环境中运行。如果这个文件出现了恶意的行为，它会被当作病毒隔离或删除。

启发式分析的另一种方法是检查可疑文件的内容是否存在执行破坏性或监视活动的指令。

启发式分析的运行效果怎么样？ 启发式分析需要时间和系统资源来检查下载和电子邮件附件中的文件。在分析过程中，这个过程会略微影响性能。

启发式分析可能会产生**误报**（false positive），即误识别合法文件为恶意软件。例如，一个合法的磁盘实用程序包含通过删除冗余文件来提高磁盘驱动器性能的例程，它可能会被误认为是病毒，于是无法安装。对于下载软件的用户来说，这样的情况可能会让他们感到困惑，因为软件在下载完成后就消失了。理解杀毒软件如何工作的用户应该能够很快得出结论：合法的应用程序被错误地标记为恶意软件了。

当检测到恶意软件时会发生什么？ 当杀毒软件检测到恶意软件时，它可以移除感染源、把文件放入隔离区，或者是简单地删除文件（如图 7-16 所示）。

杀毒软件有多可靠？ 现在的杀毒软件很可靠，但并非绝对可靠。一个快速传播的蠕虫病毒可以在病毒定义库更新之前就入侵你的数字设备，隐藏软件可以使一些病毒攻击不被发现。

尽管偶尔会有失误，但杀毒软件和其他安全软件模块会不断清除恶意软件，否则恶意软件会感染你的设备。使用安全软件是很重要的，但是也要采取额外的预防措施，比如定期备份你的数据并避免从不可靠来源下载软件。

如何确保我的杀毒软件正在运行？ 杀毒软件是我们数字化生活的一个方面，我们往往认为它的正常运行是理所当然的。我们总是假定杀毒软件已被安装并在执行它的工作。然而，杀毒软件可能会在不经意间被禁用，它的配置可能被设法侵入设备的恶意软件更改，它可能在试用期结束或在订购期结束时终止服务。确保杀毒软件正确运行需要用户的定期干预。

修复。杀毒软件有时可以从受感染的文件中删除恶意代码。该策略对已被感染的包含重要文档的文件是十分有利的。今天的许多恶意软件都嵌入在可执行文件中，并且很难删除。当无法删除恶意软件时，相关文件不应该被使用。

隔离。在杀毒软件上下文中，**隔离文件**包含了被怀疑是病毒一部分的代码。为了保护你的安全，大多数杀毒软件会对这些文件的内容进行加密，并将其隔离在隔离文件夹中，这样它就不会被无意中打开或被黑客访问。隔离文件不能运行，但是如果发现它们被错误地识别为恶意软件，可以将它们移出隔离区。

删除。隔离文件最后应该被删除。大多数杀毒软件允许用户设置受感染的文件在被删除之前在隔离区保存多久。大多数用户很少从隔离区中检索文件，因为使用被怀疑有恶意代码的文件是有风险的。因此，没有必要将删除延迟到几天之后。

图 7-16　检测到恶意软件之后采取的措施

快速检测

把恶意软件放入隔离区的目的是什么？

a. 可以防止用户无意间运行恶意软件

b. 可以在确认文件不是恶意软件后恢复文件

c. 避免黑客利用恶意软件

d. 以上都对

许多反病毒产品在任务栏或通知区域显示一个图标。从该图标可以看出杀毒软件何时处于活动状态、扫描状态还是更新状态。检查图标可以确保软件正常运行。

一些有针对性的恶意软件攻击可能会改变图标，让你相信杀毒软件是活跃的，但是实际上，它已经被恶意软件攻击了。如图 7-17 所示，以 Windows Defender 为例，打开杀毒软件，以定期检查其状态是一个很好的做法。

试一试

你的杀毒软件是否正在积极地扫描恶意软件并升级到了最新版本？现在检查一下。

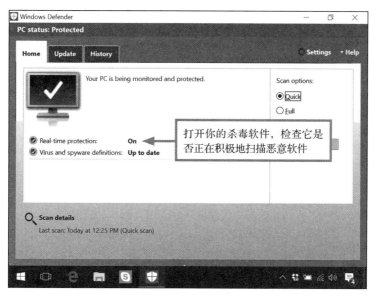

图 7-17　杀毒软件正在积极扫描

有哪些可用的配置选项？ 一旦安装了杀毒软件，最好和最安全的做法是让它一直在后台运行，这样它会检查所有收到的电子邮件信息并扫描所有试图安装或运行的文件。为了达到对恶意软件最全面的防护效果，你应该找到并启用杀毒软件的以下功能：

- 当设备启动时开始扫描。
- 在所有程序启动时对程序进行扫描，在所有文件打开时对文件进行扫描。
- 扫描其他类型的文件，如图形，如果你从事一些有风险的计算行为，并且不关心在打开文件时扫描所需要的额外时间的话。
- 扫描传入的电子邮件和附件。
- 扫描传入的即时消息附件。
- 扫描向外发送的电子邮件以检测蠕虫活动，例如大规模邮件蠕虫。
- 扫描压缩文件。
- 扫描间谍软件和 PUA（潜在附加应用）。
- 扫描设备存储卷上的所有文件，至少一周一次。

试一试

你的杀毒软件设置合理吗？把你的设置和前面的建议进行比较。

配置设置在哪里？ 配置设置的位置取决于杀毒软件。通常会有一个"设置"菜单或"首选项"选项。在安装新的杀毒软件或更新杀毒软件后，检查设置很重要，以确保杀毒软件已经达到了所需的保护级别。

免检项也应该检查。如果文件、进程和位置是免检的，它们就不会被杀毒软件扫描。这项功能可用于保护受信任的站点，但是它也可能成为恶意软件利用的后门。为了达到最佳的保护效果，请确保你的杀毒软件设置中没有免检项。Windows Defender 的设置可以在"设置"菜单中访问（如图 7-18 所示）。

快速检测

在杀毒软件设置中关于免检项有什么特殊的地方？

a. 它们通常是 0-day 攻击而且不会被检测到

b. 它们是杀毒软件检查不出来的间谍软件

c. 它们定义了杀毒软件不扫描的文件和位置

d. 以上都不对

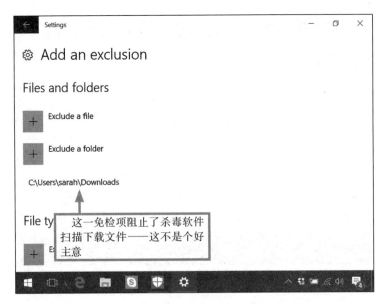

图 7-18　确保消除所有的免检项

发现病毒时需要采取什么措施？ 大多数杀毒软件会在发现恶意软件时显示一个警告。杀毒软件会自动采取措施，通过尝试修复文件、将文件隔离或删除文件的方式保护你的设备。

你不需要采取任何措施。然而，警告是很重要的信息，它表明你可能正在连接到恶意网站或收到了来自不可靠来源的邮件，以后最好避免这些行为（如图 7-19 所示）。

试一试

你的杀毒软件最近隔离了恶意软件吗？检查一下历史、vault 或隔离区。

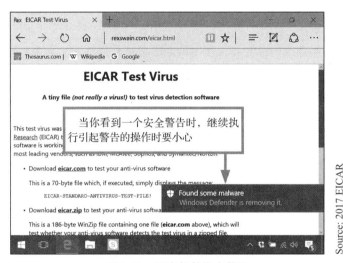

当你看到一个安全警告时，继续执行引起警告的操作时要小心

Source: 2017 EICAR

图 7-19　恶意软件安全警告

进行升级的最好方式是什么？ 杀毒软件必须定期升级，有两方面的原因。首先，杀毒软件自身可能需要打补丁、解决缺陷或改进功能。其次，病毒特征代码必须升级到最新以跟上恶意软件的发展。

杀毒软件进行升级，需要改进的病毒定义被打包进一个文件，可以手动或者自动下载这个文件。大多数杀毒软件被预设置为定期检查更新并下载和安装它们，无须用户干预。如果你更希望自己控制下载和安装的过程，可以把杀毒软件设置为当更新准备就绪时提醒你。在任何情况下，你应该定期手动检查更新，以防出现更新功能被恶意软件禁用或者你的订购期终止的情况。

手动扫描的目的是什么？ 手动扫描是由用户启动的针对一个或多个文件夹的扫描。当你怀疑病毒绕过安全措施侵入设备时，手动扫描会很有用。例如，一个之前未知的攻击可能侵入设备并且不会被扫描到，但是在杀毒软件升级后，它就可以被手动扫描检测到了。

手动扫描存储设备上的所有文件会降低性能，所以应把扫描安排在设备未被关闭但较少使用的时候。

你也可以运行针对特定文件的扫描。例如，假设你下载了一个应用，在安装和运行它之前，你想要确保它没有病毒。你只需要简单地右击文件名就可以开始扫描了，这取决于你的杀毒软件。或者你可以打开杀毒软件并选择手动杀毒选项。

快速检测

为什么手动检查升级是一个好习惯，即便你的杀毒软件已经设置为自动更新？

a.这样做有助于检查所有的病毒特征代码

b.这样可以检查你的杀毒软件订购期是否终止

c.这样可以检查是否需要手动扫描

d.以上都不对

什么是病毒恶作剧？ 有些病毒威胁是真的，但是你也可能会收到有关所谓的病毒的电子邮件，而这些病毒实际上并不存在。**病毒恶作剧**（virus hoax）通常会以电子邮件的形式出现，邮件中包含对一种新病毒的可怕警告。它通常提供一个链接来下载某种类型的检测和保护软件。它可能包括移除指令，但实际上这些指令会把操作系统的一部分删除了。当然，它也会鼓励你把这个"重要"的信息转发给你的朋友。

当你收到关于病毒或任何其他类型的恶意软件的邮件信息时，不要惊慌，这可能是一场恶作剧。你可以查看许多恶作剧克星或反病毒软件网站，以确定你是收到了一个恶作剧信息还是真的收到了威胁警告信息。

这些网站还提供安全或病毒警告，列出最近的恶意软件威胁。如果病毒是真实存在的威胁，网站可以提供信息来帮助确定设备是否已经被感染。你也可以找到根除病毒的方法。如果病毒威胁是一个像图 7-20 那样的恶作剧，你就不应该把邮件转发给其他人。

图 7-20　一个典型的病毒恶作剧

7.2.6　快速测验

1. ＿＿＿是自我复制、自我分发的恶意软件。

2. 恶意软件木马通常包含叫作＿＿＿的代码，它可以秘密下载恶意软件。

3. 杀毒软件可以通过寻找特征代码或＿＿＿分析扫描病毒。

4. 当一个合法程序被错误地识别为病毒时，杀毒软件会产生＿＿＿。

5. 病毒＿＿＿通常以邮件形式进行，这份邮件会警告你病毒攻击即将发生。

7.3　C 部分：在线侵入

你的摄像头闪光灯闪烁了一下，但你没有使用它。谁在控制它？未经授权的人可通过远程控制操作你的数字设备，这是对侵犯隐私和安全的严重威胁。尽管摄像头闪光表明它在被使用，但许多其他远程入侵没有任何警告信号。你的数字设备可能会在你不知情的情况下发送成千上万的垃圾邮件。C 部分解释了如何防御在线侵入。

目标

● 简要说明在线侵入是如何发生的。

- 列出并简要解释至少 7 种在线侵入。
- 解释分布式拒绝服务攻击是如何进行的。
- 解释按需扫描和按访问扫描的区别。
- 总结在线侵入中通信端口的重要性。
- 解释个人防火墙的作用以及它是如何发挥作用的。
- 解释在连接到带有硬件防火墙的路由器时 NAT 是如何工作的。
- 解释一下为什么安全专家建议同时使用 NAT 和个人防火墙。
- 描述与远程访问实用程序相关的安全漏洞。

7.3.1　侵入威胁

释放病毒、蠕虫和木马让黑客忙碌了很多年，他们欣喜地看着自己的作品在全世界范围内传播。但是病毒和蠕虫还不令人满意，因为一旦漏洞被修补，黑客就无法利用漏洞，也无法控制受感染的设备。不可避免地，有人提出了可以连接到黑客命令和控制中心的恶意软件概念。

在线侵入的风险是什么？ 当未经授权的人通过网络连接并利用硬件或软件的漏洞访问数字设备时，就会发生**在线侵入**（online intrusion）。在全球范围内，数百万的设备已被在线侵入者暗中渗透。

每天有成千上万的人发现他们因为数字文件访问权限被侵入者盗取而成为身份盗窃的受害者；成千上万的人发现他们设备上的摄像头被未知黑客控制了；越来越多的设备被勒索者远程锁定，只有支付赎金勒索者才会提供解锁码。所有这些攻击都可能是由在线侵入造成的。

一个受到侵入的设备可能被用作病毒和垃圾邮件的发射平台。受到侵入的设备可能成为色情网络或者是敲诈勒索团伙的一部分。黑客甚至找到了某种方法将数千台被渗透的电脑变成远程控制的"僵尸"，将它们连在一起进行协同攻击，使微软、美国银行和其他互联网企业无法被访问。

在线侵入的特征是什么？ 大部分在线侵入是以恶意软件开始的。一个蠕虫或者木马侵入设备，并设置后门供以后访问。这种后门可能直接被他人利用，通过网络直接登录受害者的设备，可能成为其他恶意软件侵入设备的便捷通道，也可能被用来传输黑客发送的命令，这些命令可控制一组被侵入设备（如图 7-21 所示）。

> **快速检测**
> 在线侵入通常是如何开始的？
> a. 以病毒警告的方式
> b. 通过后门
> c. 通过蠕虫或木马
> d. 通过远程控制的摄像头

❶ 恶意软件（例如蠕虫或木马）侵入电子设备。　　❷ 恶意软件创建一个后门。　　❸ 后门偷偷地和黑客建立连接。

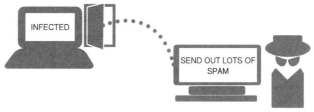

❹ 黑客发送命令以运行程序，寻找机密信息或远程控制设备。

图 7-21　在线侵入剖析

是否有不同类型的侵入? 是的,远程访问木马、远程工具、勒索软件和僵尸网络是最常见的在线侵入。

远程访问木马是什么? 远程访问木马(Remote Access Trojan,RAT)是伪装成合法软件的木马,它可以设置与黑客联系的秘密通信连接。远程访问木马是大多数在线侵入的基础技术。

黑客如何得到对电子设备的远程控制? 后门是一种非法访问数字设备的方法。远程访问木马在受害者的设备上创建了一个后门,黑客可以用它来发送命令以控制设备摄像头、激活麦克风或者启动屏幕截图。黑客获取的图像和音频通常被发布在社交媒体网站上,以向不希望自己私生活被公开的受害者勒索钱财。

合法的远程访问实用程序是否是一个漏洞? Windows Remote Desktop 和 Mac OS 屏幕共享等功能是合法的软件工具,它们允许用户从远程访问自己的计算机。对于那些想要阅读、修改或复制存储在家里或办公地点计算机上的文件的旅行者来说,这些实用工具非常方便。远程访问实用程序在 Windows 计算机上打开一个通信端口,它是 TCP 端口 3389——可以接受远程数据和命令。

从理论上讲,只有使用有效凭证登录的人的远程命令才会被接受。然而,配置不完善的远程访问实用程序在登录时可能不会要求登录密码,或者它可能允许通过标准客户账户访问。

为了防止远程访问实用程序被未经授权地使用,在不需要的时候,它们应该被禁用。除非你正在旅行,并希望访问你留在家里计算机上的文件,否则要确保屏幕共享(苹果电脑)或远程桌面(Windows 系统)已关闭。图 7-22 展示了如何在 Windows 中配置远程桌面设置。

图 7-22　在 Windows 中禁用远程桌面

什么是勒索软件? 勒索软件(ransomware)会把电子设备锁定并用解锁码来勒索赎金,

智能手机是勒索软件的目标之一。这种侵入行为通常会利用 iPhone 的"查找我的 iPhone"功能，但是也有其他各种各样的勒索软件，分别以安卓、Windows、Mac OS 的设备和智能电视为目标，它们会把这些设备上的所有数据都加密。支付了赎金的受害者通常不会得到解密的密钥。骗子得到钱后，很有可能不会费心去解密文件。FBI 建议受害者无视赎金要求，擦除设备数据，并通过之前的备份恢复文件。

　　对于电子设备而言，勒索软件是一个日益增长的威胁，它已经成为小说和电视剧里的文化基因，比如《黑客军团》和《天蝎》。像 Locky 和 Dridex 这样的勒索软件是名为 Cryptolocker 的恶意软件的变种。黑客频繁地推出这种软件的新变种。在病毒数据库更新之前，这些新的变种可能不会被杀毒软件阻挡。除杀毒软件之外，额外的反勒索软件可以提供进一步的防护，它可以防止文件被加密并被勒索赎金。

　　可以预见的是，勒索软件攻击会越来越复杂。这种攻击不仅会影响设备主存储卷上的文件，还会影响 U 盘、外接硬盘以及任何其他在受到攻击时连接的存储设备。为了防备可能的勒索软件攻击，确保你的重要数据已经备份，如果备份正在进行，则应该断开备份设备。采取这些措施将有助于确保当你遭遇到图 7-23 的页面时，已经做好了准备。

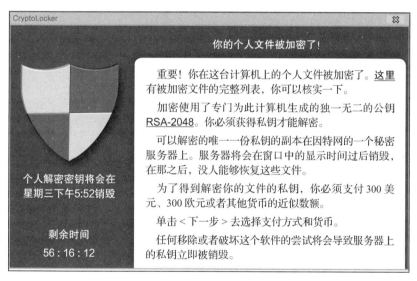

图 7-23　勒索软件的要求

　　什么是僵尸网络？ 获取对数个计算机控制权的黑客可以把它们组织成一个客户端 – 服务器网络，称为**僵尸网络**（botnet）。这些网络对于受害者而言是不可见的，他们可以继续像往常那样使用自己的设备，丝毫不会察觉到屏幕后边正在进行着的僵尸网络活动。除了计算机外，僵尸网络还可能包含任何可以联网的设备，包括智能手机、婴儿监视器、数码录影机、智能手机以及物联网传感器。

　　僵尸网络有一个由黑客控制的命令控制服务器。被侵入的设备作为僵尸网络的节点，按照服务器的指示执行一系列的任务。小型的僵尸网络包含数百个设备。然而，世界上最大的僵尸网络据估计包含超过 450 000 个设备！

试一试

2016 年，一次针对名叫 Dyn 的云服务公司的大规模分布式拒绝服务攻击震惊了安全专家。在网上查找关于这次攻击的信息，有多少 IP 地址或设备被这次攻击波及？恶意软件的名字是什么？写出一些受到这次攻击影响的网站。

僵尸网络可以用于执行大规模的**分布式拒绝服务攻击**（Distributed Denial of Service，DDoS），这种攻击可以用巨大的访问流量阻塞合法网站或因特网路由器，使其不能再提供预期的服务。分布式拒绝服务攻击的访问流量是由成百上千的僵尸网络节点按照僵尸控制者的命令产生的。

除了可用于分布式拒绝服务攻击外，僵尸网络通常还用来生成垃圾邮件、进行点击欺诈、生成比特币和破解加密。一些分布式拒绝服务攻击可能是概念验证演习，以测试政府机构、金融机构和关键基础设施系统的安全措施。图7-24提供了更多关于僵尸网络的信息。

僵尸控制者使用IRC通信信道控制受害者的计算机，将其组成一个网络

命令和控制服务器没有固定的IP地址，所以它可以通过移动来规避扫描

受害者的计算机收到僵尸控制者的命令并执行不同的非法活动

 点击欺诈：自动点击广告链接，可以为僵尸控制者创造点击收入

 分布式拒绝服务攻击：用巨大的流量阻塞IP地址

 垃圾邮件：每天发送大量垃圾邮件

 挖比特币：运行生成虚拟货币的算法

 破解加密：运行蛮力破解算法破解密码和加密密钥

 概念验证：一次测试性运行，旨在确定如果对主要目标发起攻击，攻击的有效性如何

图7-24　僵尸网络剖析

7.3.2　0-day攻击

用户有理由担心他们的电子设备易被侵入。即使有了杀毒软件，每年仍有数以百万计的用户成为侵入和勒索软件的受害者。显然，用户必须建立额外的防御机制。

杀毒软件能保护设备不受侵入吗？杀毒软件可以拦截一部分侵入，但不是全部。杀毒软件在拦截那些通过木马或蠕虫获取访问权限的攻击时表现良好，特别是当病毒数据库里存有攻击的某个特征的时候。然而，新型的攻击，例如 0-day 攻击，可能不会被杀毒软件拦截。

什么是 0-day 攻击？ 0-day 攻击（zero-day attack）利用了以前未被发现的应用程序、硬件和操作系统的漏洞。"0-day"这一名称意味着在该漏洞用来进行攻击之前，软件开发人员对此漏洞进行了零天的通知，即尚未进行通知。

当 0-day 攻击首次出现时，病毒数据库中没有它的特征，如果该攻击可以躲开启发式扫描，那么就可以侵入由杀毒软件保护的计算机。

有什么抵御 0-day 攻击的方法吗？ 0-day 攻击通常很快会被安全专家发现，他们会尝试通过发布更新和安全补丁来修补漏洞。把应用程序设置为自动更新可以确保在有新的安全补丁可用时能够立即下载安装补丁。在所有 0-day 攻击中，对 Adobe Reader、Microsoft Windows、Android 操作系统和 Adobe Flash 中存在漏洞的攻击占很大一部分。用户应及时将安全更新应用于上面提到的软件，这非常重要。

对于躲过了反病毒体系的 0-day 攻击，按需扫描是一种有效的补救方法。标准的杀毒软件被设置为**按访问扫描**（on-access scan），即当网络被访问或文件被打开时，在后台进行扫描。**按需扫描**（on-demand scan）可以在任何时间手动启动，并且可以检查存储卷上的每段编码。支持按需扫描的软件如 Matwarebytes（图 7-25）可以作为除杀毒软件外的第二道防线。

> **术语**
>
> 按访问扫描也被称为实时保护、后台扫描和自动保护。

> **试一试**
>
> 确保打开了 Adobe Reader、Windows、Android 和 Flash 的自动升级功能。要打开 Flash 的自动升级功能，只需在安装 Flash Player 时或打开 Flash Player 控制面板的"高级"选项卡后，选择"在可能的情况下自动安装更新"即可。

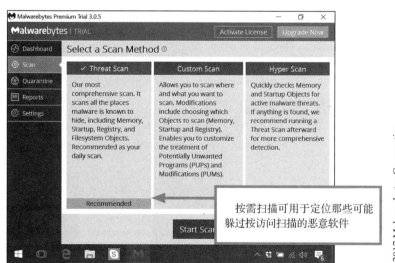

图 7-25　按需扫描

7.3.3　NETSTAT 命令

数字设备使用通信端口来处理各种各样的任务，例如连接到网络、发送和接收电子邮件、与外围设备交换数据以及访问 Web。这些端口被黑客用来访问设备和植入恶意软件。黑客还利用端口与僵尸网络中的设备进行通信。防止对数字设备进行未经授权的通信是一项必要的安全防范措施。

黑客如何利用通信端口? 黑客使用一种叫作端口扫描的技术来查明设备上的哪些端口是打开的。**端口扫描**(port scan)将数据包发送到端口。如果收到回复,那么端口是打开的。

开放的端口相当于多向服务。例如,假设你已经安装了一个在线游戏——称之为《魔兽传奇》——它使用 TCP 端口 6112 来进行游戏客户端与游戏服务器的通信。黑客使用 ping 命令检测端口 6112,会发现端口是打开的。如果通过 6112 端口发起攻击,就很可能成功破解魔兽传奇的漏洞。通过这种方式,可以通过开放端口来传送恶意软件。

开放的端口也被用于僵尸网络和它们的控制者之间的通信交流。僵尸网络恶意软件将受害者计算机上的端口打开。举个例子,为了与僵尸网络控制者进行通信,僵尸客户端可能会使用端口 6667。由僵尸计算机上的键盘记录器收集的数据可以通过端口 6667 发送给控制者,而来自控制者的命令可以使用同一个端口发送到受感染的设备。表现出异常活动的端口可能是僵尸在线侵入的标志。

可以检测哪些端口是打开的吗? 网络实用程序如 Netstat(PC) 和 Network Utility(Mac) 可以生成一个设备上开放端口的详细列表。尽管这些实用程序是有用的诊断工具,但是它们生成的列表很长,而且不能明确地将合法服务所需的端口与用于恶意目的的端口分开(如图 7-26 所示)。

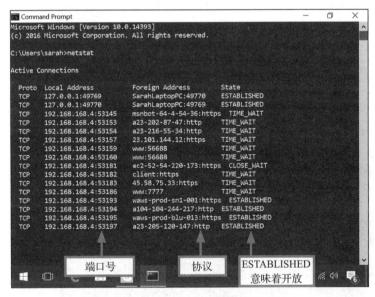

图 7-26　NETSTAT 命令检测开放端口

7.3.4　防火墙

设想你建立起一个拦截你的电子设备和外界交流的电子墙。尽管这面墙会拦截非法入侵,它也会拦截电子邮件,拦截对互联网的访问和许多在线通信服务。假如你能够为获得合法的通信在墙上开一个通道,那么会怎样呢?这就是防火墙背后的原理。

防火墙是什么? 防火墙(firewall)是可以在阻挡非法访问的同时允许合法通信的设备或

软件。个人防火墙是基于软件的，它可以阻挡对端口的未经授权的访问。网络路由器可以被设为基于硬件的防火墙。

个人防火墙的原理是什么？ 个人防火墙根据一系列规则来决定是否允许数据进入电子设备。由于防火墙可以很好地防御非法入侵，每一台连接互联网的设备都应该安装并配置好防火墙。

防火墙可能被包含在多个安全软件中，而且很有可能不止一个防火墙是可用的。但是最好只激活一个防火墙，因为防火墙之间可能会相互冲突。

大部分防火墙被设置为拦截所有的通信，除非请求通信的应用和它正在进行的通信在允许通信的名单上。当一个新的应用试图建立连接，会通知用户，并由用户选择是否允许该应用进行通信。Windows Firewall 的建议配置如图 7-27 所示。

图 7-27　防火墙配置

什么样的应用可以通过防火墙？ 防火墙有一个允许通过的应用的列表。用户可以查看这个列表，还可以通过添加或禁止应用来修改这一列表。例如 Windows Firewall 允许用户区分在私有网络上哪些应用可以通过防火墙，在公用网络上哪些应用可以通过防火墙（如图 7-28 所示）。

有没有针对端口的防火墙设置？ 有，大多数防火墙允许用户打开和关闭特定的通信端口。在 Windows Firewall 中，这一过程需要多个步骤。很显然微软的开发者希望用户避免使用这种有潜在危险的安全设置。

路由器如何能成为防火墙？ 第 3 章介绍了路由器利用

NAT（网络地址转换）将本地 IP 地址转换成可路由 IP 地址。路由器就像防火墙那样，拦截不是源自本地网络的连接（如图 7-29 所示）。

访问因特网的设备必须有通过防火墙进行通信的许可。有了许可，应用可以打开端口并用它发送和接收数据

图 7-28   允许通过防火墙的应用

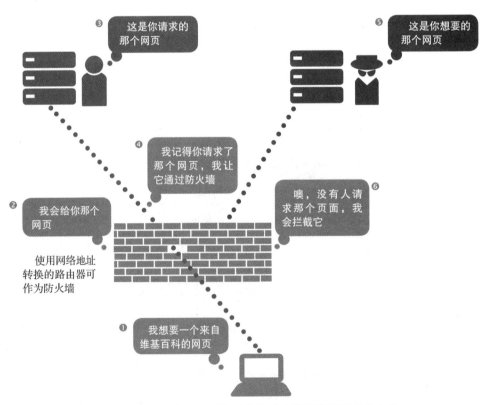

图 7-29   带有网络地址转换功能的路由器提供了硬件防火墙

　　除了个人防火墙以外，是否还需要 NAT？是的，NAT 是对付来自因特网的攻击的最好防御，但是它无法抵御来自网络内部的威胁。假设你的笔记本电脑连接 Wi-Fi 热点时感染了蠕虫，然后你把笔记本电脑拿回家并连上局域网，你的局域网路由器上运行的 NAT 不能阻止蠕虫传播到局域网内的其他设备，因为 NAT 可以保护与因特网的通信，但是无法保护本地网络中设备之间的通信。

快速检测

在图 7-29 中，防火墙怎么知道来自左上角服务器的网页是合法的？

a. 它使用开放端口

b. 它使用了正确的 IP 地址

c. 它被局域网中的某台计算机请求过

d. 浏览器把它标记为"安全"

7.3.5　快速测验

1. ＿＿＿访问木马是大多数在线侵入的基础技术。

2. 僵尸网络通常用于进行＿＿＿服务攻击。

3. ＿＿＿攻击利用应用程序、硬件和操作系统中之前未知的漏洞。

4. ＿＿＿扫描被黑客用来找出哪些应用正在使用在线通信。

5. 个人＿＿＿使用一套规则来阻挡通过开放通信端口的非法访问。

7.4　D 部分：拦截

　　每一天，从佛罗里达到缅因州的 95 号州际公路都有 40 万到 50 万辆汽车行驶，每辆车里的人可能都在使用手机。这些呼叫者不知道的是，他们可能正在连接一个由黑客操作的发射塔。这些呼叫者是拦截（interception，即现代版的搭线窃听）的受害者。拦截也发生在 Wi-Fi 网络和因特网连接中。它们很难被检测到，这对隐私和安全构成了严重威胁。

目标

- 列出四种拦截攻击。
- 画出图解，说明基本的中间人攻击。
- 解释双面恶魔并说明如何防范这种攻击。
- 列出四种地址欺骗。
- 列出数字证书的三个重要的安全组件。
- 用文字或图画解释数字证书是如何加密客户端和服务器之间的连接的。
- 解释假的数字证书是怎样破解加密系统的。
- 解释 IMSI 捕获器是如何工作的。

7.4.1　拦截基础

　　网络已经成为我们数字生活中不可或缺的一部分。重要的信息通过因特网连接和移动手机服务传送着。但是用户不能认为这些连接是安全的，因为各种各样的攻击使得窃听者可以很容易地截获通信基础设施上传输的数据、电子邮件、短信和语音对话。

　　什么类型的拦截攻击构成威胁？目前对用户构成威胁的拦截攻击有以下几种。

　　间谍软件。任何在受害者不知情的情况下秘密地获取个人信息的软件都是**间谍软件**（spyware）有些间谍软件是为了广告或类似的商业目的而设计的，然而另一些间谍软件却有着犯罪目的，其设计意图是窃取私人信息或远程控制受害者的电子设备。

　　广告软件。**广告软件**（adware）会监视网络浏览活动，为广告服务站点提供用于精准投放广告的数据。除了令人生厌以外，广告软件的数据还可能记录个人习惯和生活方式。

键盘记录器。键盘记录器（keylogger）是一种常见的间谍软件，它记录键盘击键位置，并将其发送给黑客，黑客就可以窃取用户密码以访问受害者的账户。键盘记录器是身份窃贼和工业间谍常用的工具。

中间人。在网络安全的语境下，窃听被称为**中间人**（man-in-the-middle，也称为 MITM 或 MIM）**攻击**。中间人攻击包括双面恶魔、地址欺骗、数字证书破解和 IMSI 截获器。

中间人攻击的原理是什么？ 中间人攻击的目标是作为第三方，在两个实体不知情的情况下截取他们之间的通信。第三方可以被动地监听通信或者主动地在数据到达目的地之前修改数据。中间的人假扮其他两个实体，以产生两个实体相互通信的错觉，而实际上他们是在与入侵者通信（图 7-30）。

快速检测

大部分中间人攻击的目的是____。
a. 监听通信
b. 远程控制受害者设备
c. 在受害者的计算机上添加额外的数据
d. 以上都对

在中间人攻击中，双方都以为自己是直接和对方通信，
但实际上，他们是和第三方进行通信

图 7-30　一个基本的中间人攻击

7.4.2　双面恶魔

公共 Wi-Fi 热点无处不在，它们由咖啡店、大学、机场、酒店……还有黑客运营。下次你访问 Wi-Fi 热点时，你的活动可能被监控、拦截，并被未经授权的第三方使用"双面恶魔"进行篡改。

什么是双面恶魔？ 双面恶魔（evil twin）是一个局域网服务器，它的设计看起来像一个合法的 Wi-Fi 热点。第 3 章解释了 Wi-Fi 热点的基本安全问题。许多热点都是不安全的，不需要登录密码，并且在未加密的连接上传输数据。当连接到一个不安全的 Wi-Fi 热点时，你会盲目地相信它就是它看起来的那样。然而，这个热点可能是一场骗局。黑客善于制造用于欺诈的热点，被称为"双面恶魔"，它们看起来很像合法的 Wi-Fi 热点。

双面恶魔的原理是什么？ 为了建立一个双面恶魔，黑客建立了一个和因特网连接的 Wi-Fi 热点。这种网络是不安全的，通过网络传输的数据是不加密的，这使得黑客可以获取用户在网上冲浪、网上购物、登录网上银行、键入

快速检测

双面恶魔的攻击方式是____
a. Wi-Fi 热点
b. 邮件信息
c. 软件下载
d. 潜在附加应用（PUP 或 PUA）

社交媒体网站密码时输入的任何信息。如果黑客将数据拦截后传递到其原本的合法目的地，用户可能永远不会察觉到他们的活动正受到监控。

双面恶魔很难被发现。为了防范这种攻击，不要在任何可疑的网络上输入敏感的数据，并且避免使用不安全的网络，例如，当你在洛杉矶机场寻找因特网接入时，你的数字设备可能会列出一些似乎是由机场管理局管理的网络。在图 7-31 中，哪个 Wi-Fi 网络最有可能是一个双面恶魔？

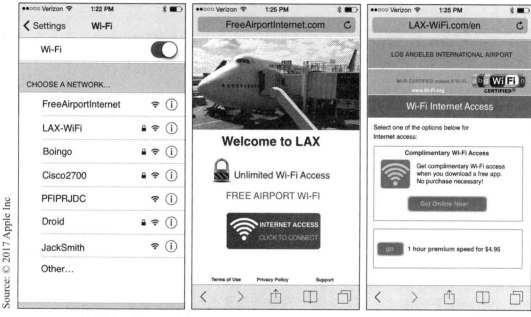

三个可能是由洛杉矶国际机场提供的公共 Wi-Fi 服务：FreeAirportInternet、LAX-WiFi 以及 Boingo。剩下的 Wi-Fi 热点是某些个人把他们的手机作为共享装置。在三个公共 Wi-Fi 服务中，FreeAirportInternet 并不安全，因为它可能是双面恶魔

图 7-31　哪个是双面恶魔

7.4.3　地址欺骗

什么是地址欺骗？ 广义上讲，**地址欺骗**（address spoofing）改变原始地址或目标地址，从而在通信的双方之间重定向数据流。在安全漏洞中，地址欺骗可能发生在通信的不同层次中（如图 7-32 所示）。

地址欺骗如何影响网页浏览？ 几乎因特网上的每次数据交换都是在客户端和服务器之间进行的。举例来说，当你使用某个 Web 应用时，你的浏览器会连接至某个服务器，如 www.zoho. com。当你收取邮件时，你的浏览器可能会访问 www.gmail. com。当你想进行谷歌搜索时，你会连接至 www.google.com。

在互联网上，URL 和 IP 地址相对应。当你使用浏览器访问 www.google.com 时，你应该被连接至一台谷歌服务器，其有效 IPv6 地址应如 2607:f8b0:4007:804::1013。通过欺骗谷歌的 IP 地址，你将会连接至某个假的谷歌网站。该虚假网站会审查你的搜索，并屏蔽被封杀的网站或屏蔽包含有争议的关键词的搜索结果。

快速检测

DNS 地址欺骗将中间人置于_____中。

a. Wi-Fi 热点

b. Web 服务器

c. 受害人的键盘

d. 电子邮件消息头

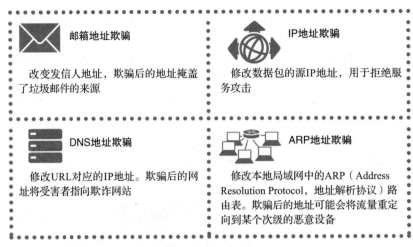

图 7-32　地址欺骗被用于多种黑帽攻击

7.4.4　数字证书破解

你可以预见到 MITM 攻击是如何将数据包从用户的客户端设备重定向至某台假冒的 Web 服务器中的。为了保证黑客无法利用截获的数据，对数据进行加密看起来是一种很合理的方法。举例来说，谷歌提供了端对端的 HTTPS 加密，用来确保搜索的内容直接来自于用户，且保证搜索结果的内容能完整返回。加密应该使内容不可见以防止 MITM 攻击，但是这并不保险。

为什么加密很脆弱？ 当前加密客户端和服务器之间的通信的方法是基于一种名为 TLS（**传输层安全**，Transport Layer Security）的安全协议，该协议会检查数字证书以验证服务器的身份并将公钥传递给客户端，然后客户端使用公钥加密被发送至服务器的数据，如图 7-33 所示。

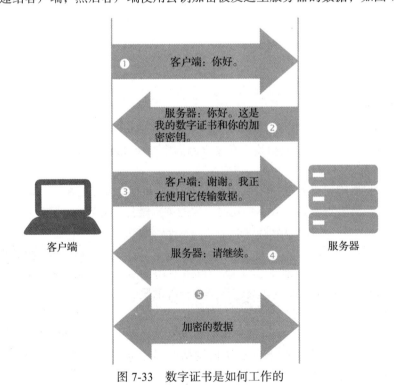

图 7-33　数字证书是如何工作的

TLS 存在什么问题？数字证书可能会被伪造。有效的数字证书由官方安全机构发布，这些证书会经过证书颁发机构的验证或"签名"。而伪造的数字证书包含服务器的证书和加密密钥，但是它可能并不包含有效的签名。

数字证书破解是如何进行的？想想你了解的 MITM 攻击的知识，然后想象一下通过 DNS 地址欺骗，所有因特网用户的数据都从一台中间服务器中通过的情景。

假冒的数字证书会加密数据，但是这些密钥也会被中间服务器所得知。这些服务器会对加密的谷歌搜索和其他数据进行解密，只有那些经过过滤的搜索能够到达目的地址。图 7-34 中说明了其工作原理。

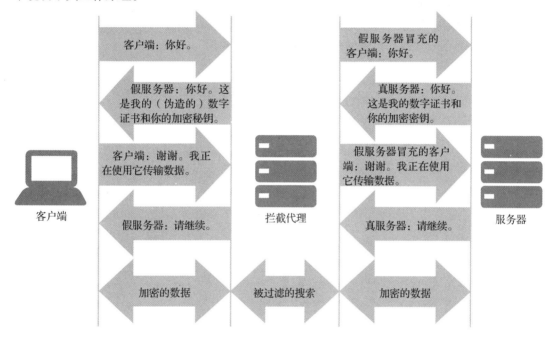

图 7-34　如何使用伪造的数字证书来破解加密

有没有办法阻止使用伪造数字证书的 MITM 攻击？尽管大多数假冒的数字证书都包含服务器的证书和加密密钥，但它们不包含证书颁发机构的有效签名。大多数现代浏览器都会对没有有效数字证书的网站进行标识。注意到无效证书通知（如图 7-35 所示）的用户都应该保持警惕，因为该服务器可能是 MITM 攻击的一部分。

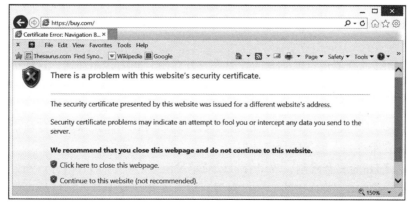

图 7-35　无效证书警告

7.4.5　IMSI 捕获器

当你驾车穿过某个城市的街道时，你手机的电话、短消息和因特网访问可能被伪基站拦截。IMSI 捕获器是另一种中间人攻击。

什么是 IMSI？ IMSI 是国际移动用户识别码（International Mobile Subscriber Identity）的首字母缩写。它是 64 位的数字，可以唯一地区别移动设备。当设备连接到蜂窝网络上时，IMSI 被设备发送到基站。基站用 IMSI 码来确定这台设备是否是有效用户。IMSI 也可以用于确定蜂窝设备的位置。

> **术语**
>
> IMSI 捕获器有时被称为虹，那是一个著名的蜂窝监视设备的品牌。

什么是 IMSI 捕获器？ IMSI 捕获器是一种窃听装置，它可以截获手机信号并跟踪设备的位置。IMSI 捕获器被用于中间人攻击（如图 7-36 所示）。

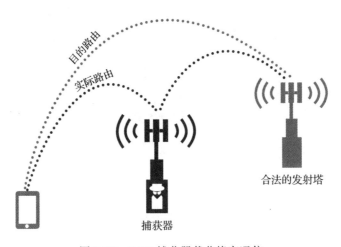

图 7-36　IMSI 捕获器截获蜂窝通信

谁在操作 IMSI 捕获器？ IMSI 捕获器不是由蜂窝服务公司操作的，而是由不法之徒和黑客操作。IMSI 捕获器是便携式的，它们可以被方便地移动并快速地部署。毫不奇怪的是，IMSI 捕获器萌芽于黑客大会，例如 DEF CON 和 lgnite。IMSI 捕获器的使用不需要蜂窝服务提供商的配合，这些设备已经在没有许可证和法院授权的情况下使用了。

IMSI 捕获器是怎样工作的？ 手机有不同的安全级别，这取决于通信网络的复杂程度。LTE 蜂窝网络和设备能提供比 2G 和 3G 更好的安全性，但是即便是 LTE 技术也不能避免 IMSI 攻击。

复杂的 IMSI 捕获器可以欺骗真的发射塔，并在短时间内禁用加密，这样语音和短消息就会以不经加密的格式传输。

一旦连接到一个移动设备，IMSI 捕获器会收集用户的 ID 和位置，然后将信号发送到合法的基站，这样用户就不会意识到自己的信息被截获。IMSI 捕获器可以截获语音电话、短消息以及从被窃听设备上发送的任何数据流。

为了绕开 LTE 的安全机制，攻击者可以简单地阻塞合法的 LTE 信号，强迫目标设备转换成安全性较差的 2G 或 3G 网络。一旦得逞，攻击者会在收集个人信息后再把电话转接到合法的基站（如图 7-37 所示）。

❶ 干扰3G和4G网络使得手机不能鉴别基站

❷ 广播2G信号，当没有3G或4G信号时，手机会被强制使用这个2G信号

❸ 使用未经认证的2G将手机和一个IMSI捕获器连接起来

❹ 收集呼叫者的ID、位置、短信以及其他信息

❺ 将信号传送给可用的服务提供商，这样用户就不会察觉到自己被窃听了

快速检测

IMSI 捕获器可以强制手机使用____以执行中间人攻击。

a. 2G 网络

b. DNS 欺骗

c. 假的数字证书

d. 0-day 攻击

图 7-37　剖析基础的 IMSI 捕获器攻击

IMSI 捕获器窃听电话时有什么征兆吗？ 用户很少能意识到 IMSI 捕获器的窃听，因为呼叫以及其他服务和平常没什么不同。如果你注意到设备上的网络标志转换成了 2G，那可能意味着连上了由 IMSI 捕获器控制的网络。然而，一些窃听设备会把网络标志伪装成 3G 或 LTE，但实际连接还是 2G。

狡猾的犯罪分子和恐怖分子往往不使用手机进行非法活动。守法的公民也应该保持警惕，因为他们的信息可能被不法分子截获。

7.4.6　快速测验

1. 双面恶魔攻击可能发生在不安全的____网络。

2. 黑客有时使用____地址欺骗设立中间服务器以截获流量。

3. 数字证书依赖一个叫作____的安全协议。

4. 加密是对抗中间人攻击的最好方法。正确还是错误？____。

5. 手机容易受到____捕获器的窃听攻击。

7.5　E 部分：社会工程学

恶意软件、入侵以及拦截，所有这些攻击如何最终到达数字设备上？对于诈骗者而言，人类心理学是一本开放的书，他们用它来欺骗受害者。没人能够完全识破电子邮件中或潜伏在网络上的精妙骗局，即使是最精明的用户也不行。E 部分深入研究了诈骗犯和垃圾邮件制造者的阴暗世界，以发现他们的破绽和弱点。

目标

- 画图解释一下社会工程学攻击的六个要素。

- 解释一下预付金诈骗和受困旅行者骗局。

- 列出 2003 年反垃圾电子邮件法案对垃圾邮件设置的三个限制。

- 列出至少六种防止垃圾邮件的好方法。

- 描述四种垃圾邮件过滤器。
- 解释网络钓鱼和域欺骗攻击之间的关系。
- 解释安全浏览的目的。
- 描述流氓软件攻击的原理。
- 举出两个潜在附加应用的例子。

7.5.1　社会工程学基础

一个叫乔治·帕克的人是有史以来最富进取精神的骗子之一，他成功地把布鲁克林大桥卖给了一群轻信的买家，而且不止一次。如今，骗子们已经进入了网络空间，他们设计了无数的骗局诱使用户交出他们的密码、现金和数字设备的控制权。随着这些骗局变得越来越复杂，它们也变得更加难以察觉。要避免上当受骗不仅需要一套完整的安全软件，还需要用户时刻保持警惕。

社会工程学是什么？ 在网络安全的话题中，**社会工程学**（Social Engineering，SE）是一种欺骗性的行为，它指利用人类的心理，诱使受害者与数字设备进行交互，做出有损其利益的举动。**社会工程师**（social engineer）指的是为了达到获取金钱、进行非法访问或干扰服务等目的而设计并实施骗局的人。社会工程学攻击的目标可能是个人或组织。

SE攻击可以使用多种技术，如电子邮件、恶意软件、欺诈网站、SMS（手机短信服务）和IRC（因特网中继聊天）。对于每一种技术，社会工程师已经开发出各种有效的手法来欺骗受害者，包括钓鱼、假托和域欺骗。社会工程学攻击是多方面的。图 7-38 提供了一份图解，帮助你理解社会工程学攻击的要素。

> **快速检测**
>
> 电子邮件诈骗犯承诺转给你一大笔钱，只要你给他们支付一小笔手续费。基于图 7-38，诈骗犯正在使用以下哪种诱因？
>
> a. 权力　　　　b. 友情
>
> c. 稀缺性　　　d. 互惠

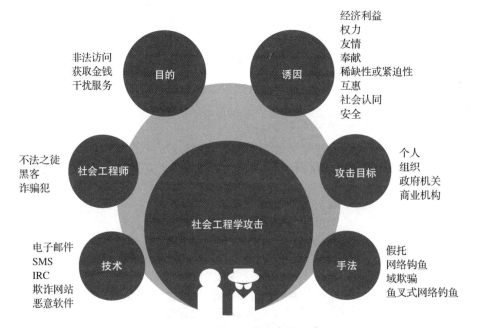

图 7-38　社会工程学攻击的要素

为什么人们会被社会工程愚弄？ 社会工程攻击人性的弱点，如轻信、无知、好奇、贪婪、礼貌、冷漠和粗心大意等。在各类社会工程学诈骗中设置的"诱饵"是基于一种或多种激励机制，这些激励机制旨在诱使人陷入骗局中。

社会工程诈骗的典型是**预付金诈骗**（advance fee fraud），在这种骗局中，受害者被承诺将会得到一大笔钱，只需通过银行账户支付小额预付款。这些骗局利用了人类的贪婪和不付出努力就一夜暴富的愿望。根据美国联邦调查局的说法，有非常多的人被这种骗局愚弄了。

大多数懂些电子邮件知识的用户会嘲笑这些荒谬的信息，然后删除它们，但其他的骗局则更加阴险。例如，一个最近流行的诈骗案是这样的：一位受人尊敬的社区成员发来"紧急"电子邮件，比如在国外旅行的教师被抢劫了，需要赶紧借点钱才能回家。事实上，这条信息可能来自一个受信任的人的账户——一个已经被黑客劫持的账户。像这样的骗局利用了人类的友善和助人为乐的愿望（如图 7-39 所示）。

FROM: dbrownpastor@stmatthews.org

TO: SarahMaeSmith@gmail.com

我需要帮助

亲爱的萨拉：

非常抱歉打扰你，我知道你一年中的这个时候非常忙。但是我到菲律宾的旅行已经变成了一场灾难。昨晚有人袭击并抢劫了我，谢天谢地，我的伤势并不严重，今天早上就出院了。袭击者夺走了我的钱包和手机，我很庆幸把我的护照和飞机票都留在了旅馆。

我现在身无分文，无法支付旅馆的账单，也无法支付回家的费用。你能行行好借我 2000 美元吗？等到我一回到美国就马上还给你。如果可以的话，我会告诉你给我寄钱的方法。不会很麻烦的。

你忠诚的，

唐纳德·布朗

图 7-39　不要被这种受困的旅行者骗局所欺骗

7.5.2　垃圾邮件

垃圾邮件是一个令人讨厌的东西，它约占所有电子邮件的 70%。垃圾邮件不仅阻塞了本来能被更好地使用的网络带宽，而且它还降低了个人生产力，因为用户会花很多时间将无用的甚至是冒犯性的信息从朋友、家人和同事发送的合法信息中筛选出来。一些垃圾邮件含有恶意的附件和指向虚假网站的链接。

垃圾邮件来自哪里？ 垃圾邮件（spam）被定义为未经请求的消息，通常使用电子邮件系统被大量发送。垃圾邮件通常是收件人不需要或不想要的邮件。垃圾邮件包括来自合法公司的广告和试图骗取受害者的钱财或个人信息的诈骗信息。骗子发送的垃圾邮件经常使用伪造的电子邮箱地址或僵尸网络中计算机上的地址。

谁会收到垃圾邮件？ 每个人。大规模邮箱数据库以低廉的价格出售，获得上百万个电子邮箱地址只需花费不到 200 美元。垃圾邮件发送者使用的数据库包含数百万个电子

试一试

你收到了多少垃圾邮件？打开你的垃圾邮件文件夹并数一数里面有多少封邮件。将邮件数除以存储邮件的天数，以算出平均每天你收到的垃圾邮件的封数。

邮箱地址，其中一些地址是从客户列表中合法地收集整理出来的，但更多的是使用电子邮箱收集软件从社交媒体网站、论坛、网站和其他地方获取的。恶意软件也为大规模邮件数据库收集了大量邮箱的地址。通过将流行的电子邮件服务的域名附加到通讯录中的姓名后边（如图 7-40 所示），可以生成更多的电子邮箱地址。

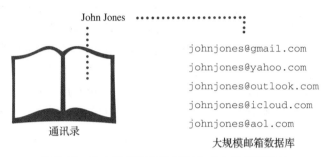

图 7-40 为大规模邮件数据库生成电子邮箱地址

垃圾邮件是否非法？ 大部分国家都有管控垃圾邮件的法律，但是法律手段似乎在控制垃圾邮件数量方面成效甚微。在 2003 年，美国国会通过了所谓的反垃圾邮件法案，CAN-SPAM Act（控制非自愿色情和促销攻击法案）。具有讽刺意味的是，该法案确认了发送"不请自来"的电子邮件行为的合法性。该法案试图通过要求发件人遵守以下规则来规范批量发送的电子邮件：

- 为收件人提供一种可视的方式，让收件人可以选择不再接收进一步的消息。

快速检测

关于垃圾邮件，以下哪一项是正确的？

a. 垃圾邮件可能来源于合法商家，也可能来源于黑客和垃圾邮件散布者

b. CAM-SPAM Act 和类似的法案对垃圾邮件的管控很有效

c. 垃圾邮件只占在因特网上传输的电子邮件中的很小一部分

d. 垃圾邮件的主要目标是连接在僵尸网络中的计算机

- 在发件人栏和主题栏必须填入准确的信息，并且要有合法的真实存在的物理地址。
- 避免使用被恶意收集的电子邮箱地址或错误的邮件标题。

很容易检验这一法案的效果，只需打开你的收件箱检查一下那些堆满了邮件回收站和垃圾邮件文件夹的垃圾邮件即可。

最常见的垃圾邮件是什么？ 非法垃圾邮件中有很大一部分是股票市场欺诈、短信诈骗、预付费诈骗、网络钓鱼攻击和可疑产品广告。**假托**（pretexting）是一个描述垃圾邮件的术语，它指使用虚假的借口欺骗受害者。像图 7-41 中那样的垃圾邮件就是常见的假托攻击的例子。

可以拦截垃圾邮件吗？ 大多数因特网服务提供商和电子邮件服务提供商都使用过滤技术，对于那些已知的会散发垃圾邮件的 IP 地址和用户，过滤技术可以拦截他们发送的垃圾邮件。这些服务还拦截批量发送的消息，这些消息都包含相同的措辞。但是垃圾邮件制造者已经开发出能够绕过这些障碍的技术，垃圾邮件还是能继续进入用户邮箱。

要防止垃圾邮件骚扰需要小心地进行收件箱管理。为了减少电子邮箱中垃圾邮件的数量，请考虑以下建议：

- 只与你信任的人或公司分享你的主要电子邮箱地址，不要把它告诉给别人。企业有时会与合作公司共享电子邮箱地址列表，列表可能会落入垃圾邮件制造者手中。不要让你的电子邮箱地址被一个列表记录下来，这样可以防止你的电子邮件被更多的列表记录。

图 7-41　许多垃圾邮件使用假托攻击

- 永远不要回复垃圾邮件。电子邮箱地址列表中含有大量无效地址。回复垃圾邮件只会表明你的电子邮件地址是有效的，会让你收到更多不需要的邮件。
- 不要点击垃圾邮件中的链接。如果你对链接可能指向何处感到好奇，可以操作鼠标指针在它上方悬停，并查看目标网址。垃圾邮件中的链接通常会将受害者直接带到恶意软件潜伏的网站。

- 不要打开邮件中的附件，除非你确定发送者是可信的，且附件正是你想要的文件。
- 使用一个复杂的电子邮箱地址，它的用户名在电话簿中找不到。例如，在你的名字中添加一个数字或符号。
- 在需要电子邮箱地址而你又不想因此被垃圾邮件骚扰的情况下可以使用一次性电子邮箱地址。一次性电子邮箱地址可以在注册并使用 Web 应用和注册商业忠诚计划时发挥作用。

- 当需要展示你的真实电子邮箱地址时——例如在你的网站上——将地址以图片的形式展示。你可以使用绘图软件，如画图，制作一个含有你的电子邮箱地址的图片，并把它保存为 PNG 格式。
- 只有当电子邮件来自一个有信誉的全国性公司时，才可以使用退出链接。在点击退出链接之前，将鼠标指针悬停在它上面以确保它指向一个合法的网址。
- 记住，如果一笔交易看起来好得难以置信，那很可能是一场骗局。
- 在 iCloud 中，通过使用 Mailto->Preferences->Viewing 并取消"在 HTML 消息中显示远程图像"选项。
- 对不显示真正域名的短网址保持警惕。
- 小心那些发给匿名或众多你不认识的收件人的电子邮件。
- 要小心发给你的电子邮箱用户名而不是你真实姓名的电子邮件。
- 使用电子邮件客户端提供的垃圾邮件过滤器。

垃圾邮件过滤器的原理是什么？ 垃圾邮件过滤器（spam filter）使用一系列的规则检查电子邮件并鉴别出哪些是垃圾邮件。被认定是垃圾邮件的信息会被拦截、删除或移动到垃圾回收站。垃圾邮件过滤器有四种常见的类型：

- **内容过滤器**检查邮件的内容是否包含常用在垃圾邮件里的词或短语。
- **消息头过滤器**检查电子邮件消息头中是否存在被篡改的信息，例如伪造的 IP 地址。
- **黑名单过滤器**拦截来自特定 IP 地址的电子邮件，这些 IP 地址属于已知的垃圾邮件散布者。
- **许可过滤器**根据发送者的地址决定是否拦截电子邮件。

黑名单和消息头过滤通常由 ISP（因特网服务提供商）以及像谷歌和雅虎这样的电子邮件服务提供者执行。电子邮件客户端和 Web 邮件服务为用户提供了许可过滤器和内容过滤器。懂得如何使用这些过滤器有助于拦截那些突破 ISP 和电子邮件服务提供者设置的上游拦截的垃圾邮件（如图 7-42 所示）。

7.5.3　网络钓鱼

一些最具有影响力的社会工程学骗局都属于网络钓鱼攻击，例如造成美国 2016 年总统大选丑闻的攻击。让我们看一些例子来揭示这些攻击的原理。

最简单的垃圾邮件过滤器根据电子邮件地址拦截特定发送者的邮件。这种方法可以对付讨厌的人发送的无用邮件，但是大部分垃圾邮件发送者通过欺骗性的篡改过的地址发送邮件，这些垃圾邮件发送者从来不会再次使用同一个地址，所以拦截地址并不能显著地减少垃圾邮件 ⋯⋯

设想你收到一大堆关于"难以置信的股票交易"的垃圾邮件。如果这些消息包含类似措辞，你可以设置一个内容过滤器来拦截将来收到的类似垃圾邮件。要设置一个特殊的关键词过滤器，而不应过于普通，否则会拦截合法的消息

一些垃圾邮件拦截器可以设置为只允许接受来自通讯录和地址簿中的人发送的邮件。但是这一方法是有问题的，因为一个你刚认识但还没有添加到通信录的人发送的邮件也会被拦截。当使用许可拦截器时，有必要定期检查垃圾邮件文件夹，以防合法的邮件被误拦截

你也可以使用电子邮件过滤器来创建"ham"。在电子邮件的世界里，ham 就像一个密码，可以验证发送者的有效性。例如，假设你希望收到你的网站或博客访客的电子邮件。告诉你的访客，他们的邮件主题栏中应该包含一个 ham 密码，如"BlogVisitor"。设置你的垃圾邮件过滤器，对于任何不是来自你的通讯录中联系人的邮件都要求这样的密码

图 7-42　Gmail 垃圾邮件过滤器

网络钓鱼是什么？ 网络钓鱼（phishing）是一种电子邮件骗局，它伪装成来自值得信赖的朋友、合法公司或权威机构（如美国国税局）的消息。网络钓鱼诈骗的目的通常是获取私人信息，包括登录密码和银行卡号码。

网络钓鱼诈骗通常包含受感染的附件或者含有指向被恶意软件感染的虚假网站的链接。在利用恶意软件感染设备的一连串攻击中，网络钓鱼电子邮件通常是第一波次攻击，在这一波次的攻击中使用键盘记录程序收集个人信息，为入侵设置后门，并将设备链接到僵尸网络。

网络钓鱼信息通常被批量发送到数百万个电子邮件地址。**鱼叉网钓**（spear phishing）攻击更有针对性，它通常只发送给特定组织的成员。在美国 2016 年大选中，钓鱼邮件被发送给了候选人希拉里的 100 名竞选工作人员。邮件里包含一个短网址，它指向了潜伏着进一步攻击的黑客网站。

试一试
再看一下你的垃圾邮件文件夹，其中有多少可以归类为网络钓鱼攻击？

快速检测
网络钓鱼攻击是一种＿＿＿的垃圾邮件。
a. 伪装成来自受信任的商业机构
b. 发送给匿名收件人
c. 伪造目标的电子邮箱地址
d. 包含释放病毒的程序

希拉里的竞选经理点击了链接，无意中激活了鱼叉网钓攻击，这让黑客可以访问与竞选活动相关的电子邮件和其他文件。

一些最常见的网络钓鱼攻击邮件伪装成来自联邦快递、UPS、DHL 或美国邮政服务，而且和包裹递送服务有关。税收诈骗也普遍存在于在以美国国税局（IRS）印章为开头的邮件中，而那些利用金融机构标志、政府机构标识和商标的欺诈行为也很流行（如图 7-43 所示）。

图 7-43　伪装成可信的商业组织的网络钓鱼攻击

对付网络钓鱼攻击的最佳策略是什么？ 网络钓鱼攻击并不容易识别。它们可能会伪装成来自受信任的企业的邮件。虽然一些钓鱼邮件消息含有拼写错误和语法错误，但其他钓鱼邮件则不包含此类错误。钓鱼邮件比大多数垃圾邮件更有诱惑力，人们点击它们包含的链接的欲望更加强烈。

网络钓鱼攻击是垃圾邮件的一种，对于用户而言，要采取的预防措施也是一样的：想办法让你的电子邮件地址不被大规模邮箱列表记录，使用垃圾邮件过滤器，尽量不要打开附件，不要点击邮件中的链接，除非你确信它们指向可信的资源。

7.5.4　域欺骗

电子邮件并非社会工程攻击的唯一来源。网络上有许多恶意网站和其他形形色色的骗局。例如，使用截图和绘图工具，可以很容易地构建与受信任的网上商城非常相似的网站。但是顾客是如何被骗进这些网站的呢？这就是域欺骗的目的。

域欺骗是什么？ 域欺骗（pharming）将合法网站的流量重定向到欺骗性网站上，这些网站会传播恶意软件、收集个人信息、销售假冒伪劣产品或是进行其他不法行为。欺骗性网站的网址和它们所假扮的合法网站的网址十分相似。一个很简单的攻击方法是在与合法网站相似的网址上建立一个和其外观非常相似的网站，如 www.amzon.com，这是对合法在线商城网址的常见误写。粗心的用户少写了一个"a"，就会访问到那个外观非常相似的欺骗性网站。

另一个域欺骗的诡计是使用一个听起来像是属于合法商业机构的网址。例如，一群兜售假冒路易威登手袋的海外骗子希望消费者认为网址 www.nordstorm-louisvultton.net 与 Nordstrom 百货公司有关联。

域欺骗和域名系统有什么关系？ 最为阴险的域欺骗攻击是通过 DNS 欺诈实施的，这些内容已在第 3 章中做过解释。黑客入侵域名系统服务器，篡改合法网站的 IP 地址，并将访问者传送到一个欺骗性网站上。过去的域欺骗攻击曾经重定向了一些网站的网址，比如纽约时报、谷歌马来西亚、ShareThis 和赫芬顿邮报。

通过 DNS 欺诈进行的域欺骗攻击无法被杀毒软件和反间谍软件拦截。DNS 欺诈最终会被域名注册商发现并纠正。在纠正措施到位之前，用户对此类攻击几乎没有任何防御措施，除非用户能够在访问熟悉的网站时对任何看起来不太正常的细节保持警惕。

　　域欺骗攻击也可以由恶意软件通过篡改 Hosts 文件中的 IP 地址来进行。这个文件中包含了网址和它们对应的 IP 地址，覆盖了从域名服务器访问的映射。进入设备的恶意软件，比如木马，会找到 Hosts 文件并输入一个虚假的 URL。例如，条目 34.123.67.999 www.facebook.com 设置脸书的 IP 地址指向一个外观与之类似的黑客网站（如图 7-44 所示）。由于恶意软件参与了这种域欺骗攻击，所以它可能被杀毒软件检测到。

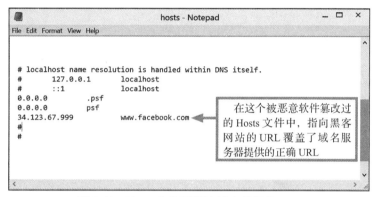

图 7-44　Hosts 文件可能被植入虚假的 URL

　　什么是安全浏览？ 安全浏览（safe browsing）是谷歌推出的一项服务，它能对照着可疑网址列表对网址进行检查，发现威胁时能够生成如图 7-45 中所示的警告。

　　我该如何激活安全警告？ Chrome、Safari 和火狐浏览器使用谷歌安全浏览功能来警告用户避免访问某些网站。微软提供了名叫 SmartScreen 过滤器的类似的服务。图 7-46 展示了如何激活安全浏览。

图 7-45　谷歌安全浏览生成的警告

图 7-46　如何激活安全浏览

7.5.5　流氓杀毒软件

"警告！你的电脑可能感染了间谍软件。"当这一窗口突然出现时，究竟是你的杀毒软件产生的警告，还是一个利用你对恶意软件的恐惧心理的社会工程学骗局？了解真实病毒警告和虚假病毒警告的区别，可以防止你成为诈骗和身份盗窃的受害者。

什么是流氓杀毒软件攻击？ 任何拥有电子设备的人都知道恶意软件的危险性。看到一个你的设备上有病毒的通知会让你想要立刻消灭病毒，以免它造成更大的破坏。社会工程师使用虚假的病毒通知来激起用户对恶意软件的厌恶和消灭恶意软件的急切之情。

流氓杀毒软件（rogue antivirus）**攻击**通常以一个病毒警告或对感染设备进行杀毒的建议开始。这一攻击的目标在于诱使用户点击下载恶意软件的链接。这些欺骗性的警告有的会提供一次免费的病毒扫描或杀毒软件下载，但这些扫描或下载通常要么没有什么作用，要么还会引狼入室，用它本该防范的恶意软件感染设备。其他的流氓杀毒软件攻击用虚假软件骗取用户钱财、收集个人信息或者进行恶意软件攻击。

虚假的病毒警告经常出现在浏览设计较为粗糙的网页

> **术语**
> 流氓杀毒软件攻击有时被称为流氓安全软件。

时，这些警告出现在弹窗里。你能够辨别出图 7-47 中哪些警告是真的，哪些警告是假的吗？

图 7-47　恶意软件警告：哪一个是假的

　　虚假的恶意警告可能看起来很像真的，所以有必要熟悉一下杀毒软件发出的合法警告是什么样子。左边的两个警告是假的。右边的三个警告是合法杀毒软件产生的。

　　对付流氓杀毒软件攻击的最好防御措施是什么？ 发起流氓杀毒软件攻击的社会工程师利用了受害者的急迫感和对正规杀毒软件警告的不熟悉。对付流氓杀毒软件攻击的最好防御措施就是用正规的杀毒软件保护好你的设备，并确保你能够辨别出它的警告。如果你熟悉杀毒软件发出的警报，你就不会被假警报欺骗。

7.5.6　PUA

　　一些软件严格来讲并非恶意软件，但是却实在让人讨厌。它们占用电子设备的空间，而且似乎无法被关闭或删除。为什么会这样呢？

　　这是什么？ PUP 是 Potentially Unwanted Program（潜在附加程序）的首字母缩写。一个相似的首字母缩写 PUA 代表 Potentially Unwanted Application（潜在附加应用）。这两个词可以互换使用。最常见的潜在附加程序和潜在附加应用是工具栏和可供选择的浏览器。如果你忽然发现一个奇怪的浏览器成为你的默认浏览器，并且无法将默认浏览器设为 Chrome、Edge 或者 Safari，你的计算机上可能已经被安装了潜在附加应用。

　　潜在附加应用是怎样被安装到我的计算机上的？ 潜在附加应用是通过社会工程学攻击的方式安装到你的计算机上的。社会工程师知道用户急于完成安装过程，他们偷偷地在安装过程中加入了一个选项，选中该选项意味着允许

快速检测

潜在附加程序和潜在附加应用与＿＿最相似。

a. 网络钓鱼诈骗

b. 域欺骗攻击

c. 假托

d. 恶意软件

试一试

许多杀毒软件都包含潜在附加程序和潜在附加应用检测工具。检查你使用的杀毒软件，看它是否正在保护你免遭不需要的软件的骚扰，要确保检测功能处于开启状态。

安装一个"扩充"或"增强"功能的应用，例如浏览器。如果你没能注意到条款中的小字，选择接受这一选项，潜在附加应用就会和你原本想要安装的应用一起安装到你的计算机上（如图 7-48 所示）。

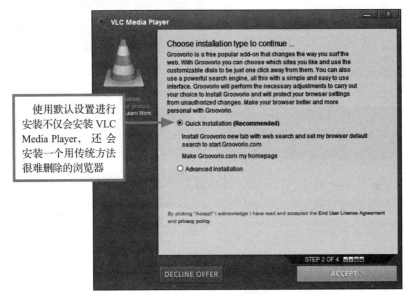

使用默认设置进行安装不仅会安装 VLC Media Player，还会安装一个用传统方法很难删除的浏览器

图 7-48　当安装应用时要小心 PUA

7.5.7　快速测验

1. 预____和受困旅行者骗局是两种通过电子邮件进行的社会工程学攻击。

2. 黑名单垃圾邮件____拦截来自特定 IP 地址的电子邮件，这些 IP 地址属于已知的垃圾邮件散布者。

3. ____攻击首先以一封伪装成来自合法公司的欺骗性邮件开始。

4. 许多____攻击使用 DNS 欺诈把受害者引诱到欺骗性网站。

5. ____杀毒软件攻击会弹出虚假的病毒警告。

信息系统

每个企业、组织和政府机构的背后都有一个负责跟踪运营和收集数据的信息系统。在本章中，你将了解为什么其中一些系统能够获得成功，而其他系统则最终面临失败。

应用所学知识

- 查找非营利或营利组织的使命宣言。
- 认识战略、战术和作战计划之间的差异。
- 将结构化问题与半结构化和非结构化问题区分开来。
- 了解提交或回滚如何影响你的在线交易。
- 使用专家系统。
- 找到由在线购物车创建的 Cookie。
- 衡量你对客户忠诚计划收集的信息的控制水平。
- 应用五力模型来更好地理解竞争如何影响价格和新产品。
- 使用 PIECES 识别问题并寻找机会。
- 选择调度和管理工具。
- 绘制基本的数据流。
- 绘制基本用例和序列。
- 创建决策支持电子表格。
- 填写变更需求。
- 识别在信息开发过程中发生的各种类型的测试。
- 查找网站和社交媒体的服务质量指标。
- 了解公司数据泄露的原因。
- 注意并了解身份窃贼如何使用被盗数据。
- 查找有关数据泄露的权威信息，这些信息可能会对你的个人身份信息造成影响。
- 设置欺诈警报以降低身份窃贼使用你的姓名进行金融交易的可能性。

8.1 A 部分：信息系统基础

"他们有电脑，也可能有其他大规模杀伤性武器"，当前美国司法部长 Janet Reno 在 20 世纪 90 年代发表这一声明时，她可能不是有意地在说计算机属于大规模杀伤性武器，但它们肯定是企业用来阻止竞争对手的有力武器。基于计算机的信息系统已经迅速普及，现在几乎成为每一个交易、组织和企业的重要组成部分。

目标

- 解释组织、其任务和信息系统之间的关系。
- 给出垂直和水平市场的实际例子。

- 将策略、战术和运营计划需求与组织结构图中每个级别的员工相匹配。
- 描述三种问题的分类。
- 描述 TSP、MIS、DSS 和专家系统的特征。
- 在句子中使用术语决策模型和决策查询。
- 解释专家系统如何使用模糊逻辑。

8.1.1　企业基础

　　数十亿美元规模的快餐连锁店麦当劳的使命是维持其"世界领先的快餐服务品牌"的声誉。该公司的经营范围是广阔的，它只有在完善的信息系统的帮助下才能实现其使命。

　　什么是信息系统？信息系统（information system）负责收集、存储和处理数据，以提供有用、准确和及时的信息。信息系统的范围包括计算机、通信网络和数据、人员、产品、政策以及程序（如图 8-1 所示）。

> **术语**
>
> 虽然信息系统不一定必须是计算机化的，但如今大多数信息系统都依赖计算机和通信网络来存储、处理和传输信息，这比使用人工系统更有效。在本书中，信息系统指的是一组包含计算机和通信网络的组件。

图 8-1　信息系统的范围

　　组织的官方定义是什么？一个**组织**（organization）是一群为了达成目标而一起工作的人。许多组织已经完成了惊人的壮举，比如将宇航员送入太空、提供全球活动的电视直播，以及发明快乐套餐。他们还完成各种日常的工作，比如提供银行服务、销售商品、改善环境和治理社区。

> **快速检测**
>
> "提供特殊的客户体验"将是一个____。
>
> a. 战略伙伴　　b. 信息系统
>
> c. 使命宣言　　d. 企业

　　任何通过提供商品和服务来寻求利润的组织被称为**企业**（enterprise）。相反，那些为了实现政治、社会或慈善目的而形成的组织，并不是为了积累利润而被称为非营利组织。信息系统可以支持营利性企业和非营利组织的目标和任务。

　　什么是使命宣言？每个组织都有一个称为**使命**（mission）的目标或计划。所有在组织中进行的活动，包括那些涉及计算机的活动，都应该有助于完成这项任务。

组织使命的书面表达被称为使命宣言。**使命宣言**（mission statement）不仅描述了一个组织的目标，还描述了实现这些目标的方式。

什么样的企业可以提供信息系统服务？ 任何类型的企业都可以从一个信息系统中受益，无论是小型的初创企业还是成熟的跨国公司。为特定行业或企业设计的信息系统可以使用**垂直市场**（vertical market）软件。在快餐店中控制触摸屏订单输入的软件是为垂直市场设计的软件的一个例子。图8-2列出了信息系统帮助多种企业监控和改进其核心业务活动的方式。

 教育。管理学生记录，维护教师和员工的数据，办理课程注册，并安排课程以及设施。

 通信。管理客户的订阅和账单，跟踪服务区域，联系客户以提供特别的服务，监控网络的中断，跟踪服务和维修人员。

 医保。管理病人记录，处理保险索赔，安排预约。

 本地政府。管理当地税务规范，改善财务管理和报告，维护财产记录，存储员工数据。

 制造业。自动化设计，安排供应商，跟踪订单，管理库存、销售和发货，监控安全。

 旅游和住宿。为客户提供一个在线预订平台，安排设备，并安排员工。

 零售业。在商店和网上操作销售系统，处理付款，维护库存。

图 8-2　垂直市场应用

那么水平市场是什么？ 前面列出的核心活动是每个行业特有的，然而许多企业也有其他共同的活动。这些共同的元素由水平市场软件负责，如图8-3所示。

 顾客或客户。寻找、参与、剖析并引导他们购买产品。

 员工。招聘、支付、核实规范、评估和跟踪福利。

 管理。监控生产力，提高利润，为未来做计划。

 财务。跟踪收入和支出，监控预算，处理客户交易，与银行打交道，计算税金。

 产品。制造或采购，仓库，监控库存和运输。

 沟通。与同事合作，与员工沟通，建立社交媒体，与客户互动。

图 8-3　水平市场

谁会使用信息系统? 信息系统会被组织和它的客户使用。毫无疑问,你已经使用了很多信息系统——例如,注册课程、从 ATM 机提取现金、在网上购买商品。你甚至可以为一个商业或非营利组织工作,在该组织工作时你就可以进入一个信息系统。

不是每个组织中的每个人都用同样的方式使用信息系统。信息系统必须能够支持从事不同组织活动的人的需要。

为了协调员工的活动,大多数组织都使用层次结构。**组织图**(organizational chart),如图 8-4 所示,描述了组织中雇员的层次结构。

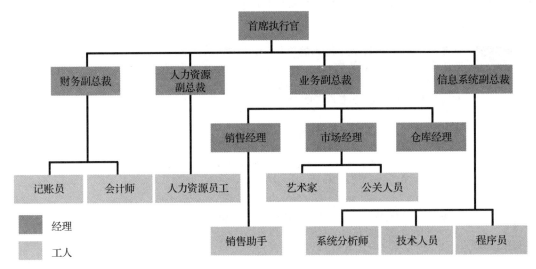

图 8-4　描述了员工层次结构的结构图

员工是如何分类的? 在大多数企业中,员工可以被划分为**工人**(worker)或经理。工人是直接执行组织任务的人,例如,他们会翻汉堡、组装汽车、写报纸文章、卖商品、接电话、堆砖块、修理引擎或者做其他类型的劳动。工人们通常为信息系统生产和收集数据。例如,当结账员在销售时,他们的收银机将每个项目存储在一个数据库中。

经理(manager)决定组织的目标并计划如何实现这些目标。他们批准新产品、新建筑,并监督工人来执行。执行经理会计划一个组织的长期目标,包括盈利能力、市场份额、会员等级等。这种对长期和未来目标的强调被称为**战略规划**(organizational chart)。

快速检测

下面哪个是战术规划的例子?

a. 麦当劳在卡塔尔的新特许经营权

b. 为元旦节日安排工人

c. 在麦当劳的菜单上加入 McWrap

d. 加快汽车窗口的吞吐量

中层管理人员负责通过销售、市场营销或新产品开发来确定如何实现长期目标。为了最终实现长期目标,这些管理者设定了可以在一年或更短时间内实现增量的目标——这一过程被称为**战术规划**(tactical planning)。

低层管理人员负责安排员工、订购供应品,以及其他使日常运营顺利运行的活动——这是一个被称为**业务计划**(operational planning)的过程。信息系统可以提供战略、战术和业务计划所需的部分或全部数据。

信息系统是如何帮助组织中的人的? 信息系统可以帮助人们通过自动化的日常任务来更

快、更有效地完成他们的工作，比如整理库存、接受客户订单或者发送更新通知。信息系统还可以帮助人们解决业务和组织问题。

信息系统的主要功能之一是帮助人们做出决策以解决问题。赫伯特·西蒙（Herbert Simon）对组织行为学的洞见非常有名，他的观点认为决策过程有三个阶段，如图 8-5 所示。

什么样的问题需要被解决？ 所有的问题都不一样，但是它们可以分为三类：结构化的、半结构化的和非结构化的（如图 8-6 所示）。

> **快速检测**
>
> 你认为选择下一学期的课程这一问题属于以下哪种类型？
>
> a. 结构化问题
>
> b. 半结构化问题
>
> c. 非结构化问题
>
> d. 战略问题

第一阶段：认识到问题或者需要作出决定　第二阶段：设计并分析可能的解决方案　第三阶段：选择一个行动或一个解决方案

图 8-5　决策过程

问题类型	例子	解决方法
结构化问题是日常的、例行的问题。当你对结构化问题做出决策时，获得最佳解决方案的过程是已知的，目标是被明确定义的，并而做出决策所需的信息很容易被识别	哪些客户应该收到过期提醒？	此决策的信息通常存储在文件柜或计算机系统中。解决问题的方法是去寻找有余额的客户，然后检查他们的付款日期是否在今天之前
半结构化问题有一个已知的解决方案；然而，这个过程可能涉及某种程度的主观判断。另外，关于这个问题的一些信息可能无法获得、可能不够精确或者可能是不确定的	假日商店应该存储多少辆山地自行车？	该决定可以基于上一年的销售情况；但由于未来的消费者支出不确定，确定适当的假日库存可能需要一些猜测
非结构化问题需要人类的直觉作为找到解决方案的基础。与问题相关的信息可能会丢失，解决方案的很少部分可以使用具体的模型来解决。如果专家提出了一个问题，且他们在解决方案上存在分歧，这很可能是一个非结构化的问题	萨克斯第五大道精品百货店（Saks Fifth Avenue）是否应该购买日本风格的晚礼服？	女性服装的采购代理会基于她对顾客品味和时尚趋势的直觉做出决定

图 8-6　三种类型的问题

信息系统能解决这三种类型的问题吗？ 传统意义上，信息系统对解决结构化问题贡献最大，但也拥有解决半结构化和非结构化问题的工具。基于它们解决问题的方法，信息系统可以分为事务处理系统、管理信息系统、决策支持系统和专家系统。让我们来看看这些系统。

8.1.2　事务处理系统

信息系统用于处理数据，而积累数据的最常用方法之一就是记录企业内发生的每一笔交易。交易量可能令人难以置信。Salesforce.com 在高峰时期处理超过 50 亿笔交易。亚马逊公司每分钟处理 36 000 个订单。2016 年，PayPal 处理了 61 亿笔交易。

什么是事务？ 在信息系统的语境中，**事务**（transaction）是记录并存储在计算机系统中的两方之间的沟通联系以及信息交换。当你在网站上订购产品、在商店里购买商品、在谷歌搜索一个词或者从自动取款机上取钱时，你就会参与到事务中。

什么是事务处理系统？ **事务处理系统**（Transaction Processing System，TPS）提供了一种收集、处理、存储、显示、修改或取消事务的方法。大多数事务处理系统允许同时输入许多事务。

TPS 收集的数据通常存储在数据库中，它被用来生成定期的报告，比如每月的账单、每周的薪水支票、年度库存汇总以及日常的生产计划。交易处理系统的例子包括工资、会计记账、库存、销售点、机票预订、电子商务和账单。

事务如何被处理？ 在信用卡或借记卡被发明之前，购物者可以写支票，然后去银行存足够的现金来支付。因为银行使用批处理系统进行操作，支票持有者享有宽限期。

在 20 世纪 70 年代，早期的事务处理系统，比如银行和工资单应用程序，使用**批处理**（batch processing）来收集和保存一组事务。批处理过程没有人工干预，直到所有事务完成或出现错误为止。

与批处理相比，大多数现代事务处理系统都使用**在线处理**（online processing）——一种实时的方法，每个事务在输入时处理。这种系统通常被称为 **OLTP**（联机事务处理）系统。图 8-7 展示了这两种类型的系统。

快速检测

下列哪一项可以被用来处理快餐店的工资单？

a. 批处理　　　　b. OLTP

c. TPS　　　　　d. 以上所有

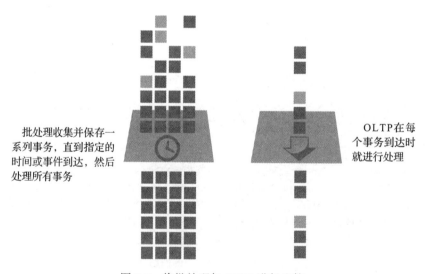

批处理收集并保存一系列事务，直到指定的时间或事件到达，然后处理所有事务

OLTP 在每个事务到达时就进行处理

图 8-7　将批处理与 OLTP 进行比较

OLTP 是如何运作的？ OLTP 使用**提交或回滚**（commit or rollback）的策略来确保每个事务都被正确处理。这一策略至关重要，因为大多数事务都需要一系列步骤，并且每一步都必须成功完成。

假设你从自动取款机上取钱。银行的电脑必须确保你的账户包含足够的资金，然后才能从你的账户中扣除取款金额，并允许自动取款机提供现金。如果自动取款机没有现金，交易失败，取款行为就不应从你的账户中扣除。

　　只有当事务的每一步都能被成功处理时，TPS 才能提交事务并永久地更新数据库记录。但是，如果一个步骤失败，则整个事务失败，回滚会将记录返回到原始状态。不完整的事务将被记录，并显示失败的位置。图 8-8 描述了典型 TPS 的运行过程。

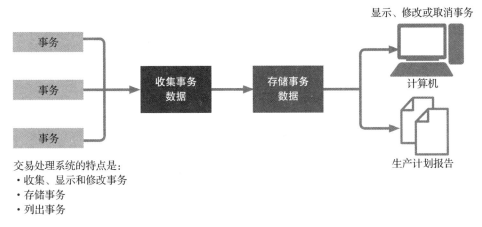

图 8-8　事务处理系统

　　事务处理系统的局限性是什么？虽然 TPS 擅长维护文职人员和在线客户输入的事务数据，但其报告能力是有限的。典型的 TPS 可以生成**详细报告**（detail report），提供事务的基本记录。然而，管理人员需要更复杂的报告来帮助他们理解和分析数据。这些报告通常是由管理信息系统所创建的。

8.1.3　管理信息系统

　　事务处理系统负责处理企业核心业务的细节部分。它们会记录一些细节，比如机票预订、销售点或者银行卡交易。然而，这些系统累积的详细数据可能是相当多的，除非它被总结、聚合、图表化或以某种方式格式化以供人类理解。早期人们曾尝试从积累的事务中提取有意义的数据，从而创造出了管理信息系统。

　　什么是管理信息系统？管理信息系统有时被认为是信息系统的同义词，主要指任何处理数据并在业务环境中提供信息的计算机系统。如今，这个词似乎有点过时了。

　　曾经，当**管理信息系统**（Management Information System，MIS）用来从交易数据中获取各种报表时，它还是一种前沿技术。管理人员依靠这些报告来做出常规的业务决策，以应对结构化的问题。如图 8-9 所示，管理信息系统的特点是生产用于结构化的常规任务的定期报告。

　　MIS 能生产什么样的报告？MIS 通常会生成一组摘要和异常报告。**汇总报告**（summary report）组合并汇总数据。例如，一份基于麦当劳特许经营项目的总结报告可能会显示过去 5

术语

管理信息系统是一个学位项目的名称，它侧重于设计和实现计算机系统来解决业务问题。这些学位通常由商学院提供，在管理、市场营销和其他基础业务学科以及计算机行业中有大量的需求。

年的年度销售总额。汇总报告在战术和战略规划方面都很有作用。

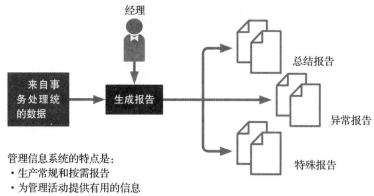

管理信息系统的特点是：
- 生产常规和按需报告
- 为管理活动提供有用的信息
- 提高管理效率
- 提供用于结构化、常规决策的信息

图 8-9　管理信息系统

异常报告（exception report）包含了超出正常范围或可接受范围的信息。例如，一家公用事业公司的管理信息系统可能会产生这样一份异常报告，该报告显示了一份列有过期电费账单的客户名单。

MIS 报告通常采用固定格式。例如，一个公用事业公司每个月的过期（past-due）报告都会有相同数量的列，只是客户的名字和过期的金额每月会有所不同。

8.1.4　决策支持系统

电信公司在服务和维修方面有着十分糟糕的声誉。当没有员工出面维修时，那些请假一天专门等待服务技师的顾客会非常恼火，还有有些技术人员会忘记带零件，新的维修员没有专业知识。针对这类问题，IBM、苹果以及你的电信供应商会提供一个基于决策支持技术的解决方案。

什么是决策支持系统？决策支持系统（Decision Support System，DSS）帮助人们通过直接操作数据、从外部数据源访问数据、生成统计预测和创建各种场景的数据模型来做出决策。DSS 为常规决策、非常规决策、结构化问题，甚至是基于不精确数据的半结构化问题提供了解决方法。

一种名为"执行信息系统"（Executive Information System，EIS）的决策支持系统旨在向高级管理人员提供与战略管理活动相关的帮助，如基于内部与外部数据库的信息来制定政策和规划。

决策支持系统还可以帮助技术人员、专业人员和文职人员完成日常工作。IBM 和苹果推出了一个名为 MobileFirst 的 DSS 产品系列，专门为 iPad 上的决策提供工具。这些应用程序可以链接到基于云的信息系统，这些系统收集数据并提供基于决策的分析例程。这种应用程序可供银行家、警察、社会工作者、保险代理人、空乘人员、飞行员、零售销售助理、电信技术员以及其他很多职业使用（如图 8-10 所示）。

电信维修人员可以使用 Telco MobileFirst 应用程序来访问工作订单，并在卡车上装载维修所需的必要部件。在工作地点，他们可以查询维修手册或启动 FaceTime 与主管沟通

图 8-10　Telco MobileFirst 应用程序

DSS 的组成成分是什么？ 决策支持系统的名称来源于它对决策者的支持；也就是说，它提供了决策者分析数据所需的工具。DSS 会对应该采取的行动提出建议，但最终做出选择的仍然是人类决策者。

DSS 包含各种组件，如决策模型、查询引擎和统计工具。**决策模型**（decision model）是一种现实情况的数字表示，比如一项业务的现金流模型，它显示了收入如何增加到现金账户，以及支出如何减少这些账户的余额。这些模型类似于电子表格程序中的"what-if scenarios（假设情景）"。

决策查询（decision query）是一个问题或一组说明，用于描述必须收集的数据并做出决定。查询由查询引擎处理，类似于搜索引擎或用于从数据库访问数据的查询模块。

DSS 统计工具通过汇总、比较和绘制由查询生成的数据来帮助决策者研究未来的趋势。

DSS 可以模型化、查询以及统计基于组织的事务处理系统的数据和从外部来源收集的额外数据，如股票市场报告，如图 8-11 所示。

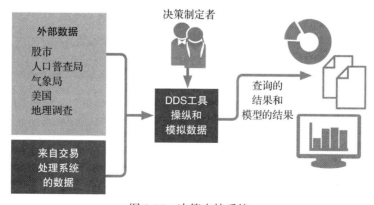

图 8-11　决策支持系统

DDS 可以处理什么样的决策？ DSS 包含很好的决策支持工具，因此它可以用来解决各

种各样的问题。赈灾组织的负责人可能会利用 DSS 来根据其会计系统的内部数据和其 TPS 记录的以前捐款来设定筹资目标。

赈灾决策支持系统还可以根据国家筹资趋势和目前有关就业和可支配收入的经济统计来纳入外部资料。这些数据可以被用来检验假设情况，比如“如果捐赠继续减少，但我们却面临着另一场类似飓风马修的灾难时应该怎么办”？

DDS 的局限是什么？ DSS 帮助人们操纵决策所需的数据，但实际上并没有做出决定。相反，人必须自己分析数据并做出决定，DSS 不能代替人的判断。当组织需要信息系统在没有经验的决策者的指导下做出决策时，他们就会求助于专家系统。

快速检测

银行是否会使用 DSS 来监控信用卡欺诈行为？

a. 会。管理人员会被配置 DDS 以监视客户账户

b. 会。出纳员可以使用 DDS 来决定是否允许现金预付

c. 不会。因为决策者不能监视每一笔信用卡交易

d. 不会。这是没有必要的，因为信用卡的背面有安全号码

8.1.5　专家系统

垃圾邮件过滤器会设法防止你的收件箱中出现许多不需要的信息，过滤垃圾邮件的过程基于一组互锁的规则。专家系统还会使用一套规则来评估数据并做出决策。这些系统可以应用于面向消费者的应用程序，还可以包含企业内部决策及背后的业务逻辑。

什么是专家系统？专家系统（expert system），有时也被称为基于知识的系统，是一种计算机系统，用于分析数据并根据一组事实和规则生成推荐、诊断或决策，如图 8-12 所示。

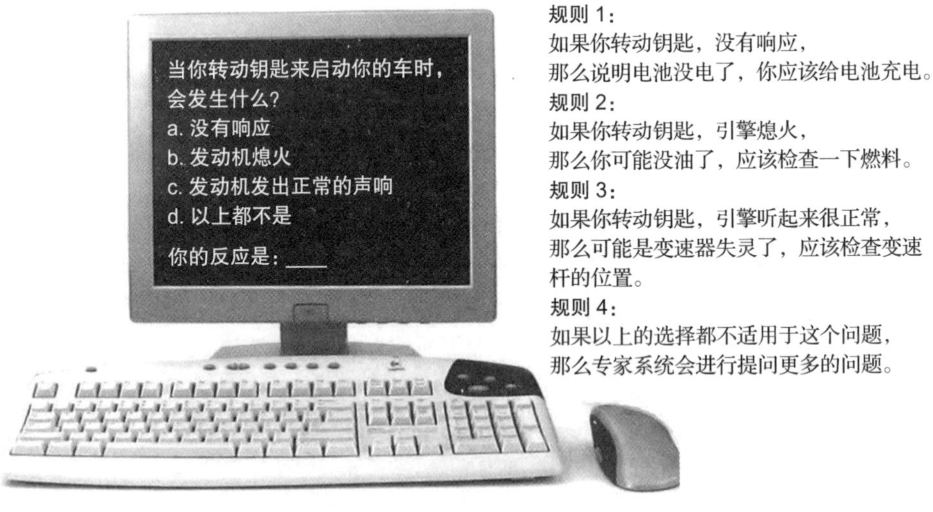

当你转动钥匙来启动你的车时，会发生什么？
a. 没有响应
b. 发动机熄火
c. 发动机发出正常的声响
d. 以上都不是
你的反应是：____
规则 1：
如果你转动钥匙，没有响应，
那么说明电池没电了，你应该给电池充电。
规则 2：
如果你转动钥匙，引擎熄火，
那么你可能没油了，应该检查一下燃料。
规则 3：
如果你转动钥匙，引擎听起来很正常，
那么可能是变速器失灵了，应该检查变速杆的位置。
规则 4：
如果以上的选择都不适用于这个问题，
那么专家系统会进行提问更多的问题。

图 8-12　专家系统是建立在一系列事实和规则之上的

规则从何而来？ 专家系统的规则通常是通过采访一个或多个专家来获得的。事实和规则被合并到一个**知识库**（knowledge base）中。知识库存储在计算机文件中，可以被一个称为**推理引擎**（inference engine）的软件操作。在专家系统中设计、输入和测试规则的过程称为**知识工程**（knowledge engineering）。

试一试

网络上有很多专家系统。你可以去动物星球（Animal Planet）网站，搜索狗的品种选择器（或猫的品种选择器），来看看系统如何工作。

专家系统能做出什么样的决策？专家系统不能被认为是一个通用的问题解决者或决策者。每个专家系统都被设计为在特定领域内做出决策，这个区域称为域（domain）。

金宝汤公司（Campbell Soup Company）创建的一个专家系统捕获了专家关于烹饪操作的相关知识，用来帮助缺乏经验的员工解决烹饪和罐头加工过程中可能出现的问题。

另外，其他的专家系统也被开发出来，用于监视信用卡的使用、查找矿藏、诊断血液疾病、承保复杂的保险政策、订购定制的个人电脑，以及推荐购买股票。

专家系统是如何建立的？ 专家系统可以由计算机编程语言、专家系统外壳或包含在面向业务的数据库应用程序中的工具来创建。**专家系统外壳**（expert system shell）是一个包含推理引擎和用户界面的软件工具，开发人员使用它来为知识库输入事实和规则。专家系统外壳还拥有测试知识库的工具，以确保知识库能够做出准确的决策。

专家系统能够处理不确定性吗？ 专家系统的目的是处理不精确的数据或存在多个解决方案的问题。通过使用一种称为**模糊逻辑**（fuzzy logic）的技术，专家系统可以以置信水平来处理不精确的数据。

假设一个专家系统正在帮助你识别你在加利福尼亚海岸发现的鲸鱼。专家系统提问："你看到背鳍了吗？"你感到不确定，因为你认为你虽然看到了，但它只是一个影子。如果使用模糊逻辑专家系统，它会让你回答类似"我 85% 确定我看到一个背鳍"的问题。根据答案的置信度和其他方面，专家系统会告诉你，它有 98% 的概率相信你看到的是灰鲸。

专家系统是如何工作的？ 做出决策的时候，推理引擎开始根据知识库中的规则分析可用的数据。如果专家系统需要额外的数据，那么它会检查外部数据库、查找事务处理系统中的数据或者要求用户回答问题。图 8-13 概述了专家系统中的信息流，并总结了它的功能。

> **快速检测**
>
> 以下哪一个不是专家系统的特征？
>
> a. 复制人类专家的推理
>
> b. 处理内部或外部数据
>
> c. 提出建议或决定
>
> d. 生产常规和按需报告

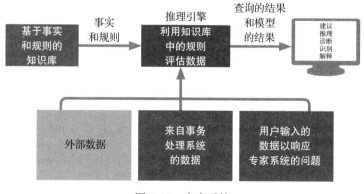

图 8-13　专家系统

8.1.6　快速测验

1. 高效的信息系统被设计用来帮助组织执行其 _____ 宣言。

2. 中层管理人员通常参与 _____ 规划。

3. _____ 事务处理系统取代了批处理，其中事务

在输入的时候就会处理。

4. 执行信息系统是决策 _____ 系统的一种。

5. 专家系统使用的事实和规则存储于 _____ 库中。

8.2 B 部分：企业级应用

很多人认为创业很简单，以为只要坐下来，钱就会滚滚而来。但企业是复杂的，风险很大，它们需要被不断的监督才能保持正轨。在信息系统中包含各种各样的企业软件，以帮助企业所有者、经理和管理人员监控业务的各个方面。

目标

- 指出下列每种电子商务类型中至少两个企业的例子：B2C、B2B、C2C 和 B2G。
- 列出在线购物过程中发生的与 cookie 相关的事件。
- 解释即时库存与 SCM 的关系。
- 绘制一张供应链图表。
- 描述忠诚计划是如何与 CRM 相关的。
- 列出 ERP 应用的 6 个主要组成部分。
- 列出至少 5 个 ERP 系统的优点。

8.2.1 电子商务

顾客可以在 Zappos.com 上订购一双鞋，并在第二天收到货。从 Zappos 处理订单、确认付款、发送订单到仓库、找到正确的鞋、装盒、通过卡车在全国运输，然后将鞋子送到你家门口，所有这些事情是怎么在 24 小时内实现的呢？这正是现代电子商务的奇迹。

电子商务的范围什么？ 消费者通常认为电子商务就像亚马逊（Amazon）和 Zappos 这样的在线商店，它们向消费者销售各种产品，但实际上电子商务的范围要大得多。电子商务指的是通过计算机网络进行电子交易的商业活动。它涵盖了网络技术所支持的商业和营销的方方面面。

电子商务活动分为 B2C（企业对消费者）、C2C（消费者对消费者）、B2B（企业对企业）和 B2G（企业对政府），如图 8-14 所示。

> **试一试**
> B2B 拍卖网站提供哪些商品和服务？在 FedBid 网站查看并浏览相关链接以查找答案。

B2C

Zappos、亚马逊和戴尔这样的在线商店为消费者提供商品和服务

C2C

消费者在热门的拍卖和购物网站（如 eBay 和淘宝）上相互出售商品

B2B和B2G

像 FedBid、Oracle 和 Ingram 这样的网站可以向其他企业或政府出售商品和服务

图 8-14 电子商务分类

电子商务网站出售各种商品和服务。网站提供的实物产品包括服装、鞋子、滑板和汽车等。这些产品大部分可以通过邮递服务、包裹递送服务或货运公司运送给买家。

> **快速检测**
> Craigslist 会被归类为什么样的电子商务企业？
>
> a. B2C   b. B2B
> c. B2G   d. C2C

这种类似于邮件订单的业务模式被称为传统模式。Zappos 非常适合这个市场。

许多电子商务网站专注于数字产品，如新闻、音乐、电影、数据库、电子书和软件。这些产品的独特之处在于它们可以被转换成位（bit）并通过因特网交付。消费者可以在完成订单后立即购买到商品，而且没有运输成本。亚马逊的 Kindle 商店是这类电子商务的代表，iTunes 商店和 Spotify 也是如此。

电子商务商家也兜售服务，比如在线医疗咨询、远程教育和定制缝纫。其中一些服务可以通过计算机进行，其他的则需要人工代理。就像远程教育课程一样，服务可以通过电子方式进行传递，抑或是生产一些实物产品，比如定制的艇罩。

一些网上商家除了实物产品外，还提供数字产品。其他一些商家，比如康卡斯特，甚至可能会在他们的在线服务中加入服务（service）。为了管理在线店面，商家会选择使用电子商务应用。

什么是电子商务应用程序？电子商务应用程序（ecommerce application）是处理电子商务交易的软件。任何打算拥有在线店面的企业都会将电子商务应用程序作为其信息系统的一部分。电子商务应用程序可以帮助客户找到产品、做出选择，并提交付款。电子商务应用程序的一个关键组成部分是在线购物车。

在线购物车是如何工作的？在线购物车使用 cookie 来存储电子商务网站客户活动的信息。因为 HTTP 是无状态协议，基于 Web 的店面不能很容易地跟踪客户视图或选择的项目。该信息必须存储在可以在离线期间访问的地方。

如今的技术是向客户分配一个 ID 号，然后在客户计算机上的 cookie 中存储该 ID 号。客户商店会在电子商务网站的服务器上将客户视图与客户 ID 一起存储。这样，商家就可以对客户感兴趣的商品进行分类。

客户在购物车中放置的商品的物品编号也会被存储在服务器上。即使客户放弃购买，物品也可能留在购物车中。当客户下次访问站点时，服务器可以从客户的计算机中检索 cookie ID，并在服务器上查找客户的配置文件。如果发现了购物车中的商品，可以再给客户一次购买的机会（如图 8-15 所示）。

> **快速检测**
>
> 如果你在将商品放入购物车后离开电子商务网站，并在几天后回到网站时发现这些物品仍然在购物车中。这种效果是如何实现的？
>
> a. TTP 是一种无状态协议，可以保存最多 10 天的会话数据
>
> b. Web 页面上的动态 HTML 可以将购物车中的内容保存到下一次访问中
>
> c. 在客户本地设备上运行的电子商务应用程序会存储一个购物车号码
>
> d. 本地设备上的 cookie 存储了一个购物车号码，当客户下次访问该站点时，该购物车号码与电子商务网站数据库进行匹配

❶ 客户来到电子商务网站，并被分配一个包含购物车 ID 号的 cookie。

❷ 在电子商务网站服务器上物品编号被存储在客户 ID 之下。

❸ 下一次该客户登录时，该站点将查找其对应的 cookie。在找到带有购物车 ID 号的 cookie 后，站点可以将购物车的内容显示给客户。

Cookie CART #209802

Customer's computer

ITEM #B7655

ITEM #H050311

CART #209802
ITEM #B7655
ITEM #H050311

BUY IT

BUY IT

图 8-15　电子商务网站的购物车是如何工作的

网上支付是如何实现的? 在 Zappos，一个促成订单惊人速度的因素是即时支付处理程序。Zappos 并不是唯一使用实时事务处理的组织，银行机构也会为所有电商商家提供这种服务。

支付处理基于在线**支付网关**（payment gateway），用以授权信用卡、借记卡、PayPal 和 Apple Pay 进行支付交易。支付网关使用一个安全连接将客户支付数据传输到付款处理器或可以进行支付验证的金融机构。授权通过支付网关被发送给商家，商家可以完成订单并在银行机构提交付款请求。

商家的电子商务应用程序只执行支付过程的第一阶段和最后阶段。它会将客户的付款信息收集在一个安全的表单上，然后将其交给支付网关。审批流程在电子商务应用程序之外进行，然后通过确认客户的订单和发送电子邮件来处理事务的最后一部分。如图 8-16 所示的整个支付处理过程只需几秒钟就可完成。

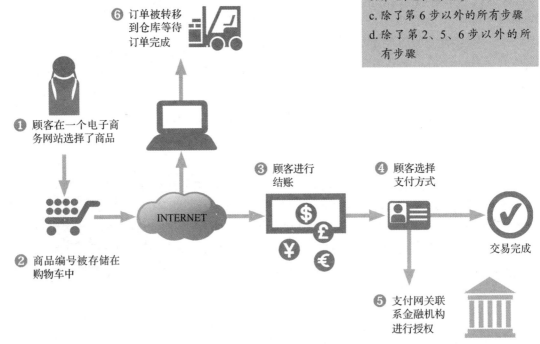

图 8-16 使用支付网关的在线订购处理系统

8.2.2 供应链管理

每个在线业务都会运行电子商务应用程序，但这一因素并不能使 Zappos 与那些需要接近一周才能交货的商家区别开来。Zappos 快速实现订单的关键因素之一就是它管理供应链的方式。

什么是供应链? 供应链（supply chain）是指将产品或服务从供应商转移到客户的组织、人员、活动、信息和资源的序列。

对于 Zappos 来说，供应链中包括像科尔·海恩（Cole Haan）和耐克（Nike）这样的供应商、像 UPS 这样的运输公司和仓储服务商——Zappos 使用亚马逊的配送中心，比如在距离路易斯维尔机场 18 英里的肯塔基州的谢泼兹维尔（Shepherdsvile）。

电子商务系统产生的客户订单被传送到配送中心，机械流程会在那里收集鞋子并把它们送给包装商。包裹被运送到机场、装载在飞机上、运送到遥远的城市，人们在分拣中心卸货，将包裹装载到卡车，并送到顾客家门口——所有这些花费的时间不到 24 小时，如图 8-17 所示。

图 8-17　Zappos 供应链

供应链的范围是什么？ 从技术上讲，供应链从原材料和零部件一直延伸到客户交付。Zappos 订单的供应链包括向制造商运送皮革、储存这些材料到最终形成一双鞋的过程。

一种产品的原材料被采购并运送到制造商，这些材料到达的速度会影响产品的制造速度和成品的成本。如果材料被延迟，生产设备就会处于闲置状态。如果囤积了过量的原材料，就会产生仓储费用。库存管理是一项业务的最佳实践，它保证了合适数量的原材料在生产过程中能够顺利地执行流程。

Zappos 主要销售成品，所以供应链的制造环节比从供应商延伸到客户的环节优先权较低。然而，如果一个产品卖得很快，而 Zappos 想要卖出更多，那么制造过程的时间表就会成为供应链中的一个重要因素。当 Zappos 的客户看到"缺货"信息时，供应链的制造环节便会采取行动，以获得更多的库存。

信息系统在供应链中的作用是什么？ 供应链是复杂的，所以企业使用 SCM（供应链管理）来使效率和利润最大化。SCM 应用软件是制造商和零售商所使用的信息系统中的一个关键部分。供应链管理的目标就是以合适的价格为客户提供正确的产品。时间是至关重要的，但是运输的价格也是一个必须被注意的因素。

SCM 的数据由计算机或手动系统提供，如仓库库存、发货日志和计费日志、供应商库存和生产时间表。这些元素定义了 SCM 的供应方面。需求方面也很重要，SCM 必须考虑到客户对产品的需求。

当前的需求可以从客户订单中量化，但精明的管理者

快速检测

以下哪一个因素最有可能破坏下一代 iPhone 上线的供应链？

a. 卡车司机短缺

b. 缺乏广告

c. 来自三星的竞争

d. 苹果股票的价格

术语

供应链管理也被称为物流，但这一术语今天不经常被人们使用。

快速检测

以下哪些案例中，供应商是供应链的关键组成部分？

a. H&M、宝马和苹果

b. H&M、沃尔玛和宝马

c. Home Depot 和苹果

d. 沃尔玛和苹果

明白，预测需求也是准备库存商品和发货的重要部分。需求规划和预测的数据也在供应链管理中起着重要的作用。

供应链管理的有效性如何？ 看看一些知名企业的案例研究，以了解 SCM 的有效性（图 8-18）。

 H&M 是一家高档时装零售商，它自己设计商品，并销售给在线和店内顾客。该公司依靠位于亚洲和欧洲近 900 家供应商组成的网络，将商品安置在德国一个巨大的中央仓库里，再从那里运到不同国家的配送中心。H&M 的供应链可以在两到三周内将产品推向市场。

 DIY 家居装饰巨头家得宝（Home Depot）使用 18 个快速部署仓库，可以在 48 小时内将产品运送到美国 90% 的家庭。

 宝马在南卡罗莱纳的 1150 英亩的工厂里每年生产大约 35 万辆汽车。这个自动化设备最初是由南非的一个数据中心控制的。其即时供应链管理与供应商之间协调程度已经达到了如此地步：例如，当黑色 X5 汽车刚离开生产线，其方向盘就已经从供应商处运达，而下一辆送货车中的棕色方向盘正好对应下一生产线的米色 X3 汽车。

 沃尔玛库存中的产品有 70 多个国家参与制造，并在 27 个国家的 11 000 多家门店网上销售。沃尔玛供应链管理系统中的一个关键因素是交叉对接，其产品可以从一辆卡车直接转移到另一辆，而不通过仓库。沃尔玛的信息系统负责跟踪每辆卡车的库存情况，并提供卸货和转运的说明。

 苹果公司被认为拥有世界上最好的供应链。苹果的战略是从世界各地的供应商处购买电脑、iPad 和 iPhone 的零部件。之后这些零件被运到中国进行生产。然后，设备从中国被运送到 Apple Store 和手机零售商，并直接发送给客户。网上订购的产品都是定做的，制造和运输每台定制设备的最长时间约为 15 天。为了推出产品、发布设备，苹果公司租赁了波音 777 型货机，每架货机可以装载 45 万台设备。

图 8-18　SCM 的成功故事

8.2.3　客户关系管理

并不是所有的 Zappos 客户都能在次日收到免费送货。该福利是为 Zappos 的福利和 VIP 客户提供的。为了获得贵宾身份，顾客可以购买很多鞋子或者申请奖励账户。客户忠诚度计划，如 Zappos 的奖励和 VIP 会帮助组织吸引和留住客户。在商业领域，围绕客户的服务体系被称为 CRM。

什么是 CRM？ CRM 是客户关系管理的缩写。它指的是公司用来分析和改进与客户交互的实践和技术。客户关系管理的目的是吸引新顾客，将顾客转化为买家，并将初次购物者变成回头客。图 8-19 展示了这种基本的 CRM 策略。

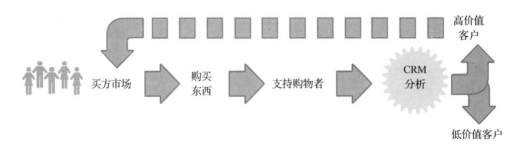

图 8-19　CRM 有助于使购物者成为回头客

CRM 的组成部分都有哪些？ 企业采用多种策略来加强客户关系管理。有些策略侧重于人的因素，如培训客户服务代表。其他策略依赖于分析信息系统收集的数据并用 CRM 应用软件进行分析。

作为消费者，我们并不总是理解忠诚计划、在线聊天和其他 CRM 技术的重要性。图 8-20 提供了一个列表，包括面向客户的 CRM 技术和那些发生在幕后的事情。

面向客户

后台业务

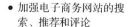

- 加强电子商务网站的搜索、推荐和评论
- 从忠诚度计划收集客户的电子邮件地址，并在数据库中建立档案
- 在数据库中的目标客户的电子邮件营销
- 通过在线聊天和简单的退货提供客户服务
- 在博客和社交媒体广告中推广产品
- 提供后台需求分析和在线指标，如访客数量、提及次数和喜好等

图 8-20　CRM 支持面向客户和后台业务

忠诚度计划的意义是什么？ 客户关系管理的主要数据来源是忠诚度计划。忠诚度计划或奖励计划是一种营销方式，为顾客提供购买的奖励。忠诚度计划可以提供奖励，如折扣、免费送货、销售通知、可兑换积分和航空里程。

简单的忠诚度计划使用卡片来实现，卡片在每次顾客购买时被打上或盖上印章。在填写完卡片后，顾客有权获得免费或打折的产品。这些简单的项目在鼓励重复购买方面取得了一定的成功，但企业却没有从中得到什么好处。

基于计算机的忠诚度计划将客户数据存储在一个数据库中，可以根据客户的喜好和购买记录更新该数据库。激励措施可以针对每个客户的个人资料进行调整。如今，企业都急需客户的电子邮件地址，这些地址被用作客户 ID，并提供了一种方式来联系客户，以便使其了解关于销售和其他奖励的信息。

CRM 如何融入企业信息系统？ 除了从忠诚度计划收集的数据外，CRM 应用程序还从多个子系统收集数据并将其交付给决策者。例如，技术支持代表可以从销售子系统获得客户的发票，以确定产品是否在保修期内。

CRM 应用程序在包含客户支持、市场营销和销售的情况下会提供最优信息。当 CRM 应用程序与客户访问的电子商务和支付平台相结合时，可以获得额外的优化，如图 8-21 所示。

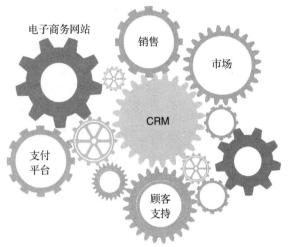

快速检测

CRM 系统的核心是什么？

a. 客户支持、市场营销、销售

b. 营销活动

c. 分析

d. 电子商务网站

图 8-21　CRM 系统与其他信息系统模块交互

8.2.4　企业资源规划

从消费者的角度来看，像 Zappos 这样的企业提供了令人愉快的电子商务体验，同时提供了快速的交付和世界级的客户服务。但电子商务、CRM 和 SCM 只是企业的冰山一角，企业业务还包括财务管理、人力资源、库存、规划、沟通、协作以及需要密切关注的竞争。复杂的 ERP 系统可以整合所有这些企业活动。

什么是 ERP？ ERP 是企业资源规划的缩写。ERP 是一套集成主要业务活动的软件模块。除了销售，CRM、SCM 和 ERP 模块都支持业务活动，如产品计划、生产、采购、库存控制、分销、会计、市场、财务和人力资源。ERP 系统可以在内部硬件或云中运行。基于云的系统通常被部署为 SaaS（软件即服务），其业务按月或年来付费进行使用。

ERP 系统中的所有模块都使用通用接口和通用数据库。拥有一个通用接口意味着不同的模块都可以使用相似的控件。这和 Office 套件中模块的界面是一样的，比如 Microsoft Office，它使用类似的扩展插件和其他熟悉的控件。ERP 系统将所有模块的接口标准化，缩短了学习曲线，让员工可以在多个模块之间轻松切换。

使用公共数据库是 ERP 的主要优势之一。信息系统通常对每个应用程序模块配有独立的数据库。例如，来自客户发票的数据将存储在一个数据库中，而销售代表用来联系客户的数据将存储在另一个不同的数据库中。使用公共的 ERP 数据库可以让员工和管理人员访问和分析来自多个业务单元的数据。

信息系统软件供应商有时将 ERP 称为"企业的中枢神经系统"。图 8-22 清楚地显示了 ERP 如何将主要业务单元连接到中央数据库。

ERP 的成本效益是多少？ ERP 系统是十分昂贵的，但是通过其实施周密的计划可以帮助组织产生巨大的竞争优势。一套基本的 ERP 模型成本约为 5 万美元，此外还需添加预计划、安装、云托管或内部硬件的预算，一套典型中型企业的 ERP 成本为 15 万～ 75 万美元。

模型在实现过程中可能会要求公司改变一些基本流程，以符合 ERP 系统的工作流程。虽然实现定制是可能的，但是 ERP 软件根据公认的商业惯例有一套基本的功能。偏离这些惯例的企业可能需要重组和重新培训工人，以有效地利用 ERP 系统。

图 8-22　ERP 模型

ERP 简化了整个企业的流程和信息。它允许员工通过提供从跨业务部门访问数据的工具来更有效地完成他们的工作。例如，仓库工作人员可以直接从销售和发票模块访问订单数据，并且可以从采购模块访问配送信息。

管理人员之间访问相同的模块，但不查看订单和库存细节，他们可以使用数据分析来衡量产品的盈利能力或衡量员工的生产力。如上所述，ERP 系统可以为企业提供以下好处：

1. 通过标准化最佳的业务流程来提高整体性能。

2. 靠管理人员或其他工作人员对单一或集成的软件模块进行交互的技术来使开销最小化。

3. 在流水线工作流程中提高效率和生产力。

4. 改进单个数据库对信息的访问。

5. 基于有效销售提高客户的满意度。

6. 在会计和人力资源等系统之间传输数据时降低成本和错误。

7. 通过分析在业务操作的方方面面来提高盈利能力。

8. 通过更好的计划、预测、建模和事后调查来降低库存成本。

8.2.5　快速测验

1. eBay 和 FedBid 等在线拍卖网站就是 B2G 电子商务的例子。对或错？_____

2. 电子商务系统收集客户的支付信息，并将其传递给____网关。

3. 信息系统用来处理交叉对接物流的应用被归类为____管理。

4. ____应用程序的主要数据来自于忠诚计划。（提示：使用首字母缩写词。）

5. ____被形容为"企业的中枢神经系统"（提示：使用首字母缩写词）。

8.3　C 部分：系统分析

820 亿美元，这是美国联邦政府每年在信息技术项目上的花费。政府监管机构报告说，这些项目中有一半超出预算、落后于时间表或未能兑现承诺。创建成功的信息系统需要一个过程，它被称为系统分析和设计。本章中 C 部分会进行深入分析，D 部分会介绍系统设计。

目标

- 列出 SDlC 的 5 个阶段。
- 列出需要在计划阶段完成的 5 个任务。
- 画一张波特五力分析模型的示意图。
- 定义 BI、BPR、JIT、MRP 和 TQM。
- 使用 PIECES 来对问题和机会进行分类。
- 描述在分析阶段发生的三个活动。
- 简要描述至少 6 个系统分析员使用的工具。

8.3.1　系统开发生命周期

如果你是 HGTV 网上的家庭重塑秀（home remodeling shows）的粉丝，你会记得设计团队通常是先看看房子，然后问房主一个愿望清单。设计师在开始施工之前会制定一项翻新计划，并得到业主的批准。IT 团队也使用类似的流程来开发信息系统，整个过程称为 SDLC。

什么是 SDLC？ 信息系统会经过开发、使用和最终退役几个阶段。这些阶段构成了一个**系统开发生命周期**（System Development Life Cycle），通常称为 SDLC。图 8-23 展示了 SDLC 阶段的典型序列。

> **术语**
>
> 标准的 SDLC，如图 8-23 所示，有时被称为瀑布 *SDLC*，因为一个阶段跟着另一个阶段就好像水从一个台阶落到下一个台阶。

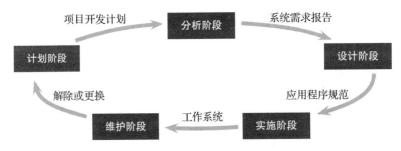

图 8-23　SDLC 阶段

哪个阶段是第一步？ 标准的 SDLC 从计划阶段开始，然后在系统退役前持续进行分析、设计、实现和维护，并开始对新系统的规划。

但是，SDLC 中的各个阶段并不一定是单独的步骤。迭代 SDLC 可以用来创建和实现系统的一个小子集，然后通过一系列的升级来进行增强。每个子集都有自己的生命周期，这使得开发人员可以专注于信息系统的可管理部分，而不是将整个系统作为一个大型项目来处理。

> **快速检测**
>
> 下列哪一项与敏捷方法联系最紧密？
>
> a. 瀑布流 SDLC
>
> b. 系统分析和设计
>
> c. 迭代 SDLC
>
> d. HGTV

迭代 SDLC 通常被称为 "敏捷方法"，因为它们在开发过程中允许灵活性。从技术上讲，敏捷方法主要用于开发软件，而不是整个信息系统，但两者是相互关联的。使用敏捷方法可以创建、测试和部署一个完整的信息系统子集。然后通过用户反馈，可以为后续版本添加额外的模块和功能。

SDLC 与系统分析和设计有什么关系？ SDLC 提供了一个信息系统如何发展的概要指南。系统分析和设计是一门学科，侧重于根据 SDLC 的阶段来开发信息系统。

系统分析和设计（systems analysis and design）的范围包括人员、程序、计算机、通信网络和处理组织中信息的软件。它的范围比软件工程大得多，而这只是开发过程中的任务之一。

8.3.2　计划阶段

在 HGTV 中，每一集的装修翻新都是由业主协商开始的。装修工们不仅仅是抓起锤子把木头钉在一起就可以了，拥有一个计划也是很重要的。与房屋翻修一样，信息系统的最初计划都是在计划阶段制定的。

计划阶段需要什么？ 信息系统项目的**计划阶段**（planning phase）包括图 8-24 所列的活动。这些活动的目标是创建一个**项目开发计划**（project development plan）。在项目实施计划阶段之前，项目开发计划通常由管理层审核和批准。这个计划文档包括：

- 对项目的简短描述，包括它的范围。
- 估算项目成本和潜在的财务收益。
- 项目团队参与者列表。
- 项目的时间表，包括其阶段的概要。

谁来监督项目？ 根据问题的范围以及专业人员的知识，一个信息系统项目可以由内部信息技术部门或外包给开发公司管理。

一个系统开发项目团队，或者简称项目团队，用于分析和开发一个信息系统。项目团队中有一个领导者，称为项目经理，负责监督项目团队的工作流程和产出。

谁来参与项目？ 团队的组成取决于项目的范围。大型的复杂项目往往拥有规模庞大的项目团队，而小型项目的负责团队则成员较少。然而，拥有更多的团队成员并不一定会完成得更快。研究表明，当团队规模超过 9 人时，生产力就会下降。值得注意的是，美国政府的标准规定每个系统开发项目必须至少有 32 人参与。这个数字是联邦政府资助 IT 项目的高失败率的原因。

除了项目团队之外，组织的其他成员可能被要求参与项目的各个阶段。一种称为**联合应用设计**（Joint Application Design，JAD）的技术基于这样一种观点：最好的信息系统是在最终用户和系统分析人员作为平等的合作伙伴一起工作时设计的。

JAD 提供了一个结构化的方法来规划和举行一系列的会议，称为 JAD 会议，在这些会议中，用户和分析人员共同确定问题并寻找解决方案。

是什么促使组织投资信息系统？ 信息系统项目可用于代替人工系统或取代过时的计算机

图 8-24　计划阶段

信息系统。信息系统项目不一定覆盖整个企业。它们可能用于完成一个部门的自动化，比如 Zappos 启动一个项目来自动化它的仓库操作。

信息系统项目的启动通常对应于商业惯例的变更，以及对新的政府记录、报告和法规遵循的响应。

使用信息系统项目的理由通常是由于当前系统产生了严重问题、对组织有威胁，或者有通过技术改进组织产品或服务的机会等。

什么样的威胁和机会影响着组织？大多数组织存在于瞬息万变的竞争环境中，只有使用复杂的信息系统才能有效地处理许多机会和威胁。著名的商业分析师迈克尔·波特（Michael Porter）创建了“五力模型”，如图 8-25 所示，用来说明机会和威胁如何影响一个组织。

信息系统如何帮助企业应对威胁和机遇？要想成功地完成任务，企业必须对机会和威胁做出有效的反应。企业有三种基本的应对方法：

快速检测

上网访问如 CarryOn, Priceline 和 AuctionZip 这样的网站。这些网站有什么共同之处？

a. 它们是来自新进入者的潜在威胁

b. 它们给了费者更多还价的权利

c. 它们给了供应商更多还价的权利

d. 它们是一种威胁，因为它们提供了替代产品

试一试

迈克尔·波特在以下这段 YouTube 视频中谈到他的五力模型：https://www.youtube.com/watch?v=mYF2_FBCvXw。他是如何将模型应用于航空业的？

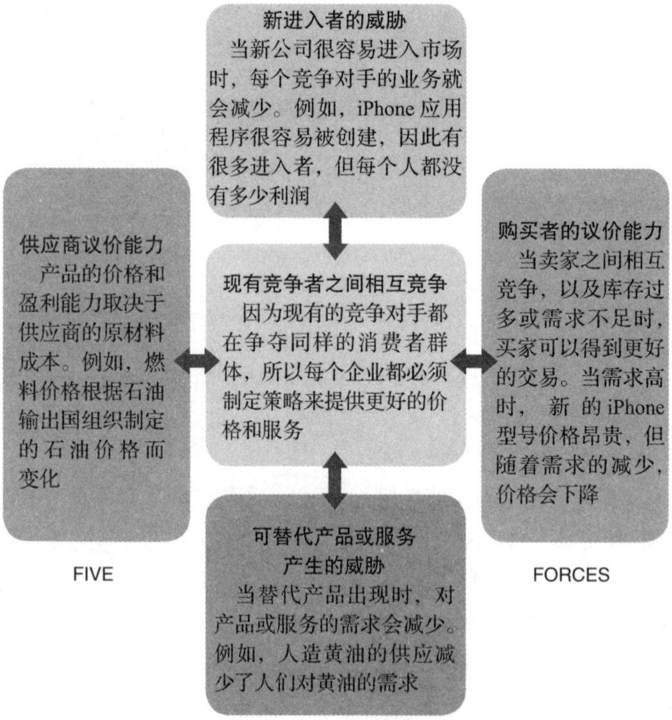

图 8-25　迈克尔·波特的五力模型

做出改进。一个企业可以通过降低成本、降低价格、改进产品、提供更好的客户服务等方式变得更好。信息系统经常提供让企业更高效运作的方法，它们可以提供及时的信息，帮助改善客户服务。例如，为了更好地与其他石油公司竞争并利用波动的石油价格，Hess 公司安装了一个信息系统来协调所有零售加油站的即时价格变动。

改变行业。企业可以改变一个行业的性质。计算机和通信技术经常使这种变化成为可能。例如，亚马逊（Amazon.com）率先提出了在网上销售图书的想法，这对一个从商场销售图书的行业来说是一个重大转变。

创造新产品。企业可以创建一个新产品，如风味薯片，或一个新服务，如隔夜包裹投递。尽管创造力和发明通常来自于人们的思维，但信息系统可以通过收集和分析数据，帮助发明者创建模型和探索模拟，从而为研究和开发工作做出贡献。

一个新的信息系统可能只是一个更大的计划的一个部分，比如把企业发展成一个更强大、更有竞争力的实体这样的计划。业务社区采用了一些业务实践，如图 8-26 所示，其中信息系统被用作组织转型中的关键组件。

 BI（商业智能）：一套综合的技术和程序，用于收集和分析与销售、生产和其他内部业务有关的数据，以便做出更好的业务决策。

 BPR（业务流程再造）：一个正在进行的迭代过程，它帮助企业重新思考并从根本上重新设计实践以提高性能，从成本、质量、服务和速度上进行综合的衡量。

 JIT（Just In Time）：在需要的时候生产或到达组装现场的制造系统。JIT 通过消除大量的仓储费用和老旧的部件来降低成本。

 MRP（制造资源计划）：根据主生产计划、销售预测、库存状态来创造和维护一个最优的生产计划。如果实施得当，它可以改善现金流，提高盈利能力。MRP 为企业提供了积极主动的能力，而不是对库存水平和物流管理的被动反应。

 TQM（全面质量管理）：由最高管理层发起的一项涉及全体员工和各部门的技术，并注重于为客户提供每一种产品和服务的质量保证。

图 8-26 卓越的商业实践

试一试

宝马公司在其南卡罗莱纳工厂将实时库存应用到了极致。你可以在这个 YouTube 视频中看到货物抵达并被马上直接组装为轿车：http://youtu.be/PLmakjOw-J4。然后可以在这里看到神奇的装配机器人：http://youtu.be/ANbuDakKSO8。

快速检测

沃尔玛曾遵循标准做法，在仓库中储存库存。它向交叉对接的转变是____的一个例子。

a. BI   b. BPR

c. JIT   d. TQM

项目团队如何识别问题和机遇？ 证明一个项目的价值通常要涉及这个组织当前信息系统中发现问题和机遇。通过消除问题和利用机会，一个组织可以变得更有竞争力。

项目团队成员可以使用各种技术来识别问题和机会，例如访谈和数据分析。举例来说，James Wetherbe 的 **PIECES 框架**（PIECES framework）有助于在信息系统中对问题进行分类。*PIECES* 的每一个字母都代表一个潜在的问题，如图 8-27 所示。

什么是系统开发方法？ 作为计划阶段的一部分，项目团队会选择一个或多个为开发工作提供结构的方法。你在之前的内容中已经学习了 SDLC 所描述的系统开发的各个阶段。

快速检测

如果电子商务网站在物品缺货时没有告知客户，PIECES 框架的哪个元素会揭示该网站的问题？

a. 性能   b. 信息

c. 经济   d. 服务

系统开发方法会指定每个阶段中应发生的事情；它包含系统开发人员完成 SDLC 所需的活动、过程、方法、最佳实践、交付物以及自动化工具。简而言之，系统开发方法可以指导开发人员进行系统开发。

性能
　　性能问题意味着信息系统对用户反应不够快，或者处理任务花费太长时间

经济
　　经济问题意味着这个系统运行或使用的成本太高

效率
　　效率问题意味着有太多的资源在收集、处理、存储和分发信息中被浪费掉了

P I E C E S

信息
　　信息问题意味着用户不能在正确的时间以可用的格式接收到正确的信息

控制
　　控制问题意味着对未经授权的用户提供信息，或者授权用户无权根据所接收的信息做出决策

服务
　　服务问题是指系统太困难或不方便使用

图 8-27　PIECES 框架

　　有许多标准的系统开发方法。**结构化方法**（structured methodology）侧重于在信息系统中发生的过程；**信息工程方法**（information engineering methodology）则侧重于信息系统中数据的收集，然后找出处理这些数据的方法。**面向对象方法**（object-oriented methodology）将信息系统视为一组对象的集合，这些对象相互关联以完成任务。

　　如何创建项目时间表？项目管理软件（project management software）是控制规划和调度的有效工具。它帮助管理人员跟踪任务之间的复杂交互，并使任务流程可视化。流行的项目管理产品包括 Asana、Trello、QuickBase 和 Microsoft Project。

快速检测

假设你正在与一个团队合作，该团队正在构建一个新的信息系统，以帮助制药公司的研究人员筛选大量的患者数据。请问以下哪种方法最有效？

a. 结构化方法

b. 信息工程方法

c. 面向对象方法

　　项目计划从计划阶段开始，但它贯穿整个项目。项目经理将工作组织成任务和结点，便于安排和分配。当任务完成时，时间表会被更新和调整。用于调度和项目管理的行业标准工具包括 PERT、WBS 和**甘特图**（Gantt chart）（如图 8-28 所示）。

PERT

　　PERT（程序评估和审查技术）是一种分析每个项目任务完成所需时间的方法，并确定完成整个项目所需的最短时间。PERT 图使用箭头来映射项目中的任务序列。关键路径表示完成所有任务的最短时间

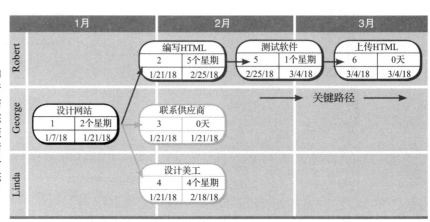

图 8-28　项目管理工具

WBS

WBS（工作分解结构）将一个复杂的任务分解为一系列子任务。任务的层次结构可以被显示为一个层次关系图，也可以被格式化为一个简单的大纲。WBS可以是面向列表任务的活动，也可以是面向列表项目的结点（里程碑）

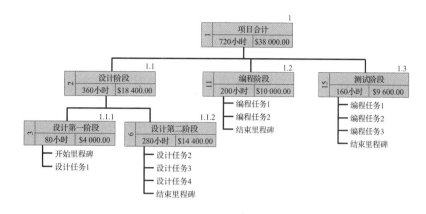

甘特图

甘特图使用条形图来显示开发任务所需的持续时间。图表中的每个栏代表一个任务；条的长度表示任务的预期持续时间

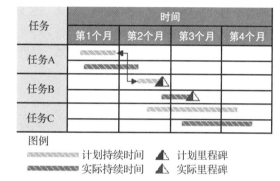

图 8-28 （续）

8.3.3 分析阶段

在 HGTV 上，业主公布他们的愿望清单和预算后，计划阶段就结束了。在接下来的节目中，设计团队会查看房子，找出在时间和预算范围内愿望清单上所有可能实现的项目。在 SDLC 的分析阶段也会发生类似的例程。

分析阶段的目的是什么？ SDLC 的规划阶段结束后，项目团队会选择一个开发方法，并制定项目开发计划以获得管理层的许可。**分析阶段**（analysis phase）的目标是为新的或修订后的信息系统生成需求列表。分析阶段的任务已在图 8-29 中列出。

为什么要学习目前的系统？ 大多数新的信息系统被设计用来取代已经存在的系统。在设计新系统之前，研究当前系统的优缺点是很重要的。

项目团队如何发现当前系统中发生了什么？ 项目团队的一些成员可能拥有操作当前系统的第一手经验。他们通常可以提供系统的概述，并识别关键特性、优势和弱点。为了获得关于当前系统的额外信息，项目团队成员可以在使用过程中逐步了解系统并咨询使用过它的人。

图 8-29 分析阶段

项目团队如何确定新系统应该做什么？ **系统需求**（system requirement）是信息系统解决问题的标准。这些需求指导了一个新的或更新后的信息系统的设计和实现。它们会在开发项目结束时作为项目的评估清单；正因如此，它们有时被称为成功因素。一个新的或更新后的信息系统应该总是满足项目团队定义的需求。项目团队通过访问用户和研究解决类似问题的成功信息系统来确定需求。

在当前系统中，另一种确定需求的方法是依照原型来构建一个信息系统的试用版。通常，原型并不是一个功能完整的系统，因为它的设计目的是为了演示新信息系统中的某些特性。系统分析员会向用户展示原型，然后会评估原型的哪些特性对新的信息系统很重要。

项目团队如何处理系统需求？ 在项目团队研究当前系统并确定新系统应该做什么之后，系统需求会被合并到一个称为**系统需求报告**（system requirements report）的文档中，该报告详细描述了信息系统的目标。

8.3.4 文档工具

一幅画胜过千言万语。这就是系统分析员的哲学，他们更喜欢用图表而不是用语言来描述信息系统的结构。使用图表比页面和文本更有效，但清晰的叙述性文字也是系统分析师工具箱中的重要工具。

项目团队如何记录系统需求？ 系统需求报告是 SDLC 最重要的产品之一。它记录了当前系统中的关键业务实践，并包含一个新的或更新中的信息系统的成功因素列表。如果这些因素没有得到正确的识别，信息系统便会失败。系统需求报告必须包含清晰、完整和详细的文档，包括图表和文字描述。

项目团队可以使用各种工具来绘制当前系统并生成文档，这些文档在 SDLC 的后续阶段也很有用。文档工具会因开发方法的不同而不同。例如，一个遵循结构化方法的项目团队将使用各种文档工具，而不是使用面向对象方法。

要了解一些最流行的文档工具，请考虑为一个营利组织的信息系统开发一个项目，该组织要在全球范围内提供商业研讨会。新的信息系统必须追踪研讨会时间表和学生报名信息。学生必须能够选择研讨会，并且指导员必须获得学生名单。

什么是结构化文档工具？ 使用结构化方法的项目团队的核心文档工具是**数据流程图**（Data Flow Diagram，DFD），它生动地说明了数据是如何通过信息系统进行移动的。

你可以将 DFD 看作一种映射，它跟踪从实体（比如学生）到流程（例如在研讨会注册）或存储区域（例如数据库）的数据的可能路径。在 DFD 中，**外部实体**（external entity）是指一个人、一个组织或一个信息系统之外的设备。**数据存储**（data store）是指保存数据的文件柜、磁盘或磁带。**流程**（process）是手动或计算机化的例程，通过执行计算、更新信息、排序列表等方式来更改数据。箭头表示**数据流**（data flow），指示数据如何从实体传递到流程和数据存储。每个元素都用对应的符号在 DFD 上表示，如图 8-30 所示。

DFD 看起来是什么样子？ 在一个已完成的 DFD 中，数据流箭头显示了来自外部实体、数据存储和执行过程中的数据路径。图 8-31 解释了如何读取 DFD。

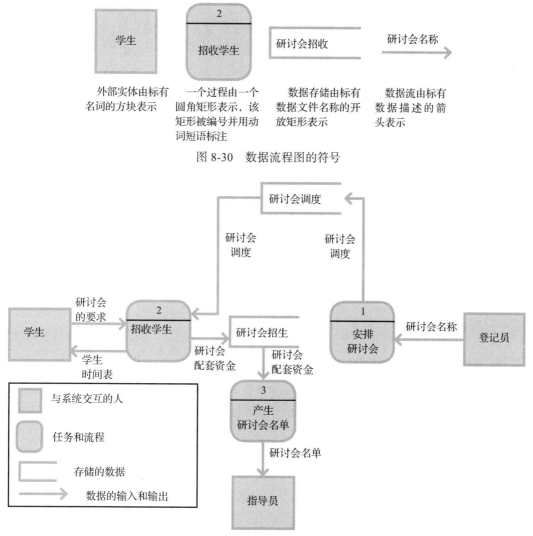

图 8-30　数据流程图的符号

要读取DFD，首先要从一个正方形实体开始，然后跟随箭头来跟踪数据流。每个数据流箭头上的标签都标识了流经系统的数据。进入进程的箭头表示输入数据；从进程出去的箭头表示输出数据。矩形方框表示存储在数据库中的数据。

图 8-31　如何读取 DFD

文档工具与面向对象的分析和设计有什么不同？ DFD 等结构化文档工具帮助分析人员决定如何设计数据库和编写应用程序，使人们能够与这些数据库交互。而相对地，面向对象的设计工具为创建数据对象以及允许人们与这些对象交互的例程提供了蓝图。面向对象文档的标准称为 UML（统一建模语言）。最常用的三个 UML 工具包括用例图、序列图和类图。

什么是用例图？ 用例图记录了信息系统的用户和他们所执行的功能。在面向对象的语境下，使用该系统的人被称为参与者。参与者执行的任何任务都被称为用例。图 8-32 展示了一个研讨会注册系统的简单用例图。

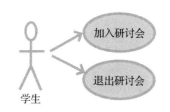

研讨会注册系统的用例图描述了两个用例——一个是学生（参与者）加入一个研讨会（用例1），另一个是学生退出研讨会（用例2）

图 8-32　用例图

对象是由什么组成的? 实行面向对象开发的一个关键要素是定义对象。在注册示例中,一个学生与两个对象交互:一个 Workshop (研讨会) 对象和一个 Section (部门) 对象。

类图会提供每个对象的名称、属性列表、方法列表以及和其他对象之间的联系,属性只是作为对象的一部分被存储,方法是对象能够执行的任何行为。在第 10 章中,你将找到面向对象专有名词的详细定义,例如类、属性和方法。图 8-33 展示了研讨会注册系统的类图。

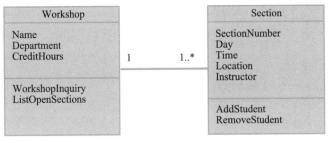

快速检测

在图 8-33 显示的类图中,Work-shopInquiry 是什么?

a. 一个方法

b. 一个属性

c. 一个实体

d. 一个数据存储

图 8-33   研讨会和部门的类图

什么是序列图? 序列图描述了用例之间交互的详细顺序。例如,在研讨会招收的用例上,学生可以查询哪些研讨会正在招生,然后根据开放的研讨会部门列表选择一个研讨会。图 8-34 显示了研讨会招收的序列图以及相关信息的解释。

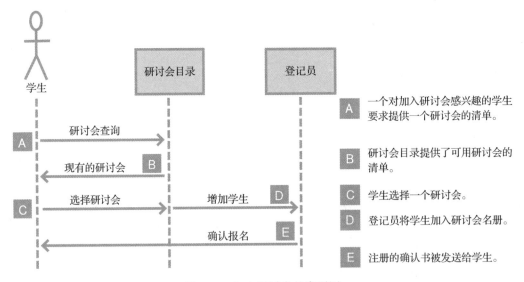

图 8-34   加入研讨会的序列图

绘图工具是计算机化的吗? 随着项目的进展和系统需求的修订,维护文档可能成为一项复杂的任务。CASE 工具 (计算机辅助软件工程工具) 是一个软件应用程序,它被设计用于记录系统需求、绘制当前和提议的信息系统、调度开发任务和开发计算机程序。

Visible Analyst、PowerDesigner 等商业 CASE 工具和 ArgoUML 等开源工具使任多日常任务所需的系统分析和设计变得自动化了,例如更改一个图表上数据元素的名称,

快速检测

图 8-35 中使用 CASE 软件的分析师正在使用哪种系统开发方法?

a. 结构化的

b. 信息工程

c. 面向对象的

d. PIECES

并确保这个更改反映在其他图表和程序代码中。图 8-35 解释了 CASE 工具的一些特性。

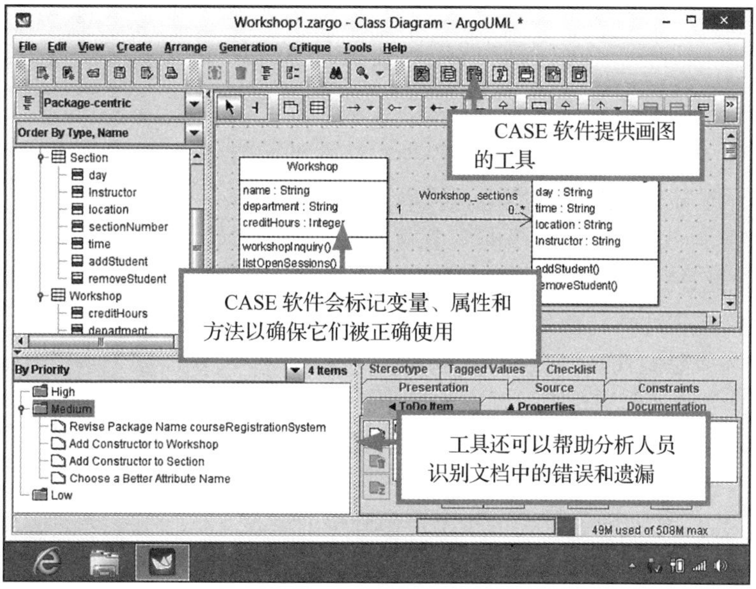

图 8-35 CASE 软件

8.3.5 快速测验

1. 在计划阶段，主要目标之一是产生一个项目 ____计划。

2. 在 PIECES 框架中，S 代表一个说明系统太难 或不方便使用的____问题。

3. ____图用来显示完成每一个项目的任务所需要 的时间，为整个项目的关键路径。(提示：使

用缩写词。)

4. 项目团队完成____阶段的主要目的是生产新的 或修改过的信息系统需求报告。

5. 数据____图使用结构化的方法，而面向对象的 方法则使用如用例、类和序列图这样的工具。

8.4 D 部分：设计和实施

当系统开发项目出现故障时，错误通常是从设计阶段就犯下的。试图执行一个有缺陷的 信息系统只会放大问题。什么可能出错？开发团队如何避免设计陷阱？本章 D 部分探讨了系 统设计和实现的成功途径。

目标

- 列出在系统开发设计阶段进行的 5 项活动。
- 比较设计团队可用的 4 类软件解决方案。
- 解释为什么有些项目有详细的设计阶段，而其他项目没有。
- 描述特性蔓延的意义。
- 列出在实现阶段列的至少 5 个活动。
- 描述在实现阶段中进行的 5 种测试类型。
- 描述 4 种转换方法。
- 列出并描述 6 个 QoS 指标。

8.4.1 设计阶段

让我们来回顾一下 HGTV 的例子。在弄清楚房主需要什么和经济能力之后，设计师们就开始着手为新设计制作蓝图并选择材料。他们的目标是找出橱柜、壁橱、电器和相关结构的位置，同时确保家具可以无误地安装在平面图中。由于每个元素都放置在平面图中，所以装修设计开始浮现。这个过程是 SDLC 设计阶段的一个有用的类比，你将在本节中通过此过程进行学习。

设计阶段会发生什么？ 在分析阶段，项目团队会决定新的信息系统必须要做什么。在 SDLC 的设计阶段，项目团队必须了解新系统如何满足系统需求报告中指定的需求。图 8-36 中列出了信息系统设计阶段通常发生的活动。

项目组如何提出解决方案？ 可能会有不止一种方法来解决问题，并且它们全都满足 SDLC 分析阶段中确定的需求。一些潜在的解决方案可能比其他的解决方案更好，它们往往更有效、成本更低或更加简单。因此，在脑海中浮现的第一个解决方案通常不一定是一个好主意。项目团队应该通过头脑风暴和研究案例来确定几个潜在的硬件和软件解决方案。

什么类型的硬件解决方案是可用的？ 信息系统提供了大量的硬件选项。项目团队必须根据设备需求、网络技术、云托管和自动化水平来考虑整体架构。

设备需求。 服务器和个人计算机是信息系统中最常用的组件，但手持设备、大型机甚至超级计算机也可以发挥作用。系统分析人员必须考虑用户是否在办公室或其他领域访问系统？需要多少流动性？需要多少处理能力和存储空间？屏幕尺寸会是个问题吗？这些是在设计阶段需要解决的一些硬件问题。

网络技术。 信息系统的本质是为整个组织服务。这个组织包括许多在不同的房间、不同的建筑甚至是不同的国家工作的人。

实际上，每个信息系统都需要一个网络，因此项目团队必须查找出网络的替代方案，如局域网、外联网、内部网和因特网。许多信息系统需要复杂的混合网络，例如将每个分支机构的局域网连接到公司内部网，客户则通过因特网访问选定的数据。

云主机。 云服务的可用性为组织提供了另一个硬件选项，可以在设计阶段进行解决。与其在昂贵的内部设备上安装一个信息系统，一个可行的替代方案可能是将其安装在由云公司（如亚马逊、微软或谷歌）托管维护的设备上。

图 8-36 设计阶段

快速检测

设计阶段关注的是如何（how）还是怎样（what）？

a. 如何（how）

b. 怎样（what）

c. 两者都是

d. 两者都不是

试一试

Amazon Elastic Compute Cloud 为各种规模的公司提供托管解决方案。这是如何发生的？搜索 Amazon EC2 并观看介绍视频。

快速检测

当 CVS 决定添加 tap-and-pay 功能时，自动化可能需要更改为_____。

a. 销售点系统

b. 设备需求

c. 系统规范

d. 以上所有

自动化级别。项目团队应该考虑不同级别的自动化的利弊，因为它们会影响信息系统规划的所有方面。一个自动化程度较低的销售点系统可能需要收银员从键盘输入信用卡号码。

在更高的自动化水平上，磁条阅读器可以自动地输入信用卡号码。通过使用压力敏感的数字化平板和触控笔收集客户签名则可以实现更高级别的自动化。更多的自动化功能可以通过"tap-and-pay"系统实现，比如 Apple Pay（如图 8-37 所示）。

有什么样的软件解决方案? 项目团队可能会考虑软件的替代方案，比如是否要用编程工具从头构建系统、使用应用程序开发工具、购买应用软件或者直接选择 turnkey 系统（图 8-38）。

图 8-37　tap-and-pay 系统可以帮助自动化销售点系统

编程工具。使用编程语言从头开始创建一个信息系统可能要花上几个月甚至几年的时间。这通常是昂贵的，但是它为实现系统需求提供了最大的灵活性。

打个比方，从头开始烘烤蛋糕可以让你在选择的配料中具有一定的灵活性——例如选择人造奶油而不是起酥油。然而，从头开始烘焙需要大量的时间和工作，比如筛面粉、将糖/鸡蛋/酥油和牛奶混合等。

项目团队可以从零开始分析开发信息系统的成本和收益。如果它是可行的解决方案，团队也可以选择使用的编程语言。

应用程序开发工具。应用程序开发工具本质上是一个软件构建工具包，其中包含可以组装成软件产品的构件。应用程序开发工具包括专家系统外壳（shell）和数据库管理系统。

应用程序开发工具是程序员的"蛋糕搅拌器"，它包含了为信息系统快速而轻松地开发模块所需的许多要素。尽管应用程序开发工具通常会加速开发过程，但它们可能不会提供与编程语言相同的灵活性。

应用软件。信息系统的应用软件通常是由软件发布者提供的一系列预先编程好的软件模块。

应用程序软件消除了编程语言或应用程序开发工具所需的大部分设计工作。然而，应用软件需要广泛的评估来确定它满足系统需求的程度。按照蛋糕的类比，应用软件相当于买了一个预先制作好的蛋糕，你只需把它切成块并摆上桌即可。

应用软件可用于标准的业务功能，如人力资源管理、会计、电子商务、CRM 和 SCM。它也适用于许多垂直市场的企业和组织，例如法律事务所、学校、诊所、图书馆、教堂和慈善机构。

尽管大多数应用程序软件都有一些定制选项，但在许多情况下，它不能被修改到完全满足每个系统的需求的程度，这就需要对组织的过程进行调整。项目团队必须决定应用软件的好处是否能够抵消程序变更的成本。

turnkey 系统。turnkey 系统本质上是一个"盒子里的信息系统"，它由硬件和应用软件组成，旨在提供一个完整的信息系统解决方案。这些解决方案可用于内部安装或安装在基于云的系统上。

拿蛋糕的类比而言，turnkey 系统就像出去吃饭，简单地点一些餐后甜点。

turnkey 系统似乎是一个快速且简单的解决方案，它看起来对许多项目团队都很有吸引力。但是，就像应用软件一样，turnkey 系统必须进行广泛的评估，以确定它是否能够满足系统的要求。

图 8-38　软件解决方案

8.4.2　评估和选择

在 HGTV 上播放的电视剧不可避免地要在设计之间做出选择——通常是在播放商业广告的间隙。在信息系统项目中也有选择，并且有一种结构化的方法来做出这些选择。

团队如何选择最好的解决方案？ 项目团队为每个可能的解决方案设计了一个标准列表。这个列表包括与成本、收益和开发时间相关的一般标准。该列表还包括技术标准，如解决方案的灵活性和对未来修改和增长的适应性。最后，列表中包含了一些功能标准，它们指出了解决方案满足指定需求的程度。通过使用决策支持工作表，项目团队可以为每个标准分配分数，对它们赋予权重，并比较所有解决方案的总数（图 8-39）。

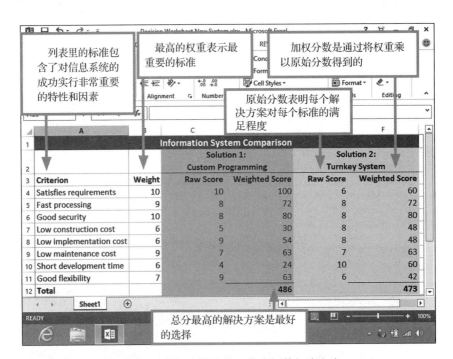

图 8-39　使用决策支持工作表评估解决方案

项目团队如何为新的信息系统找到合适的硬件和软件？ 项目团队选择解决方案后，下一个任务是选择解决方案所需的硬件和软件。有时候，会有不止一个供应商销售新系统所需的硬件和软件，因此组织可能会在多个供应商中进行选择。

选择硬件、软件以及供应商的方法取决于项目团队对解决方案的理解。有时，团队知道需要什么品牌、模型或版本的硬件和软件。而其他时候，团队只有普通（一般）的理解，需要供应商的帮助来选择特定的产品。

项目团队应该考虑供应商的可靠性、专业知识和财务稳定性。硬件的技术标准可能包括处理速度、可靠性、可升级性、维护成本和后续保障。软件的技术标准包括可靠性、兼容性和修补程序错误的补丁。

8.4.3 应用程序规范

通过选择一个解决方案，设计团队决定了基本的行动过程，但是在施工开始之前有一些细节仍需解决。在 HGTV 上，这一阶段发生在建筑师创造出详细的蓝图并且承包商获得许可证之后。在一个信息系统项目中，团队目前应处于十字路口。它可能会进入一个详细的设计阶段，也可能会进入 SDLC 的下一个阶段。

项目团队选择解决方案后会发生什么？系统设计阶段之后发生的事情取决于团队所选择的解决方案的类型。如果选择了 turnkey 解决方案，下一步可能是获得批准进入 SDLC 的实现阶段。

相反，如果项目团队选择了需要定制化编程的解决方案，团队的系统分析人员将创建一组**应用程序规范**（application specification），描述信息系统软件与用户交互、存储数据、处理数据和格式报告的方式。

只有在为信息系统选择了硬件和软件之后，组织才能开发出详细的应用程序规范。例如，在基于 Windows 的 LAN 上运行的程序的规范可能需要非常不同的用户界面和处理模型，而不是在通过因特网访问的应用程序服务器上运行的程序。

SDLC 的这一部分有时被称为**细节设计阶段**（detailed design phase），因为它的目标是为完整的信息系统创建非常详细的规范，例如在图 8-40 中中止库存项目过程的详细描述。

试一试

假设你的项目团队负责更换学校的图书馆管理系统，而目前最重要的标准是保持最初的低成本。请上网查询并决定下列哪一项是最好的：

a. Blackboard

b. LibLime Koha

c. Moodle

d. LibraryWorld

快速检测

如果你加入一个项目开发团队，并被要求编写如图 8-40 所示的规范，那么项目很可能是处于____阶段。

a. 计划　　b. 分析

c. 细节设计　　d. 最终

```
BEGIN
FIND item in INVENTORY with matching inventory-ID
IF record cannot be found
   DISPLAY "No inventory item matches the Inventory ID."
ELSE
   READ item record
   SET discontinued-item to YES
   WRITE item record
   DISPLAY "Item [inventory-ID] is now marked as discontinued."
ENDIF
END
```

用程序规范可能看起来像是程序代码，但它们只是以按步骤的方式编写，反映了信息系统要执行的过程的每个部分。阅读上面的步骤，并试着想象当一个经理决定将一个库存项目标记为停止（终止）的时候会发生什么

图 8-40　应用程序规范详细过程描述

应用程序规范的重要性是什么？应用规范是开发有效信息系统的关键因素。这些规范不仅要作为新系统的蓝图，而且在确保开发过程有效执行方面也发挥了关键作用。

一些项目失败的原因是，即使在系统实现之前，需求也在持续不断地更改。这种限制更改的失败通常被称为**特性蔓延**（feature creep），因为新特性往往会以滚雪球效应进入开发过程，从而导致更高的成本和更长的时间。

由于业务需求、法律或法规的变化，在开发过程中更改某些规范可能会很重要。提出变更的需求应该在一个包含书面**变更请求**（change request）的正式流程中进行管理，其中变更请求详细描述了提议变更的范围，并且可以由项目团队成员进行评估（图 8-41）。

软件变更请求

变更请求启动：发起人：_____

提交日期：____/____/____系统名称：_____

配置项目：软件：_____文档：_____

更改类型：新的需求：_____需求变更：_____

设计变更：_____其他：_____

变更原因：合法性：_____商业性：_____性能：_____缺陷：_____

优先级：十分紧急：_____紧急：_____例程：_____

变更说明：（详细说明功能和/或技术信息。必要时使用附件）

图 8-41 变更申请表

快速检测

如图 8-41 那样的文件的目的是 _____。

a. 防止用户改变设计方案

b. 管理特性蔓延

c. 收集用户的错误报告

d. 以上都不是

规范完成后会被如何处理？ 应用程序规范类似于显示了电气布线或管道详细计划的建筑蓝图。这些规范是要交给一个编程团队或创建软件的应用程序开发人员的。

项目团队何时才能真正开始构建新的信息系统？ 在 SDLC 的设计阶段，项目团队选择了一个解决方案，选择了硬件和软件，并设计了详细的应用程序规范。在实现解决方案之前，项目团队通常必须寻求管理层的批准。

审批过程可能是非正式的，只是涉及与 CIO 的讨论。相比之下，一些组织需要一个更正式的流程来获得批准，项目团队提交书面提案，并向管理层和用户组演示。项目团队的提案通过后，项目才可以进入下一个阶段的开发。

8.4.4 实现阶段

在信息系统的计划被批准后，便是时候开始构建它了。在 SDLC 的实现阶段，组织会将新的信息系统的硬件、软件和操作组件组装在一起。

在实现阶段会发生什么？ 在 SDLC 的实现阶段，项目团队会监督构建新信息系统所需的所有要求（任务）。图 8-42 展示了在实现阶段执行的任务。

团队如何获得软件和硬件？ 随着实现阶段的开始，团队需要购买、安装和测试新的信息系统所需的编程语言、开发工具和应用程序软件，以确保它们能够正常工作。

软件测试可以发现现有硬件和软件不兼容的问题。在

图 8-42 实现阶段

继续进行系统开发之前，必须纠正这些问题。测试还可能揭示软件中的错误，这必须由软件开发人员来检查和修复。

除了新的软件之外，许多信息系统的规范会要求新的硬件，它们被用于替换旧设备或补充现有设备。在实现阶段中，组织需要购买、安装和测试新硬件，以确保正确的操作。

如果一个信息系统是基于云的，那么可能需要在本地实现连接和安全需求。此外，云应用程序必须进行配置和完全测试。

实现阶段的下一步是什么？ 在安装和测试了硬件及软件之后，实现阶段的下一步取决于为项目选择的软件工具。

使用编程语言或应用程序开发工具创建信息系统的软件时，程序员必须创建并测试所有新的软件模块。第 10 章提供了更多关于编程过程的信息。

使用应用软件构建信息系统时，有时必须对软件进行自定义。**软件定制**（software customization）是修改商业应用程序以反映组织需求的过程。定制可能包括修改用户界面、启用各种安全设置、选择出现在屏幕上的菜单、设计表单或报告。

团队如何确保新的信息系统有效？ 严格的测试过程是确保新的信息系统正确工作的唯一方法。在实施阶段，不同类型的测试有助于在信息系统被纳入日常业务活动之前识别和修复其问题。

应用程序测试（application testing）是尝试各种输入的过程，并检查结果以验证应用程序的设计与运行是否正常。应用程序测试有三种方式：单元测试、集成测试和系统测试。

随着每个应用程序模块的完成，它将进行**单元测试**（unit testing），以确保它的操作可靠和正确。当所有模块都已完成并进行测试时，将执行**集成测试**（integration testing），以确保模块之间能够正确地操作。

完成单元测试和集成测试之后，**系统测试**（system testing）会确保所有硬件和软件组件能够一起工作。图 8-43 总结了应用程序测试的三个阶段。

快速检测

在实现阶段中，哪个活动会花费最长的时间？

a. 创建应用程序

b. 测试应用程序

c. 培训用户

d. 转换数据

快速检测

应用程序测试是否与单元测试相同？

a. 是的，两者都是确保软件正常工作的最终测试

b. 是的，两者都是在 alpha 测试后执行的

c. 不是，单元测试只是一种类型的应用程序测试

d. 不是，应用程序测试可以被认为是 α 测试的一部分，而不是 β 测试

单元测试确保应用软件的每个模块都能正常工作

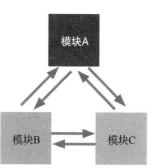

集成测试可确保所有模块能共同正确地工作

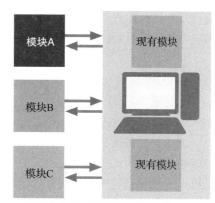

系统测试确保新模块与系统硬件和软件的其余部分一起正常工作

图 8-43　应用程序测试

8.4.5　文档和培训

实施阶段最重要的任务之一是确保信息系统被完全文档化，以便有效地使用它并方便地修改它。

需要什么样的文档？ 信息系统的文档可以大致归类为系统文档或用户文档（图 8-44）。

系统文档
目标受众：程序员，
设计师，系统分析员

用户文档
目标受众：工人，
雇员，经理

试一试
打开你的浏览器并连接到 bit.ly/QwkUl4，你在那里找到了什么类型的文件？（提示：4 前面的字母是小写的 L。）

图 8-44　文档分类

系统文档（system documentation）描述了系统的特性、硬件架构和编程方法。系统文档的目标受众是程序员、设计人员和分析人员，他们可以在日常的基础上维护系统并实现修改。

系统文档所需的大部分信息都是在 SDLC 的分析和设计阶段生成的。在实现阶段的末尾，应该检查这些文档的准确性，因为在实现过程中遇到的问题或机遇有时会导致特性的变化。

就系统文档而言，许多项目团队已经转向使用自动化的应用程序，这些应用程序从已完成的源代码中生成文档。这些工具帮助团队将文档更新到目前实际应用的系统，这可能与原始系统规范有所不同。

用户文档（user documentation）描述了如何与系统交互以完成特定的任务。它包括一个功能列表和使用这些功能的说明。它可能还包括如何开始和完成特定任务的演示教程。

员工如何学习使用新的信息系统？ 在准备使用新的信息系统时，通常需要针对软件使用和数据输入对用户进行培训。可能还需要在硬件操作和备份过程中对一些用户进行培训。

在培训期间，用户会学习如何与界面交互，使用新系统来执行日常任务，并在用户手册、过程手册或视频教程中找到其他额外的信息。

过程手册（procedure handbook）是一种用户文档，它包含执行特定任务的逐步指令，并取代了冗长的用户手册。因为在大型组织中，特定部门的员工通常执行特定的任务，不需要知道系统的所有功能是如何运作的。

8.4.6　转换

任何记得 HealthCare.gov 网站初次亮相的人们都会明白一个精心安排的系统发布的重要性。计划对于成功过渡到新的信息系统而言至关重要。

旧系统的数据会发生什么变化？ 新的信息系统的数据可能存在于卡片文件、文件夹或旧的信息系统中。这些数据必须被加载到新的系统中——这是一个称为数据转换的过程。程序员可以编写转换软件，将现有数据转换成新系统可用的格式。如果没有这样的软件，用户将被迫手动重新输入来自旧系统的数据。

什么是"启动"选项？ **系统转换**（system conversion）是指让旧信息系统停用并激活新信息系统的过程。它也被称为"转换"或"启动"。图 8-45 描述了转换到新系统的策略。

直接转换是一种完全停用旧系统并立即激活新系统的转换方法。直接转换是有风险的。如果新系统不能正常工作，它就必须被停用并对其进行进一步的开发或测试。与此同时，旧系统需要被重新激活，进入新系统的事务必须被重新输入旧系统。

并行转换避免了直接转换的一些风险，因为旧系统仍然在服务中，而一些或全部新的系统被激活了。旧系统和新系统并行运行，直到项目团队确定新系统能够正确执行。并行转换通常要求在新系统和旧系统中同时执行所有的事务，这种策略十分耗费时间、计算机资源和人力。

阶段性转换可以很好地在大型模块化的信息系统上工作，因为新系统一次只用激活一个模块。项目团队确定一个模块可以正常工作后，下一个模块便会开始被激活，以此类推，直到整个新系统都开始运行。然而，在分阶段转换中，新系统的每个模块都必须与旧系统一起工作，这大大增加了应用程序开发的复杂性和成本。

试点转换可以在具有独立信息处理系统的多个分支机构中良好地工作，因为新的信息系统一次只用激活一个分支。如果新系统在一个分支上正确工作，它将在下一个分支中被激活。为了准备试点转换，系统开发人员必须设计相应的方法，将来自分支的信息与使用旧系统的分支信息集成到新的系统中。

图 8-45　转换选项

快速检测

一所学校能否成功地为其图书馆管理系统实施试点转换？

a. 可以，在网络上了解新系统的工作原理并安装它是很简单的

b. 可以，但是只有在夏天发生转换才能完成

c. 不行，实现新的客户模块的阶段性转换、新的循环模块等将更好地发挥作用

d. 不行，如果新系统不能正常工作，学生和教师将无法访问任何图书馆管理系统

新的信息系统什么时候正式“上线”？ 新的或升级过的信息系统会进行一项叫作验收测试的最终测试。**验收测试**（acceptance testing）的目的是验证新信息系统是否按要求工作。

验收测试的程序由用户和系统分析人员设计，它们通常包括使用真实数据来证明系统在正常和峰值数据负载下可以正常运行。验收测试通常标志着实现阶段的完成。

8.4.7　维护阶段

1962 年，美国国税局推出了一个名为“个人主文件（Individual Master File，IMF）”的信息系统，用于存储和访问税收记录。该系统运行了 50 年，在 2009 年国税局在试图取代这个系统时失败了。当这本书付印时，第二次尝试正在进行中。像 IMF 这样保持，长达 50 多年服务的系统仍然是很少见的，但是借助维护阶段信息系统可能会有出乎意料的长寿命，其寿命会长于系统开发人员。

在维护阶段会发生什么？ SDLC 中的**维护阶段**（maintenance phase）涉及系统的日常操作、进行修改以提高性能，并纠正问题。在一个信息系统被实现之后，它仍然会运行很长时间。在此期间，维护活动确保了系统的功能和可行性。图 8-46 列出了典型信息系统的主要维护活动。

*维护阶段*这个词有一点误导成分，因为它似乎暗示信息系统是在静态状态下维护的。相反，在维护阶段，信息系统可能会经历许多变化以满足组织的需求。维护阶段的更改可以包括以下内容：

- 对操作系统和应用软件的更新。

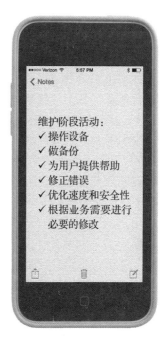

图 8-46　维护阶段

- 修改用户界面，使系统更容易操作。
- 更换有缺陷的设备或更换高性能所需的硬件。
- 安全升级。
- 改进服务质量。

什么是服务质量？ 服务质量（Quality of Service，QoS）是指计算机系统提供的性能水平。服务质量好的时候，数据就会快速地通过系统进行传输，软件很容易被直观地使用，并且工作可以很快地完成，不会发生错误。服务质量差时，用户会体验长时间的等待，软件使用起来十分笨拙，信息也难以被找到。

三个关键概念可确保良好的服务质量：可靠性、可用性和可服务性。可靠性确保了计算机系统的功能可以被正确计算。可用性指的是系统能够持续地访问所有使用它的人。当系统易于升级或维修时，它具有可服务性。

什么是服务质量指标？ 服务质量指标（quality-of-service metric）是用于衡量 QoS 特性的技术。通过监视系统性能和分析用户满意度调查的结果，可以收集这些指标数据。企业使用多个 QoS 指标，如图 8-47 所示。

QoS 指标	描述
吞吐量	在特定时间间隔内处理的数据量
精度	特定函数的特定时间间隔内发生的错误数
停机时间	系统不可用于处理的时间量
容量	可用存储空间、用户数量、连接数或包数
用户级别	峰值、平均和低谷用户数量
响应时间	用户发起对信息的请求和满足请求之间的时间间隔

图 8-47　服务质量指标

用户支持有多重要？ 即使经过深入的培训，员工有时仍会忘记程序使用方法或在新的情况中遇到困难。这时员工会向 IT 部门寻求帮助。

许多组织会建立一个帮助台来处理最终用户的问题。帮助台配备了熟悉信息系统软件的技术支持专家。支持专家负责记录问题和提供解决方案。

组织通常鼓励有问题的用户访问在线帮助、用户手册或过程手册。当这些资源无法提供解决方案时，用户可以求助于帮助台。

帮助台人员对那些提出在文档中已经详细说明的问题的人几乎没有忍耐度。但是，你应该毫不犹豫地询问文档中没有涉及的过程或问题。

用户的问题通常可以促进信息系统中的问题修复。例如，假设一个 Zappos 客户服务代表遇到了一个更新过程的问题，并联系了帮助台。帮助台技术人员开始对问题进行故障排除，并很快意识到它是由系统测试期间未捕获的编程错误引起的。这个错误会被记录在一个错误报告中，然后该报告被发送到编程组，最后编程组会确定其严重性并采取措施来修复它。

维护阶段会持续多长时间？ 维护阶段是 SDLC 中最长的阶段，它会一直持续到系统作废。虽然 SDLC 的分析、设计和实现阶段成本很高，但是对于许多组织来说，维护阶段才是最昂贵的，因为它是耗时最长的。

维护阶段通常占信息系统总成本的 70%。如图 8-48 所示，维护成本遵循 U 型曲线——信息系统在其生命周期的开始和结束阶段需要进行最多的维护。

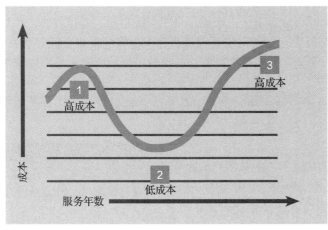

① 一个新的信息系统开始运行时，维护成本是很高的，因为程序员会修复大量错误而且用户会呼吁需要支持

② 在大多数错误被修复后，用户熟悉了信息系统，维护成本就降低了

③ 伴随信息系统使用寿命的终结，维修费用开始增加，不断变化的商业惯例需要相应的修改，这些都是耗时和昂贵的实现

图 8-48   维护阶段成本

维护阶段何时结束？ 维护阶段会一直持续到信息系统不再具有成本效益，或者直到因组织的变更导致的信息系统过时。当一个信息系统过时或成本效益接近尾声时，就该重新开始一个系统开发生命周期了。

8.4.8   快速测验

1. 在 SDLC 的____阶段，项目团队确定了几种可能的解决方案，然后选择能够以最低成本提供最大优势的解决方案。

2. ____开发工具本质上是一个软件构建工具包，其中包含可以组装到信息系统软件中的构建模块。

3. 系统开发可能会受到____功能的限制。

4. 在 SDLC 实施阶段结束时，用户验证整个系统在称为____测试的过程中按照规定运行。

5. 在维护阶段，三个关键概念可以确保良好的服务____：可靠性、可用性和可服务性。

8.5   E 部分：系统安全

对信息系统的威胁正在增加。企业、政府机构和其他组织正不断地加强防御，以保护数据和它所对应的用户（人）。在本节中，你将了解到关于企业的数据威胁以及保护这些数据的方法。然后当你依赖于信息系统进行生活中的活动时，可以对将要面临的数据风险做出预估和防范。

目标

- 列出至少 5 种将信息系统置于危险境地的灾难。
- 解释数据中心减少数据破坏风险的三种方法。
- 描述灾难恢复计划的要素。
- 说出 5 件能引发数据泄露的事情。
- 描述身份窃贼如何使用被盗数据。
- 解释 4 个保护数据不受破坏的安全措施。

- 描述教育、医疗和银行业的消费者通知法。
- 列出数据泄露受害者应该遵循的 5 个步骤。

8.5.1 风险中的系统

当灾难降临到你的计算机上时,这对于个人来说是个很大的不便。而相对的,针对公司信息系统的威胁可能影响到数百万人,它们可能会危及生命。这样的灾难会让公司在设备、时间以及资金赔偿方面花费数十亿美元,而个人可能会花费数不清的时间来处理灾难带来的后果。

什么样的灾难使信息系统处于危险之中? 企业信息系统的常见威胁包括自然灾害、停电、设备故障、人为错误、软件故障、安全漏洞、战争行为和破坏行为。

自然灾害会完全关闭计算机系统,切断对客户的服务,并可能彻底摧毁整个系统。例如,当卡特里娜飓风横扫路易斯安那州时,它留下了一片狼藉。许多企业的计算机系统被雨水和洪水浸透。在风暴期间,停电使几家主要的因特网托管服务瘫痪。在一些地方,电力供应中断了数周,没有发电机的企业则在运营中挣扎。

> **快速检测**
>
> 下列哪一项灾难通常不会销毁系统设备和它所包含的数据?
> a. 自然灾害　　b. 设备故障
> c. 战争行为　　d. 人为错误

电力中断可能是由自然灾害、超负荷的电网、有计划的限电和轮流停电造成的。当电力中断导致信息系统关闭时,系统无法进行业务操作,也无法向客户和消费者提供服务。

设备故障可以发生在信息系统的任何硬件组件中。故障的风险随着硬件组件的增加而增加,它们也可能出现在新的硬件中。许多设备规范包括 MTBF(平均故障间隔时间)评级。例如,MTBF 评级为 125 000 小时意味着平均来说,一个设备在失败之前可以运行 12.5 万个小时。然而,MTBF 的评级是平均值,因此,一个拥有 12.5 万 MTBF 评级的服务器在失败前可能只运行了 10 个小时。

人为错误是电脑操作员犯的错误。信息系统中的常见错误包括输入不准确的数据和不遵循程序所需的步骤。在 2003 年夏天,美国历史上规模最大的一次停电事故就是因未受严格训练的操作员导致南部 5000 多万人失去电力供应。

软件故障可能是由软件设计缺陷引起的。控制空中交通或核电站的关键软件的缺陷可能是致命的。其他的错误也可能会导致安全漏洞,比如在公司服务器中允许未经授权的访问。

战争行为曾经只影响在战场上的计算机系统。然而,最近随着恐怖主义事件的增加,平民地区也成了目标。战争行为会对计算机系统造成物理伤害。网络恐怖主义也能造成大量破坏,它利用病毒和蠕虫破坏数据,从而破坏计算机的操作,而现在的计算机系统包括关键的国家基础设施,如电网和电信系统。

蓄意破坏可能是由心怀不满的雇员、抗议者、活动人士或敌方战斗人员造成的。这不限于物理伤害和破坏,还包括损坏网站、拒绝服务及攻击和为索取赎金而持有信息系统。

8.5.2 数据中心

在使用你的 iPhone 或 iPad 时,你是否曾想过所有 iTunes 歌曲和苹果商店应用的来源?运行 Siri 和帮助你找到 iPhone 的信息系统在哪里,以及存放 iCloud 数据的存储设备在哪里？你可能会想到，所有这些活动都是在位于库比蒂诺的苹果总部电脑上进行的，但大多数的 iTunes 和 iCloud 服务都来自于加利福尼亚、俄勒冈和北卡罗来纳州的大型数据中心。

数据中心包含什么？ 数据中心（data center）是专门设计用于保存和保护计算机系统和数据的专用设施。这些中心可能用于单个公司的信息系统，或者它们可能是多个公司租用空间和设备的**托管中心**（colocation center）。数据中心内包括计算机、存储设备、电信设备和备用电源。此外，数据中心通常包含安全设备，从而限制未经授权的访问和环境控制，从而保护所有设备（图 8-49）。

图 8-49　数据中心组件

数据中心如何使风险最小化？ 设计数据中心是为了主动减少由于灾难而发生数据丢失的风险。防范风险的最好方法是完全避免风险，数据中心可以减少或消除某些类型的灾难的影响。

大多数地区都有偶尔停电的情况，这对那些目标是提供全天候服务的组织来说，产生的成本是非常高昂的。为了避免停机，数据中心最基本的要求之一就是提供高容量、拥有备用电池和发电机的不间断电源。

物理安全是数据中心的关键。大多数数据中心使用指纹识别系统、认证（徽章）或保安来限制物理访问。钢制门会把中心分隔为安全区。运动探测器和自动报警系统则可以防止未经授权的人员穿过建筑物。

数据中心的环境条件必须时刻进行监控。计算机传感设备可以跟踪温度、湿度、水、烟、火、空气流量、功率等级、安全系统和许多其他指标。可以将相机放置在通风管道内或是在升高的地板下，以便在计算机系统单元中检测入侵者、害虫或化学泄漏。

数据中心最安全的位置是什么？ 数据中心可以位于站点（site）上，也可以位于特定的非站点（off-site）位置。内部数据中心通常位于地下室，那里的设备和电线是不会被人们看到的，而且服务器架和电池备份不会对地面增加过多的重量负荷。然而地下室并不是理想的位置，因为它们容易受到洪水和管道泄漏的影响。其他不适合数据中心的位置已在图 8-50 中列出。

> **快速检测**
>
> 下列哪一项是数据中心通常不具备的？
>
> a. 备用电源
>
> b. 杀毒软件
>
> c. 访问安全 / 通道防卫
>
> d. 环境监测

在海平面以下或在泛滥的平原

 在一个容易发生飓风、龙卷风或地震的地方

 靠近制造、存储或运输危险品的设施

在没有世界级电信基础设施的地区

 大都市，因为事故和暴力会使人和设备处于危险之中

 在机场的飞行路线附近

 在电力昂贵或不可靠的地方

图 8-50　不宜安置数据中心的位置

　　数据中心可能被安置在一个小房间内，包含一个带有电池备份的服务器；或者它（数据中心）也可以是一个复杂的设施，延伸到许多英亩的土地上，这样的话就需要一个专用的发电系统。苹果公司拥有世界上最大的数据中心之一。其主楼有 5.5 万千平方英尺，由 5.5 万块太阳能电池板供电，其产生的充足电力足以供应超过 13 500 个家庭。

　　数据中心可以配备工作人员，或者远程控制和监控数据中心。所谓的黑暗（dark）数据中心可以不需要长期的工作人员。只有当设备需要修理或更换时，技术人员才能进入工厂。这些黑暗数据中心是**远程控制管理**（Lights-Out Management，LOM）的一个拓展，它允许系统管理员使用远程控制软件监视和管理服务器。

　　非现场数据中心被安置在特别建造的（定制的）建筑物或翻新的设施中，如前军事掩体、废弃的矿井或石灰岩洞。一些世界上最安全的数据中心已在图 8-51 中列出。

Bahnhof Pionen 位于瑞典斯德哥尔摩地下 100 英尺处，有时被称为"詹姆斯·邦德"数据中心

Iron Mountai 位于匹兹堡附近的石灰岩洞穴 220 英尺的地下

Smartbunker 依靠风力发电，位于英国林肯郡荒原的前北约指挥掩体内

InfoBunker 是一座占地 65 000 平方英尺的数据中心，建在退役的空军掩体内，可以承受 20 兆吨的核爆炸

Jonathan Nackstrand/Getty Images

图 8-51　世界上最安全的数据中心

8.5.3　灾难恢复计划

　　在一个看起来很普通的星期五，一个合同工提着手提箱走进芝加哥地区的联邦航空管理机构，但箱子里装着汽油，几分钟后，工厂的计算机着火了。飞行员失去了与控制塔的无线电联系，空中交通管制员的计算机屏幕变黑了。虽然在空中飞行的飞机最终得以顺利降落，但在随后的几天和几周内，数以千计的航班被取消，更多的航班延误在芝加哥奥黑尔国际机场和芝加哥中途国际机场。数据中心不能提供 100% 的保护，所以精明的系统管理员需要准备灾难恢复计划。

试一试
你认为 FAA 是否有芝加哥地区设施的灾难恢复计划？进行在线搜索并找出答案。

灾难恢复计划包含什么? 灾难恢复计划(disaster recovery)是一套用于保护数据免遭灾难的方法,以及关于组织如何恢复丢失的数据并在发生灾难后进行恢复操作的一套准则。

灾难恢复计划不仅要能够应对美国联邦航空局(FAA)航空管制火灾等灾难,也必须应对如 2016 年飓风马修造成的破坏;还必须考虑到可能会扰乱运营的日常事件。备份磁带可能会被损坏,员工可能会把咖啡洒到建筑物中最重要的存储设备上,或者病毒会使网络速度变慢,甚至无法使用。

一个精心制定的灾难恢复计划应该考虑到各种各样的麻烦,从最轻微的故障到最具破坏性的灾难。具体来说,企业级别的灾难恢复计划应具备如下功能:

- 在灾难发生时,确保现场人员的安全。
- 继续关键业务的操作。
- 使操作的中断时间最小化。
- 减少直接损失,防止额外损失。
- 具备管理继承和应急能力。
- 有效促进恢复工作。

灾难恢复计划可以决定组织在灾难后能否继续生存。灾难恢复计划与数据备份、防火墙和密码保护一样对数据安全至关重要。

基于云的信息系统比本地信息系统更安全吗? 如今,许多灾难恢复计划将云设施作为非现场备份,以备在室内数据中心发生重大事件时可用。有些公司会在云站点上安装镜像系统,或者依赖多个托管中心来处理和存储数据。图 8-52 列出了云计算设备的优点。

基于云的系统可以进行扩展以处理从受损系统转移来的工作负载

数据副本存储在灾难区域外的位置

从临时办公室也可进行关键数据的安全远程访问

云托管服务中经验丰富的团队可以帮助恢复关键系统,而内部团队则专注于恢复受损系统

图 8-52 云服务托管的优势

8.5.4 数据泄露

Zappos 为 2400 万,LivingSocial 为 5 万,Target 为 7000 万,Home Depot 为 5600 万,国税局为 70 万,雅虎为 10 亿。这些数据不是企业利润,而是在大规模数据泄露过程中被未授权访问的客户记录数量。在美国数据泄露数量正在稳步上升,每年有近 1000 家公司发现它们的信息系统遭到攻击。

是什么引发了数据泄露? 数据泄露(data breach)是指未经授权查看、访问或检索个人数据的事件。存储在信息系统中的个人数据会因恶意软件、人为因素和系统故障而产生大量的数据泄露。

恶意软件攻击。黑客入侵约占数据泄露的 30%。这些攻击中有许多是黑客利用名为 Backoff 的恶意软件进行的,这些恶意软件通过 Windows 远程桌面应用程序使用的开放端口潜入计算机。一旦恶意软件入侵了网络上的一台计算机，它就会试图访问销售点的收银机和读卡器，在那里收集数据并将其转发给黑客。Backoff 造成了 Target、Home Depot、Neiman Marcus 和 Dairy Queen 的大规模数据泄露。数据入侵通常发生在长达数周或几个月的时间里，黑客会植入恶意软件，打开后门，试图破解管理员的密码。

员工疏忽。 对信息系统中的数据进行访问是通过登录凭证（比如密码）来控制的。如果这些凭证落入不法之徒手中，那么数据很容易受到未经授权人士的访问。身份窃贼通过盗取写在便签上的密码来获取登录凭证，并利用社会工程攻击从粗心的员工那里获取密码。在某些攻击中，是第三方承包商无意中提供了用于访问目标网络的密码。

内部盗窃。 有些员工并不诚实，他们会利用合法的信息系统获取非法信息。2015 年，金融服务巨头 Morgan Stanley 宣布，一名员工窃取了 900 多名富有客户的个人数据。据称，该员工将这些数据发布在了 Pastebin 网站上，并试图将其出售给那些兜售身份信息的罪犯。

设备被盗。 员工有时会有合法的理由携带装有消费者数据或提供远程访问公司信息系统的应用程序的设备。当这些设备被偷时，它们所包含的数据可能会落入未经授权的人的手中。例如，2014 年，一个家庭保健护士的笔记本电脑包被偷了。根据公司政策，笔记本电脑是受密码保护的，它的数据是加密的。然而，加密密钥被记录在包里的一张纸条上，这使得窃贼可以查看存储在设备上的所有病人的数据。

系统故障。 不良配置的服务器、缺乏足够安全性的网络以及没有恰当访问控制的数据库是导致许多数据泄露的原因。2014 年，一家美国金融机构的错误配置的服务器允许谷歌搜索爬虫引擎从该公司的客户端数据库访问和索引信息，于是在谷歌搜索中出现了带有账户持有人姓名、路由号码和余额的客户账户说明，数据泄露所暴露的文件包含了如何授权新账户和为进入企业服务器所必需的密码的说明。

安全漏洞是如何影响个人的？ 在美国，几乎每个人都会将信息存储在至少一个数字信息系统中。每当你填写调查问卷、登录网站、访问医生、使用信用卡或者打电话时，你的个人信息都会被存入一个信息系统中。当个人信息落入坏人之手时，身份被盗窃的风险就会增加。

身份盗窃（identity theft）是指利用某人的个人信息进行交易，如申请贷款、进行购买、收税或获取虚假身份证明等。身份窃贼尤其会贪图社会安全号码、银行卡号码和账户登录密码。其他个人身份信息（PII），如母亲的婚前姓名、出生地点、驾驶执照号码和护照号码，也为身份窃贼打开了大门。

身份窃贼如何使用他们窃取的数据？ 使用所盗窃的个人信息的方法数不胜数。图 8-53 列出了一些最常见的骗局。

试一试
最近的数据泄露事件规模有多大？自 2005 年以来，身份盗用资源中心（Identity Theft Resource Center）一直在跟踪数据泄露状况。在 ITRC 网站上，你可以查看当前已发生事件的列表。在 Information is Beautiful 站点 http://bit.ly/19xscQO，你可以看到数据泄露的动态图。

快速检测
数据泄露与自然灾害和设备故障等威胁有何不同？
a. 由于数据泄露的发生，数据通常不会被销毁
b. 数据泄露不是那么严重
c. 数据泄露的原因可以很快被发现并进行补救
d. 数据入侵不是系统开发人员关心的问题

以受害者的名义贷款，而不偿还债务。**坏账**会成为受害者信用报告的一部分，并会降低其信用评分。身份窃贼甚至可能申请破产，以偿还债务，进一步破坏受害者的信用评分

用受害者的名字开一个**银行账户**，然后开空头支票

利用现金**伪造支票**来清空受害者的银行账户

订阅移动电话服务、有线网络服务或用受害者的姓名使用公用设施，但不去支付账单

更改受害者信用卡的账单地址，然后购物

使用受害者的卡号制作**假信用卡**或借记卡，然后进行电子取款

以受害人的名义**申请退税**。受害者的合法收益可能被标记为欺诈，并导致审计或税务对受害人实行欺诈指控

使用偷来的社会保险号申请**退休福利**，这些福利将被发送给身份窃贼。当受害人来申请救助时，会发现它们已经被分配了

将受害者的数据**出售**给其他犯罪分子，这些犯罪分子就会将从不同来源收集的数据进行整合。足够详细的档案可以供犯罪分子在试图逃避警察、非法工作、登机或进行其他非法活动时使用的**完整身份**

图 8-53　身份窃贼如何使用被窃取的身份

8.5.5　安全措施

没有一个计算机系统是完全零风险的，但是一些积极的措施可以保护信息系统不受威胁。

如何保护? 保护信息系统的措施可以分为四类：威慑、预防性对策、纠正程序和检测活动。

威慑（deterrent）减少了蓄意攻击的可能性。属于这一类的有物理威慑，例如限制对关键服务器的访问。常见的威慑还包括安全特性，如多级认证、密码保护和生物识别。

预防性对策（preventive countermeasure）可屏蔽漏洞，使攻击失败或减少其影响。防止未经授权访问的防火墙和使被盗数据无法解密的加密方法是预防性对策的例子。

纠正程序（corrective procedure）降低了攻击的影响。数据备份、灾难恢复计划以及多余可用的硬件设备都是纠正程序的例子。

检测活动（detection activity）负责识别攻击并触发预防性对策或纠正程序。例如，防毒软件会检测进入系统的病毒，并且可以为其配置更正程序，如移除病毒和隔离受感染的文件。盗窃或破坏行为可以使用周期性硬件清单来检测。使用监控软件来跟踪用户，及时对文

> **快速检测**
>
> 一些银行使用安全照片来帮助消费者确认他们在访问银行的合法网站。这个安全措施就是____的一个例子。
>
> a. 威慑　　　　b. 预防性对策
> c. 纠正程序　　d. 检测活动

件进行更新以及对关键系统的更改也可以帮助检测如入侵或威胁的异常情况。

数据入侵多快可以被发现？ 尽管大多数企业会监控自己的信息系统，但大多数数据泄露是由第三方发现的，比如执法机构、网络服务提供商和安全公司，它们会向系统管理员报告可疑的活动。欺诈检测系统被设计用来捕获未经授权的信用卡使用情况，约占已发现的数据入侵的24%。令人惊讶的是，客户投诉导致约10%的数据泄露被发现。不过令人沮丧的是，数据泄露的时间长度仍然没有明确的发现方法（图8-54）。

快速检测

根据图8-54，大多数网络间谍活动在_____后才被发现。
a. 数小时　　　b. 数天
c. 数周　　　　d. 数月

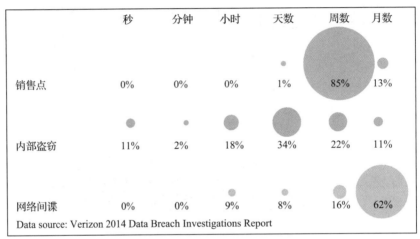

	秒	分钟	小时	天数	周数	月数
销售点	0%	0%	0%	1%	85%	13%
内部盗窃	11%	2%	18%	34%	22%	11%
网络间谍	0%	0%	9%	8%	16%	62%

Data source: Verizon 2014 Data Breach Investigations Report

图 8-54　三种数据泄露的发现时间

有没有保护个人数据的法律？ 美国至少有47个州有数据泄露通知法令，要求公司在发生数据泄露暴露个人身份信息时采取具体措施。也有一些联邦数据泄露法律适用于某些商业部门，如教育、医疗和银行业（图8-55）。

> **教育**。家庭教育权与隐私权法案（FERPA）旨在保护学生的记录，允许学生数据只被分发给学生、家长、学校官员、金融援助机构和认证机构
>
> **医疗**。经济和临床健康信息技术（HITECH）法案要求任何处理个人健康信息的机构在60天内通知个人数据的泄露情况
>
> **银行**。格雷姆－里奇－比利雷法案为金融机构提供了指引，从而告知消费者数据泄露的情况。2007年颁布的红旗规则要求金融机构实施身份盗窃计划（identity theft program）

图 8-55　消费者通知法

消费者可以采取什么措施来最大限度地降低安全漏洞？ 即使企业遵守信息披露法律，这些法律条例也同样适用于已经被暴露的数据。尽管这些法律也包含了保护数据的准则，但从持续不断的数据泄露中可以清楚地看出，法律对个人数据仍然没有足够的保护。

消费者依赖公司的政策和安全程序来保护存储在信息系统中的个人数据。一旦你向信息系统发布了数据，你就

快速检测

在身份盗用的背景下，去标识（de-identified）数据的意义是什么？
a. 对识别盗贼而言是无用的
b. 它是被秘密收集的
c. 与其他数据汇总时，可以将其重新链接到某个人的 PII
d. 这是交易私人信息以免费访问网站和社交媒体的结果

不能再控制它的分布或安全性了。为了尽量减少因数据泄露而引起的身份盗窃和其他事故的风险，消费者应该对他们泄露的信息保持警惕。

了解数据何时被收集。注意那些可能收集个人信息的活动，包括在线和离线的所有活动，比如注册网站、参加调查、向在线就业服务提交你的简历、参加产品折扣、参加在线讨论组、点击弹出广告等。当被问及信息时，只提供所需要的信息。不要泄露你的社会安全号码，要小心分享其他个人信息，比如你的电话号码或地址。对活动产生疑问时，你可以考虑使用虚假数据。

了解数据会被如何使用。看看组织的隐私政策。数据是否仅在内部使用？它是否与其他组织共享并与其他数据聚合？如果是这样，那么第三方是否会保护你的数据，使其具有足够的安全性？

查看什么数据会被保留。一些组织通过删除姓名、社会安全号码、信用卡号码和其他识别特定人员的数据来使数据去标识化（de-identify）。消费者应该意识到，在一个大数据时代，即使是去掉标识的数据，也可以通过第9章中讨论的数据挖掘技术，重新链接到你的个人数据中。

不要交易你的隐私数据。警惕提供免费服务以换取个人信息或许追踪你的在线足迹的程序或活动。这样的数据对于身份窃贼收集个人资料，以方便他们证实你的社会安全号码和其他个人资料，是特别有用的。

数据泄露受害者应该做些什么？ 你可能会在新闻报道中看到或收到电子邮件提醒：一个信息系统会让你的医疗、教育或财务信息遭到破坏。你的个人资料可能掌握在身份窃贼的手中。他们可能会使用，也可能不会使用，但不要冒险。按照图8-56的步骤认真对待每一个突破口。

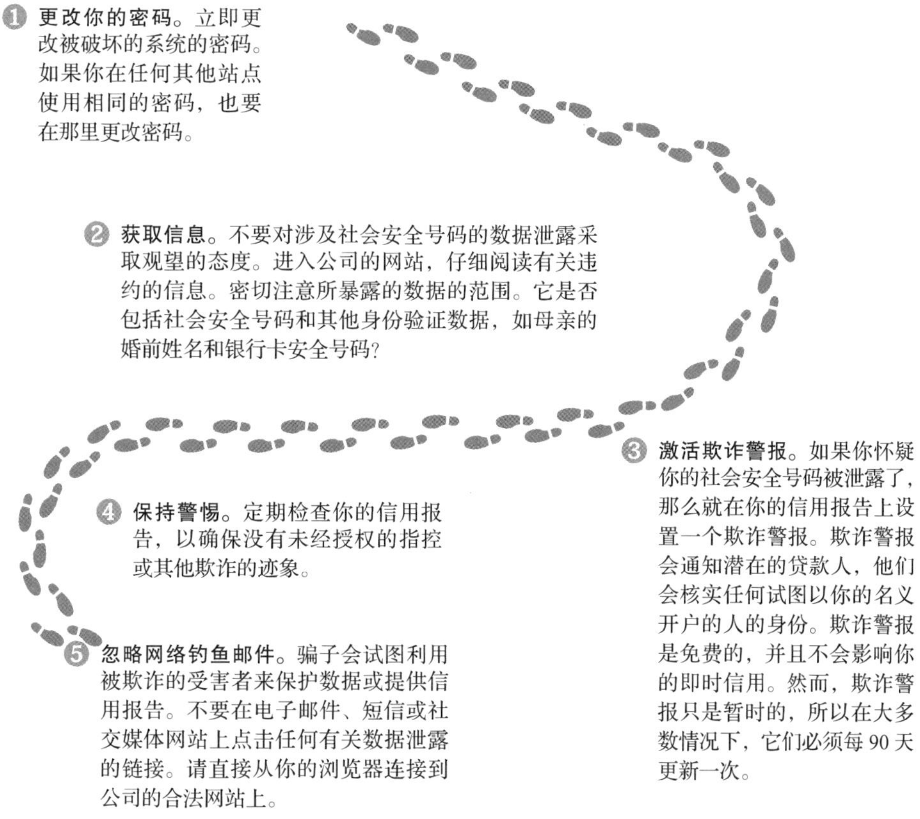

① **更改你的密码**。立即更改被破坏的系统的密码。如果你在任何其他站点使用相同的密码，也要在那里更改密码。

② **获取信息**。不要对涉及社会安全号码的数据泄露采取观望的态度。进入公司的网站，仔细阅读有关违约的信息。密切注意所暴露的数据的范围。它是否包括社会安全号码和其他身份验证数据，如母亲的婚前姓名和银行卡安全号码？

③ **激活欺诈警报**。如果你怀疑你的社会安全号码被泄露了，那么就在你的信用报告上设置一个欺诈警报。欺诈警报会通知潜在的贷款人，他们会核实任何试图以你的名义开户的人的身份。欺诈警报是免费的，并且不会影响你的即时信用。然而，欺诈警报只是暂时的，所以在大多数情况下，它们必须每90天更新一次。

④ **保持警惕**。定期检查你的信用报告，以确保没有未经授权的指控或其他欺诈的迹象。

⑤ **忽略网络钓鱼邮件**。骗子会试图利用被欺诈的受害者来保护数据或提供信用报告。不要在电子邮件、短信或社交媒体网站上点击任何有关数据泄露的链接。请直接从你的浏览器连接到公司的合法网站上。

图8-56　数据泄露受害者的防护步骤

8.5.6 快速测验

1. 125 000 小时的____级别意味着平均而言，设备可以在失效之前运行 125 000 小时。(提示：使用首字母缩写词。)

2. 灾难____计划描述了保护数据免遭灾害的方法，并为重建丢失的数据设定了指导方针。

3. ____程序（如数据备份）可以减少传播到整个公司计算机的病毒造成的影响。

4. 一些最安全的____中心位于旧军事掩体中。

5. 数据泄露发生时，受影响的消费者可以发起____警报。

数　据　库

"只有用宽带思维搜索信息而将信息用于专一目的，才能在过载的信息中生存。"

——凯瑟琳·莱桑德里尼

应用所学知识

- 利用 iTunes 的特征数据来过滤音乐数据库中的记录并排序。
- 画一个实体 – 关系图（ERD）来表示数据库关系。
- 画出数据库的层次结构并且用图表示出数据库模型。
- 利用文字处理软件对几列数据排序。
- 进行邮件合并。
- 使用电子表格软件对数据进行排序和过滤。
- 使用本地数据库客户端、浏览器或者移动应用程序来访问数据库。
- 定义数据库的字段，并使用规范化技术尽量减少数据冗余。
- 识别与你进行交互的信息系统所用的数据类型。
- 了解字段格式化和字段验证在电子商务领域和社交媒体网站中的实际作用。
- 评价一下你在线上见过的数据库用户界面。
- 写出能够用来查询数据库的 SQL 语句格式。
- 通过蓝牙操作构造数据库或者搜索引擎的关键字。
- 明白你的个人数据是怎样被收集并运用到大数据市场分析中的。
- 通过 Google Ngrams 一瞥大数据分析学。

9.1　A 部分：数据库基础

　　一个规模 4PB 的惊人数据保存在世界数据中心的气候数据库，电信巨头 Sprint 公司拥有每天能够积累 5000 万新的通话记录的数据库，还有美国国家安全中心可能正在收集所有经过美国 ISP 的语音和电子通信记录。收集、存储和检索如此大量的信息无疑是十分艰巨的，需要用到很多越来越复杂的数据库工具。

目标

- 描述运行数据库和分析数据库的区别。
- 列出 7 个与运行数据库相关的活动。
- 举出至少三个应用到数据库的分析实例。
- 画出一个平面文件的数据结构并且标记每个组成部分。
- 画一个实体 – 关系图并且给出一对一、一对多和多对多关系的实例。
- 给出层次数据库模型、图数据库模型、关系数据库模型、多维数据库模型以及对象数据库模型的数据结构图表。

9.1.1   运行数据库和分析数据库

数据库是现代生活的一个重要方面，大多数的商业活动都离不开它们，并且它们是目前很多如 iTunes、Facebook、Twitter 和 eBay 这些流行的因特网服务的支柱。作为本章的开始，A 部分给出了数据库的概述并介绍了当下它们的各种使用方式。

什么是数据库？ 从最广义上来说，数据库是信息的集合。现在大多数的数据库都以计算机文件的形式保存。一个数据库可能是姓名与电子邮件地址对应的简单列表，也可能是其他更加广泛意义上的数据汇编，比如谷歌所收集的用户查询记录。数据库甚至可以合并几个列表，例如，电子商务网站（如 Amazon.com）的数据库，就包含存货清单列表和客户列表。

数据库由个人或组织创建并管理，而与创建、维护和访问数据库中信息相关的一些任务就称作数据管理、文件管理或者数据库管理。

数据库是怎么分类的？ 数据库有几种分类方式，比如可以基于它们是怎样被个人或者组织维护的来分类。它们也可以根据自身的结构来分类，我们在本部分后面的内容中将提到这个主题。而一个最基础的分类方式是数据库被用于日常业务还是被用在分析领域。

根据其创建目的和使用方式，数据库被分为运行数据库和分析数据库。**运行数据库**（operational database）一般是收集、修改和维护每天的数据；**分析数据库**（analytical database）则被用来收集数据，然后用这些数据分析出一个趋势，这个趋势可以为事务的战略决策提供帮助。图 9-1 阐述了这两类数据库之间的差别。

> **快速检测**
>
> 运行数据库最不可能被用到____。
>
> a. 销售点系统
>
> b. 事务处理系统（TPS）
>
> c. 数据仓库
>
> d. 联系人列表

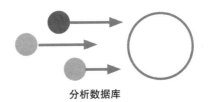

运行数据库

分析数据库

运行数据库普遍存在于企业的信息系统之中，比如事务处理系统（TPS）、在线事务处理系统（OLTP）、客户关系管理系统（CRM）、供应链管理系统（SCM）或者企业资源规划系统（ERP）

它们存储的数据来自销售点系统、客户信用项目、社交媒体注册或者其他的交易、事务

这些数据通常是动态的，它们会持续变化来实时反映最新信息

分析数据库一般持有着从一个或多个事务处理系统复制来的历史数据

不像运行数据库，分析数据库中的数据不会持续更新，因此它是相对静态的

因为分析数据库中存放的都是历史数据，能够从中推断出的信息都好比过去一个时间点的快照

图 9-1   运行数据库和分析数据库

与运行数据库相关的主要活动有哪些？ 运行数据库收集并存储数据，这样数据就可以被查看、更新、管理并分类，这些活动一般都是由操作该数据库的组织机构来完成的。根据数据库所支持的信息系统的目的，消费者也有可能参与到这些活动之中。在下面列出的活动

里，其中的实例说明了运行数据库中能够访问数据的各种实体。

收集和存储数据。数据库是一个随着新的数据加入而不断扩展的数据集合，数据可以从处理交易事务的设备获取，也可以从那些用来跟踪库存或实体对象的汇总了数据记录的信息系统里获取。消费者在执行像采购和订阅社交媒体网站这样的活动时就会往数据库里增加数据。

查看数据。对数据库的访问一般只限于得到授权的使用者，他们通常是维护这个数据库的组织内部员工，不过第三方也有可能被授予权限。一般来讲，即使获得了访问权限，也还是会受到限制，举个例子，客户能够访问他们自己的银行账户数据，但是无权访问其他账户的数据。即使是内部工作人员的权限也是受到限制的，比如当设备出现故障时，客户开放信息访问权限给技术人员，但是技术人员无法获取客户的支付数据。

查找数据。数据库使我们能够更加方便地找到数据信息。在图书馆借书的人能够使用在线公共查询系统（OPAC）找到想要的书；药剂师可以在开处方之前通过医药数据库查找相关药物的副作用；计算机技术员可以通过计算机的厂家数据库找到你计算机上损坏的硬盘的零件代号以便更换。使用搜索功能可以查找特定的数据或者用来筛选出符合特定要求的数据的子集来进行查看。以在 iTunes 上搜索关键字 *Blues* 为例，它会在音乐数据中筛选得到特定音乐类型的清单（图 9-2）。

图 9-2　搜索功能能够用来筛选出数据的子集

更新数据。数据库管理基本活动中有一项就是通过输入最新的地址、库存量、新账户密码等来保证数据是最新的。数据的录入错误会造成数据库误差，这是比较难查出来并纠正的。有很多关于数据录入错误的骇人故事，比如，有些人明明活着却被传已经死亡，就是因为他们的相应记录被错误标记为"去世"，有些人身份被盗用，然后在还原信用评级时出现问题。数据错误可能源自一个信息系统或者像顾客这样的外部实体。为了避免错误，信息系统中包含了验证程序，你将在本章的后面学习到更多相关内容。

整理数据。通常存储在数据库中的数据没有特定的顺序，新的数据都是直接添加在文件末尾，因为按一定顺序将新的数据插入文件里的特定位置实在是太麻烦了。举个例子，要求所有数据按照字典顺序排列，位于新数据后面的所有记录在新数据插入后都要移动位置。

由一堆杂乱的原始数据生成的报告价值不大，为了能够将数据变成一份有价值的报告，我们可以通过一系列的方式来整理数据，比如按字典序或数字序排列，又或者是分组、分类汇总。

数据分类。通过将数据库与邮件合并等信息化技术相结合，我们可以为客户、员工、出版社、政府机构或者其他公司提供很多进行信息分类的高效方法。举个例子，你每个月的电费清单是从电力公司的数据库生成的，你在买车后 6 个月收到的有关刹车系统的反馈提醒、你每个月的银行流水清单以及你下个学期的课程计划等都是从数据库生成的。

不幸的是，数据库同时也会生成大量证券交易所的广告邮件和无休止的"v1agr*a"垃圾邮件发送到你的收件箱里。如今的数字化数据库相比以前的纸质数据库更加便携，但数字化格式使用的方便性也导致了计算机数据库更容易被滥用。

垃圾邮件制作者与发送者、电话销售员只需要花费远远不到一便士的价钱就可以获得邮箱或电话列表上一个名字下的数据，大量的记录都可以很方便地被复制并通过因特网发送，然后可以被存储到外部硬盘、U 盘或者云端上。美国法律体系中尚未就有关数据库所有权以及什么情况下可以共享数据库的数据内容给出具体细节。

移动或者删除数据。可以从数据库中移除不再需要的信息。

保持数据库的精简能够提高检索效率并减小数据库占用的存储空间。当然，历史数据可能是非常珍贵的，因此对一些旧数据我们可以选择不删除，而是将之移动到数据存档中。作为数据库的客户，你应该知道，即使在事务已经完成多年，并且记录中的名字已经被"移除"或者记录被标识为"不活跃"状态之后，记录数据依然会保留在数据库和数据存档之中（图 9-3）。

快速检测

有记录要添加到数据库中时，它们通常＿＿＿。

a. 被附加到数据库文件的末尾
b. 按照字典序插入数据库文件中
c. 在第一次被查询时受到监测
d. 被复制到数据存档中

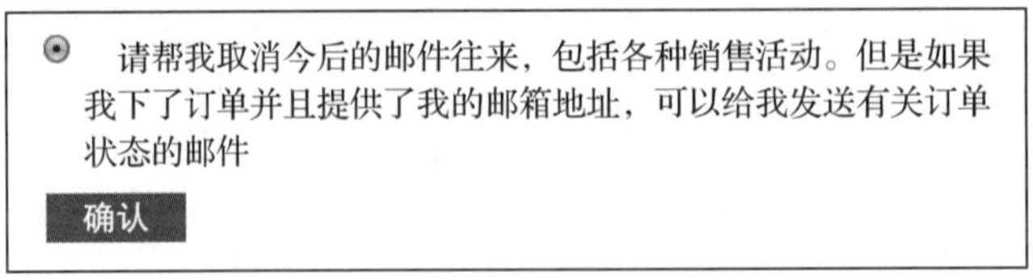

⊙   请帮我取消今后的邮件往来，包括各种销售活动。但是如果我下了订单并且提供了我的邮箱地址，可以给我发送有关订单状态的邮件

确认

图 9-3   取消邮件订阅不会移除个人数据

与分析数据库相关的主要活动有哪些？ 分析数据库一般存储着企业高管、战略规划员需要使用的数据，考察销售情况、库存水平和业务指标的工作人员也会要用到其中存储的数据。尽管我们也可以从运行数据库中提取分析数据，但是分析数据库在结构上会更加高效、更加灵活。决策者能够使用一些软件像 iDashboards 提供的**执行仪表板**（execute dashboard）较为方便地访问分析数据库，iDashboards 这款软件内含可视化查询结果的工具（图 9-4）。

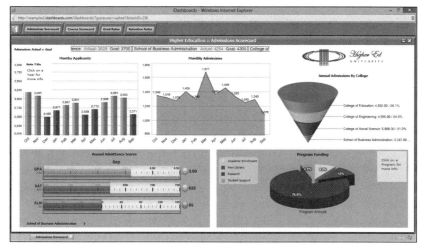

图 9-4　执行仪表板呈现的可视化数据

分析数据库会周期性地从运行数据库中复制数据，举个例子，每个月有关男鞋、女鞋以及童鞋的销售数据会从 Zappos.com 网站的事务处理系统复制到一个分析数据库中，这样管理人员就可以分析推断顾客群体的性别、年龄和购买习惯。

用于分析活动的数据库一般由机构的内部员工使用，因此，客户很难与分析数据库进行交互。

分析数据库与运行数据库不同的另一点在于分析数据库是只读的，它们包含的数据是静态的并且一般不可以被修改或者删除。举个例子，管理人员无法更改一个分析数据库内部的客户订单信息。从某些方面看，这与谷歌搜索（Google）类似——你可以查询谷歌数据库（Google database），但是你无法更改其中的数据。

保存在分析数据库中的数据可以用于各种各样的活动，比如数据挖掘、预测分析和在线分析处理（OLAP）。

找到数据的关系和模式。数据挖掘（data mining）指的是一种算法，它可以通过分析现有的信息来发现先前所不知道的潜在有用的信息，比如关系和模式。数据仓库中可以有来自多个数据库中的数据，而通过数据挖掘和其他分析技术获取的数据一般会组织成数据仓库。将来自运行数据库的数据转化为能够与其他数据库的数据相结合的数据仓库之后，就形成了数据挖掘算法的数据源。

数据挖掘算法能够为我们揭示一些预想不到的关系，例如，经过对 Farmers Insurance Group 数据仓库中超过千万份的政策和事故索赔相关信息的分析显示，在婴儿潮时期出生的人中，那些除了拥有跑车还拥有大型车或微型货车的已婚者的保险索赔明显低于未婚的年轻的跑车拥有者。根据这个分析结果，我们可以为低风险跑车车主提供较低的保险费率。

做出预测。预测分析（predictive analytics）是数据挖掘的一个分支，它通过分析当前和历史数据来做出有关未来趋势的预测。预测分析利用了统计算法和优化研究的成果来发现数据遵循的模式。比如说，预测分析可能帮助我们分析顾客的习惯、揭露恐怖分子的身份、预

快速检测

下面选项中哪个不是分析数据库的特征？

a. 基本上只由内部人员使用

b. 它是只读的

c. 包含从事务处理系统复制的数据

d. 能够方便地更新和更改单条记录

测风暴轨迹或者确定某些疾病的遗传性。与数据挖掘类似，预测分析也是由算法独立自主地完成数据处理，而不受特定的人员控制，也就是说不与用户产生交互。

数据挖掘和预测分析有时会因为得出了一些实际不存在的关系、模式或者趋势而产生争议，而对数据挖掘的一些滥用也被称作数据捕捞或者数据钓鱼。

复杂因素检验。**在线分析处理**（Online Analytical Processing，OLAP）是决策者所使用的一种分析技术，他们可以通过这种技术获取包含多因素的复杂查询的结果，比如位置、收入、时间段和雇员状态等因素。与数据挖掘和预测分析不同，在线分析处理是一个可交互的过程，运行中决策者可以随时发起查询，输入查询后可以立即得到回复。

比方说，假如大学的行政管理人员想要跟进学生的申请和录取情况，以便根据本次招生的人数和考试成绩了解哪个系即将达到招生目标，这个时候，就可以通过在线分析处理访问招生办的信息和该校学生记录数据库里的数据（图 9-5）。

图 9-5　通过在线分析处理生成多数据源的分析结果

9.1.2　数据库模型

数据可以由一堆杂乱的文件、文件夹、图像或者声音组成，也可以被构造成一种更加结构化的格式。尝试将各种各样的数据片段整合成统一的模式可能会提高数据访问的效率，但是与此同时我们也需要权衡成本。因此数据库的设计者们都会面临一个最基本的问题：“怎样设计数据的结构才最好？”

什么是数据库的基本结构？ 计算机数据库发展自人工文件系统。我们会将满足文件夹和文档的档案柜归类为**非结构化文件**（unstructured file），因为其中的每一份档案都有自己特殊的结构且包含着不同类型的数据。

在非结构化的文档中，你可能会找到旧收据、照片、产品手册以及手写的书信。这些杂乱的信息可以等同于存储在社交媒体网站上的文档与图片的集合。

与一堆不同信息的集合相反，图书馆借书证的名录以及住址名册则被划分为结构化文件。**结构化文件**（structured file）会对文件中的每一个人或物的数据采用标准格式来存储，很多用于商业、电子商务和政府的数据库都被保存为结构化文件。

数据库的基本结构被称作**数据库模型**（database model），它也分为几种类型，而每一种又有其特定的存储结构。像平面文件和关系表这样的数据库模型是现如今广泛使用的，而层次模型已经逐渐被淘汰，其他比如图形数据库模型和多维数据库模型则刚刚发展起来。接下来让我们看一看这些模型的具体内容。

存储数据最简单的方法是什么？ 存储数据最简单的模型之一就是平面文件，而平面文件是由一维或者二维的数据元素表组成，表中每一行都是一条记录，每一列都是一个字段，电子表格就是以行、列形式呈现的平面文件。平面文件同时也是简单数据库的构成基础，比如电子邮箱地址簿或者 iTunes 播放列表（图 9-6）。

图 9-6　用平面文件存储一个二位表格中的数据

平面文件的基本元素是什么？ **字段**（field）是数据文件中所包含信息的最小有意义单位，所以你可以将字段称作结构化文件或者数据库的基本构成部分，而每个字段都有一个唯一的**字段名**（field name）来描述这个字段下的内容。举个例子，在 iTunes 的播放列表里，叫作 Name 的字段下包含的都是歌曲的名字，Time 字段下的信息都是歌曲的时长，而 Artist 字段下的信息都是歌曲演唱者的姓名，Album 字段下则都是收录该歌曲的专辑的名字，最后，Genre 字段下都是歌曲所属的流派。

一个字段可以是定长的，也可以是变长的。**变长字段**（variable-length field）就像手风琴——在该字段中你可以使用不超过最大字符数的任意多个字符。**定长字段**（fixed-length field）则有一个预设的字符（字节）个数，你在定长字段下输入的数据不能超过所分配的字段长。还要注意的是，如果你所输入的数据比分配的字段长要短，系统会自动添加空格来补齐字段。图 9-7 中就是几个定长字段，下划线的个数显示了每个字段被分配的长度。

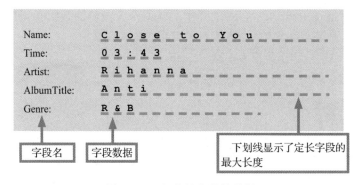

图 9-7 一组定长字段的数据

在说到数据库管理时，**记录**（record）是指数据库中从属于单个实体数据的各个字段，你已经比较熟悉几种类型的记录了，比如学生记录、医疗记录和牙科记录，每条记录都存储着有关单个实体（比如一个人、一个地点、一个东西或者一个事件）的数据。例如，在 iTunes 播放列表中的一条数据记录包含与某一数字音频相关的各个字段。

一条记录的结构被称为**记录类型**（record type），它包括每个字段的名称，但是无关数据内容。数据库设计过程的一部分就是要创建记录类型，在这项工作中设计者要指定每条记录所需要的信息。记录类型就好像一张空表，各个字段下都没有数据，而已经用特定实体的数据填充好的记录称作**记录具体值**（record occurrence），或者简称记录（图 9-8）。

> **快速检测**
>
> 在图 9-8 中，"R&B"属于____。
> a. 记录类型　　　b. 记录具体值
> c. 字段　　　　　d. 数据

记录类型	记录具体值	
NAME	Name	Close to You
TIME	Time	03:43
ARTIST	Artist	Rihanna
ALBUMTITLE	AlbumTitle	Anti
GENRE	Genre	R&B

图 9-8 记录类型与记录具体值的区别

为什么数据库需要记录关系？ 平面文件中的每一条记录都是一个独立的实体，因此不同记录之间无法建立关系。就好比你无法在 iTunes 播放列表里使 Rihanna 所有的歌之间产生链接，比如你正在听《Close to You》，却无法自动链接到 Rihanna 的第二热门歌曲。

用数据库的行话来说，**关系**（relationship）就是不同记录类型下存储的数据之间的联系，而正是由于数据库中的记录所代表的现实事物之间相互关联，使得数据库中关系这一概念尤为重要。在 iTunes 商城里维护着一个数据库，里面有关于专辑、曲目和相应艺术家的信息，同时也包含有关客户的信息。在这个数据库内部有几个十分重要的关系，比如每个专辑中的歌曲与专辑的关系，再比如客户与他们已购买专辑的关系。

基数是两个记录类型之间关系的一个重要方面，而所谓**基数**（cardinality）就是两个记录类型之间的数量关系，例如很多专辑都可以被归为说唱（Rap）音乐，不过反过来说就不对了，iTunes 上的一张专辑只能被归为一个音乐流派，比如一张专辑不能既属于说唱音乐又属于古典音乐。

我们可以用**实体 – 关系图**（entity-relationship diagram）来描述两个记录类型之间的关系（有时也被称为 ER 图或者 ERD）。图 9-9 中展示了一对多、多对多和一对一几种关系的实体 – 关系图（ERD）。

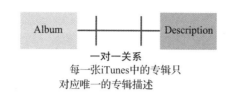

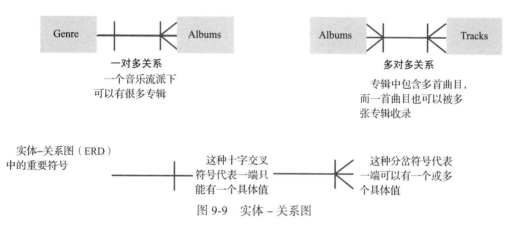

图 9-9　实体 – 关系图

哪些数据库会记录关系？很多数据库模型都会记录各个数据之间的关系，但是它们所采用的存储方式和技术是不一样的。例如，**层次数据库**（hierarchical database）中可以出现一对一关系和一对多关系，这些关系是按层次结构连接的（图 9-10）。

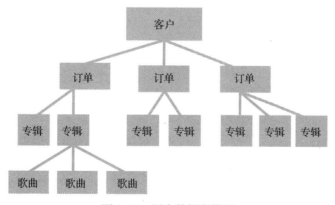

图 9-10　层次数据库模型

尽管在层次数据库中搜索非常快，并且它所需要的磁盘存储空间最少，但是在目前的商业数据库、消费者数据库以及其他主流数据库的应用程序中我们很少使用层次数据库模型，只有在一些专用应用程序中我们才会使用它。Windows 操作系统就使用层次数据库模型来保存注册数据，而这些注册数据（registry data）记录着你个人计算机（PC）的软件和硬件的配置信息。

试一试

图数据库与网上约会有什么关系？在谷歌上搜索一下看看有什么发现。

图数据库（graph database）给出了我们记录关系的另一个解决方案。这些数据库的结构类似于结点互连的社会关系图，可以预见，在需要存储从 Facebook、Twitter 以及其他社交媒体平台中生成的数据时，图数据库模型是非常实用的。一个图数据库包括节点、边和属性，如图 9-11 所示。

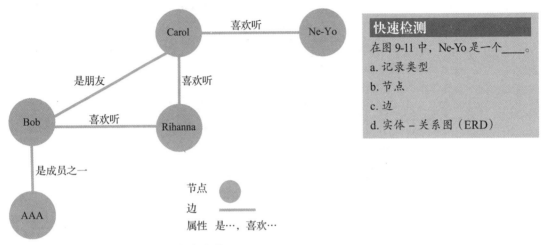

快速检测

在图 9-11 中，Ne-Yo 是一个＿＿＿＿。
a. 记录类型
b. 节点
c. 边
d. 实体 – 关系图（ERD）

图 9-11　图数据库模型

什么是关系数据库？ 关系数据库（relational database）存储着来源于一系列相互关联的表中的数据，每一个**表**（table）都由连续的记录组成，这与平面文件类似。表中所有的记录都符合同一记录类型，表的一行等价于一条记录，而表的一列则代表一个字段下的内容。

大部分的关系数据库都会包含好几个表，举个例子，假如有一个叫作 Vintage Music 的店铺同时在商场的实体店和线上售卖黑胶唱片以及单曲磁带等，这个店铺可能会使用 5 个表来存储数据，如图 9-12 所示。

图 9-12　关系数据库模型

在关系数据库模型中，我们将来自不同表的记录中的公共数据相关联，以此来表达数据库中存在的关系。假设有客户想要知道在 Elvis Presley 的专辑 *G.I. Blues* 中有哪些歌，仅仅从专辑表中是无法找到这一信息的，在图 9-13 中说明了如何利用数据库的关系这个概念将专辑表和歌曲表中的数据关联起来。

什么是多维数据库? 多维数据库（multidimensional database）涉及三个或更多维度的关系。在数据库的上下文中，一个维度就是基于数据元素的一个层次，我们能够依照它对数据进行归类，比如产品、地点或者客户。

多维数据库的维度是任意的，但是当所涉及的维度超过 7 个时，这个模型就过于复杂而难以处理了。我们经常用一个三维立方体来说明多维数据库模型，比如图 9-14 中的立方体有年龄、位置和音乐喜好这三个维度。

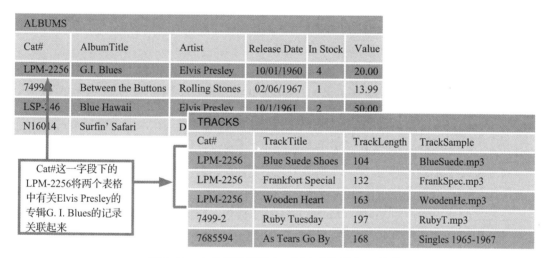

图 9-13　在关系数据库中，两个表可以相互关联

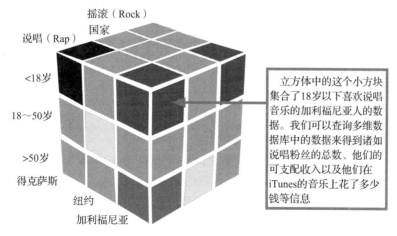

图 9-14　多维数据库模型

多维数据库模型所涉及的一个重要方面就是它们支持进行在线分析处理（OLAP）的查询，这就使得我们有可能实现数据联合，并且有机会深入数据的细节，从不同角度来查看这些数据。从多维数据模型中的每一个小方块出发都能得到多个事实，所以图 9-14 中的红色小方块不仅可以告诉我们在加州有多少年轻的说唱音乐粉丝，也可以提取出这些人的可支配收入以及购买习惯这些信息。

多维数据库模型被用在数据仓库中，而数据仓库中汇集着来自运行数据库中的数据，并且这些数据已经被转化成便于用来分析查询的形式。例如，假设之前提到的 Vintage Music 店铺的关系数据库中没有包含客户音乐喜好这一字段，我们可以将数据移动到多维数据库中，再基于每个客户过去所购买的音乐种类把数据整合成一个叫作音乐喜好的维度，这样就相当于把这个缺失的字段补充上了。

什么是对象数据库？ 对象数据库（object database）也被称作面向对象的数据库，它们将数据以对象的形式来存储，而不同的对象又根据属性和方法被划分为不同的类。本书的编程章节里详细介绍了有关面向对象的各种术语，不过在这里介绍对象数据库时，我们将类定义为由多个对象构成的集合，比如客户群体或者所有专辑。

类是由属性和方法描述的。一个对象的属性等价于关系数据库中的字段，例如，一个叫作 Orders 的类可能会包括 OrderNumber、OrderDate、CustomerNumber 和 OrderedAlbums 这些属性。

方法是对象可执行的任一行为，一个叫作 CheckInventory 的方法可以被定义在 Orders 类中，它的功能是检查某个专辑是否还有库存。

对象数据库有何优点？ 从现实生活中很多公司的应用程序中我们可以发现，对象数据库在表达具有不同属性的对象时比较有优势。

还是之前所提到过的 Vintage Music 这家音乐商店，它同时接受电话订购和网络订购，这两种类型的订单只有一点点差别，对于通过网络渠道下单的买家，你只需要通过电子邮箱地址来与之交流，而对于电话渠道下单的买家，你需要记录电话号码以及这个订单对应登记员的姓名。

在这个情景下，如果使用关系数据库，我们需要两种记录类型，而采用对象数据库，我们可以从 Orders 类衍生出两个子类：一个用于网络渠道订购的顾客，另一个用于电话渠道订购的顾客。图 9-15 解释了对象数据库中类、派生类和方法的概念。

什么是文档数据库？ 面向文档的数据库（document-oriented database）存储着非结构化的数据，比如演讲稿或者杂志里的文章。因为这些文字的长度以及结构不尽相同，我们不可能将它们转化成层次结构、关系结构或者对象结构，所以我们不再考虑将数据结构化来匹配某个数据库模型，而是通过在这些文档中插入与 HTML（超文本标记语言）

相似的结构标记来构建文档数据库。

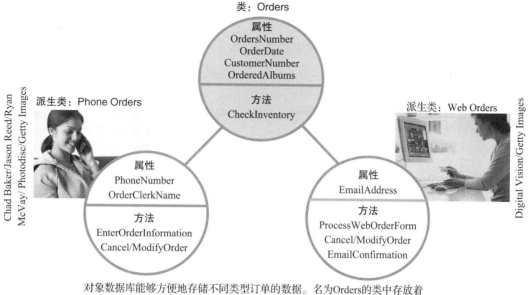

对象数据库能够方便地存储不同类型订单的数据。名为Orders的类中存放着适用于所有类型订单的数据和方法。名为Phone Orders的派生类继承了Orders类的所有特性，但是它还拥有电话订单所独具的属性和方法。派生类Web Orders也与之类似，拥有网络订单独有的属性和方法

图 9-15 对象数据库模型

XML（可扩展标记语言，eXtensible Markup Language）允许在文档中混入字段标签、数据以及表格。

随着 HTML 的使用越来越广泛，它也暴露出了很多问题与不足，XML 因此应运而生。一个用来存储历史演讲的数据库可能就会以 XML 格式保存数据，以便能够根据具体的演说者、日期或者地点来找到对应的演讲内容（图 9-16）。

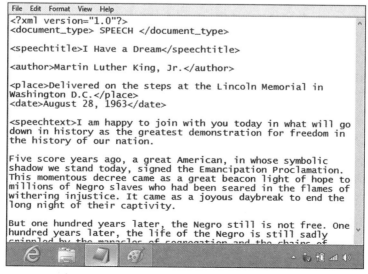

图 9-16 面向文档的数据库模型

9.1.3 快速测验

1. ____数据库通常存放历史性的数据快照，而运行数据库则反映最新的事务信息。

2. 数据____指的是一种通过分析数据库中信息来找到其中关系和模式的计算机算法。

3. 记录____是由字段名构成的模板，但是不包含具体数据。

4. ____数据库的结构类似于由边和结点构成的社会关系图。

5. ____数据库存储着一系列关系表。

9.2 B部分：数据库工具

体育运动的粉丝们对比赛得分以及运动员的资料信息比较关注，虽然你完全可以在互联网上找到任何你想知道的信息，但如果你希望先分析联盟数据再选定自己的理想队伍该怎么办？你是否想要将联盟数据导入文字处理软件或者是电子表格程序里呢？其实有很多处理数据的工具，B部分将概述有关数据库工具的内容。

目标

- 解释为什么数据库设计者要尽可能避免数据依赖。
- 举出至少5个基于数据库的专用应用程序的实例。
- 描述文字处理软件中提供的数据管理功能。
- 列举三个你能利用电子表格软件存储并操作的数据类型。
- 给出两个相对容易使用的数据库管理系统（DBMS），并列出4个制作企业级数据库管理系统的公司。
- 解释串行化的概念与数据库有何联系。
- 描述一下三种不同的数据库客户端。
- 至少列出4个在数据库管理中相当重要的安全措施。

9.2.1 数据库工具基础

老话说："杀鸡焉用宰牛刀。"这告诉我们"要用正确的工具来完成相应的工作"。数据库工具意指的范围很广，从企业级的多模块信息系统组件到应用软件和社交媒体app中附带的便捷功能都属于数据库工具。B部分将帮助你来认识哪一款数据库工具适合管理个人数据，哪一款又适合执行企业任务。

从文件中提取数据很简单吗？当信息系统作为一种重要的商业工具出现时，数据都保存在ASCII（美国信息交换标准代码，American Standard Code for Information Interchange）文件中，程序员对此开发定制的软件模块来访问其中的数据。现在来看，开发适用于平面文件以及其他数据库模型的定制软件模块依旧是可行的，不过我们很少会再为了管理数据库而开发相应的定制软件，因为现在有大量现成的工具可以用来管理数据库。这些工具是为了高效管理数据库和有效避免数据依赖造成的问题而专门开发的。

数据依赖（data dependence）是指数据和程序模块关联太紧使得修改变得很困难。想象一下，有一个数据库里的程序模块和数据都放在一个大文件之中，那样的话只要你正在编辑任意一个程序模块都会导致无法对数据进行访问。更有甚者，以任何方式改变这个文件的结构都有可能导致整个模块失去作用。

现代数据库工具支持**数据独立性**（data independence），这需要将对数据进行操作的程序与数据分离开来。最后的结果是，一个单独的数据库管理工具能够被用来维护多个不同的文件和数据库，除此之外，不论怎样改变字段名或记录结构，标准搜索、排序以及打印这些功能都可以照常执行。

我们可以接触到哪些数据库工具？ 管理像联系人列表、研究的参考文献这样消费级数据库的简单工具，在专用应用软件、文字处理软件、电子表格软件以及数据库管理软件中都是可以找到的。而企业级的数据库工具会更加复杂且更加昂贵。图 9-17 中的表格对在 B 部分中涉及的数据库工具进行了简单的分类。

工具	成本	多用性	易用性
专用软件比如住址名册	提供给简单应用程序的共享软件比较便宜；但是商业级应用程序使用的专用软件价格较高	一般来说，这种软件专门用于某种数据库类型	简单；需要的设置最少因为字段都预先定义好了
文字处理软件	大部分消费者都有文字处理软件	这种软件最适合于简单的平面文件，比如邮件列表	简单；这种软件使用了大部分用户都非常熟悉的交互界面
电子表格软件	大部分消费者都有电子表格软件	这种软件最适合涉及运算的简单平面文件	简单；这种软件使用了大部分用户都非常熟悉的交互界面
数据库软件	共享的基本数据库软件比较便宜；但是高端的数据库软件会比较昂贵	高端软件包具有卓越的多样性	高端数据库软件大都有一个较为陡峭的学习曲线

图 9-17　数据库工具

9.2.2　专用应用程序

个体通常会有几个个人数据库，像联系人列表、照片集或者支票本事务的记录。企业则倾向于使用涉及范围更大的数据规模达到 TB 级甚至是 PB 级的数据库。用来管理小型的个人数据库的工具与企业级的数据管理工具有所不同。

我们能接触到简单数据管理工具吗？ 答案是肯定的，最简单的数据管理工具就是为诸如监测预约信息或维护住址名册这样的特定数据管理任务提供服务的专用应用程序。要想使用这些工具，只需要输入你的数据即可，软件中包含了对已输入数据的可执行操作菜单。

尽管专用应用程序很容易使用，它们大都不太灵活，因为记录类型是预定义好的。图 9-18 中展示的应用程序很方便，但是它们都不允许用户添加字段或者更改字段名。

图 9-18　一些专用应用程序对数据库的访问

一些专用工具提供了字段选择的功能（如图 9-19 所示），用户能够选择他们想要的字段下的数据，以便保存在苹果 iCloud 联系人这个应用程序中。

图 9-19　专用应用的灵活性有限

哪几种专用数据管理工具被用于企业信息系统中？ 本书之前的章节中给出了采集数据库中事务的企业应用程序的概览，比如客户关系管理（CRM）、企业资源规划（ERP）、供应链管理（SCM）以及电子商务应用。这些重要的商业管理工具一般被作为应用程序的模块出售，其中包括存放数据的结构，以及查询、查看、添加、修改、删除和分析数据的程序。

这些企业工具的灵活性如何？ 与管理个人数据库的专用工具相似，这些企业工具的灵活性也有限，因为字段类型都已经被预定义来与对应的应用程序保持一致。举个例子，一个库存应用程序会有物品编号、描述、拥有量、再订购水平、供应商、成本这些字段；相比而言，一个供应链管理应用（SCM）则会有顾客 ID、材料账单、运输公司 ID、路线、到达时间、快递号这些字段。很明显，为库存系统设置的数据库表格不适用于供应链管理应用（SCM），因此它们各自需要属于自身的特殊数据结构。

企业应用程序倾向于提供一些定制的灵活性，商业惯例是允许字段名被修改。例如，将字段名材料账单（MaterialsBill）改成订单号（OrderNumber）可能会对工人更加有用。但是这样的修改一般来说只是对屏幕上或者打印出来的表格的显示内容进行修改，并没有改变内在的结构。

对数据库的核心改动很容易破坏关系表之间的连接，例如，如果 MaterialsBill 字段被用作顾客与承运商之间的连接，则只在一个表中重命名该字段将会断开与另一个表的连接。

总之，企业级的专用应用程序虽然可能会允许表面上的更改，但并不支持对核心数据结构的修改。不过也有例外，微软客户关系动态管理在线应用（Microsoft Dynamics CRM online application）就允许这样的修改，比如加入新的字段和处理（图 9-20）。

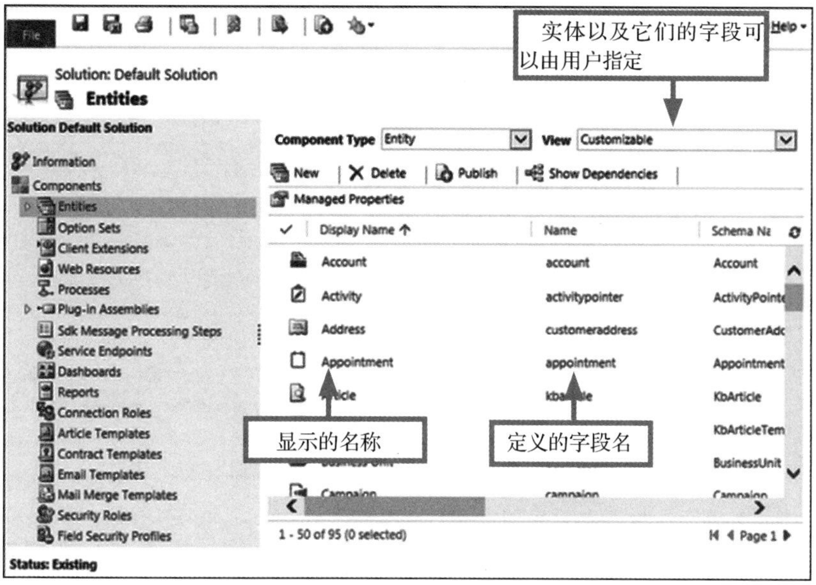

微软客户关系动态管理应用允许用户通过对其数据库的添加、删除、修改等操作来自定义实体及其属性。例如，在图中修改一个字段的显示名称很简单

图 9-20　微软客户关系动态管理

9.2.3　文字处理软件数据工具

文字处理软件用于生成文档，但是它也可以包含处理非结构化或结构化数据的工具。这些工具能够对一个简单的列表排序或者创建一个数据文件来进行邮件合并。

文字处理软件能够对什么进行排序？ 大多数文字处理软件都有排序功能，我们可以用它对简单的列表依照字典序或者数字序排序。这个功能是最基础的数据管理工具，只适用于有限的数据。

在需要按字典序列出联系人或文献条目时，排序工具非常方便。它还常常被用于段落文本以便进行词汇表和索引的排序。除此之外，排序工具还可以对表格中的内容或文本中用制表符分隔开的列进行排序。

排序是如何工作的？ 排序可以按照特定的顺序对信息进行重排，比如依照字典序或者数字序。我们可以选择升序（从 1 或者 a 开始）或者降序，多级排序也是可行的。

单级排序（single-level sort）基于一个字段来对数据库记录进行排序，而**多级排序**（multi-level sort）会用到多个字段。例如，假设棒球运动员的数据以表格的形式排布，其中各个列分别代表运动员、队伍和击球数据，单级排序可能会根据队伍的信息来排列这个表格，而多级排序则可能要求根据队伍信息按字典序排列，在每个队伍中，运动员也要按字典序排列。图 9-21 展示了在 Microsoft Word 中如何执行多级排序。

什么是邮件合并？ 邮件合并通过将模板与数据源结合生成指定的文档，这一技术被用来制作比赛或者政治活动的大批量宣传邮件，此外，在发送求职信、请柬和假期问候时它也十分有用。

> **快速检测**
>
> 在图 9-21 中，数据是根据_____进行排序的。
> a. 第一个字段
> b. 第二个字段
> c. 先第二个字段，再第一个字段
> d. 包含平均击球数据的字段

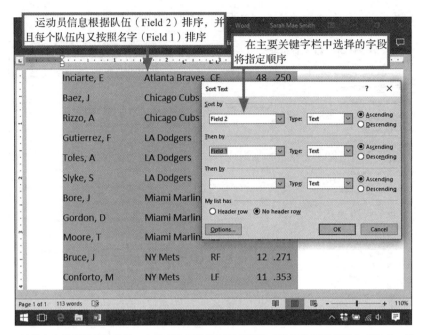

运动员信息根据队伍（Field 2）排序，并且每个队伍内又按照名字（Field 1）排序

在主要关键字栏中选择的字段将指定顺序

尽管文字处理器能够存储一支体育队伍的数据并且能够对这些数据以多种方式排序，但它并不适合进行数学运算或者数据分析。

图 9-21   Microsoft Word 有排序功能

好几个文字处理器都提供邮件合并功能，而邮件合并作为一个数据库工具能够如此有用的原因正是它的关联数据文件。这个文件能够被用作存储联系人信息、收藏品资料或者运输标签的微型数据库，我们在这里所说的微型数据库就是指那些不包含大量条目却非常实用的平面文件。

邮件合并是如何工作的？ 邮件合并需要两部分内容，首先是一个包含占位符（标明数据插入位置）的文档，这些占位符都是诸如 SALUT 和 LAST 这样的字段名；其次就是附有相应字段内容的一个数据列表，比如 LAST: Moore 和 LAST: Diego。Microsoft Word 通过 5 个步骤将这两部分内容连接起来以实现邮件合并，如图 9-22 所示。

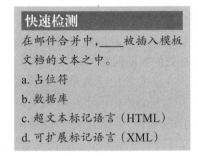

快速检测

在邮件合并中，____被插入模板文档的文本之中。

a. 占位符

b. 数据库

c. 超文本标记语言（HTML）

d. 可扩展标记语言（XML）

9.2.4   电子表格数据工具

电子表单以表格的形式组织，它们在存储数据上非常有用。电子表格的使用入手非常容易，并且如果用户的需求超出了电子表格能力范围，也可以将其中的数据转到功能更加复杂的数据库软件中。

我能用电子表格软件来管理数据库吗？ 大多数电子表格软件都包含基本的数据管理功能，利用电子表格软件创建简单的平面文件是非常容易的。

有的电子表格软件可以对数据库记录进行排序、检查数据合法性、查找数据库记录、执行简单的统计函数并基于数据生成相关图表。图 9-23 展示了 Microsoft Excel 数据管理功能在家庭健康记录上的应用。

1.创建模板文档

Dear   ,
As requested,
my resume is
attached.

2.创建待选数据列表

SALUT	FIRST	LAST	CHOICE
Mr.	Steve	Benton	2
Mr.	George	Moore	1
Mrs.	Sandra	Nesbit	2
Ms.	Tonya	Munro	3
Mr.	Tim	Diego	1

3.在模板文档中加入占位符，
指示每个字段的数据应该在
什么位置插入

Dear <SALUT> <LAST>,
As requested, my resume
is attached.

4.筛选出待选数据的子集，
比如只并入首选的雇主

SALUT	FIRST	LAST	CHOICE	
Mr.	Steve	Benton	2	
Mr.	George	Moore	1	←
Mrs.	Sandra	Nesbit	2	
Ms.	Tonya	Munro	3	
Mr.	Tim	Diego	1	←

5.完成合并，文档可以被
打印出来或者作为电子
邮件发送出去

图 9-22　邮件合并的步骤

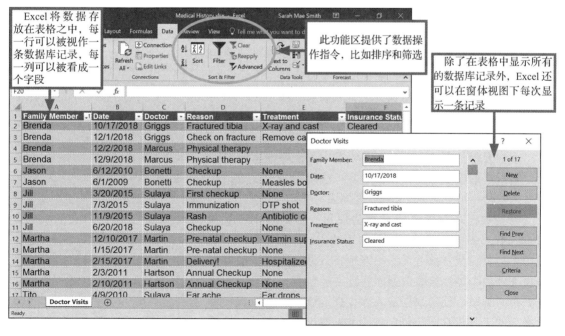

图 9-23　电子表格有排序和查找的工具

用电子表格和文字处理器来管理数据的局限性在哪里？对那些只要维护一个包含较少数据记录的平面文件的个体来说，文字处理和电子表格软件提供的简单文件管理工具是很受欢迎的。这些工具在处理简单的住址名册、日常用品的库存清单、医疗保健成本或者很多其他类似的简单列表时非常好用。

然而，这些基础工具不支持在两个不同的数据记录类型之间建立关系，而且它们也难以维护商业信息系统需要用到的大量数据记录。因此这里有一条宗旨，即只有在处理简单列表或者待选数据规模在 100 以下的邮件合并时才考虑文字处理数据工具，只有在数据记录规模不超过千级别的情况下才考虑使用电子表格来管理数据。对于更大的数据集，我们应该使用管理功能更加强大的数据库软件。

9.2.5　数据库管理系统

有时文字处理器和电子表格不足以处理一个数据集，而企业资源规划（ERP）、客户关系管理（CRM）或者供应链管理（SCM）这些应用程序，不是太贵就是不符合商业需求。这时就需要我们从头开始设计数据库并且开发访问该数据库所需要的软件，这将会是一个复杂并且成本很高的项目。数据库管理系统为我们提供了创建和访问数据库的一系列工具。

什么是数据库管理系统？数据库管理系统（Database Management System，DBMS）是用来管理数据库中数据的软件。它包含了定义数据库结构（包括数据库的字段和关系）的程序。数据库管理系统允许开发者创建应用程序，这些应用程序可以从销售点终端、电子商务网站、手持数据收集设备或者物联网上收集并加工数据。此外，数据库管理系统还提供程序来设置数据在屏幕上以及打印版报告上的内容显示方式。

开发者能够用数据库管理系统围绕一个数据集合来开发任意的应用程序。数据库管理系统能被用在消费级的应用程序上，比如监测一个当地体育联盟所有运动员的统计数据，或者是管理一个非营利组织的筹款项目。小型公司里可能会用数据库管理系统来管理客户账单或者项目安排。在企业级别，数据库管理系统被用来维护有关雇员、顺从度、潜在客户、库存、工作成本的数据记录，还可以用来维护其他任何营业相关方面的数据。

现在有很多数据库管理工具，其中的一些非常容易使用，基本上不需要专业技术，还有一些则是为专业数据库开发人员设计的，需要相关的专业知识。

哪些数据库管理系统最容易使用？FileMaker Pro 和 Microsoft Access 都是比较容易使用的数据库管理系统，很适合小型公司或者那些无法很好地将数据组织成平面电子表格文件的个体。这些数据库管理系统包含了所有操作数据、声明关系、创建数据输入表、查询数据库和生成报告所必需的工具。它们还包含对应常见数据库类型的初始模板（图 9-24）。

工程	事件管理	联系人	素材资源
内容管理	发票	库存清单	任务
估价单	资源规划	会议	费用支出报表
产品目录	个人记录	时间计费	调查笔记

图 9-24　FileMaker Pro 初始模板

专业开发版的数据库管理系统工具是什么样子呢？ 专业开发人员最首先想到的 4 个数据库管理系统供应商分别是：IBM、Oracle、SAS 和 SAP。这些供应商提供了大量模块，就像乐高积木（LEGO）一样，用它们可以拼出绝大多数的数据库结构以及存储配置。举个例子，我们可以将内存数据库模块运用到现有的 Oracle 数据库模块上来创建一个快速事务处理系统；再比如说我们可以利用 Oracle 高级分析模块来创建数据挖掘的应用程序。

还有两款开源的数据库管理系统产品在数据库设计人员中也比较受欢迎。SQLite 可能是世界上使用最广泛的数据库管理系统，它内置于所有的安卓设备之中，被很多移动应用程序（app）所使用。在 iPhone 手机上，SQLite 被用来存储短信。除了这些以外，它还是很多目前较为流行的浏览器的一部分。MySQL 是另一个比较受欢迎的开源数据库管理系统。

数据库管理系统能够处理哪些类型的数据？ 现代的数据库管理系统能够处理包括文本、数字、图像、PDF 和音频文件等在内的各种数据。虽然说处理多种数据的能力在社交媒体数据库中显得更为重要；但是即使是在一个小型公司里，有效地利用图像、声音以及其他类型的数据也非常有用。例如，一个商业景观设计公司可能会用到顾客房产的照片、资产的分布图和除了正常联系信息之外的合同副本。图 9-25 中展示了该工作中设计者是如何使用数据库管理系统在 iPad 上显示顾客信息的。

数据库管理系统会关注物理存储吗？ 在今天，数据库很有可能设置在一个机构内部的服务器上，又或者是在一个云端的服务器上，又或者是一个分散在全世界范围的分布式服务器上。而数据库管理系统需要解决一个问题，那就是如何合理地安排存储介质上的数据才能获取更优的数据访问速度。

物理存储在设计过程中并非毫无意义，考虑一个关系数据库，比如如果想要在一个独立的服务器上高效地运行 iTunes，这很困难，因为它实在是太大了，所以它被分布在多个服务器上。数据库管理系统就不得不做出调整来对应数据的分布。举个例子，如果一个包含封面的表与一个包含音频的表存储在两个服务器上，数据库管理系统就需要跨服务器处理数据关系，这时它可能会提前获取关系来满足彼此的需要，如图 9-26 所示。

图 9-25　一个处理多种数据类型的现代数据库管理系统

Source: MetroPlex

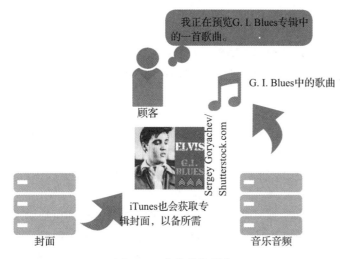

图 9-26　分散的数据库

Sergey Goryachev/Shutterstock.com

数据库管理系统是怎样处理多用户情形的？ 考虑这样一个情景：Paul 是一个景观设计师，他在工作单位同一个客户沟通，客户希望将草坪护理日从周四调至周五，Paul 试着把这一调整输入他 iPad 上的数据库里；与此同时公司办公室里的 Beth 正在与这个客户的合作伙伴通电话，而这个合作伙伴希望将草坪护理日调至周一。这个时候问题来了，假设 Paul 与 Beth 同时将各自的修改输入到数据库中，将会发生什么？

或者，我们假设一个 Zappos.com 的顾客把一双非常喜欢的鞋加入了她的购物车，而这是她所需尺码的最后一双，如果她还接着挑选其他商品并没有确认支付进行购买，另一个顾客是否能够在她结账前买走她放入购物车的这双鞋呢？

企业级数据库管理系统将会在同一时间面对数以千计的用户，其中的一些用户会时不时地以不同方式修改同一数据记录。

数据库管理系统支持多设备以及多操作系统吗？经理、工作人员、顾客和客户等各种用户访问数据库的设备不尽相同，有的用主机，有的用笔记本电脑，有的用掌上电脑或者智能手机，还有的用销售点的扫描仪这样的数据收集设备。这些设备使用的操作系统可能是像Windows、Android、Mac OS 及 iOS 这样的消费级操作系统，也可能是 Linux、UNIX、Solaris 及 BSD 这样的企业级操作系统。

数据库管理系统可能是安装在机构内部的某个专门平台上，比如 Linux ；也可能会作为一种其供应商提供的云服务在运作。但是，数据库管理系统安装并设置好了以后，数据库和应用程序所涉及的范围就可以拓宽到其他操作系统的设备，它允许用户通过不同的客户端设备访问数据库，比如笔记本电脑、掌上电脑或者智能手机。

客户端设备需要通过**数据库客户端软件**（database client software）来访问数据库中的信息。我们可以了解三种类型的数据库客户端：本地软件、浏览器和应用程序。

本地数据库客户端（local database client）是安装在本地存储设备（比如硬盘或者 U 盘）上的。我们可以手动安装，也可以无须消费者操作，完全在后台进行安装。

安装本地数据库客户端之后就可以访问数据库了，而无须安装整个数据库管理系统。相比于数据库管理系统它还有一个优点，那就是它更易使用并且相比一个完整数据库管理系统它更便宜。本地客户端一般是由数据库设计人员或程序员定制和开发的。

浏览器（browser）是最普遍使用的数据库客户端，一般是访问在线数据库的消费者以及电子商务网站使用这一数据库客户端。由于任何一台数字设备都有浏览器这一标准软件，我们不需要进行任何额外的安装。

浏览器通过 HTML 表单和网页内嵌的 JavaScript 脚本来访问数据库，用户的查询申请通过 HTTP 调用被发送到数据库管理系统，查询的结果同样通过 HTTP 返回，一般是以网页表单的形式。

手机软件（app）也是在本地安装的，这与本地客户端类似，不过它的特殊性在于 app 是为移动设备设计的。这样一来用户的交互界面设计也有一些要求，比如输入查询的控件和查看数据的控件都必须足够大，这样在触摸屏上才比较好操作。此外，屏幕的尺寸会限制能够查看的数据量，为了解决这一问题，经常会采用图表的方式呈现数据。

数据库管理系统的安全性如何？数据库管理系统的安全功能要求能够确保数据的保密性，并且能够预防内部人员对数据安全造成威胁，同时要阻止非授权的数据访问。这些功能可以包含在数据库管理系统产品内部，也可以作为附加功能模块使用。图 9-27 中展示了数据库安全功能的关键组件。

防范措施
用户权利管理：数据访问建立在恰如所需的基础之上

加密：对存储设备里的数据进行扰乱和隐藏，这样的话即使含有数据库的设备被窃取了，对窃贼也没用

数据库评测：发现敏感数据和数据库漏洞以便可以对其进行安全维护

屏蔽：掩盖像信用卡号这样的机密数据

中介服务器：阻止用户直接访问数据库，而是让用户通过一个查询处理器对数据进行访问

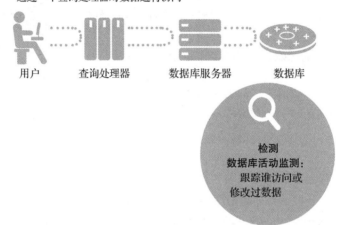

用户　　　查询处理器　　　数据库服务器　　　数据库

检测
数据库活动监测：
跟踪谁访问或
修改过数据

图 9-27　数据库需要安全措施

9.2.6　快速测验

1. 今天大部分的文字处理和电子表格软件都提供工具来管理包含字段和记录的简单平面文件。对还是错？ ＿＿＿

2. 现代数据库软件支持数据＿＿＿，这意味着将数据和操作数据的程序模块分离开来。

3. 为了从远程计算机或者网络节点访问数据库里的数据，你可以使用数据库＿＿＿软件。

4. ＿＿＿的概念可以避免两个用户在同一时刻用不同的数据更新同一数据记录。

5. 多＿＿＿排序可以基于多个字段对数据进行排序。

9.3　C 部分：数据库设计

　　一个有效数据库的关键在于其初始化设计。一个设计良好的数据库，可以灵活地操纵数据，为决策提供及时、准确的信息。错误的数据库设计可能会导致数据库混乱、记录丢失和数据不准确。C 部分从数据库设计者的角度来看待数据库，并描述了如何为关系数据库建立一个高效的结构。

目标

- 解释计算字段是如何做到节省存储空间的。
- 列出三种常见的数据输入错误和数据库设计人员减少错误的措施。
- 列出 8 种数据类型，并为每个数据类型提供一个真实的例子。
- 解释数据库设计师为什么要规范化一个数据库以及他们如何执行规范化。
- 区分排序和索引之间的差别。

- 列出至少三个设计最佳数据库接口的原则。
- 解释报表模板的用途。

9.3.1 定义字段

关系数据库中有三个核心元素：字段、表格和关系。这些元素结合起来形成了运行信息系统和分析信息系统的数据基础。如果数据库的结构设计正确，就可以实现对信息的高效访问与操作，而设计糟糕的数据库则可能会危及整个信息系统。

数据库设计人员如何知道要存储什么数据？ 术语**数据库结构**（database structure）是指数据库中字段、表格和关系的排列。构建关系数据库的第一步是确定要收集并存储哪些数据。为此，数据库设计人员会先咨询用户并研究当前的系统，然后整理出一份数据列表以及必要的附加数据，以生成屏幕显示的输出或纸质打印的报告。

假设你正在设计前面例子中提到的 Vintage Music 音乐商店的数据库结构，你会意识到要为商店库存中的每个专辑或单曲收集诸如专辑标题、艺术家姓名之类的数据，同样地，对于每个客户，你也需要收集姓名、地址和订单信息。你所收集的初始数据列表可能像图 9-28 中所展示的那样。

Albums	Customers	
CatalogNumber	Name	OrderNumber
Title	Address	OrderDate
Artist	City	Customer
Price	State	Item
QuantityInStock	Zip	Quantity
Track Titles	Email	Price
	Phone	DiscountPrice
	VIPstatus	Total

图 9-28　数据元素初始列表

每个字段里有多少数据？ Vintage Music 商城的数据库里应该存储客户的名称，但是否要用一个字段存储姓氏，再用另一个字段存储名字呢？通过常识思考人们可能访问数据的方式，我们很容易将数据分解成多个字段。有可能被客户或商店员工用于搜索、排序或计算的任何数据都应隶属于一个字段。举个例子，通过使用 FirstName 和 LastName 这两个字段，我们可以按照 LastName 搜索客户，然后在电子邮件中仅使用 FirstName，还可以将两个字段合并用作运输标签（图 9-29）。

图 9-29　将数据划分成字段

有没有数据是应该忽略的？ 数据库管理系统以及与之相关的应用程序在运行中可能会生成一些数据，这些数据不需要存储在数据库中。例如，假设 Vintage Music 音乐商店有一个 VIP 项目，可以为会员提供 10% 的折扣，当 VIP 顾客在 Vintage Music 的网站购买专辑时，他们会看到正常价格和折后价格。但是，数据库里只有一个价格信息也就是正常价格。折后价格不会存储在数据库中，它只是一个计算字段。

> **试一试**
>
> 你能想出专辑数据库中使用计算字段的理由吗？

计算字段（computed field）是数据库管理系统（DBMS）执行的一种计算，这与在电子表格中计算一个公式类似。其结果可以存储到永久字段中，或者随运行生成然后暂时存储在内存中。一个设计高效的数据库会尽可能地使用计算字段，因为它们不需要手动输入数据。图 9-30 显示了计算字段是如何为 VIP 客户生成折后价格的。

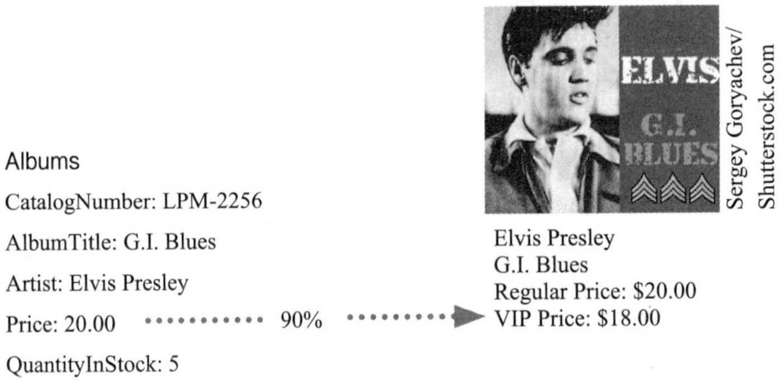

ELVIS
G.I. BLUES
Sergey Goryachev/
Shutterstock.com
Albums
CatalogNumber: LPM-2256
AlbumTitle: G.I. Blues
Artist: Elvis Presley
Price: 20.00
90%
QuantityInStock: 5
Elvis Presley
G.I. Blues
Regular Price: $20.00
VIP Price: $18.00

图 9-30　计算字段是即时计算的

用什么来唯一地确定一条数据记录？ 尽管两个人姓名有可能相同，或者两份薪水支票可能有相同的账户，但计算机必须采用一定的方式来区分两条数据记录。**主键**（primary key）是对数据记录而言具有唯一性的数据库字段。

数据库设计人员通常将诸如 CustomerNumber、Account Number、SocialSecurityNumber、TelephoneNumber 和 Part Number 等字段指定为主键。

> **快速检测**
>
> 以下哪一项用作 Vintage Music 商店数据库中客户表的主键最好？
>
> a. LastName
> b. FirstName
> c. CustomerID
> d. SocialSecurityNumber

除了上面所说之外，数据记录的编号也可以作为主键。每条记录在添加时都会被分配一个记录号，数据库中第一条记录的编号是 1，第二条记录的编号是 2，依此类推。

尽管一条记录的编号是唯一的，但它在记录里其他数据的上下文中没有任何意义。相比较而言，唯一的库存编号可以对应于一个实际的 SKU（最小存货单位）编号或产品目录号（Cat#），因此它在记录里数据的上下文中具有实际意义。在这种情况下，使用 SKU 编号或 Cat# 作为主键比使用记录编号更可取。

数据库设计人员能够避免用户输入不准确的数据吗？ 计算机行业有句老话："输入的是垃圾，输出的也是垃圾。" 在涉及数据库时，这句话更是形象。报告和处理程序生成的信息是与数据库中的信息一致的，可不幸的是，数据输入错误会影响到数据库的准确性和有效性。

在设计数据库时，提前考虑并设想有什么潜在的数据输入错误是非常重要的。大多数 DBMS（数据库管理系统）都为数据库设计人员提供可以用来防止数据输入错误的工具，但这并不能避免所有的数据输入错误。

大写字母是否有所不同？ 人们将数据输入数据库时有时会难以决定使用大写还是小写。在**区分大小写的数据库**中，大写字母和小写字母并不等价。例如，在区分大小写的数据库中，艺术家姓名 *EIvis* 不等同于 *elvis*。

所以在使用区分大小写的数据库时，大小写使用的不一致会导致一些问题，比如搜索 *elvis* 找不到 *EIvis* 或 *ELVIS* 的数据记录，另外，在一个已排序并编排了索引的列表中，*elvis* 和 *ELVIS* 可能并不放在一起。

大多数 DBMS（数据库管理系统）为数据库设计人员设置了一个选项，你可以选择启用大小写区分，也可以选择禁用大小写区分。设计人员也可以选择在输入数据时要求全部大写或全部小写。这些技术不能完全解决大小写不一致的问题，但它们起码可以帮助我们让数据集的格式更加统一。

输入数字会怎么样呢？ 客户或数据录入员可能会输入像 555-555-7777、（555）555-7777 或 1-555-555-7777 这样的电话号码。如果我们使用不同的格式输入数字，将难以生成符合一定格式标准的报告，或者我们会难以找到某个特定的电话号码。

为防止格式的不一致，数据库设计人员可以指定一个字段格式。**字段格式化**（field format）是在输入数据时附加一个正确格式模板，如果有人试图输入格式有误的数据，则可以将数据库设置为拒绝添加该条目或者将更改它的格式。例如，电话号码字段下的数据可能使用如图 9-31 中所示的字段格式。

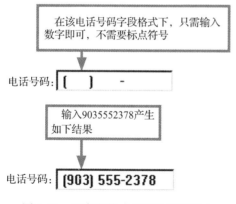

图 9-31　用字段格式化辅助数据输入

数据库能避免出现误录吗？ 输入数据的人有时会犯错，比如按错键。要做到完全避免误录是不可能的。但是，我们可以使用字段验证规则、列表框或查询来捕获其中的一些错误。

字段验证规则（field validation rule）是数据库设计人员设置的规范，用来对输入到某特定字段的数据进行过滤。例如在 Vintage Music 音乐商店的数据库中，专辑价格从 0 美元（促销）到 800 美元不等，但是不会有专辑的价格超过 1000 美元的情况。而在输入数据时，如果我们打算在价格字段中输入 19.98 美元，不小心丢掉小数点就会将专辑的价格设置为 1998

美元！

因此在设计 Vintage Music 音乐商店数据库时，数据库设计人员会使用字段验证规则将价格字段中的数据限制为小于 1000 美元。如果数据库管理系统在价格字段中接收到 1998 这样的非法数字，它会弹出一条消息，让你输入符合要求的价格。

另一种防止输入错误和大小写错误的技术，就是将可以输入的数据限制在一个指定的列表中。例如，住在 Topeka 的顾客可能会输入 Kansas、KANSAS、KS、Ks 或者 KA 这些数据作为州名，不过大多数数据库软件允许数据库设计者为每个字段指定一个可选条目的列表。你或许已经对这些可选的状态列表比较熟悉了，如图 9-32 所示。

快速检测
在图 9-32 中，你猜 State 字段的大小是多少（以字符为单位）？
a. 2 　　　　　　 b. 13
c. 50 　　　　　　 d. 53

图 9-32　利用可选列表来减少数据输入错误

数据库设计人员还可以通过查询程序来防止输入错误。**查询程序**（lookup routine）通过检查机构内部或第三方数据库里的数据来验证输入的数据。例如，许多电子商务网站都会将消费者输入的送货地址与美国邮政管理局（USPS）数据库中有效地址列表里的数据进行比较。

9.3.2　数据类型

除了为每个字段命名之外，数据库设计者还可以指定该字段可以容纳哪种数据。很多字段都存放文本，但也有一些字段可能会存放数字、日期或图像。字段中的数据类型决定了它是被用于运算还是用作搜索关键字。不仅如此，数据类型还会影响输入数据库中的数据的有效性。

数据库设计人员怎么知道使用什么数据类型？ 可以输入某个字段的数据取决于该字段的数据类型。从技术角度来看，**数据类型**（data type）指定了数据在物理存储介质和 RAM（随机存取存储器）中的表示方式。从用户的角度来看，数据类型决定了数据可以被怎样操作。在设计数据库时，每个字段都会被分配一个数据类型，除某些数据库管理系统之外，大多数都支持全部的数据类型。

实型（Real）。数据库中有几种数字数据类型，包括实型、整型和日期型。数据库设计人员将实数数据类型分配给带小数位数字的字段（如价格和百分比）。

整型（Integer）。整数数据类型被用于像数量、重复次数、排名等这些数据全部是数字的字段。除非数据需要小数位，否则数据库设计人员都使用整数数据类型，因为实数需要占用更多存储空间。

日期型（Date）。正如你料想的那样，日期数据类型按照一定的格式来存储日期，以便对其进行操作，比如你想计算两个日期之间隔了多少天。

文本型（Text）。通常为文本数据类型分配定长字段，用于保存字符数据，比如人名、专辑名等。文本字段保存的数据有时看起来像数字类型，但并不能进行数学操作，例如电话号码、社会安全号码、邮政编码和物品编号，这些一般都以文本字段的形式存储。

长文本型（Memo）。长文本数据类型通常存储变长字段下的内容，比如用户可以在变长字段里输入评论。例如，Vintage Music 音乐商店数据库里可以包含一个用于存储专辑评论的变长字段，内容可能是"Where Did Our Love Go was The Supremes' first hit album"。

逻辑型（Logical）。逻辑数据类型（有时也称布尔型或者"是/否"数据类型）用于"真/假"和"是/否"这样的数据，它所需要的存储空间是最小的。例如，数据库设计人员可能会定义一个字段名为 VIP 的逻辑型字段，如果客户是 VIP 身份且享受折扣，字段的数据就被设置为 Y。

二进制大对象型（BLOB）。某些文件和数据库管理系统还包含其他数据类型，比如二进制大对象型和超链接型。二进制大对象（Binary Large Object，BLOB）是存储在数据库中单个字段里的二进制数据集合。二进制大对象可能是任何可存为文件的数据，例如 MP3 音频或一张专辑封面。

超链接型（Hyperlink）。超链接如数据类型存储 URL（统一资源定位符），我们可以用 URL 直接从数据库链接到网页。例如，Vintage Music 音乐商店数据库中超链接字段下的数据可能提供了访问某音乐家网站的链接。

9.3.3 规范化

刚开始进行数据库设计的时候，数据库设计师会将代表客户、库存物品以及其他实体的字段进行粗略分组，但是从高效访问、可分析性或者安全性这几个方面来说，这种分组可能并不是最好的。事实上，在数据库设计中为每个数据库表进行恰当的字段分组是极具挑战性的。

数据库设计人员如何确定最佳数据分组？ 规范化（normalization）过程可以帮助数据库设计人员创建一种数据库结构，这种数据结构可以最大限度地减少存储空间、提高处理效率。规范化的目标是尽可能减少**数据冗余**（data redundancy）——数据库中的数据重复。

数据分组对应于数据库所记录的物体或实体。在数据库设计的最后，每个规范化的组都会成为一个表格。

初步审视 Vintage Music 音乐商店的数据，可以分出两个组：专辑和客户。专辑这一组包含专辑名称、艺术家和歌曲相关的数据；客户这一组则包含客户每个人的个人数据以及所下的订单信息。但这样分组就是最好的吗？要回答这个问题，我们先看看图 9-33 中的客户订单示例。

图 9-33   一个 Vintage Music 音乐商店的客户订单

问题在哪里？ 如果客户信息和订单信息在同一张表中，Jorge Rodriguez 每次下订单时，都需要输入他的姓名、送货地址、账单地址、电话号码和电子邮箱并存储在数据库中，这里产生的数据冗余不仅占用了额外的存储空间，还可能导致存储时发生数据不一致或者存入的数据不准确的情况。我们的解决方案是给订单单独建立一个表，再给客户单独建立一个表，然后在两张表中都包括 CUSTOMERNUMBER 字段，通过这个字段将两张表关联起来，如图 9-34 所示。

快速检测

当 Jorge 再下另一份订单时，下面哪个数据条目会变得冗余？
a. 订单号
b. 订单日期
c. 名字
d. Cat#

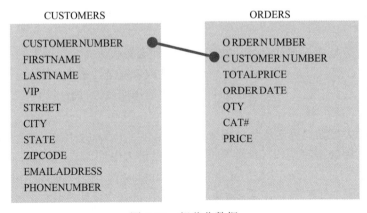

图 9-34   规范化数据

问题解决了吗? 即使我们将订单数据与客户数据分离开来了,Vintage Music 音乐商店数据库的结构还有进一步规范化的空间。图 9-34 中的 ORDERS 表只允许客户每次购买一张专辑,因为 CAT# 和 PRICE 字段只出现了一次。Vintage Music 音乐商店数据库显然需要具有处理多张专辑订单的能力。

分配几个字段来存储一份订单里的专辑似乎可行,它们可以被命名为 AlbumNumber1、AlbumNumber2、AlbumNumber3 等。但是,数据库设计人员应该提供多少个字段呢? 如果设计者提供了 10 个字段来存放订购的专辑,我们仍然无法处理超过 10 张专辑的大订单。此外,如果客户订购的专辑数量少于 10 张,那么这条数据记录中会有空字段从而造成空间浪费。

你会发现,订单和订购商品之间存在一对多关系,这表明数据库设计人员可以将订单这个表的数据再分到两张表中,例如订单表和订单明细表。这两张表通过订单编号这个字段关联起来。图 9-35 展示了进一步规范化后两张表是怎样更高效地实现数据存储的。

> **快速检测**
>
> 在图 9-35 中,将 ORDERS 再划分为两个表格能够＿＿＿。
> a. 减少冗余
> b. 提高安全性
> c. 减少规范化程度
> d. 建立关系

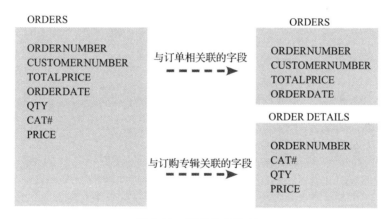

图 9-35　规范化的补充

9.3.4　排序与索引

记录可以按不同的方式组织,这取决于人们如何使用它们。例如,Vintage Music 音乐商店的用户会经常通过专辑名称或艺人姓名来查看专辑表中的信息;库存管理人员则往往希望根据库存数量对数据进行排序,以便查看哪些专辑积压太多。没有一种组织数据的方法能够满足每个人的需求,但值得庆幸的是,我们可以选择多种方式对表进行排序或索引。

当排序表中数据时会发生什么? 表的**物理排序顺序**(physical sort order)是数据记录在存储设备上排列的顺序,**排序键**(sort key)是被用作重排数据依据的那些字段。排好序的表能够更快地进行查询和更新,因为它们可以利用快速精确定位数据记录的精妙算法。除此之外,当已经排好序的表中需要添加新的数据记录时,我们可以通过插入的方式来维持表的顺序。

在没有指定排列顺序时,新记录将会被添加到文件的末尾,这样我们得到的会是一个未按任何特定顺序排列的文件。在未排序的数据库中进行查询和更新操作速度很慢，因为我们可采用的唯一查询算法就是对每条数据记录顺序地进行检查。

有些数据库管理系统依据事先设定好的排序规则在物理介质上存储数据记录。数据库设计人员通常会在创建数据库结构时为每个表指定排列顺序。每个表同一时刻只有一个排列顺序，不过这个顺序可以修改，但要注意更改排列顺序可能会花费很长时间，因为进程会重新在物理结构上排列数据记录。在图 9-36 中，你可以看到数据记录是怎样顺序排列在存储设备上的。

快速检测

如果 Cat# 字段下数据为 LPM-5988 的数据记录被添加到图 10-36 中，我们需要移动其中多少条数据记录？

a. 1   b. 2

c. 全部   d. 0

这些数据的排序键是目录编号（Cat#），它们在磁盘上按照连续流的形式存储，这也就意味着更改排序键需要从物理结构上对所有的数据进行重排

图 9-36　从物理结构上重排存储设备中的数据记录

索引与排序有何区别？数据库索引能将数据按照字典序或者数字序组织起来。它与一本书的索引类似，比如书的索引就包含了一个关键字列表和含有对应关键字页面的页码。**数据库索引**（database index）包含一个键列表，每个键都提供一个指向记录的指针，该记录包含与该键相关的其他字段。

与排列顺序不同，索引与存储设备上数据记录的物理结构没有关系，索引仅仅是简单地指向数据记录的位置。相比排序，索引的优点是一张表可以有多个索引关系，但它只能有一个排列顺序。例如，在专辑表中可以通过专辑名称这个字段来进行索引，以便搜索特定的专辑；这张表格也可以按照艺术家这一字段进行索引以便使用艺术家姓名来完成搜索。

数据库表格可以通过用于组织或定位数据的任意字段进行索引。数据库设计人员通常在设计数据库结构的同时创建索引，如果有需要，在今后的使用中我们依然可以创

快速检测

在图 9-37 中，如果圆圈移到下一行，箭头应该指向记录编号＿＿＿。

a. 1   b. 2

c. 3   d. 4

建索引。图 9-37 说明了索引是如何工作的。

❷ 索引 ❹

Index Order	Key Field	R#
1	10/01/1960	1
2	10/01/1961	3 ❸
3	10/29/1962	4
4	02/06/1967	2

❶ 专辑

R#	Cat#	AlbumTitle	Artist	Release Date	In Stock	Price
1	LPM-2256	G.I. Blues	Elvis Presley	10/01/1960	4	20.00
2	7499-2	Between the Buttons	Rolling Stones	02/06/1967	1	13.99
3	LSP-246	Blue Hawaii	Elvis Presley	10/01/1961	2	50.00
4	N16014	Surfin' Safari	Beach Boys	10/01/1962	8	18.95

❶这些数据记录根据记录编号（R#）排序——记录编号就是每条记录被添加到数据库中的顺序。

❷这里创建了一个索引表，索引表里的记录按照发行日期的顺序排列。由于索引表中只有三个字段，因此占用的存储空间不大。

❸R#字段下的数据被作为连接专辑表与索引表中各个记录的指针。

❹索引表中R # 列记录的顺序说明了专辑表中按发行日期排列的顺序。表中R # 为1的记录将成为显示的第一条记录，因为它的发布日期最早。接下来将显示表中的第三条记录，然后是第四条记录和第二条记录。

图 9-37　索引

9.3.5　设计交互界面

用户与数据库交互的方式与用户界面息息相关。操作系统为用户界面元素提供了一些标准，比如对话框和一些按钮的样式，但是要如何向用户呈现信息还需要具体的设计。

数据库管理系统无法简单地生成一个用户界面吗？消费者和小公司所使用的数据库管理系统通常都包含创建数据库界面的工具，而一些企业级数据库管理系统则需要使用单独的工具来完成这一任务。无论采用哪种方式，不同应用程序以及不同业务的用户界面都是独一无二的，因此，数据库设计人员要负责决定我们展示哪些字段、这些字段出现的顺序以及它们呈现的名称。图 9-38 展示了我们使用 Microsoft Access 进行基于屏幕窗口的数据库界面设计的过程。

如今的挑战是什么？现在，我们面临的一个主要挑战是设计出在各种设备及平台上切实有效的交互界面。如图 9-39 所示，要在终端机、笔记本电脑和触屏设备等不同平台上实现最佳用户体验可能需要不止一个设计。

优秀的数据库交互界面包含什么元素？一个设计优秀的数据库用户界面应该清晰、直观、高效。下面列出了一些设计优秀数据库交互界面的策略：

- 从屏幕左上角开始按逻辑顺序排列各个字段。排在最前面的应该是那些最常用的字段或在数据输入时中最先用到的字段。
- 输入区域要能够明显地区分出来。用方框、下划线或阴影都可以标识出数据输入区域。

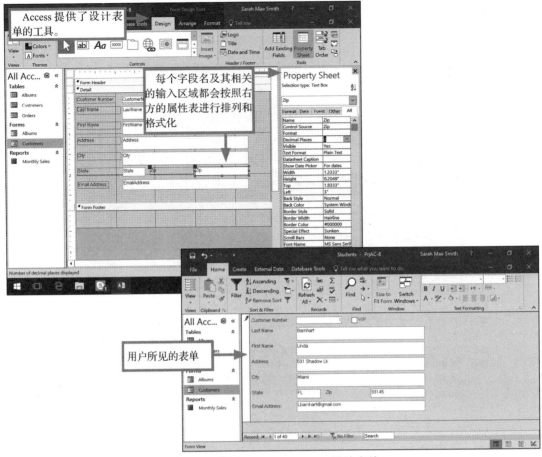

图 9-38 使用 Microsoft Access 设计表单

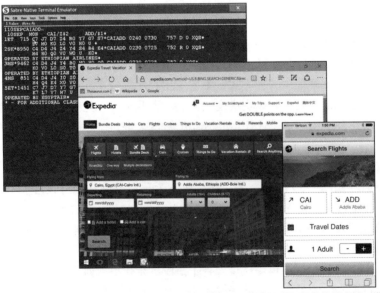

终端机(最左边)主要显示文本内容。台式机以及笔记本电脑(中间)提供给用户界面设计者
大面积的屏幕区域和各种彩色图形。移动设备(右侧)屏幕面积有限,需要较大的控制按钮

图 9-39 不同的设备需要不同的数据库交互界面

- 输入区域应该与相应的标签匹配出现。按照惯例，标签放置在输入区域的左侧或上方。
- 提供一个快速的办法来依次遍历各个字段。在台式机和笔记本电脑上一般使用 Tab 键实现这个功能。
- 如果所有的字段无法同时在屏幕上都显示出来，可以使用滚动条或者为剩下的字段再创建一个页面。
- 提供在不同数据记录之间跳转的按钮，当然，除按钮之外，也可以使用其他比较便捷的控件。
- 了解搭载这个用户界面的平台，比如触摸屏设备的控件要求面积大、间隔明显、易于操作。
- 提供指示信息，以确保数据被正确输入。Web 数据库提供打开帮助页面的链接。

9.3.6 设计报表模板

报表是在屏幕上展示的或者打印出来的数据库中的部分或全部数据，它可以用来显示查询结果，比如，一个 Vintage Music 音乐商店的客户可能想要查询滚石乐队的所有专辑。管理人员也可以通过报表来查看事务细节或摘要，此外，报表还可以用于列出客户购物车或订单表里的内容。

报表是怎样创建的？ 大部分的数据库管理系统都包含**报表生成器**（report generator），这是一种指定数据库报表内容与格式的软件工具，报表是基于报表模板生成的。

报表模板（report template）包含报表的大纲或通用规范，比如标题、应包含的字段、需要部分求和或总体求和的字段、报表格式规范等要素。但是，模板中不该包含数据库中的数据。当生成报表时，数据再被并入模板中。

举个例子，假设 Vintage Music 音乐商店的一个经理想要创建一个报表，要求按照价格排序列出所有专辑。这时他可以创建一个名为 AlbumPriceGroup 的报表模板，并在模板中指定如下内容：

- 报表的标题是 Vintage Music Albums by Price。
- 报表中包含来自专辑表的数据，排列在 4 个列中，数据分别来自 Price、AlbumTitle、Artist 和 InStock 字段。
- 各列的标题分别是 Price、Album Title、Artist 和 Qty in Stock。
- 报表中的内容依据价格进行分组。

符合以上要求将生成一个类似于图 9-40 中展示的报表。

生成报表时会发生什么？ 一份报表的内容基于生成报表时数据库表中所包含的数据。例如，图 9-40 中所示的报告是在 8 月 21 日生成的，其中的内容就包含到该日期数据库中存储的专辑。

假设现在是 10 月初，Vintage Music 音乐商店新进了一批专辑。我们再使用 AlbumPriceGroup 报表模板来打印一份 10 月 12 日的报表，如图 9-41 所示。其格式与之前的报告保持一致，但是新的专辑被添加进去了。

		Report Date: 8/21/2018	

Vintage Music Albums by Price

Price	Album Title	Artist	Qty in Stock
$9.00	Magical Mystery Tour	Beatles	3
$10.00	Surfin' Safari	Beach Boys	3
	Cheap Thrills	Janis Joplin	12
	Surrealistic Pillow	Jefferson Airplane	1
	One Day at a Time	Joan Baez	2
$14.00	Between the Buttons	Rolling Stones	1
$15.00	Let It Be	Beatles	2
	Abbey Road	Beatles	4
	Joan Baez	Joan Baez	1
$18.00	Chuck Berry's Golden Hits	Chuck Berry	1
	Strange Days	Doors	9

图 9-40   一个由模板生成的报表

		Report Date: 10/12/2018	

Vintage Music Albums by Price

Price	Album Title	Artist	Qty in Stock
$9.00	Magical Mystery Tour	Beatles	3
	The Kingsmen in Person	Kingsmen	1
$10.00	Cheap Thrills	Janis Joplin	8
	About This Thing Called Love	Fabian	2
	One Day at a Time	Joan Baez	2
$14.00	Between the Buttons	Rolling Stones	1

图 9-41   更新后的报表

9.3.7   快速测验

1. 主____（比如社会保险号）中包含了某条记录所特有的数据。

2. 计算字段和邮件合并是类似的。对还是错？____

3. 为了对输入字段的数据进行筛选过滤，数据库设计人员可以设置字段____规则。

4. 数据库设计者通过名为____的过程来尽可能减少数据库中的数据冗余。

5. 除了按顺序将数据存入数据库来得到有序排列的数据外，我们还可以用数据库建立____，从而生成一个键列表，利用它来实现按字母顺序或其他顺序组织数据库中的记录。

9.4　D 部分：结构化查询语言

SQL 是通用的关系数据库语言。客户可以用它在电子商务网站上搜索产品，也可以用它收集在社交媒体新注册的用户信息，除此之外，它还可以被用来收集 ATM 机或者销售点上的交易数据。不过由于它容易受到代码注入攻击，SQL 存在潜在的数据库安全漏洞。D 部分向你展示了一些需要了解的有关 SQL 的知识。

目标

- 解释 SQL 与数据库之间的联系。
- 描述 SQL 注入的工作方式。
- 列出至少 5 个 SQL 命令字，并描述它们的作用。
- 说一说如何在查询中使用布尔运算符，并给出实例。
- 给出一个有效使用全局更新的例子。
- 阐述 SQL 中是如何使用点标记连接两个表的。

9.4.1　SQL 基础

随着新记录被加入、已存在的记录被更新或者不需要的记录被删除，数据库里的数据都将发生改变，这些变化都是受发送到数据库管理系统的命令控制的。这些命令一般会通过数据库专用的计算机编程语言发布，这些语言有时被称为**查询语言**（query language），因为它们的主要功能之一是从数据库请求数据，比如某个客户在亚马逊网站中搜索特定的产品。而 SQL 是世界上最流行的查询语言。

类似 SQL 的查询语言如何工作？ 诸如 SQL（结构化查询语言，Structured Query Language）之类的查询语言在后台工作，它是提供给用户的数据库客户端软件与数据库本身之间的中介。

数据库客户端软件提供了一个简洁明了的界面，用来查找范式、添加新记录、更新数据等。客户端软件收集你的输入，然后将其转换为 **SQL 查询**（SQL query），该查询可以直接在数据库上执行你的指令，如图 9-42 所示。

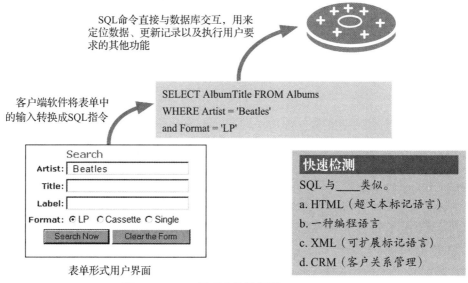

SQL命令直接与数据库交互，用来定位数据、更新记录以及执行用户要求的其他功能

客户端软件将表单中的输入转换成SQL指令

```
SELECT AlbumTitle FROM Albums
WHERE Artist = 'Beatles'
and Format = 'LP'
```

Search
Artist: Beatles
Title:
Label:
Format: ⊙ LP ○ Cassette ○ Single
Search Now　　Clear the Form

表单形式用户界面

快速检测

SQL 与＿＿＿类似。

a. HTML（超文本标记语言）

b. 一种编程语言

c. XML（可扩展标记语言）

d. CRM（客户关系管理）

图 9-42　SQL 用于查询数据库

SQL 为什么会带来安全风险? SQL 语句包括命令字和数据。这些语句由 DBMS(数据库管理系统)执行。举个例子,在典型的电子商务数据库中,SQL 语句通常会允许用户搜索产品、进行购买以及更新个人账户。但是在某些情况下,用户也可能成为恶意 SQL 语句的来源,这些语句以未授权的方式对数据库进行操作。这种使用恶意 SQL 语句来进行未授权的数据库访问称为 **SQL 注入**(SQL injection)。要想理解是什么导致 SQL 易受攻击,我们还需要了解关于 SQL 查询结构的一些额外信息。

简单的 SQL 查询是什么样子的? SQL 查询是一个单词序列,很像一个句子。例如,在 Vintage Music 音乐商店的数据库中搜索 *Ruby Tuesday* 这首歌时,所使用的 SQL 查询可能是这样的:

```
SELECT TrackTitle FROM Tracks WHERE TrackTitle = 'Ruby Tuesday'
```

SQL 查询语言提供了一组称为 **SQL 关键字**的特殊命令字,可以用它们向数据库发布指令,如 SELECT、FROM、INSERT 和 WHERE。尽管本章这一部分中的 SQL 示例都使用大写字母作为关键字,但大多数 SQL 在实现时不仅接受大写形式的关键字也接受小写形式的关键字。

大部分 SQL 查询可分为三部分:一个指定操作,一个指定数据库表的名称,一个指定参数表。让我们分别看看这三个部分。

SQL 如何指定在数据库中执行的操作? 一个 SQL 查询以操作关键字或命令开头,它会指示你想要执行的操作。例如,CREATE 将在数据库中创建一个新表。图 9-43 中列出了一些最常用的 SQL 命令字。

命令	描述	例子
CREATE	创建一个数据库或者表格	CREATE TABLE Albums
DELETE	从表中移除一条记录	DELETE FROM Tracks WHERE TrackTitle = 'Blue Suede Shoes'
INSERT	插入一条记录	INSERT INTO AlbumDescription (CAT#, Condition) VALUES ('LPM-2256','Mint condition; no visible scratches; original album cover')
JOIN	使用两张表中的数据	SELECT * FROM Albums JOIN Tracks ON Albums.CAT# = Tracks.CAT#
SELECT	搜索数据记录	SELECT * FROM Albums WHERE Artist = 'Beatles'
UPDATE	更改一个字段下的数据	UPDATE Albums SET Price = 15.95 WHERE CAT# = 'LPM-2256'

图 9-43 常用的 SQL 命令

SQL 如何指定要用的表? SQL 关键字(如 USE、FROM 或 INTO)能够用于构造访问表的子句。该子句由一个跟着表名称的关键字组成。例如,子句 FROM Tracks 表示你要使用 Vintage Music 数据库中的曲目表。

命令字 DELETE 将从表中删除一条记录。以子句 DELETE FROM Tracks 开头的一条 SQL 查询表示想从 Tracks 表中删除一些内容,要完成查询,还需要提供参数指定你想要删除哪个记录。

SQL 如何指定参数? 参数是命令的详细说明。WHERE

快速检测

如何填写下面的语句才能删除编号 50 的客户的订单?

DELETE____Orders____
CustomerID= '50'

a. Customer, Number

b. FROM, WHERE

c. TOTALS, Jorge

d. INTO, 50

等关键字通常作为包含命令参数的 SQL 子句的开头。假设 Vintage Music 音乐商店的库存管理员想要删除数据库中 Bob Marley 的所有专辑，WHERE 子句的参数是 Artist = 'Bob Marley'。

DELETE	FROM Albums	WHERE Artist = 'Bob Marley'
SQL 命令字	FROM 子句指定要用的表	WHERE 子句指定字段名和字段内容

既然你已经学习了 SQL 查询的基本结构，接下来我们仔细看看一些专业数据库任务用到的 SQL 语句，比如添加记录、搜索信息、更新字段、组织记录以及连接表。

9.4.2 添加记录

一条数据库记录中包含一个实体的相关信息，比如一名客户、一次在线购物、一笔 ATM 取款或者一条社交媒体帖子。一条新记录的数据可能由员工输入、由客户提供或者从数字设备中收集得到。无论来源如何，SQL 语句连带着数据都会由数据库管理系统处理。

> **快速检测**
>
> 在图 9-44 中，哪个表正在被使用？
>
> a. Customers
>
> b. VALUES
>
> c. Form
>
> d. Rodriguez

数据记录是怎样被添加到数据库中的？假设一位顾客想从 Vintage Music 音乐商店的网站购买一张专辑。作为首次光临的顾客，他需要在一张表上填入姓名、住址等信息。他所使用的客户端软件会采集他输入的数据，并使用 INSERT 命令生成一条 SQL 语句。INSERT 语句会将他的数据添加到客户表中。图 9-44 展示了客户表、实现添加记录的 SQL 语句以及被添加到 Customers 表中的数据。

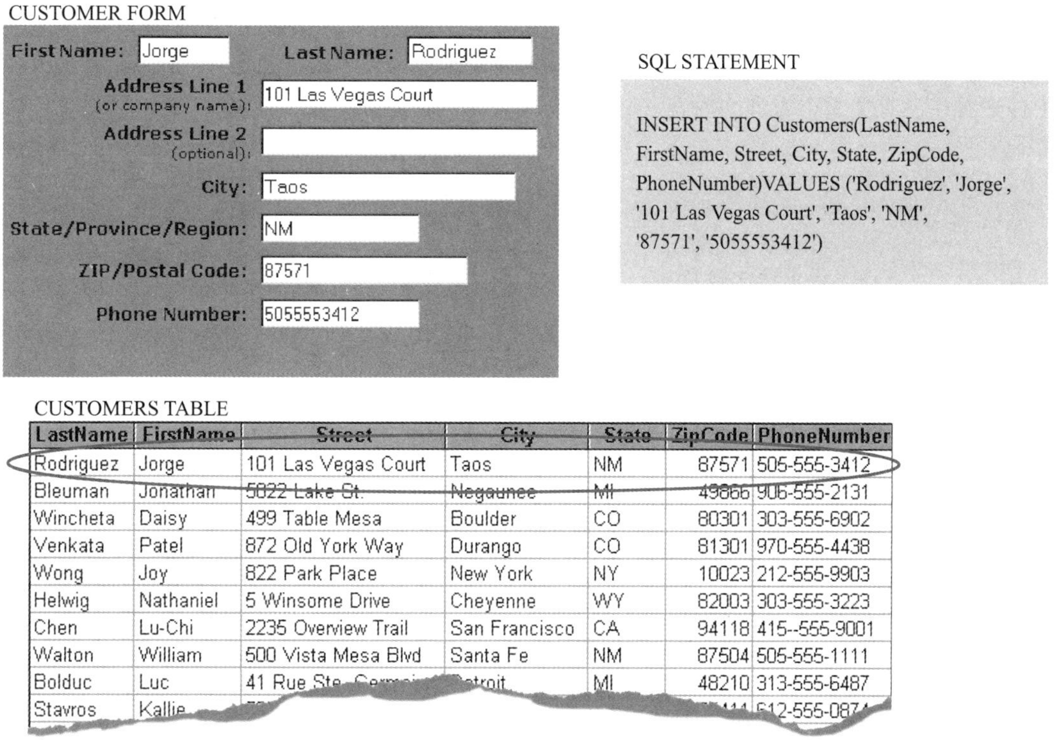

LastName	FirstName	Street	City	State	ZipCode	PhoneNumber
Rodriguez	Jorge	101 Las Vegas Court	Taos	NM	87571	505-555-3412
Bleuman	Jonathan	5822 Lake St.	Negaunee	MI	49866	906-555-2131
Wincheta	Daisy	499 Table Mesa	Boulder	CO	80301	303-555-6902
Venkata	Patel	872 Old York Way	Durango	CO	81301	970-555-4438
Wong	Joy	822 Park Place	New York	NY	10023	212-555-9903
Helwig	Nathaniel	5 Winsome Drive	Cheyenne	WY	82003	303-555-3223
Chen	Lu-Chi	2235 Overview Trail	San Francisco	CA	94118	415--555-9001
Walton	William	500 Vista Mesa Blvd	Santa Fe	NM	87504	505-555-1111
Bolduc	Luc	41 Rue Ste. [illegible]	[illegible]	MI	48210	313-555-6487
Stavros	Kallie	[illegible]	[illegible]	[illegible]	[illegible]	612-555-087[illegible]

图 9-44 INSERT 指令的工作方式

9.4.3   搜索信息

数据库中可能包含数百万条记录。举个例子,你可以想象一下 Amazon.com 数据库中的所有产品或 Facebook 数据库中存储的所有用户。要对如此庞大的数据库进行筛选,需要用到可以执行搜索功能的查询。

SQL 查询如何执行搜索? 最常见的数据库操作之一是使用 SELECT 命令来查找特定的记录或记录组。为了查看所有的记录,你可以使用参数“ * ”,它表示全部的意思。SELECT * FROM Albums 这条 SQL 语句会显示包含在 Albums 表中的所有记录。

假设某客户正在寻找 Jefferson Airplane 的专辑,她会在 Vintage Music 网站的搜索框中填写相应的内容,如图 9-45 所示。

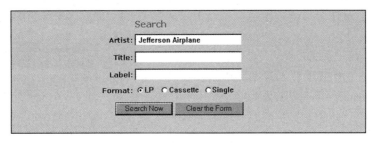

图 9-45   用于生成选择语句的在线表单

数据库客户端软件将使用她指定的内容生成如下 SQL 查询:

```
SELECT AlbumTitle,AlbumCover FROM Albums WHERE Artist ='Jefferson Airplane'
```

完成这一查询之后,Vintage Music 的网页会显示一个列表,开头的第一条记录是“*Jefferson Airplane Takes Off* - 这支乐队的第一张专辑 – 这张专辑的封面”。请你再在图 9-46 中仔细看一下有关这个查询的内容。

图 9-46   一条查询语句的解析

SQL 能够执行复杂搜索吗? 答案是肯定的。SQL 利用**布尔运算符**(如 AND、OR 和 NOR)来形成复杂查询,你可能已经在谷歌搜索里使用过这些运算符。为了了解布尔运算在 SQL 查询上下文中的作用,我们看一下图 9-47 中的小型专辑数据库。记住,大多数运行数据库都会比这个大得多,因此它们所包含的数据不会像这个例子一样全部都显示出来。

> **术语**
>
> **布尔运算符**是以数学家 George Boole 的名字命名的,他在 19 世纪提出了布尔运算的概念。

CAT#	ALBUMTITLE	ARTIST	PRICE
LSP-4058	Crown of Creation	Jefferson Airplane	9.00
LK 4955	Beggars Banquet	The Rolling Stones	25.00
BFL1-0717	Dragon Fly	Jefferson Starship	9.00
LPM-2256	G.I. Blues	Elvis Presley	23.00
LSP-3766	Surrealistic Pillow	Jefferson Airplane	8.00
LSP-4238	Volunteers	Jefferson Airplane	12.00
COC 39108	Some Girls	The Rolling Stones	8.00
7243-8-44909-2-8	Bridges to Babylon	The Rolling Stones	9.00
LPM-2426	Blue Hawaii	Elvis Presley	8.00
SO 383	Abbey Road	The Beatles	15.00

图 9-47 Vintage Music 数据库的专辑表示例

AND 如何在 SQL 查询中工作？ AND(有时用符号“+”表示）用于搜索同时满足多个条件的记录。例如，如果一个客户想要查找 Jefferson Airplane 的所有专辑，但她只希望显示那些价格低于 10 美元的专辑，这时客户可能会在 Vintage Music 网站的搜索框中输入类似 Jefferson Airplane <$ 10.00 的内容，然后数据库客户端会生成下面这样的 SQL 查询：

```
SELECT AlbumTitle FROM Albums WHERE Artist =
'Jefferson Airplane' AND Price < 10.00
```

> **快速检测**
>
> 根据刚才的 OR 搜索语句的逻辑，你能在图 9-47 里得到多少条匹配的记录？
>
> a. 0
>
> b. 2
>
> c. 4
>
> d. 7

你可以在图 9-47 中人工找一找有多少条记录符合 SQL 语句中的条件。在本例中，只有当 Artist 字段里包含 Jefferson Airplane，同时 Price 字段中的数值小于 10.00 时，该记录才会被选择，如果价格等于 $ 10.00 或者更多，该记录就不会被选中。AND 运算符要求两个搜索条件都必须为真才会选中记录，故而这个例子里的数据库中匹配的记录只有两条。

OR 与 AND 有什么不同？ OR 运算符有两种。一种是同或，满足其中一个条件或者两个条件都满足的记录是符合要求的；另一种是异或，只有仅满足其中一个条件的记录才符合要求，不能同时满足两个条件。

一条使用同或的 SQL 查询如下：

```
SELECT AlbumTitle FROM Albums WHERE Artist = 'Jefferson Airplane' OR Price<10.00
```

这条查询会提取出 Jefferson Airplane 的所有专辑，不论价格是多少，也不管艺术家是谁。在图 9-47 中找一找，与这个查询相匹配的记录有多少条？

OR 与 AND 可以组合使用吗？ 可以。AND 和 OR 子句可以结合起来构成更复杂的查询。例如，Jefferson Airplane 在 1974 年改名为 Jefferson Starship，如果想要在专辑表里找到 Jefferson Airplane 或 Jefferson Starship 价格低于 $10.00 的专辑，可以使用如下查询：

```
SELECT AlbumTitle FROM Albums WHERE (Artist=
'Jefferson Airplane' OR Artist= 'Jefferson Starship') AND
Price < 10.00
```

> **快速检测**
>
> 根据左边被括起来的 OR 子句的搜索逻辑，在图 9-48 里能找到多少匹配的记录？
>
> a. 0 b. 1 c. 2 d. 3

注意在 OR 子句周围使用了圆括号，它们会告知数据库管理系统要先处理这部分。利用这个查询能在图 9-48 中找到多少条记录？

CAT#	ALBUMTITLE	ARTIST	PRICE
LSP-4058	Crown of Creation	Jefferson Airplane	9.00
LK 4955	Beggars Banquet	The Rolling Stones	25.00
BFL1-0717	Dragon Fly	Jefferson Starship	9.00
LPM-2256	G.I. Blues	Elvis Presley	23.00
LSP-3766	Surrealistic Pillow	Jefferson Airplane	8.00
LSP-4238	Volunteers	Jefferson Airplane	12.00
COC 39108	Some Girls	The Rolling Stones	8.00
7243-8-44909-2-8	Bridges to Babylon	The Rolling Stones	9.00
LPM-2426	Blue Hawaii	Elvis Presley	8.00
SO 383	Abbey Road	The Beatles	15.00

图 9-48　一个 Vintage Music 数据库的专辑表示例

括号重要吗？ 括号的位置可能会改变查询的结果，这种影响有时是很大的。将之前的查询与下面这条进行比较：

```
SELECT AlbumTitle FROM Albums WHERE Artist = 'Jefferson Airplane' OR (Artist= 'Jefferson Starship' AND Price < 10.00)
```

在这个查询中，AND 子句被括了起来，故而会得到 Jefferson Airplane 的所有专辑以及 Jefferson Starship 的价格低于 $10.00 的专辑。

NOT 在 SQL 查询中起什么作用？ NOT 操作符可以通过指定一个不等于关系从记录中忽略一部分来完成搜索。例如，以下查询将得到 Artist 字段下数据不为 Jefferson Airplane 的所有记录：

```
SELECT AlbumTitle FROM Albums WHERE NOT (Artist= 'Jefferson Airplane')
```

快速检测

根据左侧被括起来的 AND 子句的搜索逻辑，在图 9-48 里能找到多少匹配的记录？

a. 0　　　　　　b. 2

c. 4　　　　　　d. 6

快速检测

根据左侧 NOT 的搜索逻辑，你能在图 9-48 里能找到多少条匹配的记录？

a. 0　　　　　　b. 3

c. 6　　　　　　d. 7

有时 NOT 关系会用一个不等于运算符标识（比如 <> 或 !=），这与特定查询语言的规范有关。比如，下面的查询得到的结果与之前使用 NOT 运算符的结果相同：

```
SELECT AlbumTitle FROM Albums WHERE Artist <> 'Jefferson Airplane'
```

9.4.4　更新字段

数据库记录只能由得到授权的用户进行更改。比如，在 Vintage Music 的电子商务网站上，客户没有权限更改专辑的价格或者专辑中歌曲的名字，这些工作应当由库存管理员来完成。但是，客户购买了一张专辑后，SQL 程序会将 InStock 字段里的数据减 1。

有什么 SQL 命令可以修改记录的内容？ 使用 SQL 的 UPDATE 命令可以更新和修改数据库字段的内容。下面的命令会使 G. I. Blues 专辑的数量减 1：

```
UPDATE Albums SET lnStock = InStock -1 WHERE AlbumTitle = 'G.I.Blue'
```

能不能一次更新一组记录？ 除了在单个记录中进行数据修改之外，SQL 还可以实现**全局更新**（global update），即每次修改多条记录数据。

假设你是 Vintage Music 音乐商店的市场营销经理，你想把所有 Rolling Stones 的专辑价格降到 $5.95。一种比较麻烦的办法是在 Artist 字段里搜索数据为 The Rolling Stones 的一条记录，再对这条记录的价格字段进行调整，然后接着找下一张 Rolling Stones 的专辑。但是，我们有一种更便捷的方法，只需要使用单个 SQL 语句就可以修改所有记录：

```
UPDATE Albums SET Price= 5.95 WHERE Artist= 'The Rolling Stones'
```

我们来看看这个命令是如何实现全局更新的。**UPDATE** 命令意味着你想要更改记录中的部分数据或者全部数据，Albums 是你进行数据更新的表的名称，SET Price= 5.95 告知数据库管理系统你要将价格字段中的数据修改为 $5.95，WHERE Artist='The Rolling Stones' 则告诉数据库管理系统这个修改只作用于艺术家姓名为 The Rolling Stones 的那些记录。

> **快速检测**
>
> 下面哪个例子更适合使用全局更新？
>
> a. 修正所有那些错把 Lead Zeppelin 用作艺术家姓名的记录
>
> b. 为 20 位商品被损坏的顾客提供 VIP 折扣

全局 UPDATE 命令的局限性是什么？ 尽管全局更新功能非常强大，但它只对具有相似特征的记录有用，比如 The Rolling Stones 的所有专辑或者所有在 1955 年制作的专辑。如果要对那些没有任何相似特征的信息执行全局操作，则需要自定义编程。图 9-49 给出了一个例子。

Vintage Music音乐商店的市场营销经理每周选择10张专辑作为特别促销商品。这些专辑不具有相似特征，无法构造全局更新语句

通过自定义编程，市场营销经理只需简单地将10张专辑作为一个列表文档提交，该程序模块就会"读取"这个文档并对文档中的每个专辑执行UPDATE命令

图 9-49　通过自定义编程来实现全局更新

9.4.5　连接表

假设你想要看到 Elvis Presley 的 G. I. Blues 专辑中的歌曲列表，但是这些歌曲并没有存储在专辑表中，这个时候 SQL 就能帮上忙。SQL 是专门为关系数据库设计的，因此非常擅长从多个表格中提取数据。

如何同时从多个表格提取数据？ 回想一下规范化的过程，当时我们要求创建的表格之间可以通过两张表的同名字段关联起来。在 SQL 术语中，建立表与表之间的联系称为**连接表**（joining table）。

Albums 表里包含专辑的名称、艺术家的姓名、发行日期以及其他相关数据。Tracks 表里包含每首歌的名称、歌曲时长以及这首歌的 MP3 样本。这两个表格都包含一个 Cat # 字段。

在此之前的章节里，你了解到 Vintage Music 数据库的 Albums 表和 Tracks 表之间基于 Cat # 字段中的数据存在某种联系，如图 9-50 所示。

ALBUMS					
Cat#	AlbumTitle	Artist	Release Date	In Stock	Price
LPM-2256	G.I. Blues	Elvis Presley	10/01/1960	4	20.00
7499-2	Betwe Button	Stones	02/06/1967	1	13.99
LSP-246	Blue				
N16014	Surfin				

TRACKS			
Cat#	TrackTitle	Track Length	TrackSample
LPM-2256	Blue Suede Shoes	104	BlueSuede.mp3
LPM-2256	Frankfort Special	132	FrankSpec.mp3
LPM-2256	Wooden Heart	163	WoodenHE.mp3
7499-2	Ruby Tuesday	197	RubyT.mp3

图 9-50 连接 Albums 表和 Tracks 表

为了充分利用这两张表之间的关系，必须首先连接两张表。这是为什么呢？记住，在关系数据库中，除非你将表格连接在一起，否则每个表格都是独立的。SQL 的 JOIN 命令允许你暂时将几张表连接起来并且同时访问多个表中的数据。

JOIN 命令有何功能？ 单个 SQL 查询可以从 Albums 表和 Tracks 表中获取 G. I. Blues 专辑的数据。但是，要做到这一点，我们需要区分来自不同表中的数据。在这个例子中，两个表都包含一个字段名为 Cat # 的字段，你怎么区分获取的数据中 Cat# 字段来自 Tracks 表还是 Albums 表呢？

SQL 使用**点标记**（dot notation）来实现区分。Albums.Cat # 是对 Albums 表中 Cat # 字段的完整性约束。Tracks.Cat# 则对应地指向 Tracks 表中的 Cat# 字段。

连接两张表时，惯例是使用点标记来表示字段名称。图 9-51 中分析了连接 Vintage Music 数据库中两张表格的 SQL 查询。

> **快速检测**
>
> 表示 Price 字段的点标记用法是什么样子的？
>
> a. Price...
>
> b. Price.Cat#
>
> c. 20.00
>
> d. Albums. Price

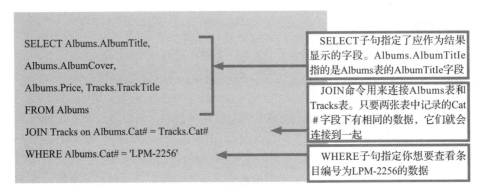

SELECT Albums.AlbumTitle,

Albums.AlbumCover,

Albums.Price, Tracks.TrackTitle

FROM Albums

JOIN Tracks on Albums.Cat# = Tracks.Cat#

WHERE Albums.Cat# = 'LPM-2256'

SELECT子句指定了应作为结果显示的字段。Albums.AlbumTitle 指的是Albums表的AlbumTitle字段

JOIN命令用来连接Albums表和Tracks表。只要两张表中记录的Cat#字段下有相同的数据，它们就会连接到一起

WHERE子句指定你想要查看条目编号为LPM-2256的数据

图 9-51 使用点标记连接表格

SQL 注入怎样工作？ 恶意 SQL 命令使用的是传统的命令字（如 SELECT 和 UPDATE），但是使用的参数里会包含不正常的文本，这些文本要么为攻击者提供了更高级的权限，要么跳过缓冲区直接在内存中注入恶意代码。下面的命令就有可能从数据库中删除整个表格：

```
SELECT AlbumTitle, Artist, Price FROM Albums WHERE name ='\";
DROP TABLE Albums; --';
```

对这个恶意 SQL 语句稍作修改就可以将表的全部内容复制到黑客的计算机上。为了防范 SQL 注入，数据库设计人员开发了具有各种保护措施的数据库管理系统应用程序，并提供了大量方法筛选出可能有危害的 SQL 语句，不过黑客也一直在研究新的攻击方式。所以用户需要采取预防措施来监控他们的个人数据以防身份信息遭到盗用。

9.4.6　快速测验

1. 在搜索规范的内容中提到了 AND、OR 和 NOT 这些搜索运算符，它们被称为____运算符。

2. 在 SQL 中，DATA 命令可以向数据库添加字段。这句话对还是错？____

3. 要搜索某个字段下的数据，可以使用____SQL 命令。

4. SQL 的____命令可以更改一条或多条记录中指定字段下的数据。

5. 在 SQL 中，JOIN 命令允许你向数据库中添加字段。这句话对还是错？____

9.5　E 部分：大数据

天空中星星的个数、地球上沙粒的数量、全球计算机存储的数据位数，哪个值最大？我们每天都在与数量庞大到无穷的信息进行交互。在这个部分里，你将探索"大数据"的起源、其存储方式以及对大数据进行管理的工具。

目标

- 列出那些用来定义第三代计算平台的元素。
- 列出大数据的特征（5 个 V）。
- 描述至少三个能被认作是大数据的数据集。
- 列出 NoSQL 的 4 个特征。
- 解释纵向拓展和横向拓展之间的区别。
- 解释动态调节是如何工作的以及它与大数据有什么关系。
- 给出支持或反对 NoSQL 工具是无模式的这一观点的理由。
- 用文字或者图表描述一个键值数据模型的例子。
- 演示一下对存储在关系数据库中的数据和存储在面向列的数据库中的数据有什么不同的检索策略。
- 至少给出三个例子，要求这三个例子中的大数据集用图模式处理是最好的。
- 描述一下 Hadoop 和 MapReduce。

9.5.1　大数据基础

天文学家认为宇宙包含 700 亿兆颗星球。数字世界中的数字位数可能和现实世界中的星球一样多。如此庞大的数据几乎不可能做到可视化，更不用说对其进行处理和分析了。如何处理这个"数据宇宙"已成为信息时代的最大挑战之一。

什么是大数据？"大数据"这个术语看起来似乎不太专业，但它在数据库领域有着特殊的意义。**大数据**（big data）是指使用传统数据库工具难以进行处理、分析和管理的庞大数据集合。

大数据的一个例子是沃尔玛销售登记簿每小时就会产生 100 万笔交易。还有一些其他的大数据实例，比如存储在社交网站上的用户档案、谷歌搜索记录、医疗记录、天文数据和军事监控数据。

国际数据公司的分析师将大数据视为新兴计算平台的核心组件，很可能在未来 10 年推动创新革命。这个**第三代平台**（3rd platform）是基于云计算、移动设备、社交网络和大数据的。第三代平台不仅在云基硬件技术方面规模庞大，还会生成、使用和分析大规模的大量数据。图 9-52 提供了第三代平台产生的有关用户数量和数据量的信息。

图 9-52   大数据世界

到2020年，320亿事物将通过因特网连接起来

2020年，数据量预估将达到44ZB

28.7亿智能手机用户

35亿全球在线人数

有2000亿张照片存储在Facebook上

每天产生2.5EB数据

X2 数字世界的规模每两年增加一倍

每天5亿条推特

地球上每个人每年创建 333 333 字节的数据

谷歌搜索每年查询量达到2.1万亿

我们说的大到底有多大？"数字世界的规模在 2020 年将增长到 44ZB。"是一个有趣的说法，不过这只是对那些理解 1ZB 这个数量级有多大的人而言。PB、EB 和 ZB 这些字眼让人感到心惊，但如果不将其与我们每天遭遇的事情进行比较，它们只不过是一些没有意义的单词。图 9-53 中进行了一些比较，这可以帮助你理解这些数量到底有多么巨大。

为什么说大数据是一个挑战？大数据是刚刚在商业上崭露头角的一种现象。根据 Gartner 的研究，在 2013 年，只有 16% 的公司使用到数据分析，而到了 2016 年，48% 的公司都在大数据工具方面投入资金来进行大数据处理。

不过投资大数据并不意味着真正地在该领域进行部署计划，只有 15% 的企业确实在大数据分析领域展开了规划。

1024 Gigabytes = 1 Terabyte

1024 Terabytes = 1 Petabyte

1024 Petabytes = 1 Exabyte

1024 Exabytes = 1 Zettabyte　　**1ZB包含了非常多的数据**

1024 Zettabytes = 1 Yottabyte

1024 Yottabytes = 1 Brontobyte

1024 Brontobytes = 1 Geopbyte

10TB足够存放美国国会图书馆的印刷藏书

据Raymond Kurzwell（一名未来学家和发明家）所说，人类有效的记忆能力约为1.25TB。根据这一估计，1PB可以容纳800人的所有记忆

MP3格式的平均数据量大约是每分钟1MB，而每首歌曲平均时长大约为4分钟。那么1PB的歌曲将持续播放超过2000年的时间

一张高分辨率照片的大小约为3MB。假设你拍摄了1PB的照片，然后每张照片用4英寸的相纸打印出来，照片并排放在一起将会超过48 000英里，可以绕地球赤道两圈

1PB足够存储美国和欧盟所有人口的DNA

620亿部iPhone堆叠在一起可以从地球到达月球。如果每部iPhone有64GB的存储容量，那么这一堆手机可以存储大约3ZB的数据

存储1ZB需要600 000 000 000部智能手机，如果将它们首尾相连地摆放，足以覆盖美国的每一条道路

如果1TB的驱动器花费100美元，需要花费100万亿美元才能购买能够存储1YB数据的驱动器

图 9-53　这是相当多的数据

光是大数据的庞大数量就已经很难处理了，其他额外因素使得它的应用更加复杂。大数据最初被定义时认为具有 3 个 V 的特性：容量（Volume）、速度（Velocity）和多样性（Variety）。不过，随着大数据的发展，又有其他的 V 特性加入其中。现如今，大数据的特征归纳为大容量、高速、多样化、不确定性、低密度值。

　　容量（Volume）。大数据容量很大，它以 PB、EB 甚至更大的单位来衡量。就像制作备份一样，存储如此大量的数据是一个挑战。大数据通常会分布在许多存储设备中，例如，雅虎每个月会处理超过 17.5 亿条查询，为此雅虎运行着 40 000 多台服务器，它们被分散成 19 个集群，存储总量大约为 600PB。沃尔玛每天需要处理来自 1 000 多家商店的超过 40PB 的交易数据，基于这些数据的分析，可以制定产品需求，对每周的 2.5 亿名客户的需求进行预测。

　　速度（Velocity）。大数据一般需要被快速地处理才能发挥作用。与因特网的"速度"一样，大数据的速度也是其能力的度量标准，我们可以用 TB/s（Tbps）或 PB/s（Pbps）来衡量这一速度。如果只是单一的网络连接无法达到这种速度，但是数据可能同时通过多个连接传来。其中的挑战是我们该如何组织接收到的数据，如何处理这些数据，以及要考虑怎样存储才比较方便地提取这些数据。

　　多样性（Variety）。大数据通常由多种数据类型组成，比如事务处理系统、传感器、社交媒体、智能手机以及各种其他来源中生成的文本、图像、视频、数字和音频。有一些数据可能是结构化的，但还有一些数据是非结构化的。组织这些混杂的数据极具挑战性，这可能需要数据库设计人员来寻求其他解决方案，而不是局限在关系数据库的固定结构之内。

　　准确性（Veracity）。大数据中可能包含未知数量的不准确数据，它们对分析和决策的准确性产生副作用。数据验证需要交叉检验，这又会涉及更多的数据。

　　价值（Value）。在大数据的背景下，价值不一定用金钱衡量，而是取决于数据的有用性。大数据里一般包含大比例的与处理分析无关的低密度数据。**低密度数据**（low-density data）是指包含大量不重要细节的数据。与之相反的是**高密度数据**（high-density data），这些数据里面有很多有用的信息。

> **快速检测**
>
> 对可口可乐公司的市场研究人员而言，所有 Twitter 用户一周内的推文被视作_____？
> a. 1ZB　　　　　　b. 低密度数据
> c. 档案　　　　　　d. 高速数据

9.5.2　大数据分析

　　19 世纪 70 年代的摇滚乐队 Led Zeppelin 被指控称，他们热门歌曲 Stairway to Heaven 中的一段即兴演奏，抄袭了一个名为 Spirit 的鲜为人知的乐队。与其他大面积抄袭案例（比如 The Beach Boys 的 Surfin' Safari 这首歌，其整个基调都来自于 Chuck Berry 早期的一首名为 Sweet Little Sixteen 的歌曲）不同，Led Zeppelin 的这个事件仅涉及短短 10 秒的即兴演奏：Stairway to Heaven 开始的吉他旋律与 Spirit 的那首歌 44 秒处的旋律相似。

　　假如你在法庭上为 Led Zeppelin 辩护，这时你想在更早的音乐中找到与之类似的旋律。而 MusicHype 的首席执行官 Kevin King 估计，目前大约有 9700 万首录制歌曲，也就是说大概有 276TB 的数据，这比 480 万小时的音乐还多。面对如此庞大的数据，我们需要特殊的分析工具来进行筛选，才能及时得到对辩护有利的信息。

　　大数据分析有用吗？ 搜索全世界所有的录制音乐只是对大数据的一种非常特殊的应用。还有很多其他有趣又专业的大型数据集值得我们去探索。

　　篮球迷可以根据 NBA 球员的统计数据来预测决赛的胜

> **术语**
>
> ngrarm 是指从一段文本或演讲中得出的条目序列，它们基本上都是包含一个或多个单词的短语。ngram 是文本和演讲分析的重要工具。

者以及双方分差。有一种名为 SportVU 的针对球队的服务，它在职业篮球比赛中放置摄像头，收集大约 100 万个数据点。每场比赛的数据报表会在 90 秒内处理好，然后发送到教练的数字设备上。利用这些数据生成的热图可以显示球场上的交锋热点，然后我们可以据此制定防守策略。

大数据的一个另类用途是搜索 Google Books Ngram 的数据集。谷歌将它扫描的每本书中的单词存储为 ngram，因此 ngram 就描述了单词序列。利用 Google Books Ngram Viewer，我们可以包含超过 5000 亿个单词的大量集合（这涉及 1800 年到 2000 年之间的八百多万本书籍）中提取出像"Royal Wedding"这样的单词序列。这种数据挖掘可以实际应用到一些地方，比如找到某术语第一次被使用的地方，再比如确定某个事件发生多久之后才被文学作品所引用。

> **试一试**
>
> 从什么时候开始皇室婚礼成为最热门的话题？打开 Google Books Ngram Viewer 并输入短语 Royal Wedding 进行查找。再输入一些别的短语，看看它们的用法随着时间推移有何变化。

对大数据探索的主流趋势是寄望于其产生的商业利益。目前在大数据上的很大一部分支出是用于提升客户体验以及提供有针对性的市场方案，实时分析和决策也是我们投资大数据技术的重要原因。图 9-54 概要地介绍了一些在大数据领域投资较大的企业或部门。

政府	零售	卫生保健	通信
·恐吓预警	·消费者行为分析	·监测传染性疾病	·留住客户
·网络安全	·积分项目管理	·基因分析	·通话记录分析
·民意及法规分析	·供应链优化	·设计前瞻性护理计划	·基础建设优化

图 9-54　各个行业的大数据

大数据如何用于营销？ 大数据营销分析的目标是使企业商品和服务取得的利润最大化，为了实现这一目标需要涉及多方面的工作。图 9-55 按步骤展示了一家全国连锁店在即将到来的假期中是如何使用大数据分析来最大化视频游戏利润的。

9.5.3　NoSQL

Jimi Hendrix（20 世纪 60 年代的摇滚歌星）、Alicia Keys（现代流行明星）和 Francis Scott Key（1779 年出生的一名业余美国诗人）之间有什么联系？对这一问题，音乐学者会从音乐相关的角度得出结论；企业的管理人员则会通过运行数据库与分析数据库内的数据来分析。关系数据库和 SQL 在面对这种大数据问题时效果并不太好，这个时候，NoSQL 为我们提供了其他的工具来解决相关问题。

什么是 NoSQL？ NoSQL 是指用来管理非关系模型数据库的一组技术，或者是无法用标准 SQL 语言处理的数据库的技术。不过，SQL 并非完全与这些技术割裂开来，一些行业专家认为 NoSQL 的意思是"不仅是 SQL"，还有一些其他的术语权威则认为称之为 NoREL 更准确，意思是"非关系型的"。不过，NoSQL 已经成为技术词汇表的一部分，因此从业者在表达非关系型数据库和非关系型数据库工具时还是更多地使用 NoSQL 而不是 NoREL。

第一步：收集多方数据并使用预测模型对其进行分析。一般在假期到来的前
几个月来做这些工作。

电影　　　　网页　　　　社交　　　　游戏行业　　前一季的
发行　　　浏览模式　　媒体评论　　广告支出　　热销游戏

第二步：确定需求最大的地方，然后在这些地区的商店中投放更多的游戏商品。
这一项工作所需的数据来源很广。

商店和电商　　　　人口　　　　　本地
网站的交易量　　统计数据　　社交媒体

第三步：使用在线分析处理工具来生成即时价格指导，根据其中的需求增长或库存缩减
信息来调整价格。

客户需求　　竞争对手的定价　　库存水平

第四步：通过对内部数据库和外部数据集的大数据进行筛选来查找和定位客户。

社交媒体　　购买历史　　浏览模式　　游戏论坛　　积分项目

第五步：制定网上和店内促销活动，尽可能多地吸引消费者购买这款游戏或者相关的周边产品。

对进行预订的消费者　　通过社交媒体、短　　为他们提供折　　根据他们的购
进行区分，了解他们只　信、电子邮件或赞助　扣、礼品卡或积　买记录提供附赠
是一开始有购买的想法　广告联系他们　　　　分点　　　　　产品
还是十分坚定地要购买
该商品

图 9-55　使用大数据分析来销售视频游戏

　　NoSQL 技术可以有效地构建和管理非关系型数据库（其中包含的大数据是非结构化的，
并且可能是具有动态调节能力的跨服务器分布的）。如果你希望想象出 NoSQL 的模样，请记

住图 9-56 中的 4 个特征。

 分散式。跨设备处理数据。

  动态调节。随着数据库规模增大或传输数据速度更快，我们可以比较方便地加入新的存储设备。

 数据灵活性。可处理各种数据类型，包括结构化、半结构化和非结构化数据。

 非关系型。使用标准关系模型和 SQL 之外的其他数据模型。

图 9-56 NoSQL 的特性

快速检测

NoSQL 是一种＿＿＿＿＿＿＿。

a. 数据库模型

b. 与 SQL 截然不同的查询语言

c. 用于大数据领域的大容量存储设备

d. 一组非关系型工具

为什么实现分布式数据很困难？ 设想一下你正坐在电脑前，假如你正在做一些天文项目的研究，想要分析来自 Sloan Digital Sky Survey 的数据。这个数据集大小约为 23 TB，而你的硬盘只有 4GB。这时你可以选择纵向扩展，去购买一个工业级的 25 TB 的驱动器，也可以选择横向扩展，将数据分散到几个较小的驱动器中。

纵向扩展（scale up/scale vertically）方法将资源加入单独的设备中。其优势在于数据集仍然为一个单元，我们可以使用标准的关系数据库工具来执行查询、连接和更新。随着数据库规模不断扩大，一些公司会采用纵向扩展策略，也就是说它们去购买容量更大的存储设备和更新、更快的计算机来处理数据库查询。然而，单台计算机的性能总是有限度的，随着不断有新的用户加入就会在查询中遇到处理器瓶颈。纵向扩展解决不了这个性能问题，需要其他的优化策略。

横向扩展（scale out）方法会向系统中引入更多的设备，通常是在局域网或因特网的云中添加节点。为了容纳 23TB 的 SDSS 数据，你可以将数据分配到家庭网络的其他设备上或者分配到云存储设备中。

快速检测

下面哪种数据库扩展受限更多？

a. 横向扩展

b. 纵向扩展

分布式数据库需要将其分成更小的单元，就像分解冰块一样。将数据库划分为分散的子数据集的过程称为分片，每个数据子集被称为**碎片**（shard）。数据库划分的首要问题就是怎样进行划分，另外划分之后要如何向所有保存数据的设备发送查询。

至此，你可能会发现分布式数据与拥有大数据集的公司、网站以及社交媒体平台之间有何关系。处理大数据的信息系统可以纵向扩展到一定程度，但是随后还是得转为横向扩展，此时就会需要一套新的数据库管理工具，而这些工具正是由 NoSQL 技术提供的。

动态调节的重要性在哪里？ 许多年前，当电子商务还是一门新兴技术时，维多利亚的秘密（Victoria's Secret）设计了一个营销计划，即在互联网上进行走秀的现场直播。大家的兴致都非常高，导致节目刚开始一分钟，就因为请求连接的用户过多使服务器崩溃了。

快速检测

动态调节适用于＿＿＿＿。

a. 数据库存储

b. 网络连接

c. a 和 b

d. a 和 b 都不是

如今，Victoria's Secret 可以使用动态云的方案来按需添加容量，并释放那些不再需要的容量。**动态调节**（dynamic scaling）或者叫自动调节（autoscaling）通过按需横向扩展，以确保处于峰值负载时的数据库吞吐量在承受范围内。对于新近推出的网站上出现病毒而产生大量用户流量或者电商业务在假期出现季节性高峰这些情况，我们就需要用到动态调节。

动态调节可以应用于数据库服务器和通信服务器。通信服务器处理可连接用户数量，而数据库服务器处理已存储的可访问数据记录。动态调节应用在数据库服务器上的难度较大，因为在运行过程中数据库管理系统需要动态地进行分片。最后再次强调一下，相比于 SQL，NoSQL 工具在像动态调节这样的适应性方面表现更加出色（图 9-57）。

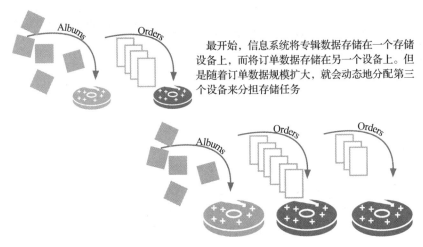

最开始，信息系统将专辑数据存储在一个存储设备上，而将订单数据存储在另一个设备上。但是随着订单数据规模扩大，就会动态地分配第三个设备来分担存储任务

图 9-57　动态调节如何工作

为什么说非结构化数据是一个很大的挑战？ 关系数据库存储结构化数据，这种数据有两个重要特征。首先，它可以很容易地分解成适合行列表格结构的离散字段；其次，多个输入的数据是按照已经定义好的结构存储的，比如一个客户记录类型或库存记录类型。数据库组织更倾向于结构化数据，不过，正如图 9-58 所示，半结构化或非结构化的数据越来越多。

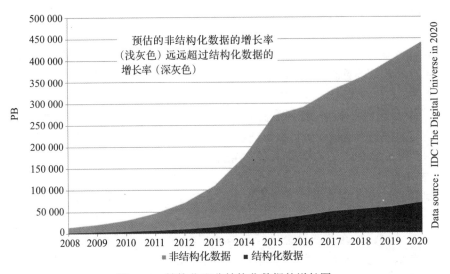

图 9-58　结构化和非结构化数据的增长图

非结构化和半结构化数据（像推文、电子邮件、博客帖子、Facebook 动态、图片以及视频）难以用一种固定的结构去框定，强行将它结构化会付出大量的金钱和时间，而且结果可能也不令人满意，因为随着你对数据的修改，很多内容也会丢失。

例如，推文中包含丰富的基础数据，比如发布者的关注人数。在需要的时候，可以将那些数据放到与推文主体分开的表格中。但是，粉丝、推文、# 标签和被 @ 提到的人等两两之间都会产生关系，最后所有的关系就像一盘意大利面，非常难以管理。

关系数据库是根据一种**模式**（schema）来组织的，该模式只是其结构的简单蓝图。关系数据库中的关系表以及表的行和列都是其模式的一部分。模式是在设计数据库时定义的，并且在数据库整个运行周期中都保持不变。

NoSQL 工具可以创建一种被称为**无模式数据库**的新型数据库，它允许在数据库运行期间对数据结构（比如字段）进行添加、修改或分散。

"无模式"这个说法可能稍显夸张，其实关系数据库也可以一定程度地修改模式，并且 NoSQL 数据库实际上也是有结构的。"无模式"这一术语更多的是向我们传递一个概念，即更少形式化而更多灵活性的结构。4 种常用的 NoSQL 数据模型是键值、面向列、面向文档和图。

键值数据库模型的结构是什么？ 在 NoSQL 数据库中，最简单的存储结构就是**键值数据模型**（key-value data model）。设想一个充斥着各种物品的大鱼缸，每个物体都有一个唯一的 ID，随时都可以从中取出指定的物品。

在一个键值数据库中，每个数据项都有一个键作为它的唯一标识符，它与关系数据库中的键（如 CustomerID 或 LicensePlateNumber）类似。与键相关联的值可以是任何数据块，比如一个推文、一张图片、一个视频、一封电子邮件、一个 PDF 文档、一个超文本链接或一段录音。图 9-59 中显示了键值模式。

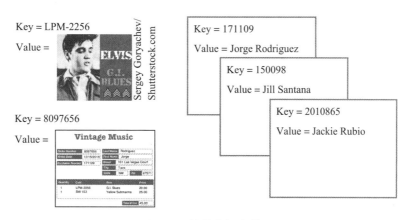

图 9-59　键值数据库模型

面向列的数据库模型结构是什么？ 假设现在你想要找到所有包含 #pressplay 的推文，而所有的推文都以某种方式存储在关系数据库中，每条推文都用一个用户的 ID 作为开头，并且里面有包含日期内容和时间的字段或者可能有显示转发信息的字段。当你需要遍历这些不相关的关系型字段时，为什么面向列的数据库能够帮助你更快地访问数据呢？

面向列的数据模型（column-oriented data model）将数据按列存储而不是按行存储，因此，当你关注的重点是具有相似内容的数据块而非包含不同内容的数据记录时，它是更好的选择。图 9-60 显示了面向列的模式，我们可以更方便地对某一列中的所有数据进行搜索，比如 TWEETS 这一列。

NAME	@ USERNAME	TWEETS
Jill Santana	@JillSantana	#pressplay One final giveaway!
GroupieJoe	@GroupieJ	#pressplay Singing my favorite song
Jill Santana	@JillSantana	#pressplay Love it!
Jackie R	@JackieR	#PRESSPLAY Sasay Lobby Party
Ben Simons	@BeenBen	#Pressplay Next concert Chicago
Jorge Rodriguez	@JorgeAtlanta	#pressplay Breaking up
Jacki R	@JackieR	#PRESSPLAY No!

图 9-60　面向列的数据模型

文档模型的结构是什么？ 面向文档的数据库在本章前面的部分已经进行了说明，当时的例子是用 XML 标签标记文档可以实现对文本内容的高效搜索。文档有时被划分为非结构化数据，不过它们也可以被看作是一种结构复杂的数据，因为不同文档的长度及其所包含的元素序列都不尽相同。例如，《赫芬顿邮报》（Huffington Post）的一篇文章是在页面顶部标注作者姓名，而计算机协会（Association for Computing Machinery）的文章在最后标注作者姓名和简介。

试一试

如果图 9-60 中的数据被组织成一个关系数据库，那么你必须遍历每个人的数据记录然后再查找他或她的推文。然而这是一个面向列的数据库，所以你可以很快地直接搜索 TWEETS 列下所有的数据。

面向文档数据库的奇妙之处在于，每个文档的模式并不是在建立数据库时指定好的，同时也不由数据库管理系统维护。每个文档实际上是通过自身携带标记的方式来规定本身具有的模式。

由于每个文档都有自己的模式，<author> 标签的位置并不重要，就算没有作者标签也是可行的，在未来一些文档中甚至会允许使用 <coauthor> 标签。这就说明该方法对于处理多变内容拥有高度的灵活性。

图模型如何工作？ 图数据库在前面提到过，当时我们说它可以被灵活地用来替代层次数据库模型。这种数据库围绕具有属性的节点以及节点间的连接关系进行组织。对于有些数据，我们可能要基于关系进行提取或组织，图数据库模式就成为存储这类数据的实用又高效的办法。图数据库也可以用在社交媒体应用程序里来跟踪注册者的朋友、朋友的朋友以及活动这些相关信息。

假设你正在研究流行音乐史，并且对音乐家和歌曲之间的关联性十分感兴趣，比如你现在希望知道哪些音乐家或乐队影响了 Jimi Hendrix，或者你想了解有多少当代艺术家表演过

"The Star-Spangled Banner"这首歌，此时你需要从数据库中拿出所有的条目并且解析与之相关的所有联系。

想一想如果你想要展示所有这些音乐的联系，该如何设置关系数据库呢？事实上，除非使用图数据库模型，否则你很难完成这些工作。图 9-61 显示了这个图数据库的一小部分，其中音乐家、歌曲和乐队都是节点，节点之间的关系用相连的边来表示。

试一试

你能从图 9-61 中看出 Jimi Hendrix 与 Alicia Keys 是如何被 Francis Scott Key 关联到一起的吗？

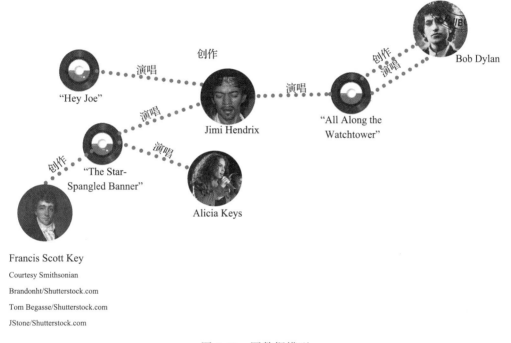

Francis Scott Key

Courtesy Smithsonian
Brandonht/Shutterstock.com
Tom Begasse/Shutterstock.com
JStone/Shutterstock.com

图 9-61　图数据模型

有哪些比较受欢迎的 NoSQL 工具？ NoSQL 工具包括 MongoDB、Cassandra、HBase、Hive、Presto、Google BigTable、Spark 和 Voldemort，但其中最受欢迎的是 Hadoop 和 MapReduce。

Hadoop 是在 2005 年开发的文件系统，它可以处理分布在多个服务器节点上的数以百万计的文件，一些世界上最大的网站都配置了 Hadoop。它存储着雅虎的搜索记录，还管理着 eBay 及许多其他电商网站的产品数据库。Last.fm 使用 Hadoop 进行版税报告和音频分析。LinkedIn 为它的 People You May Know 功能使用了 Hadoop。

术语

Hadoop 是以一个毛绒玩具大象的名字来命名的。

另一种能高效访问数据集的 NoSQL 技术 MapReduce 对 Hadoop 存储进行了完善。MapReduce 的实现方法与 SQL 非常不同，SQL 是从存储的记录里提取数据，并将它们交给完成数据处理工作的应用程序；而 MapReduce 是将处理逻辑发送给数据，最后只返回结果。图 9-62 说明了关系型数据库和 NoSQL 数据库之间的区别，并展示了 NoSQL 处理分布式大数据在效率上所具有的优势。

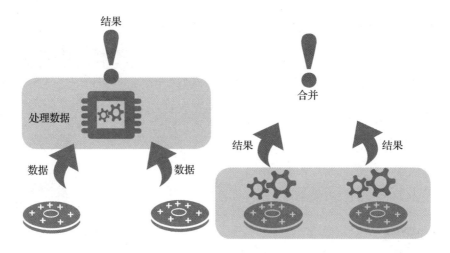

关系型数据库

　一条查询所需要的数据从分布式数据库的一个或多个碎片中提取，然后经由数据库管理系统处理，最后生成查询的结果

NoSQL数据库

　每条查询的处理逻辑都在保存数据库碎片的设备上执行，如果有必要的话，最后由数据库管理系统对结果进行合并

图 9-62　关系型数据库管理系统和 NoSQL 中 Hadoop、MapReduce 的比较

9.5.4　快速测验

1. 大数据在添加到数据库时需要快速地进行处理。因此，它的一个特点是____。

2. 当分析师必须对大量数据进行整理才能收集到相关信息时，这个数据集包含的数据被称作____密度数据。

3. 用于管理大数据的非关系型工具称为____。

4. 存储数据时最简单的结构是____值对。

5. ____是可以处理分布在多个服务器节点上的数以百万计文件的文件系统。

编　　程

在电影《史蒂夫·乔布斯：遗失的访谈》中，苹果联合创始人说："我想这个国家的每个人应该学习如何编程——应该学习计算机语言——因为它会教你如何思考。"真的吗？

应用所学知识

- 阅读一个简单的计算机程序，了解它旨在完成的任务。
- 写一个问题陈述，做出一个编程项目的假设、已知信息和终止条件。
- 定义计算机程序中的变量和常量。
- 在计算机上找到能够用于编写计算机程序的文本编辑器。
- 收集必要的编程工具，为 iPhone 或 Android 设备编写应用程序。
- 在开发计算机程序的过程中使用编译器或解释器。
- 根据其预期用途选择一种编程语言。
- 学习 Python 入门课程。
- 为简单的过程化程序开发一个算法，其中包括分支和循环的控制流。
- 通过 Python 程序来确定其输出。
- 绘制一个说明类、子类、属性、方法和继承的 UML 图。
- 识别面向对象程序中的对象。
- 使用 Prolog 编程语言编写简单的事实。
- 学会使用变量的 Prolog 查询。
- 识别 Prolog 程序中的规则。
- 创建一个决策表来指定作为 Prolog 程序规则基础的条件和操作。

10.1　A 部分：编程

编写一个简短的程序，在屏幕上显示"Hello World"是典型的学生入门编程的方式。而本章不同，你将对适用于任何编程语言的编程过程以及运行在各种设备（包括智能手机、个人计算机和企业信息系统）上的软件有一个大致的了解。

目标

- 描述编程和软件工程之间的区别。
- 列出问题陈述的三个核心要素并提供每个问题的示例。
- 提供至少三个使用预测方法完美解决的项目示例，以及三个使用敏捷方法完美解决的项目示例。
- 描述常量和变量之间的差异，并提供如何在程序中使用每个变量的示例。
- 列出在程序测试期间可能遇到的三种类型的错误。
- 解释形式方法的意义。

- 解释 STRIDE 和 DREAD 的用途。
- 解释防守编程的重要性。

10.1.1 编程基础

智能手机应用程序、产力软件、游戏，所有数字设备的好处都是由计算机程序支持的。什么是编程？本部分将向你介绍程序的世界。

计算机编程的范围是什么？ 计算机编程（computer programming）包含一系列广泛的行为，包括计划、编写、测试和记录。大多数计算机程序员在某种程度上参与程序开发的所有这些阶段，但他们专注于编写计算机遵循的用于执行任务的语句。

相关的活动，**软件工程**（software engineering）是一个开发过程，它使用数学、工程和管理技术来降低计算机程序的成本和复杂性，同时提高其可靠性和可修改性。软件工程的特点是它比计算机编程更加正式和严格。它用于大型软件项目，其中成本超支和软件错误可能会造成灾难性后果。

某些软件引擎活动与第 8 章中介绍的系统分析和设计活动重叠。为了区分两者，请记住，系统分析和设计包含信息系统的所有规范，包括硬件、软件、人员和程序，而软件工程往往专注于软件开发。

计算机程序是什么样的？ 正如你在前面的章节中学到的，计算机程序是一系列的分步指令，告诉计算机如何执行任务。一个典型的程序往往包含较为熟悉的英语单词。图 10-1 中展示了将英寸转换为厘米的简短程序。

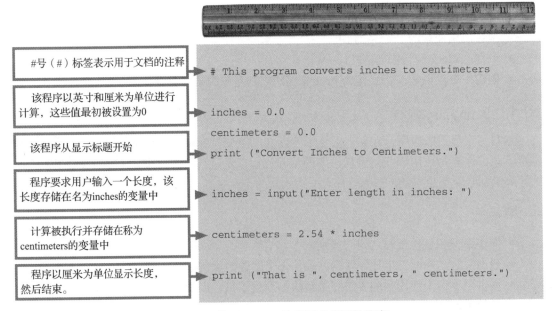

#号（#）标签表示用于文档的注释	`# This program converts inches to centimeters`
该程序以英寸和厘米为单位进行计算，这些值最初被设置为0	`inches = 0.0` `centimeters = 0.0`
该程序从显示标题开始	`print ("Convert Inches to Centimeters.")`
程序要求用户输入一个长度，该长度存储在名为inches的变量中	`inches = input("Enter length in inches: ")`
计算被执行并存储在称为centimeters的变量中	`centimeters = 2.54 * inches`
程序以厘米为单位显示长度，然后结束。	`print ("That is ", centimeters, " centimeters.")`

图 10-1 使用 Python 编程语言编写的程序

典型的计算机程序有多大？ 商业应用软件相比，在本章节中使用的程序相对较小。计算机操作系统的程序包含超过 5000 万条指令。即使是"小型"iPhone 应用程序也可能超过 40 000 条指令。

研究表明，一个人每天平均只能编写、测试和记录 20 条指令。那么，大多数商业程序都是由编程团队花费数月或数年时间完成的，就不会让人感到吃惊了。

程序员分为不同的类别吗？ 程序员通常分为专注于应用程序编程的程序员和专注于系统开发的程序员两种。

应用程序员编写办公应用程序（如 Microsoft Office）以及企业应用程序（如 CRM 和 ERP）。他们还为手机编写应用程序并开发在云端运行的 Web 应用程序。

系统程序员专注于开发系统软件，例如操作系统、设备驱动程序、安全模块和通信软件。某些系统程序员在团队中工作以创建新的系统软件。其他系统程序员可能负责通过调整各种操作系统和通信设置并编写小型定制实用程序来监控性能，从而确保大型计算机和服务器以最高效率执行操作。

开发 iPhone 或 Android 应用需要多少时间？ Kinvey 公司对 2013 年的 100 位应用程序开发人员进行的一项研究显示，iPhone 或 Android 应用程序的平均预期开发时间大约为 18 周。从简单的 MVP 应用到与企业系统交互的功能更完整的应用，应用的复杂性不尽相同。

> **术语**
>
> 在移动应用程序的背景下，MVP 代表最小可行产品。这些应用程序包含应用程序执行任务所需的基本功能。MVP 基本上是应用程序第一次迭代发布的原型。

> **快速检测**
>
> 在图 10-2 中，哪一类最能描述手机上 Facebook 应用的复杂性？
> a. 简单　b. 中等
> c. 复杂　d. 企业级

正如你所预料的那样，复杂的应用程序往往需要比简单 iPhone 应用程序更长的开发时间。它们也更昂贵，开发移动游戏的成本可能会超过 25 万美元。图 10-2 根据复杂性列举了开发时间。

复杂度	特征	成本	开发时间
简单	静态数据和服务器端的交互	1000 ～ 30 000 美元	2 ～ 4 周
中等	具有静态数据和服务器端的交互	8000 ～ 50 000 美元	4 ～ 8 周
复杂	具有动态数据、服务器端交互和社交媒体整合	9000 ～ 60 000 美元	8 ～ 12 周
企业级	复杂应用程序的所有特性，以及与 CRM、电子商务和其他企业信息系统的融合	50 000 ～ 150 000 美元	12 ～ 18 周

图 10-2　iPhone 应用程序的开发时间和成本

10.1.2　编程计划

假设一组市场分析师，甚至是一群饥饿的学生，想要确定哪家比萨餐厅提供最佳交易。你和一小群朋友决定创建一个免费的应用程序，帮助用户从当地的比萨店找到最佳交易。最终，你的团队希望通过向餐馆所有者出售广告来获利。但最初，你只打算创建一个可以在 iPhone 上运行的简单 MVP 应用程序。

程序员如何构造一个计算机程序？ 你尝试使用计算机解决，而其通常以问题开始。例如，"在哪家比萨店能达成最佳交易？"但是这样的问题表达形式可能不是计算机所能够直接理解并找到答案所要求的形式。

"在哪家比萨店能达成最佳交易？"这个问题含糊不清，它没有具体说明有哪些信息可供选择，或者如何界定最佳交易。你对比萨有什么了解？价格？馅料？尺寸？"最佳交易"的意思是什么？它是指最便宜的比萨吗？它是为你提供了性价比最高的馅料的比萨吗？它是你和你的朋友们共同寻找的售价 24.63 美元的比萨中最大的吗?

规划计算机程序的过程始于一个明确定义程序目的的问题陈述。

什么是问题陈述? 在编程环境中,问题陈述定义了为达到结果或目标而必须操纵的某些要素。计算机程序的一个很好的问题陈述有三个特点:

- 它规定了定义问题范围的任何假设。
- 它明确规定了已知的信息。
- 它指定问题何时解决。

研究图 10-3,看看你是否能够制定出比最初模糊的问题(在哪家比萨店能达成最佳交易?)更好的问题陈述?

图 10-3   你能说明"最佳交易"的问题陈述吗

什么是假设? 在一个问题陈述中,假设是指你把它看作真实的东西,以便继续进行程序规划。

假设可以用来定义问题的范围,以使它不会变得太复杂。编程有时以一组简化问题的假设开始。在解决了问题的简化版本后,后续版本可以处理更复杂的问题。例如,对于比萨问题,可以通过做出图 10-4 中列出的假设来限制其复杂性。

 该程序将一次比较两个比萨。程序的后续版本可能允许用户比较任意数量的比萨

 一些比萨是圆形的,而另一些则是方形的,但是没有比萨是矩形的。这个假设简化了问题,因为你只需要处理比萨的大小,而不是比萨的长和高。最后,你可以修改程序的这个方面来处理矩形比萨

 比萨具有相同的馅料,所以该程序将不必比较含有五种肉馅料的比萨以及仅有蘑菇和奶酪两种馅料的比萨

Red Hot Deal   每平方英寸价格最低的比萨是最好的选择

图 10-4   比萨程序的假设

Mike Flippo/ Shutterstock.com

已知信息如何应用于问题陈述？ 问题陈述中的**已知信息**是提供给计算机以帮助解决问题的信息。对于比萨问题，已知信息包括来自两家比萨店的比萨的价格、形状和大小。已知信息通常作为条件包含在问题陈述中。例如，一个问题陈述可能包括这样的语句："给定两个比萨的价格、形状和大小……"

怎样在问题陈述中确定问题已经解决？ 确定已知信息后，程序员必须确定一个标准，指定何时问题才算解决。通常这一步意味着输出符合预期的结果。当然，你不能在问题陈述中指定实际的解决方案。例如，你不会知道 VanGo's Pizzeria 或 The Venice 在运行该程序之前是否拥有最佳交易，但你可以指定计算机输出哪个比萨是最佳交易。

假设我们确定最佳交易是每平方英寸价格最低的比萨。例如，每平方英寸成本为 5 美分的比萨比每平方英寸成本为 7 美分的比萨要好。那么，问题解决了，计算机计算出每个比萨的价格，比较这些价格，并打印出哪个比萨每平方英寸价格较低的消息。

你可以将问题陈述的这一部分写成："计算机将计算每个比萨的每平方英寸价格，比较价格，然后打印一条消息，指出哪个比萨每平方英寸的价格较低。"

比萨程序的问题陈述是什么？ 你可以将你的假设、已知信息和预期输出合并到问题陈述中，如下所示。

假设比较两个比萨，两个比萨都包含相同的馅料，比萨可以是圆形或方形的，并且给出两个比萨的价格、形状和尺寸，计算机将打印一条消息，指示哪个比萨每平方英寸的价格较低。

问题陈述是否提供了足够的编程计划来开始编写程序？ 制定问题陈述提供了最少量的计划，这对于最简单的程序来说是足够的。典型的商业应用程序或非 MVP 应用程序需要更加广泛的计划，其中包括详细的计划大纲、工作分配和时间规划。有几种软件开发方法可以帮助程序员计划、执行和测试软件。这些方法被分为预测方法和敏捷方法。

预测方法（predictive methodology）。预测方法需要预先构建大量的规划和文档它是用于建筑物和装配汽车的方法类型——定义明确且可预测的任务。预测性方法对于定义明确的软件开发项目非常有效，并且可以在其他类似项目中使用。

预测方法倾向于用于包含多于 10 个开发人员、地理上分散的开发团队以及关键的应用程序的大型软件开发项目。例如，通过使用预测方法学，可以成功地为空中交通管制或销售点系统制作软件。

敏捷方法（agile methodology）。许多软件开发项目都是独一无二的，但并没有很好的定义。与预测方法相反，敏捷方法在项目发展过程中更着重于灵活的开发和不死板的规范。对于在单一地点工作的一小群开发者而言，敏捷方法是他们的最佳选择。

例如，在敏捷驱动的项目中，程序员可能会生成整个项目的一个子集，向用户展示，然后根据收到的反馈计划下一个开发阶段。与预测方法不同，敏捷开发期望并欢迎功能上的细微改变，这促使开发人员生产出更好地满足用户需求的最终产品。

在敏捷开发框架中，开发程序的每次迭代的过程称为**冲刺**（sprint）。每个冲刺产生一个功能齐全且经过测试的程序。随后的冲刺根据用户反馈生成增强版本，可能会修改

快速检测

如果程序员使用一个____方法和一系列 sprint，HealthCare.gov 首次推出的软件可能会更加成功。

a. 预测
b. 系统开发生命周期（SDLC）
c. 敏捷
d. 企业

功能甚至扩展项目范围。

比萨项目是一个由小团队构建的小型应用程序,因此它适用于灵活的方法。问题陈述定义的第一个冲刺是建立一个 MVP 应用程序,要求比萨价格、尺寸和形状,然后计算哪个比萨的每平方英寸价格最低。

10.1.3 编写程序

关于计算机编程的一件很棒的事情是,你提供给计算机的指令是精确的,没有任何疑问或抱怨。你的程序是一个你可以完全控制的小宇宙。你从一张白纸开始,它会等待你下达命令。

如何创建一个计算机程序? 计算机程序的核心是一系列指令。这些指令有时称为程序语句。程序语句(有时简称为语句)是指导计算机执行动作或操作的计算机程序的最小单元。

正如一个英语句子是由遵循一组语法规则的各种单词和标点符号构成的,程序语句由关键字和参数组成,这些关键字和参数也要遵守一定的规则。

例如,假设你希望比萨计划结束时会显示一条消息,例如 "Vango's Pizzeria 的比萨是最佳交易"。使用 Python 编程语言编写时,显示该消息的语句如下所示:

```
print("Pizza at", restaurant , " is the best deal! ")
```

需要知道哪些关键字? 关键字或命令是具有既定意义的词。关键字因编程语言而异。然而,与人类语言一样,基本词汇表涵盖了大部分必要的任务,图 10-5 列出了一些在 Python 编程语言中使用的关键字。

> **快速检测**
>
> 下列哪一个 Python 关键字最适合从用户那里获取关于比萨形状的信息?
>
> a. input   b. while
>
> c. if   d. class

input	收集程序用户的输入信息
print	在屏幕上显示信息
while	开始一系列将在循环中重复的命令
break	终止一个循环
if	只有在指定的条件为真时才执行一个或多个语句
else	添加更多选项以扩展If命令
def	定义一系列的语句,以组成一个称为函数的单元
return	将数据从函数传输到程序的其他部分
class	将一个对象定义为一组属性和方法

图 10-5 Python 编程语言中的关键字

了解了关键字之后呢? 关键字可以与特定的**参数**(parameter)相结合,这些参数提供了关于计算机应该执行操作的更多细节。这些参数包括变量和常量。

　　程序员如何使用变量？ 诸如价格、形状和大小等因素通常在计算机程序中被视为**变量**（variable）。变量表示可以更改的值。例如，比萨的价格可以根据所购买比萨店的不同而变化或更改，所以 PizzaPrice 可以成为比萨程序中的变量。

　　相比之下，**常量**（constant）是整个程序中保持不变的一个因素。例如，数学常数 *pi* 的值总为 3.142。

　　计算机程序员将变量和常量看作有名字的内存位置，它们相当于空的盒子，以便在被计算机程序操纵数据时临时存储这些数据（如图 10-6 所示）。

　　语法的意义是什么？ 编程需要注意细节，例如关键字的顺序和标点符号的位置。尽管人们通常可以理解含糊不清的陈述，但计算机语言并不灵活——需要考虑每个句号、每个冒号、每个分号和每个空格是否符合规则。

pizzaShape	pizzaSize	pizzaPrice
round	12	10.00
pizzaArea	squareInchPrice	pizzeria
113.112	.088	VanGos

图 10-6　变量的值被储存在内存中

　　指定程序语句中关键字、参数和标点符号序列的规则集称为**语法**（syntax）。语法与人类语言的语法相似。图 10-7 给出了 Python 的一些语法规则。

图 10-7　管理标点和缩进的语法规则

　　可以用什么来编写计算机程序？ 你可以使用文本编辑器、程序编辑器或图形用户界面编写计算机程序。你的选择取决于编程语言和发行平台。开发 Android 应用程序的工具与用于开发 iPhone 应用程序的工具不同。台式机和笔记本电脑可能还需要另外一套编程工具。你将在本章的后面更深入地探讨编程语言和工具，但首先来看看用于编写程序的三个基本选项：文本编辑器、程序编辑器和可视化开发环境。

　　什么是文本编辑器？ 文本编辑器是任何可以用于基本文本编辑任务的文字处理器，例如写电子邮件、创建文档和编写计算机程序。记事本是 Microsoft Windows 提供的附件程序，它是用于编程 PC 的最受欢迎的文本编辑器之一。Pico 和 TextEdit 文本编辑器在 Mac 上很受欢迎。

　　使用文本编辑器编写计算机程序时，只需键入每个程序语句即可。这些语句存储在一个文件中，可以使用通常的编辑键打开和修改这些文件。

试一试

检查你的计算机是否有文本编辑器，如 NotePad 或 TextEdit。你有没有可用于编写程序的软件？

术语

程序员可以使用文本编辑器（而不是文字处理器）编写程序语句，使用文本编辑器生成的 ASCⅡ文件不包含居中、粗体和其他格式化属性的嵌入标记，这些在程序语句中是不允许的。

什么是程序编辑器？程序编辑器是专门为编写计算机程序而设计的一种文本编辑器。可以从一些商业软件、共享软件或免费软件源找到这些编辑器。它们的功能有所不同，但可以提供有用的编程帮助，例如关键字用特殊颜色标记、单词提示、键盘宏和搜索 / 替换。图 10-8 说明了文本编辑器和程序编辑器之间的区别。

图 10-8　文本编辑器和程序编辑器

什么是 VDE？ VDE（可视化开发环境）为程序员提供工具，通过指向和点击来构建程序的实质部分，而不是输入每个语句。用于移动设备的 VDE 基于**故事板**（storyboard），程序员通过操纵它来设计应用程序的用户界面。

使用 VDE 提供的工具，程序员可以向故事板添加对象，如控件和图形。在 VDE 的背景下，**控件**是一种基于屏幕的对象，其行为可以由程序员定义。常用的控件包括标签、菜单、工具栏、列表框、选项按钮、复选框和图形框。

可以通过指定一组内置**属性**的值来自定义控件。例如，可以通过选择形状、颜色字体和标题等属性值来为比萨程序定制按钮控件（如图 10-9 所示）。

> **快速检测**
>
> 哪个环境提供了编辑计算机程序的最佳工具？
>
> a. 文本编辑器
>
> b. 文字处理软件
>
> c. 程序编辑器
>
> d. VDE

10.1.4　程序测试和文档

计算机程序必须经过测试以确保其正常工作。测试通常包括运行程序并输入测试数据以查看它是否产生正确的结果。如果测试不能产生预期的结果，则程序会包含一个错误，有时称为 bug。必须纠正此错误，然后可以一次又一次地测试程序，直到它运行无误。

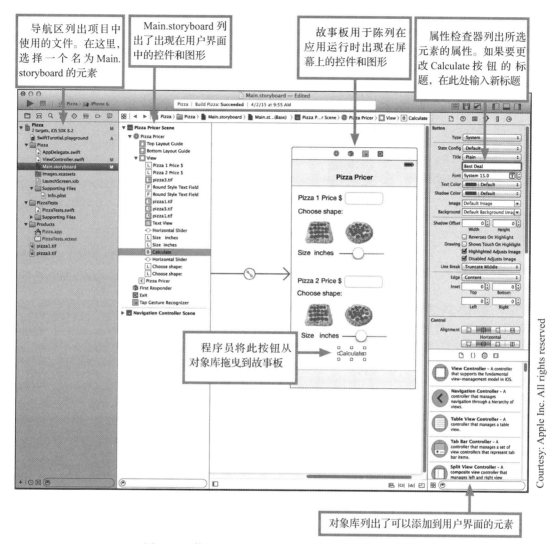

导航区列出项目中使用的文件。在这里，选择一个名为 Main.storyboard 的元素

Main.storyboard 列出了出现在用户界面中的控件和图形

故事板用于陈列在应用运行时出现在屏幕上的控件和图形

属性检查器列出所选元素的属性。如果要更改 Calculate 按钮的标题，在此处输入新标题

程序员将此按钮从对象库拖曳到故事板

对象库列出了可以添加到用户界面的元素

图 10-9　使用 XCODE VDE 来制作一个 iPhone 应用

什么会导致程序错误？ 无法正常工作的程序可能会崩溃、永远运行或提供不准确的结果。当程序无法正常工作时，通常是运行时、逻辑或语法错误的结果。

运行时错误（runtime error）。程序运行时发生运行时错误。某些运行时错误是由计算机无法执行的语句造成的。语句 `discountPrice = regularPrice / 0` 会产生运行时错误，因为除以零在数学上是不可能的操作，计算机无法执行。

逻辑错误（logic error）。逻辑错误是程序逻辑或设计中的一种运行时错误，例如使用错误的公式来计算圆形比萨的面积。逻辑错误可能是由于问题的定义不充分或计算公式不正确造成的，而且它们通常比语法错误更难以识别。

语法错误（syntax error）。当语句不遵循编程语言的语法规则或文法时会发生语法错误。例如，指令 `print "A" price "pizza is cheap."` 由于缺少一些标点符号而产生语法错误。正确的版本的指令是 `print ("A", price," pizza is cheap.")`。人们很

> **试一试**
>
> 为什么程序错误称为 bug？在网上搜索 grace hopper moth 来寻找出答案！

容易犯语法错误，但通常也很容易检测和纠正它们。图 10-10 列出了一些常见的语法错误。

- 省略关键字，例如 ELSE。
- 拼写错误的关键字，如错误地键入 PIRNT 而不是 PRINT。
- 省略标点符号，如句号、逗号或括号。
- 使用不正确的标点符号，例如需要分号时输入了冒号。
- 忘记加右圆括号。

图 10-10　常见语法错误

程序员如何发现错误？ 在计算机程序中查找和修复错误的过程称为**调试**（debugging）。程序员可以像校对者通过阅读每一行来定位程序中的错误，就还可以使用称为调试器的工具来逐步执行程序并监视变量、输入和输出的状态。调试器有时与编程语言打包在一起，或者可以作为附件获得。

计算机程序是否包含任何特殊文档？ 任何使用计算机的人都熟悉以用户手册和文件形式呈现出来的程序文档。程序员还将名为**注释**（remark）或备注的文档插入程序中。注释由语言指定的符号（如 Python 中的 #）或关键字（如 BASIC 中的 REM）标识。

注释对于想要在修改程序之前了解程序工作原理的程序员很有用。例如，假设你要对计算所得税的 50 000 行程序进行一些修改。如果原程序员留下了便于识别程序各部分用途的注释并解释了用于执行税务计算的基础公式，则可简化你的任务。

一份详细记录的程序包含用来解释其目的的初步注释，并对程序中那些目的不明确的地方进行附加注释。例如，在比萨程序中，表达式 3.142 * (radius* radius) 的目的可能不是显而易见的。因此，在表达式前面添加注释会很有帮助，如图 10-11 所示。

> **快速检测**
> 一个计算餐厅服务消费的程序计算出了错误的答案。这是什么类型的错误？
> a. Python 错误
> b. 语法错误
> c. 逻辑错误
> d. 以上都不是

> **快速检测**
> 当你在浏览 Python 程序时看见一个 # 符号，你应该意识到什么？
> a. 跟在这个符号后的文本是一个注释用来解释程序
> b. 这个程序是使用 SDK 或 IDE 编写的
> c. 这个程序被写成 sprint 形式
> d. 程序中有一个被调试器发现的语法错误

```
# For a round pizza, calculate area using pi (3.142)
# multiplied by size1 / 2 **2, which is the radius
# squared.
if shape1 == "round":
    squareInches1 = 3.142 * (size1 / 2) **2
squareInchPrice1 = price1 / squareInches1
```

图 10-11　注释用于文档化一个程序

什么时候可以发布程序？ 创建一个运行无误的程序不是软件开发过程的最终目标，程序还应该满足性能、可用性和安全标准。

性能（performance）。用户不喜欢等待程序加载。他们不想在程序访问基于 Web 的资源时等待太久。用户注意力的持续的时间大约是两秒钟，这意味着软件必须在该时间范围内响应命令和输入。本地设备、计算机网络或云端中存在的一些瓶颈可导致响应时间过长而使用户难以接受，特别是在企业信息系统内。为了确保性能是可以接受的，程序员可能需要进行实际的测试或使用可以模拟数千个虚拟用户、多个设备和可变网络条件的模拟实用程序。

可用性（usability）。程序应该易于学习和使用。如果按钮和输入区域被清晰标记并且符合大众标准，则可大大简化学习如何使用程序的过程。使用颜色和图形使程序具有视觉吸引力还可以提高程序的可用性和适销性。当程序高效时，其可用性也得到增强，用户应该能够以尽可能少的步骤执行任务。

安全（security）。制定编程规范时，就要开始保障软件安全了。诸如形式化方法、威胁模型分析和防御性编程等技术可以帮助程序员在整个软件开发生命周期中保持安全意识。

什么是形式化方法？ 形式化方法（formal method）帮助程序员将严格的逻辑和数学模型应用于软件设计、组合、测试和验证。据安全专家称，大多数软件安全问题都可以追溯到程序员在设计和开发过程中无意中引入的软件缺陷。产生安全漏洞的缺陷的一般性质是众所周知的。避免这些缺陷的一种方法是使用形式化方法。

使用形式化方法的组织倾向于生产更安全的软件，然而，形式化方法增加了软件开发的成本和时间，因此它们主要用于如空中交通管制和核反应堆监控这种系统，其中安全性至关重要。

什么是威胁模型分析？ 威胁模型分析（threat modelling）也称为风险分析，是一种可用于识别潜在漏洞的技术，其方法是列出应用程序的关键信息、对每种针对信息的威胁进行分类、对威胁进行排名并制定可在编程期间实施的威胁缓解策略。威胁可以使用诸如 STRIDE 这样的模型进行分类，如图 10-12 所示。

有些威胁比其他威胁更可能发生，有些威胁有可能造成比其他威胁更大的伤害。作为威胁建模过程的一部分，软件设计人员可以使用图 10-13 中的 DREAD 类别对威胁进行排名。

什么是防御性编程？ 防御性编程（defensive programming）也称为安全编程，是软件开发的一种方法，程序员可以在程序运行时预测可能出现的问题，并采取措施以顺利处理这些情况。它类似于防御性驾驶，需要驾驶员预测由不利条件或其他驾驶员的错误引起的危险情况。

防御性程序员预测合法用户、入侵者、其他应用程序、操作系统或第三方软件可能会破坏他们的程序的方式。与防御性程序设计相关的技术包括：

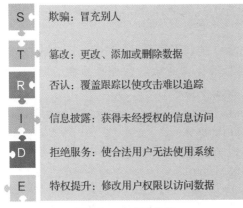

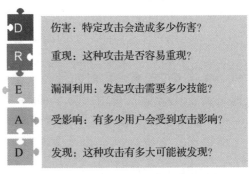

图 10-12　威胁分类　　　　　　　图 10-13　评估威胁的严重性

- **走查**（walkthrough）：开源软件经过广泛的群众监督，可以识别安全漏洞，但专有软件也可以从其他内部程序员的走查中受益。
- **简化**（simplification）。复杂的程序比简单的程序更难调试。简化复杂的部分有时可以减少程序的攻击漏洞。
- **过滤输入**（filtering input）。假设用户输入全为有效的输入是危险的。攻击者擅长于通过恶意输入导致缓冲区溢出和运行恶意 HTML 脚本。程序员应该在所有输入字段上使用一套紧凑的过滤器。

最后：编程真的很难吗？ 编程是需要关注细节和逻辑思维的活动。但是它也需要很好的创造力和创造性的想法。

正如你在本节中发现的那样，计划程序、输入程序语句、测试程序以及确保它们免受威胁的一些概念适用于编程过程，无论编程语言是什么或程序将运行在哪个设备上。无论是创建一个简单的移动应用程序或将复杂信息系统的模块捆绑在一起，这些都是程序员世界的基本概念。

10.1.5　快速测验

1. _____ 程序员专门开发用于生产力和娱乐的软件。

2. _____ 方法论侧重于项目发展过程中相对灵活的开发和规范。

3. 程序元素如比萨大小和价格是 _____ 的例子，因为它们的值可能会改变。

4. 程序 _____ 是计算机程序的最小单元，它指导计算机执行某项动作或操作。

5. _____ 方法是基于数学的技术，用于指定和验证计算机程序是否正常工作。

10.2　B 部分：编程语言

人类语言起源于遥远的过去，语言学家只有很少关于它们的起源和早期演变的证据。相比之下，编程语言在不到 100 年前就出现了，而且它们的演变有充分的文档记录。这些必要的编程工具是如何发展的？它们与人类语言有相似之处吗？B 部分将深入探讨这些问题。

目标

- 解释抽象概念如何应用于编程语言。
- 提供两个低级语言示例和 5 个高级语言示例。

- 解释汇编器如何与编译器相关。
- 描述编译程序和使用解释器的区别。
- 列出并描述三种流行的编程范式。
- 列出至少三种传统编程语言。
- 列出用于编写移动应用程序的两种编程语言。
- 列出三种开发动态 Web 站点的流行编程语言。
- 解释程序员如何使用 IDES、SDKS、VDES 和 API。

10.2.1　语言演变

编程语言可能看起来细致而复杂。程序通常看起来是由括号、圆括号和分号分隔的一些令人费解的公式和命令（如 System.out.println）组成的。程序员今天使用的语言经过了几代日益复杂的演变。花时间了解这些演变将有助于认清一些看似神秘的基本编程概念。

为什么一些编程语言比其他编程语言更复杂？*复杂性*不是一个技术术语。计算机科学家更喜欢使用"抽象"这一术语，从广义上讲可以消除细节，从理论上讲可减少复杂性。当应用于编程语言时，**抽象**会在程序员与指令集和二进制数据表示的芯片级细节之间插入一个缓冲区。

作为类比，考虑驾驶一辆带有手动变速箱的汽车，该手动变速箱要求你使用离合器和换挡杆进行换挡。与手动变速箱的汽车相比，带有自动变速箱汽车不需要驾驶员处理换挡。带有自动变速器的汽车具有较高的抽象等级，因为驾驶员不需要关心汽车硬件的结构和装置，对于编程语言来说，抽象会自动执行硬件级别的细节，例如如何将数据从内存移动到处理器或如何确定用户在触摸屏上选择哪个按钮。编程语言从低级语言演变为抽象级别越来越高的语言（如图 10-14 所示）。

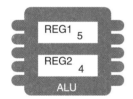

使用低级语言的程序员必须处理硬件级别的任务。以下低级语句将值加载到寄存器中，然后让它们相加：

MOV REG1
MOV REG2
ADD REG1，REG2

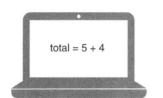

使用高级语言的程序员通过抽象级别来缓冲硬件细节，加载两个值并让它们相加只需要一个高级语句

> **快速检测**
> 下列哪一选项具有最高级别的抽象？
> a. 一个比萨
> b. 一个比萨盒
> c. 一幅描绘比萨的画
> d. 一个比较两个比萨的程序

图 10-14　使用抽象简化高级语言

什么是低级语言？低级语言的抽象级别较低，因为它包含针对特定 CPU 或微处理器系列的命令。低级语言包括机器语言和汇编语言。目前程序员很少使用低级语言。低级语言的语法极为详细且具有象征意义，这使得编写、调试和维护变得困难。

什么是高级语言？高级语言（high-level language）用基于人类语言的命令字和语法来提供一种级别的抽象，这种抽象隐藏了底层的低级汇编语言或机器语言。高级语言用于开发应用程序、游戏和大多数其他软件。

诸如 BASIC、Python、Java、Prolog 和 C++ 等高级语言通过用可理解的命令（如 PRINT

和 WRITE）替换无法理解的 1 和 0 的字符串或神秘的汇编命令，使编程过程更加轻松。使用高级语言简化了编程过程，并生成比用低级语言编写的程序更易于调试和维护的程序。

程序是如何从低级语言发展到高级语言的？ 第一台计算机在编程时没有编程语言。技术人员重新连接了计算机的电路，为各种处理任务做好准备。编程语言起初是非常原始的，但它们经过几代演变才成为今天的计算机语言。

第一代编程语言是什么？ 最初，程序员使用机器语言来编程计算机，这些语言有时被称为**第一代语言**（first-generation language）。在第 2 章中，你了解到机器语言由一组命令组成，这组命令表示为一系列的 1 和 0，对应于硬编码到微处理器电路中的指令集。

机器语言编程很容易出错。只是把 0 放在不合适的位置就会导致难以调试的致命错误。程序员很快意识到替代编程工具是必不可少的，这促进了第二代语言的发展。

什么是第二代语言？ 第二代语言（second-generation language）通过将机器语言中使用的 1 和 0 字符串替换为缩写命令字，为机器语言增加了抽象级别。这个新一代的语言被称为汇编语言。

与机器语言一样，**汇编语言**（assembly language）被分类为低级语言，因为它是特定于机器的——每个汇编语言命令都与机器语言指令一一对应。

汇编语言指令由两部分组成：操作码和操作数。**操作码**（operation code，简称为 op code）是一个命令字，用于指定诸如添加、比较或跳转等操作。指令的**操作数**指定操作的数据或数据的地址。当你查看图 10-15 中的汇编语言语句部分时，想想编写一个由数千个这种简洁而又神秘的操作代码组成的程序是多么乏味。

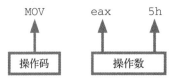

图 10-15   在 EAX 寄存器中存储 5 的汇编语言语句

快速检测
汇编语言被分类为＿＿＿。
a. 一种机器语言   b. 低级语言
c. 第三代语言   d. 以上都不是

处理器能否直接执行汇编语言语句？ 微处理器只能理解机器语言，因此必须有一些方法将汇编语言语句转换为 1 和 0 字符串。该任务是通过称为汇编程序的实用程序执行的。**汇编程序**通常读取用汇编语言编写的程序，将程序翻译成机器语言，然后将机器语言程序提交给处理器执行。

用汇编语言编写的程序在翻译之前不能运行。这个额外的步骤就是抽象的代价。但随着计算机容量和速度的提高，这种代价变得越来越小、越来越不重要。稍后你就会发现汇编程序是如何为与第三代编程语言同时出现的编译器和解释器铺平道路的。

什么是第三代语言？ 高级语言最初构思于 20 世纪 50 年代时，它们被称为**第三代语言**（third-generation language），因为它们似乎是对机器语言和汇编语言的重大改进。第三代语言使用易于记忆的命令字（例如 PRINT 和 INPUT）来取代几行汇编语言操作代码或机器语言中 0 和 1 的冗长字符串。

第三代语言，如 COBOL 和 Fortran，广泛用于商业和科学应用。Pascal 和 BASIC 是流行的教学语言，现在 C 和 C++ 在系统和应用软件开发方面仍然很流行，例如开发 Microsoft Windows 和 Linux。最近开发的第三代语言对于现代应用程序非常重要。Objective-C 和 Swift 是用于开发 iPhone 和 iPad 应用程序的编程语言，Java 用于开发 Android 应用程序。

第三代编程语言的一个重要特征是可以用简单的工具编写程序，例如文本编辑器，程序员可以很容易地理解程序语句。通读图 10-16 中的程序，你能猜到它的作用吗？

```
1    import random
2    min = 1
3    max = 6
4
5    rollAgain = "yes"
6
7    while rollAgain == "yes" or rollAgain == "y":
8        print ("Rolling...")
9        print ("The values are ...")
10       print (random.randint(min,max))
11       print (random.randint(min,max))
12
13       rollAgain = input("Roll again? ")
```

图 10-16　你能猜到下列程序的作用吗

快速检测
图 10-16 中的程序的作用是什么？
a. 比较两个比萨
b. 计算比萨的面积
c. 计算面包卷的数量
d. 模拟一对骰子

什么是第四代语言？ 许多计算机科学家都认为第三代语言可以消除编程错误。然而，使用第三代语言的程序员仍然犯了各种各样的错误，因此计算机语言的发展仍在不断进步。

1969 年，计算机科学家开始开发称为第四代语言的高级语言，它比第三代语言更接近于人类语言。**第四代语言**（fourth-generation language）（如 SQL 和 RPG）消除了许多使第三代语言复杂化的严格的标点符号和语法规则。

如今，第四代语言主要用于数据库应用程序。如图 10-17 所示，单个 SQL 命令，如 SORT TABLE Kids on Lastname，可以代替用第三代语言编写的多行代码。

```
SORT TABLE Kids on Lastname

PUBLIC SUB Sort(Kids As Variant, inLow As Long, inHi As Long)
    DIM pivot    As Variant
    DIM tmpSwap As Variant
    DIM tmpLow  As Long
    DIM tmpHi   As Long
    tmpLow = inLow
    tmpHi = inHi
    pivot = Kids((inLow + inHi) \ 2)
    WHILE (tmpLow <= tmpHi)
       WHILE (Kids(tmpLow) < pivot And tmpLow < inHi)
          tmpLow = tmpLow + 1
       WEND
       WHILE (pivot < Kids(tmpHi) And tmpHi > inLow)
          tmpHi = tmpHi - 1
       WEND
       IF (tmpLow <= tmpHi) THEN
          tmpSwap = Kids(tmpLow)
          Kids(tmpLow) = Kids(tmpHi)
          Kids(tmpHi) = tmpSwap
          tmpLow = tmpLow + 1
          tmpHi = tmpHi - 1
       END IF
    WEND
    IF (inLow < tmpHi) THEN Sort Kids, inLow, tmpHi
    IF (tmpLow < inHi) THEN Sort Kids, tmpLow, inHi
END SUB
```

图 10-17　第四代语言的语法很简单

第五代语言呢？ 1982 年，一组日本研究人员开始研究第五代计算机项目，该项目使用了 Prolog 语言——一种基于声明式编程范式的计算机编程语言，我们将在 10.5 节中详细描述该语言，Prolog 和其他声明式语言与第五代项目密切相关，并被列为**第五代语言**（fifth-generation language）。

然而，有些专家不同意这种分类，而是将第五代语言定义为那些允许程序员使用图形或可视化工具构建程序而不是键入语句行的语言。

10.2.2 编译器和解释器

你有没有试过查看软件应用程序的内容？ 如果你在像 Excel.exe 这样的文件里瞥一眼，你只能看到一堆数字和符号。程序员使用高级编程语言创建的人类可读程序发生了什么变化？ 这很可能是因为，程序员的源代码已经得到编译。

什么是源代码？ 程序员用高级语言创建的程序的人类可读版本称为**源代码**（source code）。就像使用汇编语言程序一样，源代码不能由微处理器直接执行。它必须首先被翻译成机器语言，这一翻译过程可以通过编译器或解释器完成。

编译器如何工作？ **编译器**（compiler）将单个批处理中程序中的所有语句进行转换，并将名为**目标代码**的结果集合置于新文件中。由下载站点提供的软件和为移动设备提供的应用都是一些含有能够直接被处理器执行的**目标代码**（object code）的文件。图 10-18 说明了编译器的工作原理。

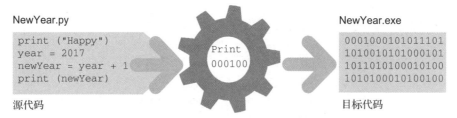

NewYear.py
```
print ("Happy")
year = 2017
newYear = year + 1
print (newYear)
```
源代码

Print 000100

NewYear.exe
```
0001000101011101
1010010101000101
1011010100010100
1010100010100100
```
目标代码

所有语句都被编译成一个包含机器代码的新文件。

图 10-18 编译器将源代码转换为目标代码

解释器如何工作？ 作为编译器的替代方案，**解释器**（interpreter）在程序运行时一次转换并执行一条语句。执行语句后，解释器将转换并执行下一个语句，依此类推。编译器和解释器有两个主要区别；首先，编译器创建机器代码的独立文件，而解释器不创建任何新文件；其次，编译器不执行任何指令，但是解释器执行。图 10-19 显示了解释器的工作原理。

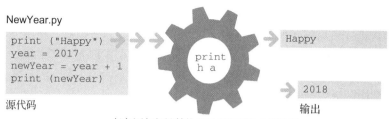

图 10-19 解释器转换并执行每条语句

为什么程序员需要编译器和解释器？编写和测试程序时，编译的额外步骤需要几秒钟，因此会减慢编程过程。另外，程序在编译时必须没有任何错误才能运行，这就迫使程序员在程序运行时查看整个程序之前修复一些小错误。

> **试一试**
>
> 连接到 *www.tutorialspoint.com*，选择 CODING GROUND 的链接，然后选择 Java。网站会显示一个"Hello World！"样例程序，单击 Execute 选项卡查看程序运行结果。

作为类比，设想一种带有诊断系统的新车，除非胎压、油位和其他机械装置完好无损，否则无法启动发动机。你可能需要进行大量调整，然后才可以开车试驾。如图 10-20 所示，编译器要求程序员在看到程序运行之前修复所有的语法错误。

```
1   import random
2   min = 1
3   max = 6
4
5   rollAgain = "yes"
6
7   while rollAgain == "yes" or rollAgain == "y":
8       print ("Rolling...")
9       print ("The values are ...")
10      print (random.randint(man,max))
11      print (random.randint(min,max))
12
13      rollAgain = input("Roll again? ")
```

```
COMPILE ERROR!
Traceback (most recent call last):
File "python", line 10, in <module>
NameError: name 'man' is not defined
```

图 10-20 直到语法正确，编译器才创建对象代码

该程序在第 10 行中包含错误，即使第 1 行到第 9 行不包含错误，它们的输出也不会显示，因为程序也不会编译它们。

> **快速检测**
>
> 脚本语言，如 JavaScript 和 PHP，都是____。
>
> a. 被解释的语言
>
> b. 第二代语言
>
> c. 目标代码
>
> d. 操作码

解释器执行尽可能多的语句，直到遇到错误，允许程序员测试程序并轻松定位错误。解释器面临的一个问题是它们暴露了源代码。作为源代码分发的软件应用程序可以很容易地被用户复制和修改。解释器的另一个问题是它们的操作速度比编译程序慢，这会降低效率并对用户体验产

生负面影响。

程序员如何选择使用哪一个？许多编程语言都有编译器和解释器，程序员可以选择在输入和测试语句的初始阶段使用解释器，然后使用编译器创建用于分发的对象代码。

一些语言，例如 C++ 和 Java，传统上使用编译器运行。程序员只是习惯于在程序运行的任何迭代之前调试语法错误。

有些语言通常不使用编译器。这些**脚本语言**被分发为可读的源代码，而不是目标代码。程序员为 Web 开发选择脚本语言，例如 Perl、PHP、Ruby 和 JavaScript，因为它们可以合并到 HTML 文档中或作为服务器端脚本安装。

10.2.3 范式和语言

现在有多少种编程语言？对此有很多猜测，有些研究人员认为编程语言的数量与人类语言一样多——超过 8000 种。确定的编程语言的数量大约是 600 种。有这么多种语言可供选择，程序员应该学习哪种编程语言？程序员如何选择最适合项目的语言？下面让我们找到这些问题的答案。

程序员如何选择一种语言？编程语言的选择不是随机的。在学习计算机编程、进入就业市场或开始开发软件项目时，编程语言的选择是成功的关键。因为编程语言种类太多，所以很难对它们进行分类。你已经看到，从第一代机器语言开始，编程语言可以分为五代。编程语言按历史分类为语言出现时段、语言发展时段以及最新语言。

还存在许多其他分类方案。根据受欢迎程度对语言进行分类有助于衡量哪些语言势头正热，并可能对求职者有用。编程语言也可以按其复杂性、安全漏洞和语法进行分类。不管你是否相信，有一种类型的语言都使用花括号来编程，即使用"{"和"}"将程序语句分成类似于段落的块。编程语言分类的另一种方法是基于编程范式。

试一试

你想知道哪种编程语言目前最受欢迎吗？转到 www.tiobe.com 并打开 Tiobe Index 的链接。向下滚动至图片部分，查看语言的流行趋势。

什么是编程范式？编程范式（programming paradigm）是指一种把任务概念化并构造出计算机能执行的任务的方式，而一些编程任务可以通过一些完成特定计算的步骤来得到最佳处理，其他任务可能通过那些构成计算基本的数据来得到解决。

一旦程序员评估了项目的最佳范式，就可以选择支持范式的编程语言。一些编程语言支持单一范式。其他编程语言（称为多参数语言）支持多种范式。图 10-21 提供了当今三种最流行的编程范式的简要描述。

范式	描述
过程化范式	强调线性步骤，为计算机提供有关如何解决问题或执行任务的说明
面向对象范式	将程序定义为一系列交互执行特定任务的对象和方法
声明式范式	侧重于使用事实和规则来描述问题

图 10-21 编程范式

怎样分类程序语言最实用？程序员通常会发现基于使用它们的项目类型对语言进行分类很有用。有些语言倾向于用于 Web 编程，而其他语言则倾向于用于移动应用程序、游戏和企业应用程序。通常会使用一组较老的编程语言来编写传统系统。图 10-22 基于它们在特定类型的项目中的使用描述了最常用的编程语言。

Web　　　Legacy　　　Game　　　Enterprise　　　Apps　　　Applications

Fortran（FORmula TRANslator）：最初的第三代语言之一，在20世纪50年代开发出来，至今仍用于科学应用。1957年

LISP（LISt Processing）：由著名的人工智能研究人员John McCarthy开发，LISP用于人工智能应用。1958年

COBOL（通用业务导向语言）：在20世纪后半叶广泛用于大型机业务应用的程序语言。1959年

BASIC（初学者通用符号指令代码）：BASIC是由John Kemeny和Thomas Kurtz开发的一种简单的交互式编程语言，曾经广泛用于学习计算机编程。1964年

C由贝尔实验室的Dennis Ritchie开发，C及其派生语言如今用于广泛的商业软件。1969年

Prolog（PROgramming in LOGic）：用于人工智能应用程序和专家系统的声明式语言。1972年

Ada是在美国国防部的指导下开发的一种高级编程语言，最初用于军事应用。1980年

C++源自C的面向对象编程语言，C++广泛用于许多现代编程项目类型。1983年

Objective-C用于为Mac OS和iOS开发程序的通用面向对象编程语言，包括为苹果的APP Store创建的应用程序。1983年

Perl最初是作为UNIX的脚本语言开发的，它是一种解释型语言，广泛用于Ticketmaster、craigslist和Priceline等网站。1987年

Python以英国喜剧系列Monty Python's Fig Circus命名，这种语言有一个相对简单的语法，这使得它易于学习。它支持程序和面向对象的范式，并用于Google和YouTube。1991年

Visual Basic（VB）由微软创建并从BASIC派生而来，VB是具有易于使用的可视化开发环境的第一批语言之一。经过许多版本之后，VB演变成微软的.NET开发框架。1991年

Ruby是一种解释型语言，它是称为Ruby on Rails框架的核心，该框架用于诸如Twitter、Hulu和Groupon等网站。1995年

图10-22　编程语言综述

Java是由Sun Microsystems开发并广泛用于基于Web编程的C ++衍生产品。用Java编写的Web应用程序在Java虚拟机（JVM）中运行，这就是为什么你可能会在计算机上定期看到更新Java的消息的原因。 Java也用于移动应用程序开发。 1995年

JavaScript不要与Java混淆，JavaScript是最常用于客户端Web脚本的解释语言，例如HTML表单上的动画页面元素和验证输入。 1995年

PHP目前在数百万个网站上使用，包括Udemy、Wikipedia和Facebook。 PHP是一个解释型语言，适用于服务器端脚本。 1995年

C#发音为"C sharp"，这种语言是由微软开发的，与和C的关系相比，它和Java的关系更接近，它主要由在Windows平台上工作的开发人员使用。2001年

Swift这个名单中最新的语言，Swift是由Apple创建的，旨在替换Mac OS和iOS软件开发中的Objective-C。 2014年

图 10-22 （续）

10.2.4　工具集

可以像任何软件应用程序一样下载和安装编程语言，交互式编程环境也可以作为不需要安装的 Web 应用程序在线提供。严谨的程序员通常下载并安装本地使用的编程工具，然而，语言只是他们工具集的一部分。

程序员使用什么工具？ 除编程语言外，程序员的工具箱还可能包含编译器、调试器和编辑器。一些程序员喜欢通过从一个供应商处获得一个编译器、从另一个供应商处选择一个交互式调试器并使用任何便利的编辑器（如记事本）来获得编程工具。更多的情况是，程序员下载或购买包含一系列编程工具的 SDK 或 IDE。

什么是 SDK ？软件开发工具包（Software Development Kit，SDK）是一组于特定语言的编程工具，它使程序员能够为特定的计算机平台（例如 Windows PC）开发应用程序。一个基本的 SDK 包含一个编译器、有关语言和语法的文档以及示例程序。更复杂的 SDK 可能还包括编辑器、调试器、可视化用户界面设计模块和 API。

SDK 的组件有时是工具的大杂烩，对于程序员来说没有一致的用户界面。为了更加优化的开发环境，程序员往往倾向于各种 IDE。

什么是 IDE ？集成开发环境（Intergrated Development Environment，IDE）是一种 SDK，它将一组开发工具打包到一个时尚的编程应用程序中。应用程序中的模块——编辑器、编译器、调试器和用户界面开发工具——具有统一的菜单和控件集，这简化了编程过程。Xcode 是 IDE 的一个示例，它用于开发 Mac、iPad 和 iPhone 的软件。Android Studio 也是一个 IDE，它用于为 Android 设备创建应用程序

（如图 10-23 所示）。

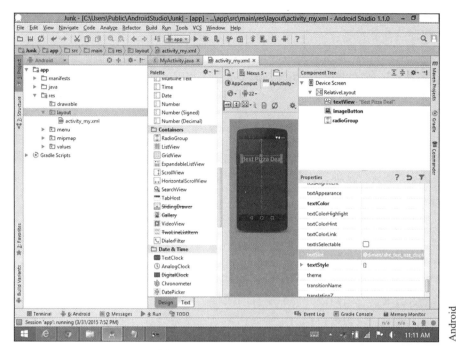

图 10-23　Android Studio IDE

什么是 API？ 在计算机编程的环境下，**应用程序编程接口**（Application Programming Interface，API）是程序员可以添加到他们创建的程序中的一组应用程序或操作系统功能。

例如，Windows API 包括对于任何使用 PC 的人都熟悉的各种对话框控件例程。浏览文件夹的功能是 Windows API 的一个元素，可以在任何用户有权限打开或保存文件的应用程序中使用。API 通常作为 SDK 的一部分提供。

程序员是否使用标准编程工具来开发计算机游戏？ 每个计算机游戏的核心都是一个将虚拟游戏世界、人物、武器和其他物体联系在一起的程序。大多数这些程序都是使用标准的 SDK 和 IDE 编程工具编写的。其他工具也很有用，如图 10-24 所示。

图形工具	在商业游戏项目中，艺术家通常使用位图、矢量、3D 和动画图形软件创建、渲染和动画化游戏对象。对于没有艺术才能的独立游戏，3D 动画角色可以通过在网上获得，有些自由艺术家在网上推销自己的作品，比如 Animation Central 等网站 一种名为粒子渲染器的特殊效果软件可帮助开发人员创建爆炸、火焰、雾和尘埃效果
运动工具	作为 API 发布的路径探索算法规定人物路线，限制和阻止他们穿过墙壁（除非他们是外挂）
音频工具	开发人员还可以使用各种音频和声音软件来记录、编辑和混合枪声、爆炸声和脚步声等声音效果，即使非音乐家也可以使用 MIDI 音序器或跟踪软件生成激昂的背景音乐。跟踪器音效很受欢迎，因为跟踪器软件产生的原始音乐可以为游戏增加音频维度
游戏播放工具	商业上可用的人工智能 API 和组件可以插入程序来控制自主的、非玩家控制的怪物和敌人的行为。物理 API 可以绑定到物体上，使它们以逼真的真实感对重力、动量和碰撞做出反应。数字版权管理（DRM）工具也可用于帮助游戏开发者保护他们的创作免受盗版和非法复制
开发人员包	微软的 DirectX SDK 包含了 API，它们是游戏开发者的流行工具。它包括用于 2D 和 3D 绘图、游戏播放界面、网络分发和多人游戏控制的组件

图 10-24　计算机游戏的编程工具

10.2.5　快速测验

1. 第____代编程语言，如 C、COBOL 和 Fortran，使用易于记忆的命令字。

2. 计算机编程____包括程序、面向对象和声明。

3. ____语言（如 JavaScript 和 PHP）被解释，而不是编译。

4. 编译器创建____代码。

5. ____是程序员可以添加到他们创建的程序中的一组应用程序或操作系统功能。

10.3　C 部分：过程化编程

　　制作通心粉和奶酪，解决数学问题，组装一辆自行车。日常生活中的许多活动都是通过一系列步骤来进行的。第一个计算机程序员也采用循序渐进的方法来解决使用计算机的问题，这并不奇怪。今天，这种程序化方法是程序员为电子游戏、移动应用程序和企业应用程序制作的许多软件的基础。

目标

- 解释算法与程序编程的关系。
- 列出可在程序开发的计划阶段用来表示算法的三种工具。
- 绘制一个图表，说明函数如何控制程序流程。
- 绘制一个图表，说明选择控制结构如何影响程序流程。
- 绘制一个图表，说明循环控制结构如何影响程序流程。
- 描述至少两个非常适合过程化方法的编程项目。
- 解释过程化范式的优点和缺点。

10.3.1　算法

　　计算机编程的早期方法基于编写计算机遵循的分步指令。这种技术今天仍然被广泛使用，并提供了一个简单的起点来学习编程的全部内容。本节中的示例是用 Python 编写的，因为它是最容易掌握的编程语言之一。

　　什么是过程化编程？ 传统的编程方法使用**过程化范式**（有时称为命令范式）将问题的解决方案概念化为一系列步骤。用过程化语言编写的程序由以某一顺序排列的独立语句组成，指示如何执行任务或解决问题。

　　支持过程化范式的编程语言被称为过程化语言。机器语言、汇编语言、BASIC、COBOL、Fortran、C 和许多其他第三代语言被归类为过程化语言。

　　过程化语言非常适合于用线性逐步算法易于解决的问题，过程化语言创建的程序有一个起点和一个终点。从程序开始到结束的执行基本上都是线性的，也就是说，计算机从第一个语句开始，执行既定的一系列语句直到程序结束。

　　什么是算法？ 算法是用于执行可以被记录并实施的任务的一组步骤。例如，制作一批通心粉和奶酪的算法是一系列步骤，包括煮开水、在水中煮通心粉和制作芝士酱（如图 10-25 所示）。

　　如何编写算法？ 计算机程序的算法是一系列步骤，它们解释了如何从问题描述中指定的已知信息开始，以及如何处理该信息以获得解决方案。

　　算法通常以不特定于指定编程语言的格式编写。这种方法允许程序员专注于制定正确的算法，而不会被计算机编程语言的详细语法分散注意力。在软件开发过程的后期阶段，该算法被转换成用编程语言编写的语句，以便计算机可以实现它。

正确制定的算法的一个重要特征是，只要仔细地遵循这些步骤，就可以确保完成算法的设计任务。如果通心粉和奶酪包装上的菜谱是正确配制的算法，则遵循菜谱，就保证能成功地得到通心粉和奶酪

图 10-25　一个类似于菜谱的算法

如何设计算法？ 要设计算法，你可以先手动记录解决问题所需的步骤。对于比萨问题，你必须获得有关每个比萨的成本、尺寸和形状的初始信息。比萨计划运行时，它应该要求用户输入解决问题所需的初始信息。你的算法可能是这样开始的：

询问用户第一批比萨的形状，并将其命名为 shape1 保存在 RAM 中。

向用户询问第一批比萨的价格，并将其命名为 price1 保存在 RAM 中。

询问用户第一批比萨的大小，并将其命名为 size1 保存在 RAM 中。

接下来，你的算法应该指定如何处理这些信息。你希望计算机来计算比萨每平方英寸的价格。然而，像"计算每平方英寸的价格"这样的陈述既没有指定如何进行计算，也没有指定应该对方形和圆形比萨执行不同的计算。图 10-26 显示了一套更合适的算法语句。

下一步是什么？ 到目前为止，该算法描述了如何计算一个比萨的每平方英寸的价格。它应该指定一个类似的过程来计算第二个比萨的每平方英寸价格。

最后，该算法应指定计算机如何决定显示解决方案。你希望计算机显示一条消息，指出哪个比萨每平方英寸的成本最低，因此你的算法应包含以下步骤：

如果 squareInchPrice1 < squareInchPrice2，那么消息 "Pizza 1 是最佳交易。"

如果 squareInchPrice2 < squareInchPrice1，则显示消息 "Pizza 2 是最佳交易。"

但是，如果两个比萨的每平方英寸价格相同，请不要忘记指出计算机要做什么：

如果 squareInchPrice1 = squareInchPrice2，则显示消息 "两个比萨价格相同"。

比萨问题的完整算法如图 10-27 所示。

快速检测

在图 10-27 中，下列哪一部分定义了输出？

a. 部分 1　　　　b. 部分 3

c. 部分 4　　　　d. 部分 5

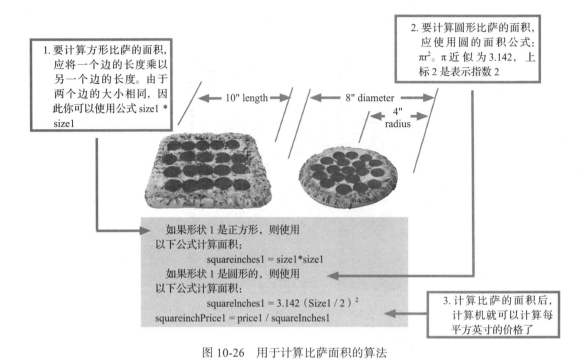

1. 要计算方形比萨的面积，应将一个边的长度乘以另一个边的长度。由于两个边的大小相同，因此你可以使用公式 size1 * size1

2. 要计算圆形比萨的面积，应使用圆的面积公式：πr²。π 近似为 3.142，上标 2 是表示指数 2

10" length

8" diameter

4" radius

如果形状 1 是正方形，则使用以下公式计算面积：
squareinches1 = size1*size1
如果形状 1 是圆形的，则使用以下公式计算面积：
squareInches1 = 3.142（Size1 / 2）²
squareinchPrice1 = price1 / squareInches1

3. 计算比萨的面积后，计算机就可以计算每平方英寸的价格了

图 10-26　用于计算比萨面积的算法

1. 获取第一个比萨的初始信息

Ask the user for the shape of the first pizza and hold it in RAM as shape1.
Ask the user for the price of the first pizza and hold it in RAM as price1.
Ask the user for the size of the first pizza and hold it in RAM as size1.

2. 计算第一个比萨的每平方英寸价格

If shape1 is square then
    calculate the square inches using the formula:
    squareInches1 = size1 * size1
If shape1 is round then
    calculate the square inches using the formula:
    squareInches1 = 3.142 * (size1 / 2) ^2
squareInchPrice1 = price1 / squareInches1

3. 获取第二个比萨的初始信息

Ask the user for the shape of the second pizza and hold it in RAM as shape2.
Ask the user for the price of the second pizza and hold it in RAM as price2.
Ask the user for the size of the second pizza and hold it in RAM as size2.

4. 计算第二个比萨的每平方英寸价格

If shape2 is square then
    calculate the square inches using the formula:
    squareInches2 = size2 * size2
If shape2 is round then
    calculate the square inches using the formula:
    squareInches2 = 3.142 * (size2 / 2) ^2
squareInchPrice2 = price2 / squareInches2

5. 比较两个比萨的每平方英寸的价格，然后输出结果

If squareInchPrice1 < squareInchPrice2 then
    display the message "Pizza 1 is the best deal."
If squareInchPrice2 < squareInchPrice1 then
    display the message "Pizza 2 is the best deal."
If squareInchPrice1 = squareInchPrice2 then
    display the message "Both pizzas are the same deal."

图 10-27　比较两个比萨的完整算法

10.3.2 伪代码和流程图

你可以用几种不同的方式表达算法，包括结构化英文、伪代码和流程图。这些工具不是编程语言，它们不能由计算机处理。其目的是让程序员记录它们对程序设计的想法。

什么是结构化英语？结构化英语（Structured English）是英语语言的一个子集，用有限的句子来展示问题的处理。请参考图 10-27，了解如何使用结构化英语来表达比萨程序的算法。

什么是伪代码？表示算法的另一种方法是使用伪代码。**伪代码**（pesudocode）是一种比编程语言更不正式的算法的符号系统，但它比简单地记下笔记更正式。编写伪代码时，程序员可以使用他们打算用于实际程序的计算机语言的命令字和语法。比较图 10-27 和图 10-28，看看是否可以识别结构化英语和伪代码之间的一些差异。

快速检测

在上面的伪代码中，以下语句的目的是什么？

squareInches1 ← size1 * size1

a. 它定义了 squareInches 变量

b. 它计算方形比萨的大小

c. 它计算一个圆形比萨的半径

d. 它确定哪个比萨是最佳交易

快速检测

以下哪项不被视为表达算法的一种方式？

a. 结构化英语

b. 流程图

c. 编译器

d. 伪代码

```
display prompts for entering shape, price, and size
input shape1, price1, size1
if shape1 = square then
        squareInches1 ← size1 * size1
if shape1 = round then
        squareInches1 ← 3.142 * (size1 / 2) ^2
squareInchPrice1ç price1 / squareInches1
display prompts for entering shape, price, and size
input shape2, price2, size2
if shape2 = square then
        squareInches2 ← size2 * size2
if shape2 = round then
        squareInches2 ← 3.142 * (size2 / 2) ^2
squareInchPrice2 ← price2 / squareInches2
if squareInchPrice1 < squareInchPrice2 then
        output "Pizza 1 is the best deal."
if squareInchPrice2 < squareInchPrice1 then
        output "Pizza 2 is the best deal."
if squareInchPrice1 = squareInchPrice2 then
        output "Both pizzas are the same deal."
```

图 10-28 比较两个比萨程序的伪代码

什么是流程图？表达算法的第三种方法是使用流程图。**流程图**（flowchart）是计算机执行任务时从一个语句到下一个语句的图形表示。比萨程序的流程图如图 10-29 所示。

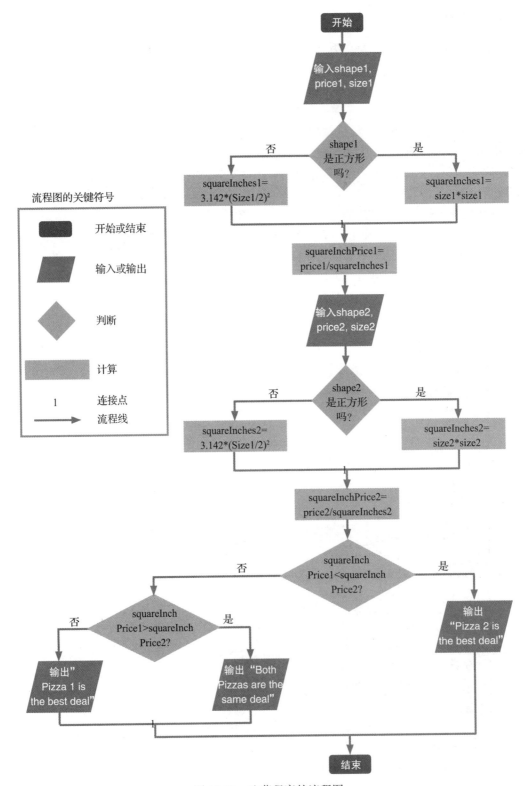

图 10-29 比萨程序的流程图

如何知道算法是否正确? 在完成计算机程序的算法之前，应该为简单的程序执行**走查**

（walkthrough），你可以使用计算器、纸张和铅笔用实际的测试数据逐步完成算法。

对于更复杂的程序，走查可能包括一组程序员的口头表达，这些程序员可以帮助识别算法中的逻辑错误，并提出使算法更有效的方法。图 10-30 说明了如何检查比萨程序的伪代码。

display prompts for entering shape, price, and size	用户被要求输入第一个比萨的形状、价格和尺寸 用户输入了square、10.0012

input shape1, price1, size1
if shape1 = square then
　　　　squareInches1 ← size1 * size1
if shape1 = round then
　　　　squareInches1 ← 3.142 * (size1 / 2) ^2
	第一个比萨是方形的，所以将进行如下计算：
	12×12 = 144 赋值给 squareInches1

squareInchPrice1 ← price1 / squareInches1	计算机还会计算$10.00/144 = 0.069 赋值给squareInchPrice1
display prompts for entering shape, price, and size	用户被要求输入第二个比萨的形状、价格和尺寸 用户输入round、$10.00、12

input shape2, price2, size2
if shape2 = square then
　　　　squareInches2 ← size2 * size2
if shape2 = round then
　　　　squareInches2 ← 3.142 * (size2 / 2) ^2
	第二个比萨是圆形的，所以计算机进行如下计算：
	3.142× (12/2)² = 113.112赋值给squareInches2

squareInchPrice2 ← price2 / squareInches2	计算机还会计算$10.00/113.112 = 0.088 赋值给squareInchPrice2

if squareInchPrice1 < squareInchPrice2 then
　　　　output "Pizza 1 is the best deal."
if squareInchPrice2 < squareInchPrice1 then
　　　　output "Pizza 2 is the best deal."
if squareInchPrice1 = squareInchPrice2 then
　　　　output "Both pizzas are the same deal."
	0.069 < 0.088，所以第一个比萨是最佳交易

图 10-30　比萨程序算法的走查

10.3.3　控制流

你有没有想过为什么计算机看起来如此多才多艺，即为什么它们能够适应这么多的情况？这种多功能性的关键在于程序员控制程序流程的能力。下面我们来看看这意味着什么。

什么是控制流？ 控制流（control flow）是指计算机执行程序语句的顺序。在**顺序执行**（sequential execution）期间，程序中的第一条语句首先被执行，然后是第二条语句，以此类推，直到程序中的最后一条语句。下面是一个用 Python 编程语言编写的简单程序，它输出 "This is the first line."，然后输出 "This is the next line."。

```
print("This is the first line.")
print("This is the next line.")
```

除顺序执行之外还有其他选择吗？ 有些算法指定程序必须按照与列出顺序不同的顺序执行语句，在某些情况下需要跳过某些语句或重复语句。**控制结构**（control structure）是指定程序执行顺序的语句。大多数过程语言有三种类型的控制结构：顺序控制、选择控制和重复控制。

顺序控制结构（sequence control structure）通过指示计算机在程序中的其他位置执行语句来更改执行语句的顺序。在下面的简单程序中，goto 命令告诉计算机直接跳转到标有"Widget"的语句：

```
print ("This is the first line.")
goto Widget
print ("This is the next line.")
Widget: print ("All done!")
```

按照图 10-31 中的流程图查看 goto 语句如何影响输出。

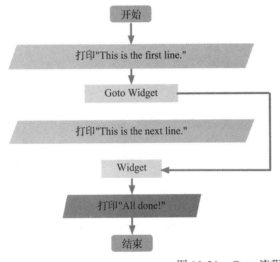

图 10-31　Goto 流程图

快速检测

图 10-31 中的流程图所描绘的程序应该会输出多少行？

a. 1　　　　　　b. 2

c. 3　　　　　　d. 4

程序员什么时候使用 goto 语句？ 从来不！虽然它是最简单的控制结构，但 goto 命令很少被熟练的程序员使用，因为它可能会导致程序难以理解。

1968 年，ACM 通信杂志发表了一封荷兰计算机科学家 Edsger Dijkstra 的名为"Go To Statement Considered Harmful"的著名维护函。在他的信中，Dijkstra 解释说，在程序中不恰当地使用 goto 语句会使其他程序员很难理解底层算法，这反过来意味着这些程序难以纠正、改进或校订。

那么 goto 的替代方案是什么？ 经验丰富的程序员更喜欢使用除 goto 以外的顺序控制来将程序执行转移到子例程、过程或函数。**函数**（function）是程序的一部分，但并不包含在主顺序执行路径中。

顺序控制结构指示计算机执行包含在函数中的语句，

快速检测

函数和 goto 命令之间的关键区别是什么？

a. 转到控制程序的另一部分

b. 跳转到程序的另一部分，无法返回

c. 转到简化程序逻辑

d. 上述所有

但是当这些语句执行后，计算机将利落地返回到主程序。图 10-32 显示了将控制转移到函数的程序的执行路径。

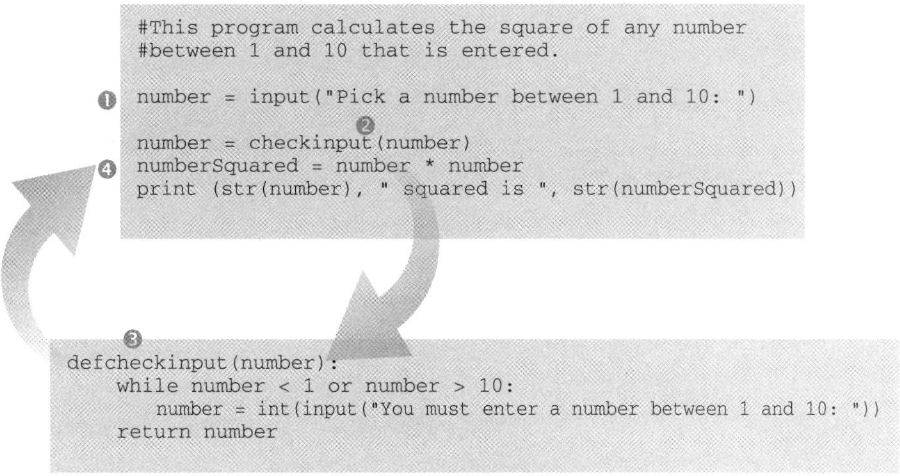

```
#This program calculates the square of any number
#between 1 and 10 that is entered.

number = input("Pick a number between 1 and 10: ")

number = checkinput(number)
numberSquared = number * number
print (str(number), " squared is ", str(numberSquared))
```

```
defcheckinput(number):
    while number < 1 or number > 10:
        number = int(input("You must enter a number between 1 and 10: "))
    return number
```

❶ 程序要求用户输入一个数字

❷ 接下来，程序获取数字并跳转到checkinput函数

❸ 在checkinput函数中，程序确保数字在1到10之间

❹ 介于1和10之间的有效数字将返回到主程序，其中数字进行平方运算并显示

图 10-32　函数如何工作

计算机在执行程序时能做出判断吗？ 选择控制结构（selection control structure）根据条件是真还是假来告诉计算机该做什么。选择控制结构的一个简单例子是 if...else 命令。

以下程序使用此命令来决定输入的数字是否大于 18。如果数字大于或等于 18，则计算机打印"You can vote !"；如果该数字小于 18，则该程序执行 else 语句并且打印"You are not old enough to vote."。

```
age = input("Enter your age:")
if age >= 18
    print("You can vote!")
else: print("You are not old enough to vote.")
```

图 10-33 使用流程图来说明计算机如何在判断结构中执行语句。

计算机能否自动重复一系列的语句？ 循环控制结构（repetition control structure）指示计算机重复一个或多个语句，直到满足某个条件才停止。重复的程序部分通常被称为循环或迭代。有几种样式的循环，并且在各种语言中循环命令字有所不同。例如，以 for 开头的循环可能不同于 while 循环或 do 循环。

在《绿野仙踪》中，桃乐茜必须三次敲击她的红宝石拖鞋的后跟，并念出"There's no place like home."，下面

试一试

画一个要求输入用户名和密码的程序的流程图。如果密码和 ID 正确，程序会连接到用户的 Twitter feed。如果密码不正确，程序将显示："该密码和用户 ID 存在问题，请重试。"

术语

选择控制结构也被称为**判断结构**或**分支**。

快速检测

当在图 10-33 中的流程图中输入数字 8 时，它是使用右分支还是左分支？

a. 右　　　　b. 左

的简短 Python 程序输出了这三次魔法语句。

```
for x in range(1, 4):
    print("There's no place like home.")
```

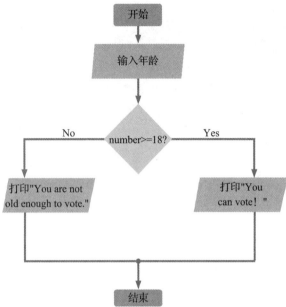

图 10-33 选择控制流程图

按照图 10-34 中程序执行的路径查看计算机如何在循环中执行一系列语句。

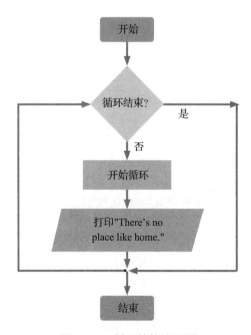

图 10-34 循环结构流程图

试一试

要更好地了解for循环的工作原理，请假装你是执行下面简短语句集的计算机。你可以使用边距中标记为x的框作为RAM。计算机还会有一个用于显示输出的屏幕，你可以使用边距中的输出框来实现此目的。现在，执行循环。

```
for x in range (1,4):
print ("There's no place like home.")
print ("The end.")
```

x

输出

1. 当计算机第一次看到 `for x in range(1,4):` 语句时，你将x设置为1。为此，请在边框中的x框中写入数字1。

2. 现在，执行下一个语句，`print ("There's no place like home.")`。要做到这一点，在输出框中写出语句"There's no place like home."。（提示：写小一点，输出框里还有更多内容。）

3. 语句 `print ("The end.")` 不在循环中，你怎么知道的？因为它没有缩进，所以你必须先完成循环，才能执行该语句。

4. 返回 `for x in range(1,4):` 语句，因为这是你第二次执行此语句，请在x框中空白处输入2。（提示：你可以擦除之前有的那个1。）

5. 你必须检查x框中的值是否为4。为什么？因为 `for x in range(1,4):` 语句意味着只有当x小于4时才能继续循环。现在，x仅为2，因此你可以继续。

6. 转到下一个语句，这是 `print ("There's no place like home.")`。在输出框中再次输入这个句子。

7. 继续，循环回 `for` 语句。

8. 继续将x框中的值更改为3。检查x框以确保它还不包含4。它没有包含4，所以继续。

9. 下一行指示 `print("There's no place like home.")`。在输出框中再次输入这个语句子，将x框中的值增加到4。再次返回 `for` 语句。

10. 这一次，当你检查x中的值是否是4时，它是。这意味着循环已完成，并且你应该跳到循环结尾处的语句。

11. 下一个语句是 `print ("The end")`，这样做，你已经完成了程序。

12. 当程序完成时，变量x应该为4，并且输出框中应该包含：

There's no place like home.

There's no place like home.

There's no place like home.

The end.

　　程序员如何使用控制结构来编写程序？比萨程序包括控制结构、关键字和编程语言提供的语法。图10-35提供了用Python编写的完整比萨程序。

快速检测

比萨程序中有多少行旨在接受输入？

a. 2　　b. 4　　c. 6　　d. 8

```
# The Pizza Program
# Tells you which of two pizzas is the best deal
# by calculating the price per square inch of each pizza.

# Collect information for first pizza.
shape1 = input("Enter the shape of pizza 1: ")
price1 = float(input("Enter the price of pizza 1: "))
size1 = float(input("Enter the size of pizza 1: "))

# Calculate price per square inch for first pizza.
# If the first pizza is square, multiply side1 by side2.
if shape1 == "square":
    squareInches1 = size1 * size1
# For a round pizza, calculate area using pi (3.142).
else:
    squareInches1 = 3.142 * (size1 / 2) **2
squareInchPrice1 = price1 / squareInches1

# Collect information for second pizza.
shape2 = input("Enter the shape of pizza 2: ")
price2 = float(input("Enter the price of pizza 2: "))
size2 = float(input("Enter the size of pizza 2: "))

# Calculate price per square inch for second pizza.
if shape2 == "square":
    squareInches2 = size2 * size2
else:
    squareInches2 = 3.142 * (size2 / 2) **2
squareInchPrice2 = price2 / squareInches2

# Decide which pizza is the best deal
# and display results.
if squareInchPrice1 < squareInchPrice2:
    print ("Pizza 1 is the best deal.")
if squareInchPrice2 < squareInchPrice1:
    print ("Pizza 2 is the best deal.")
if squareInchPrice1 == squareInchPrice2:
    print ("Both pizzas are the same deal.")
```

图 10-35　完整的比萨程序

10.3.4　过程化应用程序

过程化语言鼓励程序员通过将解决方案分解为一系列步骤来解决问题。这种方法有一定的优势，但也有缺点。

有哪些最受欢迎的过程化语言？ 最早的编程语言是过程化的。Fortran 由 IBM 于 1954 年开发，是第一个广泛使用的标准化计算机语言。它的过程化范式的实现为很多其他流行的过程化语言设置了模式，如 COBOL、Forth、APL、ALGOL、PL/I、Pascal、C、Ada 和 BASIC。本节中使用的示例语言 Python。是一种适合过程化编程的多范式语言。

什么样的问题最适合用过程化方法解决？ 过程化方法最适用于可以通过逐步算法解决的问题。它被广泛用于事务处理，

快速检测

过程化语言会是将俄语翻译成英语的程序的最佳选择吗？

a. 是的，因为翻译是一步一步的过程

b. 是的，因为俄语有一个简单的语法

c. 不，因为俄语使用不同的字母表

d. 否，因为翻译语言是一个非结构化问题

其特点是使用单一算法应用于许多不同的数据集。例如，在银行业中，无论存款和提取的金额如何，计算账户余额的算法是相同的。除此之外，数学和科学中的许多问题也适用于过程化方法。

过程化范式的优点和缺点是什么？ 过程化方法和过程化语言倾向于生成快速运行的程序并高效地使用系统资源。它是许多程序员、软件工程师和系统分析员都理解的经典方法。

过程化范式非常灵活和强大，它允许程序员将它应用于许多类型的问题。例如，虽然本节中的编程示例仅适用于圆形和方形比萨，但它也可以修改为处理矩形比萨。

过程化范式的缺点是它不适合某些类型的问题——那些非结构化的问题或那些非常复杂的算法。过程化范式也受到了批评，因为它迫使程序员将问题视为一系列步骤，而一些问题可能适合于被视为互动对象或相互关联的词汇、概念和想法。

10.3.5　快速测验

1. ____是一组执行程序员用结构化英语、伪代码或流程图表达的任务的一系列步骤。

2. COBOL、Fortran 和 C 是处理____范式时使用的编程语言的示例。

3. 选择控制结构根据条件是真还是假来告诉计算机该做什么，而____控制结构可以改变执行程序语句的顺序。

4. 函数是一系列程序语句，它是程序的一部分，但不包含在主执行路径中。对还是错？____。

5. 包含重复控制的程序部分有时被称为迭代或____。

10.4　D 部分：面向对象编程

真实世界由具有特定属性和行为的对象填充。这些对象之间的复杂交互并不总能被组织成一系列可以作为程序算法的简洁步骤。在本节中，你将发现面向对象的世界观以及它是如何翻译为计算机程序的。

目标

- 在面向对象范式中解释对象和类的重要性。
- 定义一个至少具有 4 个属性的名为 People 的示例类。
- 创建两个名为 Students 和 Instructors 的 People 的子类，它们至少继承超类的两个属性。
- 绘制一个说明继承概念的 UML 图。
- 解释面向对象程序中方法和消息之间的关系。
- 提供与 People、Students 和 Instructors 有关的多态性示例。
- 在面向对象的程序中解释 main（）的意义。
- 列出至少三种面向对象的编程语言。
- 解释封装的概念和抽象的关系。

10.4.1　对象和类

面向对象的范式基于对象和类，它们可以由程序的算法来定义和操作。Java 编程语言用于本节中的示例，因为它是实现面向对象程序的流行语言。

面向对象范式的基本着眼点是什么？ 面向对象范式基于这样一个观点，即一个问题的解决方案可以根据彼此交互的对象进行可视化。程序员不是将程序设想为一系列步骤，而是在面向对象的范式中工作将程序设想为数据对象，这些数据对象基本上彼此联网以交换数据

（如图 10-36 所示）。

什么是对象？ 在面向对象范式的背景下，**对象**（object）是代表抽象或真实世界实体的数据单元，例如人、地点或事物。一个对象可以代表一个 10.99 美元的小圆比萨，另一个对象可以代表一个名叫 Jack Flash 的比萨送货员，而另一个对象可以代表一位住在 22 W. Pointe Rd 的顾客。

对象和类之间有什么区别？ 真实的世界包含许多比萨、顾客和送货员。这些可以通过使用类以通用方式来定义这些对象。对象是实体的单个实例，**类**（class）是具有相似特征的一组对象的模板。

例如，Pizza 类定义了一组黏性意大利小吃，它们有各种尺寸，被制成长方形或圆形，并以各种价格出售。一个类可以产生许多独特的对象，如图 10-37 所示。

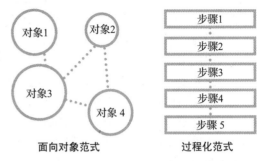

图 10-36　面向对象的范式与过程化范式

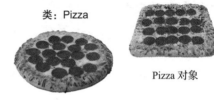

图 10-37　Pizza 类中可以包含多个 Pizza 对象

如何用对象和类来解决问题？ 当采用面向对象的方法解决问题时，首先要确定与解决方案相关的对象。正如你所预料的那样，比萨问题的解决方案需要一些比萨对象。

比萨的某些特性为解决问题提供了必要的信息。这些信息———比萨的价格、大小和形状——提供了 Pizza 类的结构。

一个类由属性和方法定义。**类属性**（class attribute）定义了一组对象的特征。你将在本节后面了解定义操作的方法。

每个类属性通常都有一个名称、范围和数据类型。Pizza 类中可能有一个属性被命名为 pizzaPrice，其范围可以被定义为公共或私有。

* 公共属性可供程序中的任何例程使用。
* 私有属性只能从定义它的例程中访问。

可以将 pizzaPrice 属性的数据类型定义为 double，这意味着它可以是任何十进制数，如 12.99。在第 9 章中，你遇到了数据类型的概念，其中字段可以被定义为文本、整数、实数、日期等。编程语言使用类似的数据类型，但术语可能不同。图 10-38 描述了 Java 用来指定类属性的数据类型。

数据类型	描述	样例
Int	整数	10
Double	带小数点的数字	12.99
String	多个字符、符号和数字	Square
Boolean	只有两个值	T或F

图 10-38　Java 数据类型

面向对象的程序员经常使用 UML（统一建模语言）图来规划程序的类。图 10-39 中的 UML 图显示了设想 Pizza 类的一种可能方式。

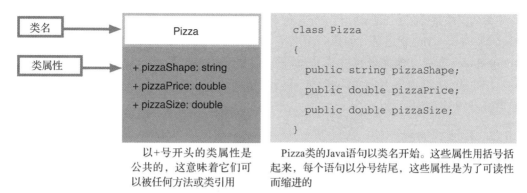

以+号开头的类属性是公共的，这意味着它们可以被任何方法或类引用

Pizza类的Java语句以类名开始。这些属性用括号括起来，每个语句以分号结尾，这些属性是为了可读性而缩进的

图 10-39　Pizza 类的 UML 图

10.4.2　继承

面向对象范式赋予类相当大的灵活性。对于比萨程序，对象和类使其很容易比较圆形比萨和矩形比萨，而不仅仅是正方形比萨。

类有多灵活? 假设你想比较 10 英寸的圆形比萨和长度为 11 英寸、宽度为 8 英寸的矩形比萨。图 10-39 中的 Pizza 类对每个比萨只持有一个测量值: pizzaSize。这种单一属性不适用于矩形比萨，因为矩形比萨可能有不同的长度和宽度。

应该修改类定义来添加 pizzaLength 和 pizzaWidth 属性吗? 不，因为这些属性仅适用于矩形比萨，而不适用于圆形比萨。称为继承的面向对象特性提供了处理对象独特特性的灵活性。

什么是继承? 在面向对象的术语中，**继承** (inheritance) 是指将某个类的某些特征传递给其他类。例如，要解决比萨问题，程序员可能决定使用 RoundPizza 类和 RectanglePizza 类。这两个新类可以继承 Pizza 类的属性，比如 PizzaShape 和 PizzaPrice。

可以为新类添加专门的特征，RectanglePizza 类可以具有长度和宽度的属性，RoundPizza 类可以具有直径属性。

生成具有继承属性的新类的过程将创建一个包含超类和子类的**类层次** (class hierarchy)。任何类都可以从**超类** (superclass)，如 Pizza，处继承属性。一个**子类** (subclass) (或派生类)，比如 RoundPizza 或 RectanglePizza，是能从超类处继承属性的类 (如图 10-40 所示)。

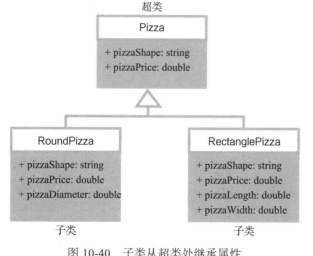

图 10-40　子类从超类处继承属性

子类的语法是什么？ Java 使用 extends 命令将子类链接到超类。语句 RectanglePizza extends Pizza 的意思是"创建一个名为 RectanglePizza 的类，该类来自称为 Pizza 的超类。"图 10-41 包含为 RectanglePizza 类创建属性的 Java 语法。

```
class RectanglePizza extends Pizza
{
      double pizzaLength;
      double pizzaWidth;
}
```

图 10-41　RectanglePizza 子类的 Java 语法

10.4.3　方法和消息

在面向对象的程序中，对象进行交互。程序员通过创建方法来指定这种交互是如何发生的。

什么是方法？ 方法是定义一个动作的一个或多个语句。方法的名称以一组括号结尾，比如 compare() 或 getArea()。方法中包含的语句可能是类似于过程化程序中语句的一系列步骤。

方法可以做什么？ 方法（method）可以执行各种任务，例如收集输入、执行计算、进行比较，执行决策以及产生输出。例如，比萨程序可以使用名为 compare() 的方法来比较两个比萨的每平方英寸价格并打印指示哪个比萨是最佳交易的消息。

compare() 方法的 Java 语句是什么？ 一个方法从声明该方法的语句开始，并且可以包含其范围和数据类型的描述。范围（私有或公共）指定程序的哪些部分可以访问该方法。数据类型指定方法产生的数据类型（如果有的话）。

初始语句后面跟有一个或多个声明，用于指定方法执行的计算、比较或例程。图 10-42 说明了 compare() 方法的语法。

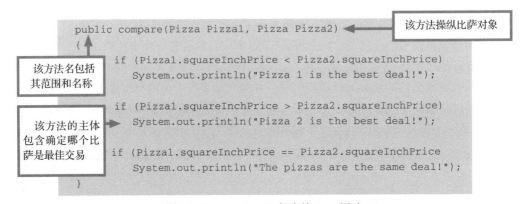

图 10-42　compare() 方法的 Java 语法

什么激活了方法？ 一个方法由包含在程序语句中的**消息**（message）激活，该程序语句有时被称为调用。例如，在 Java 程序中，诸如 compare（Pizza1，Pizza2）的语句产生用于激活或者说调用 compare() 方法的消息。

在面向对象的世界中，对象经常通过交互来解决发送和接收消息的问题。例如，比萨对象可能收到一条消息，询问比萨的面积或每平方英寸的价格（如图 10-43 所示）。

compare() 方法　　　　　　　Pizza1 对象

图 10-43　一个方法能够获取对象的数据

方法如何与类相关联? 方法可以与它们影响的类一起定义。get SquareInchPrice() 方法适用于任何形状的比萨,所以它可以被定义为 Pizza 类的一部分,但是要计算出每平方英寸的价格,就必须知道比萨的面积,这个计算可以通过定义 getArea() 方法实现。

圆形比萨的面积计算与矩形比萨不同,所以 getArea() 方法应该成为 RoundPizza 和 RectanglePizza 子类的一部分,如图 10-44 中的 UML 图所示。

快速检测
图 10-44 中的方法名称是什么?
a. getSquareInchPrice 和 getArea
b. pizzaShape 和 pizzaPrice
c. RoundPizza 和 RectanglePizza
d. string 和 double

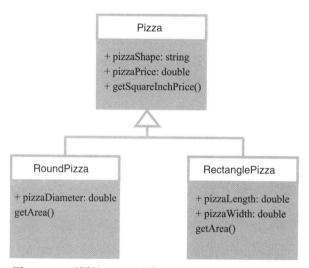

图 10-44　不同的 Pizza 子类需要不同的 getArea() 方法

getArea() 方法具体怎么实现? 如果你深入思考过,可能会想知道程序员如何定义 getArea() 方法来执行两种不同的计算:一种是通过将长度乘以宽度来计算矩形面积,另一种是使用 πr^2 来计算圆的面积。一个称为多态的面向对象的概念可以将多个公式分配给 getArea() 方法。

什么是多态? 多态(polymorphism),有时称为重载(overloading),是在子类中重新定义方法的能力。它允许程序员为一个程序创建一个单一的通用名称,该程序为不同的类使用不同的方式。

例如,在比萨程序中,RectanglePizza 和 RoundPizza 类都可以有一个 getArea() 方法。getArea() 执行的计算在 RectanglePizza 类中以一种方式定义,在 RoundPizza 类中以另一种方式定义。图 10-45 说明了多态如何允许子类定制方法以适应独特的需求。

圆形 getArea() 方法与矩形 getArea() 方法有何区别? RoundPizza 类中定义的 getArea() 方法要求用户键入或输入比萨的直径。该方法然后将直径除以 2 以得到半径。半径的值用于计算圆的面积的 πr^2——3.142 ×(半径 × 半径)。

在 RectanglePizza 类中定义的 getArea() 方法要求用户输入比萨的长度,然后输入宽度。此数据用于将长度乘以宽度以生成矩形比萨的面积。图 10-46 说明了 getArea() 方法的 Java 程序片段,以 "//" 开头的行是注释。

快速检测
关于 getArea(),下列哪个陈述是正确的?
a. 它是多态的一个例子
b. 它对圆形和矩形比萨执行相同的计算
c. 它是一条消息
d. 它是一个变量

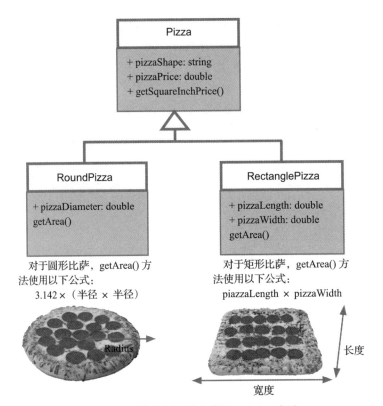

图 10-45 圆形和矩形比萨的 getArea 方法

```
getArea()

//Method to calculate the area of a round pizza
{
    pizzaDiameter = Keyin.inDouble("Enter the
    diameter of the pizza: ");

    radius = pizzaDiameter / 2;

    pizzaArea = 3.142 * (radius * radius);

}
```

```
getArea()

//Method to calculate the area of a rectangular pizza
{
    pizzaLength = Keyin.inDouble("Enter the length
    of the pizza: ");

    pizzaWidth = Keyin.inDouble("Enter the width of
    the pizza: ");

    pizzaArea = pizzaLength * pizzaWidth;
}
```

图 10-46 用于两种 getArea 方法的 Java 代码段

多态的优点是什么? 多态性提供了易于扩展的面向对象程序,并且有助于简单地编程控制结构。例如,如果其中一家比萨店决定做创意比萨,那么可以很容易地扩展比萨程序使之解决三角形比萨问题。为了扩展该程序，只需定义一个 TrianglePizza 类，其包括 pizzaWidth 和 pizzaHeight 属性，更改 getArea() 方法用于计算三角形面积。

针对圆形和方形比萨定制 getArea() 方法的能力允许程序员简化程序。正如你可以想象的那样，创建具有唯一名称的独立方法（如 getAreaRoundPizza()、getAreaRectanglePizza() 和 getAreaTrianglePizza()）会增加程序的复杂性，并且难以为其他形状扩展程序。

10.4.4　面向对象程序结构

到目前为止，在本节中，你已经学习了如何通过对象和方法进行交互来解决一些比萨问题。你知道比萨程序使用 Pizza 类和两个子类：RectanglePizza 和 RoundPizza。

你还知道，这些类包含 getSquareInchPrice() 和 getArea() 方法来执行数据的计算从而解决问题。你还应该记住 compare() 方法用于比较比萨对象以确定哪个是最佳交易。

类和方法如何组合在一起？ 为比萨程序定义的类和方法必须放置在 Java 程序的结构中，该程序包含定义类、定义方法、进行比较并输出结果。图 10-47 提供了程序结构的概述。

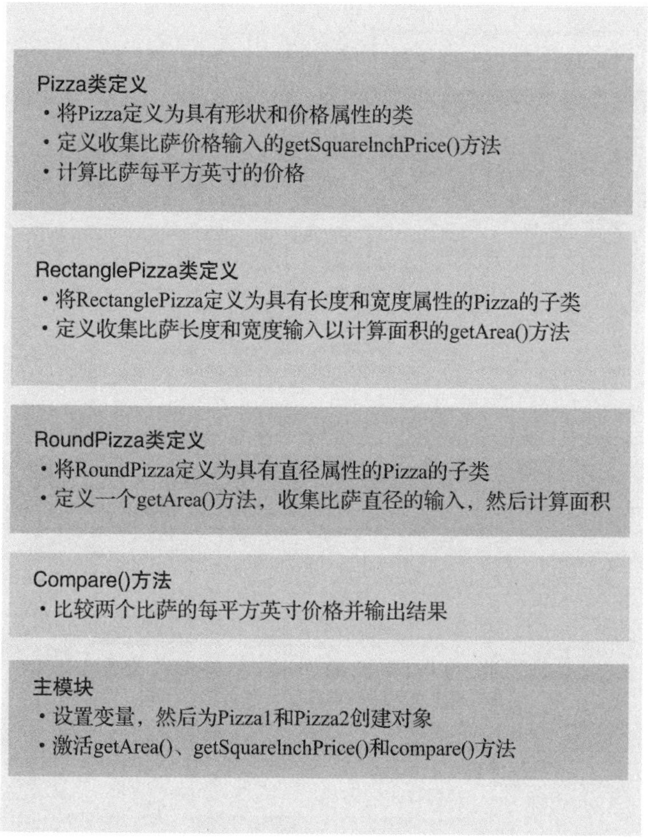

快速检测
图 10-47 中的哪个模块将包含激活 getArea() 方法的调用？
a. Pizza 类定义
b. RoundPizza 和 RectanglePizza 类定义
c. compare() 方法
d. 主模块

Pizza类定义
· 将Pizza定义为具有形状和价格属性的类
· 定义收集比萨价格输入的getSquareInchPrice()方法
· 计算比萨每平方英寸的价格

RectanglePizza类定义
· 将RectanglePizza定义为具有长度和宽度属性的Pizza的子类
· 定义收集比萨长度和宽度输入以计算面积的getArea()方法

RoundPizza类定义
· 将RoundPizza定义为具有直径属性的Pizza的子类
· 定义一个getArea()方法，收集比萨直径的输入，然后计算面积

Compare()方法
· 比较两个比萨的每平方英寸价格并输出结果

主模块
· 设置变量，然后为Pizza1和Pizza2创建对象
· 激活getArea()、getSquareInchPrice()和compare()方法

图 10-47　比萨程序模块

Java 程序如何工作？ 计算机通过定位一个名为 main() 的标准方法开始执行 Java 程序，该方法包含通过调用方法向对象发送消息的语句。

对于比萨程序，main() 方法包含定义一些变量的语句，然后要求用户输入第一个比萨的形状。如果输入的形状是圆形，程序将创建一个名为 Pizza1 的对象，该对象是 RoundPizza

类的成员。如果输入的形状是矩形，程序将创建一个名为 Pizza1 的对象，该对象是 RectanglePizza 类的成员。

创建比萨对象后，程序使用 getArea() 方法计算其面积。程序然后使用 getSquareInchPrice() 方法计算比萨的每平方英寸价格。

当第一个比萨的计算完成时。该程序对第二个比萨执行相同的过程。最后，该程序使用 compare() 方法比较两个比萨的每平方英寸价格，并输出哪一个是最佳交易的语句。

因为这部分的目标并不是介绍 Java 编程的细节，所以不要担心 Java 语句的详细语法。相反，请参阅图 10-48，浏览比萨程序的 main() 方法中发生的活动。

快速检测

在图 10-48 中显示的程序片段中，首先发生以下哪个活动？
a. 创建比萨对象
b. 定义 Pizza 类
c. 接受输入
d. 定义变量

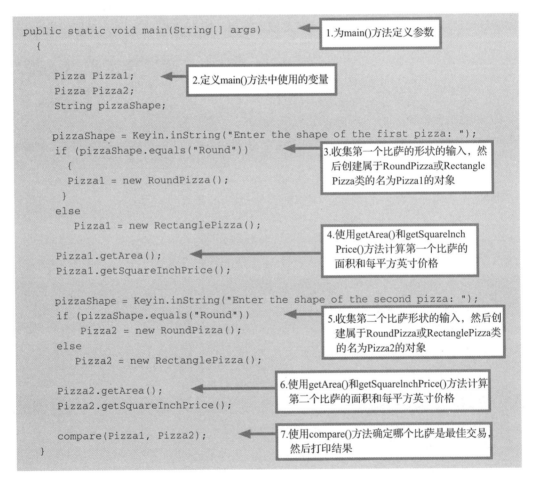

图 10-48 比萨程序的 main() 方法

当已经完成的比萨程序运行时会发生什么？ 当你运行比萨程序时，它会查找 main() 方法。此方法显示屏幕提示，询问比萨的形状，getArea() 方法显示比萨直径（对于圆比萨）或比萨的长度和宽度（对于矩形比萨）的提示。

第二个比萨会出现类似的一系列提示。当 compare() 方法显示关于哪个比萨是最佳交易时，程序结束。图 10-49 显示了 Java 面向对象的比萨程序的输出。

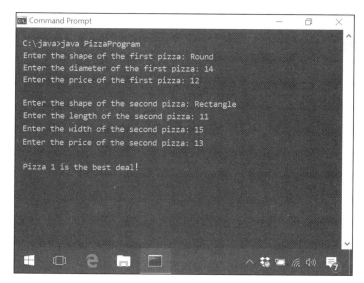

图 10-49　用 Java 编写的 Pizza 程序的输出

快速检测

在图 10-49 中，为什么第一个比萨有三个输入，而第二个比萨有四个输入？

a. 第二个比萨比较大

b. 第二个比萨是长方形的，所以它有长度输入和宽度输入

c. 第二个比萨用 π，而 π 需要额外输入

d. 第二个比萨使用 getSides() 方法而不是 getArea() 方法

10.4.5　面向对象应用程序

计算机历史学家相信 SIMULA（SIMULation LAnguage）是第一个使用对象、类、继承和方法的编程语言。SIMULA 是由两位挪威计算机科学家于 1962 年为编程模拟和模型而开发的。SIMULA 为面向对象范式奠定了基础。

面向对象语言是如何演化的？面向对象语言的第二次重大发展发生在 1972 年，当时阿伦凯（Alan Kay）开始在施乐帕洛阿尔托研究中心（PARC）的 Dynabook 项目中工作。Kay 开发了一种易于使用的编程语言 Smalltalk，可用于创建基于真实世界对象的程序。

1983 年，面向对象的特性被添加到 C 编程语言中，并且 C++ 成为游戏编程和应用程序的流行工具。

Java 最初是作为消费电子产品的编程语言（例如交互式有线电视盒）而设计的，但它演变成一种用于开发 Web 应用程序的面向对象编程平台。Java 于 1995 年正式推出，并具有许多 C++ 的特性，它的大部分语法都源于 C++。

如今流行哪些面向对象语言？当今大多数流行的编程语言都包含面向对象的特性。无论程序员是使用 Java、C++、Swift、Python、Objective-C 还是 C#，该语言都可以定义类、对象和方法。

面向对象的优点是什么？面向对象范式与人类对现实世界的认知方式是相似的。使用面向对象方法，程序员可更容易地将问题的解决方案可视化。

面向对象范式的多个方面也可以提高程序员的效率，因为**封装**（encapsulation）允许对象在各种不同的程序中进行适应性调整和反复利用。封装是指隐藏对象及其方法的内部细节的过程。

定义一个对象后，它变成了一个"黑盒子"，对其他对象隐藏了细节，并允许使用方法访问数据。可以很容易地重用和修改封装对象（如图 10-50 所示）。

快速检测

封装是____的一个例子。

a. 抽象化　　　　b. 类

c. 继承　　　　　d. 方法

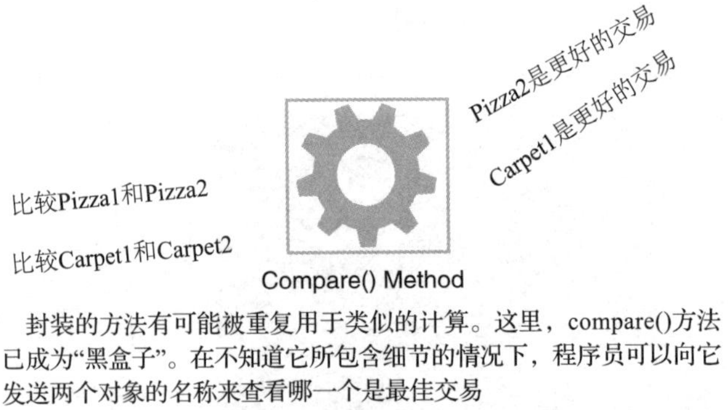
比较Pizza1和Pizza2
比较Carpet1和Carpet2
Compare() Method
Pizza2是更好的交易
Carpet1是更好的交易
封装的方法有可能被重复用于类似的计算。这里，compare()方法已成为“黑盒子”。在不知道它所包含细节的情况下，程序员可以向它发送两个对象的名称来查看哪一个是最佳交易

图 10-50　封装创建“黑盒子”

面向对象的缺点是什么？面向对象程序的潜在缺点是运行时效率。面向对象的程序往往需要比过程化程序更多的内存和处理资源。程序员、软件工程师和系统分析师可以一起工作，对面向对象方法和运行时效率进行权衡。

10.4.6　快速测验

1. 在面向对象编程中，一个类是一组具有类似特征的____的模板。
2. 面向对象程序员经常使用____图来规划程序的类（提示：使用缩写）。
3. 在面向对象程序中，getArea() 将被称为____。
4. 将特性从超类传递给子类的过程称为____。
5. 本节中面向对象的比萨程序是使用____编程语言编写的。

10.5　E 部分：声明式编程

“WELL, I DO DECLARE!”这是斯佳丽·奥哈拉在《飘》中和卡尔文·坎迪在《被解救的姜戈》中所说过的话，这是美国南方人对惊讶的典型表达方式。E 部分解释了这种老式的表达方式如何与新颖的编程语言相关。

目标

- 描述声明式范式与过程化范式和面向对象范式的区别。
- 识别 Prolog 语句中的谓词和参数。
- 解释 Prolog 事实与 Prolog 规则之间的区别。
- 识别 Prolog 语句中的常量和变量。
- 解释 Prolog 如何使用目标。
- 画一张图来说明实例化的概念。
- 列出两种类型的项目，除了正文中提到的那些项目外，这些项目可能是 Prolog 等声明式语言的良好候选者。

10.5.1　声明式范式

尽管程序和面向对象的程序设计平台可以处理决策和文本数据，但它们在应用于与 if…then 分支相关的复杂序列问题时却开始犯错误。当处理涉及逻辑蜘蛛网的问题时，程序员可以转向声明式编程语言。本节通过提供 Prolog 语言的一些例子来阐述声明式范式。

什么是声明式范式？在本章的前几节中，你将了解过程式编程侧重于逐步算法，该算法指示计算机如何找到解决方案。你还将了解面向对象的方法强调形成对象的类和方法。相反，**声

明式范式（declarative paradigm）描述了问题的各个方面。正如表达式" Well, I do declare！"一样，程序员使用声明式语言编写语句声明或陈述与程序有关的事实。

声明式范式听起来可能与过程化范式相似，但两者有根本的不同。过程化范式侧重于描述解决方案的算法，但是声明式范式集中于描述问题。过程化范式侧重于问题如何解决；声明式范式着重于问题是什么。图 10-51 总结了这些差异。

声明式范式的基石是什么？ 许多声明式编程语言（如 Prolog）使用一系列事实和规则来描述问题。在 Prolog 程序中，事实是为计算机提供解决问题的基本信息的语句。例如，在比萨问题上，这些事实可能包括：

过程化范式	面向对象范式	声明式范式
程序详细说明如何解决问题	程序定义对象、类和方法	程序描述问题
在数字处理任务上非常有效	有效处理涉及实词对象的问题	有效处理字和语言

图 10-51　编程范式采用不同的方法

比萨的价格为 10.99 美元，尺寸为 12 英寸，圆形。

另一个比萨的价格为 12.00 美元，尺寸为 11 英寸，方形。

在 Prolog 程序中，规则是关于事实之间关系的一般性陈述。例如，下面的规则对于解决哪个比萨是最佳交易的问题是有用的：

如果一个比萨的每平方英寸价格低于另一个比萨的每平方英寸价格，则该比萨更好。

> **快速检测**
> 在哪种程序设计范式中，程序员主要关注"什么是"而不是"怎么做"？
> a. 过程化范式
> b. 面向对象范式
> c. 声明式范式

10.5.2　Prolog 事实

Prolog 编程很有趣。该语言没有太多烦人的语法规则或一长串需要记忆的命令词。标点符号主要由句点、逗号和括号组成，因此程序员不必像 C++ 或 Java 一样跟踪大括号的级别。Prolog 编程完全是关于事实和规则的。

程序员如何编写事实？ 根据每平方英寸价格的规则，让我们回到两个圆形或方形比萨中哪一个是最佳交易的简单问题。使用 Prolog 编写程序的第一步是输入描述两个比萨的价格、形状和大小的事实。事实"比萨的形状是圆形的"可以这样写：

```
shapeof(pizza, round).
```

括号中的词被称为参数。**参数**（argument）代表了事实描述的主题之一。括号外的单词称**谓词**（predicate），描述参数之间的关系。例如，谓词 shapeof 描述了比萨和圆形之间的关系。图 10-52 指出了关于 Prolog 事实的大写和标点符号的简单语法细节。

> **快速检测**
> 图 10-52 中的谓词是什么？
> a. shapeof　　b. pizza
> c. round　　d. (pizza, round)

图 10-52　Prolog 语法

谓词的目的是什么？ 尽管用圆形描述比萨的形状似乎很合适，但谓词一定不能省略。谓词可以彻底改变事实的含义。例如，图 10-53 中的事实具有相同的参数，即（joe，fish），但谓词赋予事实非常不同的含义。

```
hates(joe,fish).
```
乔讨厌鱼

```
playscardgame(joe,fish).
```
乔玩一种叫作鱼的卡牌游戏

```
name(joe,fish).
```
乔是鱼的名字

Svry/Shutterstock.com
Tatiana Popova/Shutterstock.com
Ultrashock/Shutterstock.com

图 10-53   谓词是重要的

对于比萨程序，可以使用一系列事实来描述比萨。

```
priceof(pizza1,10).
sizeof(pizza1,12).
shapeof(pizza1,square).
```

另一组相似的事实可以用来描述第二个比萨。

```
priceof(pizza2,12).
sizeof(pizza2,14).
shapeof(pizza2,round).
```

事实可以有两个以上的参数。例如，一个事实可以用来完整描述比萨：

```
pricesizeshape(pizza1,10,12,square).
```

使用一系列事实来描述比萨与使用单一事实描述相比具有一些优点和缺点。单一事实往往会使程序更加紧凑，而多重事实可能会提供更大的灵活性。事实的结构也会影响产生信息的目标的语法。

什么是目标？ 即使没有任何规则，Prolog 程序中的事实也是有用的。Prolog 可以通过几种方式操纵事实，而不需要明确的编程。Prolog 程序中的每个事实都与数据库中的记录类似，但你可以通过查询在 Prolog 术语中称为**目标**的问题来查询 Prolog 程序的数据库。例如，通过输入目标可以很容易地查询以下事实。

```
priceof(pizza1,10).
sizeof(pizza1,12).
shapeof(pizza1,square).
priceof(pizza2,12).
sizeof(pizza2,14).
shapeof(pizza2,round).
```

如何输入目标？ 你可以通过在 "？-" 提示下输入目标来提问题。例如，目标 "？-shapeof(pizza1,square)" 意味着："Pizza1 的形状是方形的吗？" Prolog 通过查找事实来确定它是否能够通过找到匹配来实现目标。如果找到

> **快速检测**
>
> 鉴于上面的一组事实，哪个比萨是方形的？
>
> a. 最昂贵的比萨
>
> b. 最大的比萨
>
> c. Pizza1
>
> d. Pizza2

匹配，Prolog 回答是；否则，它回应没有。

如果你正在处理一小部分显示在屏幕上的事实，则此目标可能显得微不足道。但许多程序包含数百个事实，这些事实不能在单个屏幕上显示或者很难被程序员直接记住。

不如试试更有创意的问题？ Prolog 允许你通过用变量替换常量来提出开放式问题。Prolog 变量就像一个占位符或一个空框，Prolog 可以将事实中的信息收集到其中。Prolog 变量以大写字母开头，以区别于常量，参数 Pizza 是一个变量，而 pizza 是一个常数。参数 Inches 是一个变量，而 14 是一个常量。

Prolog 变量是制定开放式目标的便利工具。举个例子，假设你想知道比萨的尺寸，你可以通过在目标中使用变量"英寸"来获取此信息：

```
?- sizeof(Pizza2, Inches)
```

Prolog 寻找所有 sizeof 作为谓词和 pizza2 作为第一个参数的事实。它以第二个参数的实际值作为响应：

```
Inches= 14
```

Prolog 语言的大部分功能和灵活性源于它通过匹配谓词、比较常量和实例化变量来查询事实的能力。图 10-54 说明了如何查询一组 Prolog。

快速检测

下列哪个查询会告诉你哪一个比萨是方形的？

a. ?-shapeof(Which, square).

b. ?-whichpizza(square).

c. ?-get(pizza, square).

d. ?-square

试一试

连接到 http://ioctl.org/logic/prolog-latest，输入以下事实：

```
Priceof(pizza1, 10).
sizeof(pizza1,12).
shapeof(pizza1, square).
priceof(pizza2,12).
sizeof(pizza2,14).
shapeof(pizza2, round).
```

然后在查询框中输入这个目标：

```
sizeof(pizza2, Inches).
```

你能制定一个目标来找到 12 英寸的比萨吗？

你能制定一个目标来找到所有比萨的价格吗？

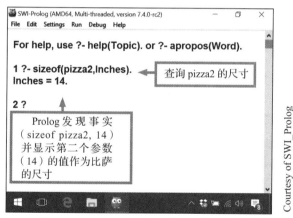

"?-"提示允许你通过输入事实、规则和目标来处理知识库。假设你已经开发了一个知识库，其中包含有关两个比萨饼的事实。你可以输入目标以查找其价格、尺寸和形状

图 10-54　Prolog 目标与数据库查询类似

什么是实例化？ 为变量查找值被称为**实例化**（instantiation）。为了解决目标 ?- sizeof(pizza2, Inches)，Prolog 程序寻找一个以 sizeof(pizza2 ..)开头的事实。

当 Prolog 发现规则 sizeof(pizza2,14) 时，程序实例化或说赋值 14 给变量 Inches（图 10-55）。

程序员如何使用实例化？ 实例化可用于生成非隐式存储在数据库中的信息。假设你想知道圆形比萨的大小，知识库不包含像 sizeof(roundPizza, 14) 这样的事实。但是，你可以使用两个目标的连接，如图 10-56 所示，以获得圆形比萨的大小。

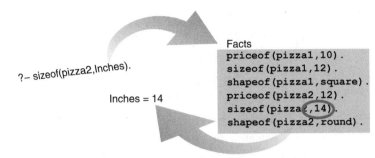

图 10-55 实例化用常量替换变量

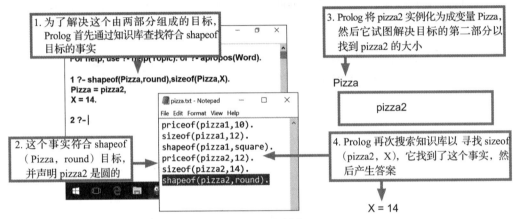

图 10-56 实例化

10.5.3 Prolog 规则

如果只有事实和目标 Prolog 只不过是一个数据库。但是额外的规则为程序员提供了一套操纵事实的工具。

程序员如何编写 Prolog 规则? 比萨程序要求的规则是:"如果一个比萨每平方英寸的价格低于其他比萨的每平方英寸价格,那么该比萨就是一个更好的交易。"把这个规则翻译成 Prolog 就变成:

```
betterdeal(PizzaX,PizzaY) :-
squareinchprice(PizzaX,AmountX),
squareinchprice(PizzaY,AmountY),
AmountX < AmountY.
```

快速检测

考虑图 10-57 中的规则。鉴于下面显示的事实,查询"betterdeal(vangos,venice)."的结果是什么?(提示:仔细想想!)

a. PizzaX   b. pizza1   c. vangos   d. yes

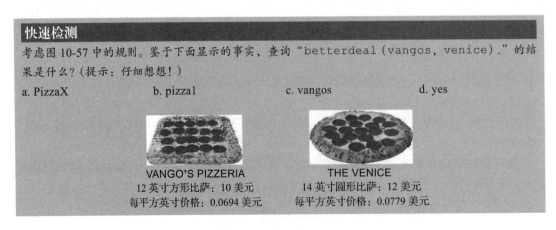

VANGO'S PIZZERIA
12 英寸方形比萨:10 美元
每平方英寸价格:0.0694 美元

THE VENICE
14 英寸圆形比萨:12 美元
每平方英寸价格:0.0779 美元

看看这个规则背后的逻辑。Prolog 规则由一个头部、一个主体和一个连接符号组成，如图 10-57 所示。

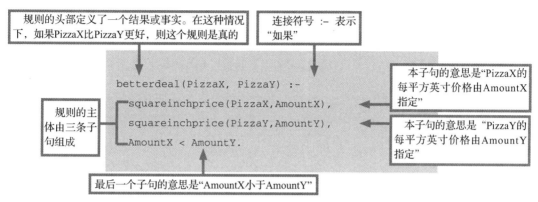

图 10-57　Prolog 规则解析

Prolog 规则如何运作？ 要理解 betterdeal 规则是如何运作的，我们将举一个例子。在完整的比萨程序中，将会有一个计算每平方英寸价格的规则。

因为你还没有这样的规则，所以暂时假设第一个比萨的每平方英寸价格是 0.0694 美元（6.94 美分），第二个比萨的每平方英寸价格是 0.0779 美元（7.79 美分）。这些事实可以表述为：

```
squareinchprice(pizza1,.0694).
squareinchprice(pizza2,.0779).
```

现在，假设你输入查询 "?- betterdeal(pizza1, pizza2)"，意思是 "pizza1 比 pizza2 更好吗？"。图 10-58 说明了 Prolog 如何使用 betterdeal 规则来回答你的查询。

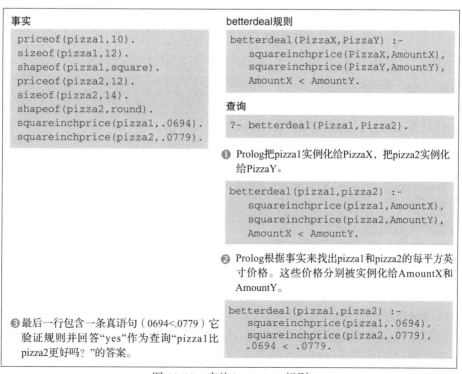

图 10-58　实施 betterdeal 规则

　　规则的顺序是否会影响 Prolog 程序的运行方式? 在使用过程化语言（如 C、Visual Basic 或 Python）编写程序时，程序语句的顺序非常重要。例如，如果你在比较每平方英寸价格的 IF 语句之后放置比萨尺寸和价格的输入语句，程序会生成一个错误，因为此时没有用于比较的数字。相比之下，在 Prolog 程序中规则的顺序通常并不重要。

　　使用 Prolog 写出的完整比萨程序是什么样的? 完整的比萨程序包含描述两个比萨的事实，以及描述更好交易、每平方英寸价格和面积的规则。图 10-59 显示了整个比萨程序。

```
priceof(pizza1,10).
sizeof(pizza1,12).
shapeof(pizza1,square).
priceof(pizza2,12).
sizeof(pizza2,14).
shapeof(pizza2,round).
betterdeal(PizzaX,PizzaY) :-
    squareinchprice(PizzaX,Amount1),
    squareinchprice(PizzaY,Amount2),
    Amount1 < Amount2.
area(Pizza,Squareinches) :-
    sizeof(Pizza,Side),
    shapeof(Pizza,square),
    Squareinches is Side * Side.
area(Pizza,Squareinches) :-
    sizeof(Pizza,Diameter),
    shapeof(Pizza,round),
    Radius is Diameter / 2,
    Squareinches is 3.142 * (Radius * Radius).
squareinchprice(Pizza,Amount) :-
    area(Pizza,Squareinches),
    priceof(Pizza,Dollars),
    Amount is Dollars / Squareinches.
```

快速检测

使用图 10-59 中的知识库，假设你做出查询 betterdeal (pizza1, pizza2)，实例化到变量 PizzaX 的是什么?

a. priceof

b. shapeof

c. sizeof

d. pizza1

图 10-59　用 Prolog 语言编写的比萨程序

10.5.4　交互式输入

　　前面的比萨程序包含比萨的尺寸、价格和形状信息。这样的程序并不是通用的，由于该程序包含 priceof(1,10) 和 priceof(pizza2,12) 等事实，因此它仅限于价格为 10 美元和 12 美元的特定比萨。该程序可以通过获取用户的输入并将其存储在变量中或通过在运行时声明新的事实得到推广。

　　程序员如何从用户那里获取输入信息? 为了获取输入，程序员可以使用 write 和 read 语句。检查图 10-60 中的程序以查看如何通过谓词 read 和 write 收集用户输入，然后查看输出屏幕以了解程序在运行时如何与用户交互。

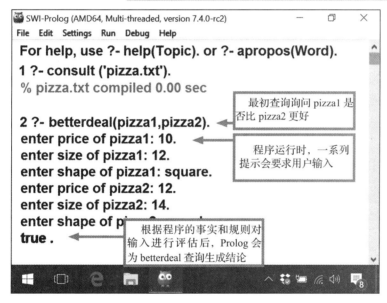

图 10-60　Prolog 输入

10.5.5　声明式逻辑

假设我们扩展比萨问题以包括更多的条件。如果决定购买的比萨不仅取决于其价格，还取决于比萨的烘烤速度以及比萨店是否提供送货服务会怎么样呢？突然间，问题涉及更多因素。在开始编写事实和规则之前，程序员需要确定有多少个因素。

程序员如何计划一个声明式程序？原始比萨程序的规则逻辑非常简单：每平方英寸价格最低的比萨是最佳交易。该逻辑只需要一条规则。相反，大多数现实世界的问题涉及的逻辑要复杂得多。程序员需要工具来组织他们的想法，并为现实世界中可能存在的所有条件做出规定。

决策表（decision table）是一种基于多种因素使得规则可视化从而制定规则的表格方法。当购买比萨的决定取决于其价格、是否可以寄送以及准备好需多久时，这三个因素产生 8 种可能的情况，在这 8 种情况下，你会购买 8 种情况中的哪一种比萨？如果价格最优的比萨在 30 分钟内就可以买到，但它不能寄送，或者如果价格最优的比萨需要超过一小时才能做好呢？尝试设想如何在过程化或面向对象程序中将此逻辑实现为一系列 IF 语句。图 10-61 说明了程序员如何构建一个决策表，以描述与比萨价格、寄送和时间有关的所有规则。

❶	❷							
最低价格？	Y	N	Y	N	Y	N	Y	N
能否配送？	Y	Y	N	N	Y	Y	N	N
能否在30分钟内完成？	Y	Y	Y	Y	N	N	N	N
❸ 买吗？	✓	✓	✗	✗	✓	✗	✗	✗

❶ 与比萨购买相关的每个因素都列在表格上半部分的第一列中。

❷ 表格上半部分的其余单元格描述了各种可能的因素组合。这张表格有三个决定因素。这意味着该表需要8列来覆盖所有的组合，该数字计算为2因素个数。这里有三个因素，所以 2^3 是 $2 \times 2 \times 2$ 或8。

❸ 表格的下半部分列出了基于因素采取的行动。程序员查看每一列的Y和N以决定是否应采取行动。例如，在全部填写Y的列中，采取的行动是购买比萨。

图 10-61 决策表展示了影响因素和采取选择之间的逻辑

10.5.6 声明式应用程序

正如你从比萨示例中看到的那样，可以使用声明式语言来解决涉及计算的问题。但是，需要大量计算的问题通常不适用于声明式范式。一般来说，声明式编程语言最适合于涉及词和概念有关的问题，而不适合涉及数字的问题。

声明式语言的优点是什么？ 声明式语言为涉及词、概念和复杂逻辑的问题提供了高效的编程环境。正如你在本章中学到的，声明式语言为查询一组事实和规则提供了很大的灵活性。这些语言还允许程序员使用词来描述问题，而不是使用过程化和面向对象语言所需的抽象结构。

虽然没有被广泛使用，但声明式编程在几个利基市场中很流行。美国林务局使用 Prolog 程序进行资源管理，Prolog 程序也广泛用于科学研究，美国国土安全部通过 Prolog 应用程序在社交网站搜查恐怖活动。最后，一个增长的趋势是将 Prolog 模块与过程化程序和面向对象程序结合起来处理概念和语言。

声明式语言的缺点是什么？ 目前，声明式语言通常不用于生产应用程序。在某种程度上，如今对于面向对象范式的重视已经使声明式语言退出主流的教育和就业市场。许多程序员从来没有接触过声明式语言，所以声明式语言并不属于那种能针对特定项目评估的语言。

声明式语言以提供最小输入和输出的能力出名。虽然今天的许多 Prolog 编译器都提供对 Windows 和 Mac 用户界面组件的访问，但程序员往往不了解这种功能。尽管缺乏人气，声

> **试一试**
>
> 假设你是一名 NCIS 侦探，试图解决 Tom 被左轮手枪谋杀的案件。死亡时间为上午 10 点，其中一名嫌疑人 Plum 先生拥有一把左轮手枪，但他有不在场证明，Scarlett 小姐没有枪支，但她也没有不在场的证据。但是，Scarlett 小姐有一个兄弟，Greg，他拥有一把枪。你能写出一系列 Prolog 规则来描述这些线索吗？

明式语言有助于完善程序员的技能，并可能为有趣的利基项目提供就业机会。

10.5.7　快速测验

1. 声明式编程范式着重于描述____，而过程化范式则侧重于描述____的算法。

2. 在 Prolog 事实 location (balcony, H1) 中，balcony 和 H1 是____，而 location 被称为____。

3. Prolog 属性可以是____，如 round（带有小写字母 r），或者可以是____，如 Shape（带有大写字母 S）。

4. 在解决 Prolog 目标时找到变量的值的过程称为____。

5. 在 Prolog 规则中，<- 连接符号表示____。

推荐阅读

普林斯顿计算机公开课

作者：[美] 布莱恩 W. 柯尼汉（Brian W. Kernighan） 译者：刘艺 刘哲雨 吴英

书号：978-7-111-59310-2 定价：69.00元

智能新时代不可不知的计算常识，人人都能读懂的数字生活必修课。

世界顶尖的作者，简洁明了的内容，邀你共同探索数字世界的奥妙，值得人手一本！

——Eric Schmidt，谷歌董事长、前CEO

在作者笔下，计算机和因特网变得不再神秘，机器里的复杂芯片、新闻中的热点事件、全球化的技术创新，这些统统融为一体，每个读者都将受益匪浅。

——Harry Lewis，《Blown to Bits》的作者

每天都在和电脑打交道的我们，到底需要懂多少电脑知识？读这本书就够了！它不仅能帮我们轻松了解硬件、编程、算法和网络知识，还讨论了与每个人切身相关的隐私、监管和安全问题，有趣又有用。

——John MacCormick，狄金森学院

本书作者布莱恩·柯尼汉（Brian Kernighan）是世界知名的计算机科学家，也是计算机界的一位巨人。他与Dennis Ritchie合著的《C程序设计语言》是世界上第一本被广泛认可的C语言教程，平实、优雅、简洁，已成为编程语言教程中的绝佳典范，被称为"K&R C"。他的著作还有《编程风格要素》，与Rob Pike合著的《UNIX编程环境》和《程序设计实践》，以及本书的前身《世界是数字的》（D is for Digital）。他还发明了AWK和AMPL编程语言。他执教于普林斯顿大学，现为该校教授。

从1999年开始，柯尼汉教授在普林斯顿大学开设了一门名叫"我们世界中的计算机"的课程（COS 109: Computers in Our World），这门课是向非计算机专业的学生介绍计算机基本常识的，多年来大受学生追捧。除了向学生讲解计算机理论知识，这门课还有相应的实验课——学生可以试着用流行的编程语言写几行代码，大家一起讨论苹果、谷歌和微软的技术如何渗入日常生活的每个角落。本书就是以这门课程的讲义为主要内容重新编写而成，它解释了计算机和通信系统的工作原理，并讨论了新技术带来的社会、政治和法律问题。